International Student Edition

Raymond A. Serway, John W. Jewett 저

대학물리학 에센스 해설집

대학물리학 교재편찬위원회 편역

북스힐

Cengage

Australia • Brazil • Canada • Mexico • Singapore • United Kingdom • United States

***Principles of Physics: A Calculus-Based Text (Essence), Solution Manual,* Fifth Edition**

Raymond A. Serway
John W. Jewett

Original edition © 2013 Brooks Cole, a part of Cengage Learning.
Principles of Physics: A Calculus-Based Text, 5th Edition
by Raymond A. Serway and John W. Jewett
ISBN: 9781133110002

ISBN-13: 979-11-5971-674-4

Cengage Learning Korea Ltd.
14F YTN Newsquare 76 Sangamsan-ro
Mapo-gu Seoul 03926 Korea
Tel: (82) 1533 7053
Fax: (82) 2 330 7001

Printed in Korea
Print Number: 01 Print Year: 2025

차 례

1장 서론 및 벡터

1.1 길이, 질량, 시간의 표준

1. 반지름 r인 구의 부피는 $V=\dfrac{4}{3}\pi r^3$이고,

질량 $m=\rho V=\rho\dfrac{4}{3}\pi r^3$에서 첫 번째 질량 m_f, 두 번째 질량 m_s라 하면

$\dfrac{m_f}{m_s}=\dfrac{\rho(4/3)\pi r_f^3}{\rho(4/3)\pi r_s^3}=\dfrac{r_f^3}{r_s^3}=5$이므로

$r_f=r_s\sqrt[3]{5}=(4.50\,\text{cm})\sqrt[3]{5}=7.69\,\text{cm}$

2. 구 껍질의 부피는 $V=V_2-V_1=\dfrac{4}{3}\pi(r_2^3-r_1^3)$ 이다.

밀도의 정의는 $\rho=\dfrac{m}{V}$ 이므로,

질량은 $m=\rho V=\rho\dfrac{4}{3}\pi(r_2^3-r_1^3)=\dfrac{4\pi\rho(r_2^3-r_1^3)}{3}$.

1.2 차원 분석

3.

(a) $[ax]$의 단위는 m^2/s^2이고 $[v]$의 단위는 m/s이므로, 이 식은 올바르지 않다.

(b) $[y]$의 단위는 m이다. $[k]$의 단위가 m^{-1}이면 $\cos(kx)$는 차원이 없으므로, 여기에 2 m를 곱하면 우변의 단위는 m 이다. 따라서 이 식은 올바르다.

4. x의 차원은 L, a의 차원은 LT^{-2}, t의 차원은 T 이므로

$x=ka^m t^n$ 의 차원은

$L=(LT^{-2})^m(T)^n \quad\rightarrow\quad L^1T^0=L^mT^{n-2m}$

따라서 $L^1=L^m \quad\rightarrow\quad m=1$

같은 방법으로 $T^0=T^{n-2m}$. 이로부터 $n-2m=0$이므로 $n=2$

따라서 $m=1,\ n=2$이다.

또한 차원 분석으로 차원이 없는 상수 k의 값을 결정할 수 없다.

1.3 단위의 환산

5. 부피는 V, 넓이 A, 두께 t라고 하면,

$V = At$ 이므로,

$$t = \frac{V}{A} = \frac{3.78\times10^{-3}\ \mathrm{m}^3}{25.0\ \mathrm{m}^2} = 1.51\times10^{-4}\ \mathrm{m}\ (\text{또는 } 151\ \mu\mathrm{m}).$$

6. $m_{Al} = m_{Fe}$ 이므로

$$\rho_{Al}V_{Al} = \rho_{Fe}V_{Fe}$$

즉, $\rho_{Al}\left(\frac{4}{3}\pi r_{Al}^3\right) = \rho_{Fe}\left(\frac{4}{3}\pi(2.00\ \mathrm{cm})^3\right)$

따라서 $r_{Al}^3 = \left(\frac{\rho_{Fe}}{\rho_{Al}}\right)(2.00\ \mathrm{cm})^3 = \left(\frac{7.86\times10^3\ \mathrm{kg/m^3}}{2.70\times10^3\ \mathrm{kg/m^3}}\right)(2.00\ \mathrm{cm})^3 = 23.3\ \mathrm{cm}^3$

$$\therefore\ r_{Al} = 2.86\ \mathrm{cm}$$

7. 바꿈 인수를 적용하면,

1 in = 2.54 cm, 1일 = 86 400 s, 100 cm = 1 m, 10^9 nm = 1 m 이므로

$$\left(\frac{1}{32}\ \text{in/일}\right)\frac{(2.54\ \mathrm{cm/in})(10^{-2}\ \mathrm{m/cm})(10^9\ \mathrm{nm/m})}{86\ 400\ \text{s/일}} = 9.19\ \mathrm{nm/s}$$

이는 단백질이 매초마다 여러 원자 층이 쌓여가고 있다는 것을 의미한다!

1.4 크기의 정도 계산

8. 방을 4 m x 4 m x 3 m 크기의 직육면체로 모형화하고 탁구공을 지름 0.038 m의 구로 모형화하자.

방의 부피는 4 x 4 x 3 = 48 m^3이고, 공 하나의 부피는

$$\frac{4\pi}{3}\left(\frac{0.038\ \mathrm{m}}{2}\right)^3 = 2.87\times10^{-5}\ \mathrm{m}^3$$

이므로, 방에 채울 수 있는 탁구공의 개수는 약 $\frac{48}{2.87\times10^{-5}} \sim 10^6$ 이다.

9. 자동차 바퀴의 지름을 약 75 cm라고 할 때, 바퀴 둘레는 약 $2\pi r \approx 235$ cm 이다.

이동 거리를 미터로 바꾸면, 다음과 같다.

$$50\ 000\ \text{마일}\left(\frac{1.609\ \mathrm{km}}{1\ \text{마일}}\right) = 80\ 450\ \mathrm{km}$$

따라서, 바퀴가 회전한 회수는 대략

$$\frac{80\ 450\ 000\ \mathrm{m}}{2.34\ \mathrm{m}} = 3\times10^7 \approx 10^7\ \text{이다.}$$

10. (a) 욕조에 반쯤 채워진 물의 크기를 0.5 m x 1.3 m x 0.3 m라고 가정할 때, 이 물의

질량은 다음과 같다.

$$V = (0.5\ \text{m})(1.3\ \text{m})(0.3\ \text{m}) = 0.10\ \text{m}^3$$

$$m_{물} = \rho_{물} V = (1\ 000\ \text{kg/m}^3)(0.10\ \text{m}^3) = 100\ \text{kg} \sim 10^2\ \text{kg}$$

(b) $m_{동전} = \rho_{동전} V = (8\ 920\ \text{kg/m}^3)(0.10\ \text{m}^3) = 892\ \text{kg} \sim 10^3\ \text{kg}$

1.5 유효 숫자

11. 일반 승용차의 수 = o, SUV 차량의 수 = s 라 하자. 주어진 조건으로부터

$$\text{o} = \text{s} + 0.947\text{s} = 1.947\text{s}$$

$$\text{o} = \text{s} + 18$$

따라서 $s + 18 = 1.947\text{s} \quad \rightarrow \quad 0.947\text{s} = 18 \quad \rightarrow \quad \text{s} = \dfrac{18}{0.947} = 19$

12. (a) 3 (b) 4 (c) 3 (d) 2

13. 필요한 콘크리트의 부피는 인도의 네 영역을 합해서, 다음과 같이 나타낼 수 있다.

$$V = 2V_1 + 2V_2 = 2(V_1 + V_2)$$

오른쪽 그림은 인도의 각 부분의 부피를 결정하는 데 필요한 치수를 제공한다:

$$V_1 = (17.0\ \text{m} + 1.0\ \text{m} + 1.0\ \text{m})(1.0\ \text{m})(0.09\ \text{m}) = 1.70\ \text{m}^3$$

$$V_2 = (10.0\ \text{m})(1.0\ \text{m})(0.090\ \text{m}) = 0.900\ \text{m}^3$$

$$V = 2(1.70\ \text{m}^3 + 0.900\ \text{m}^3) = 5.2\ \text{m}^3$$

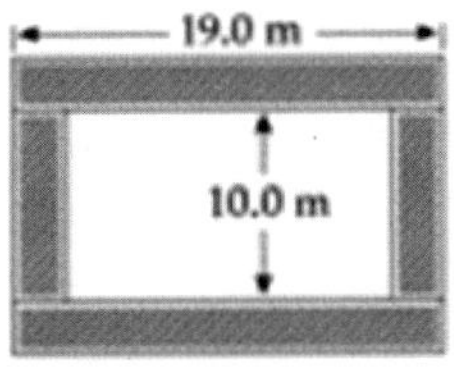

ANS. FIG. P1.13

부피의 불확정도는 각 변의 갈이 (ℓ, w, t) 불확정도의 합이다:

$$\frac{\delta \ell_1}{\ell_1} = \frac{0.12\ \text{m}}{19.0\ \text{m}} = 0.0063$$

$$\frac{\delta w_1}{w_1} = \frac{0.01\ \text{m}}{1.0\ \text{m}} = 0.010$$

$$\frac{\delta t_1}{t_1} = \frac{0.1\ \text{cm}}{9.0\ \text{cm}} = 0.011$$

이로부터

$$\frac{\delta V}{V} = 0.006 + 0.010 + 0.011 = 0.027 \approx 3\%$$

14. 새먹이통에 있는 참새의 수 = s, 다른 새들의 수 = m 이라고 하자. 주어진 조건으로부터

$$\frac{\text{s}}{\text{m}} = 2.25, \quad \text{s} + \text{m} = 91$$

$$\text{m} = \frac{\text{s}}{2.25}, \quad \text{s} + \frac{\text{s}}{2.25} = 91 \quad \rightarrow \quad 1.444\text{s} = 91$$

따라서 $\text{s} = \dfrac{91}{1.444} = 63$

15. $\sin\theta = -3\cos\theta$ 또는 $\dfrac{\sin\theta}{\cos\theta} = \tan\theta = -3$ 으로부터

$\theta = \tan^{-1}(-3) = \arctan(-3) = -71.6^\circ$ 이므로,
이는 0° 와 360° 사이에 있지 않다. 탄젠트 함수는 제2사분면과 제4분면에서 음수이므로, 원하는 답은 $360^\circ - 71.6^\circ = 288^\circ$ 그리고 $180^\circ - 71.6^\circ = 108^\circ$ 이다.

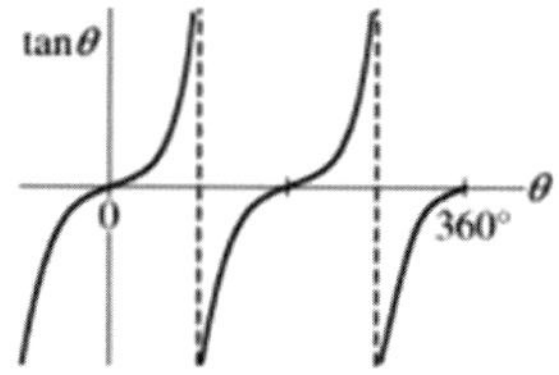

ANS. FIG. P1.15

1.6 좌표계

16. $x = r\cos\theta = (5.50\ \text{m})\cos 240^\circ = (5.50\ \text{m})(-0.5) = -2.75\ \text{m}$
$y = r\sin\theta = (5.50\ \text{m})\sin 240^\circ = (5.50\ \text{m})(-0.866) = -4.76\ \text{m}$
따라서 (-2.75, -4.76) m

17.

(a) $d = \sqrt{(x_2 - x_1)^2 + (y_2 - y_1)^2} = \sqrt{(2.00 - [-3.00])^2 + (-4.00 - 3.00)^2}$

$\therefore\ d = \sqrt{25.0 + 49.0} = 8.60\,\text{m}$

(b) $r_1 = \sqrt{(2.00)^2 + (-4.00)^2} = \sqrt{20.0} = 4.47\,\text{m}$

$\theta_1 = \tan^{-1}\left(-\dfrac{4.00}{2.00}\right) = -63.4^\circ$

$r_2 = \sqrt{(-3.00)^2 + (3.00)^2} = \sqrt{18.0} = 4.24\,\text{m}$

$\theta_2 = \tan^{-1}\left(-\dfrac{3.00}{3.00}\right) = 135^\circ$

1.7 벡터와 스칼라

1.8 벡터의 성질

18. 이러한 벡터 표현을 그래프로 구하기 위하여, 각각의 벡터를 그린다. 결과는 눈금자와 각도기를 사용하여 측정한다. (크기: 1단위 = 0.5 m)

(a) $\vec{A} + \vec{B} = 60^\circ$ 에서 5.2 m
(b) $\vec{A} - \vec{B} = 330^\circ$ 에서 3.0 m
(c) $\vec{B} - \vec{A} = 150^\circ$ 에서 3.0 m
(d) $\vec{A} - 2\vec{B} = 300^\circ$ 에서 5.2 m

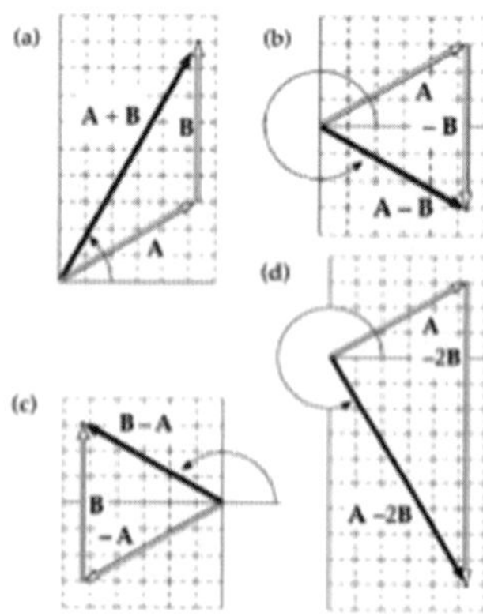

ANS. FIG. P1.18

19. $\vec{A} = (0,\ 29)$, $+y$ 방향이고, $\vec{R} = (0,\ -14)$, $-y$ 방향이므로
벡터 성분으로 계산하면
$\vec{B} = \vec{R} - \vec{A} = (0,\ -14) - (0,\ 29) = (0,\ -43)$
이다. 따라서 벡터 $\vec{B}$ 의 크기는 43 단위이고 방향은 $-y$ 방향이다.

1.9 벡터의 성분과 단위 벡터

20. 두 번째 사람이 걸어간 거리는
북쪽으로 $(3.10\text{ km})\sin 25.0^\circ = 1.31\text{ km}$,　동쪽으로 $(3.10\text{ km})\cos 25.0^\circ = 2.81\text{ km}$

21. 크기 $A = \sqrt{A_x^2 + A_y^2} = \sqrt{(-25.0)^2 + (40.0)^2} = 47.2$ 단위
방향

$$\phi = \tan^{-1}\left(\frac{A_y}{|A_x|}\right) = \tan^{-1}\left(\frac{40.0}{25.0}\right) = \tan^{-1}(1.60) = 58.0^\circ$$

그림을 보면, $+x$ 축으로부터의 각도는 180° 를 빼주면 되므로

$$\theta = 180^\circ - 58^\circ = 122^\circ$$

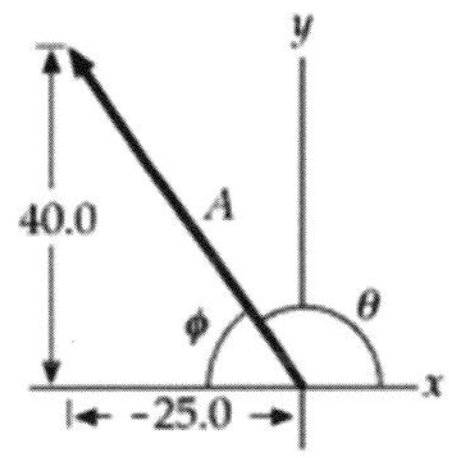

ANS. FIG. P1.21

22.
(a) $R_x = 40.0\cos 45.0^\circ + 30.0\cos 45.0^\circ = 49.5$
$R_y = 40.0\sin 45.0^\circ - 30.0\sin 45.0^\circ + 20.0 = 27.1$
따라서 $\vec{R} = 49.5\hat{i} + 27.1\hat{j}$
(b) 크기 $R = \sqrt{(49.5)^2 + (27.1)^2} = 56.4$
방향 $\theta = \tan^{-1}\left(\frac{27.1}{49.5}\right) = 28.7^\circ$

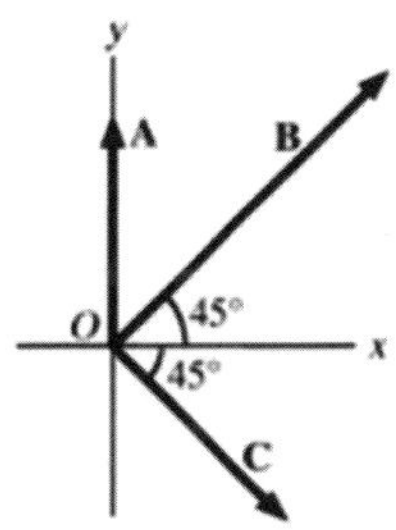

ANS. FIG. P1.22

23. (a) 세 벡터의 합, $\vec{D} = \vec{A} + \vec{B} + \vec{C} = 2\hat{i} - 2\hat{j}$
$|\vec{D}| = \sqrt{2^2 + 2^2} = 2.83\text{ m}$,　$\theta = 315^\circ$
(b) 다시 세 벡터의 성분을 이용하면
$\vec{E} = -\vec{A} - \vec{B} + \vec{C} = -6\hat{i} + 12\hat{j}$
$|\vec{E}| = \sqrt{2^2 + 12^2} = 13.4\text{ m}$,　$\theta = 117^\circ$

24. $\vec{d_1} = 100\hat{i}$
$\vec{d_2} = -300\hat{j}$
$\vec{d_3} = -150\cos(30.0^\circ)\hat{i} - 150\sin(30.0^\circ)\hat{j} = -130\hat{i} - 75.0\hat{j}$
$\vec{d_4} = -200\cos(60.0^\circ)\hat{i} + 200\sin(60.0^\circ)\hat{j} = -100\hat{i} + 173\hat{j}$
합벡터 $\vec{R} = \vec{d_1} + \vec{d_2} + \vec{d_3} + \vec{d_4} = (-130\hat{i} - 202\hat{j})\text{ m}$

크기 $R=\sqrt{(-130)^2+(-202)^2}=240\ \text{m}$

방향 $\phi=\tan^{-1}\left(\frac{202}{130}\right)=57.2°$

$\theta=180°+\phi=237°$

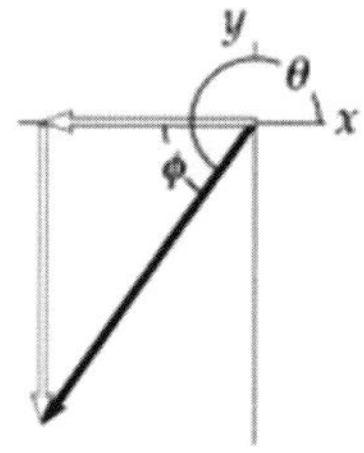

ANS. FIG. P1.24

1.10 모형화, 다양한 표현, 문제 풀이 전략

25. (a) $-\hat{\text{i}}$ = 서쪽이고 $-\hat{\text{j}}$ = 남쪽을 나타낸다. 오른쪽의 그림은 버스가 이동하는 연속적인 변위를 나타내는 지도이다.

(b) 전체 이동 거리는 네 변위 크기의 합이다.

즉, 6.30b + 4.00b + 3.00b + 5.00b = 18.3b.

(c)

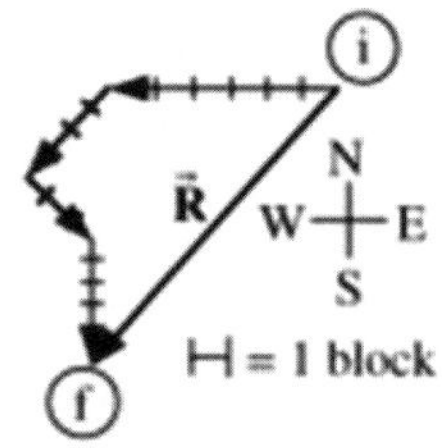

ANS. FIG. P1.25

$\vec{\text{R}}=(-6.30-3.06+1.93)\hat{\text{i}}+(-2.57-2.30-5.00)\hat{\text{j}}=-7.44\text{b}\,\hat{\text{i}}-9.87\text{b}\,\hat{\text{j}}$

크기 $R=\sqrt{(7.44\text{b})^2+(9.87\text{b})^2}=12.4\text{b}$

방향 $\phi=\tan^{-1}\left(\frac{9.87}{7.44}\right)=53.0°$ (남서쪽)

$\theta=180°+\phi=233°$ (동쪽으로부터 시계 반대 방향)

26. 그림 P1.26은 각도 θ에 대해 밑변의 길이가 d이고 반대쪽 변은 너비가 y인 직각삼각형이다. 따라서 강의 너비 y는

$$\tan\theta=\frac{y}{d}\ \rightarrow\ y=(100\ \text{m})\tan 35.0°=70.0\ \text{m}$$

이다.

추가문제

27. (a) 구글 검색을 하면, 다음의 정보를 얻을 수 있다.

소장 : 길이 약 6 m, 지름 약 4 cm

대장 : 길이 약 1.5 m, 지름 약 6 cm.

이들 두 장기를 두 개의 원통으로 취급한다.

길이가 L이고 지름이 d인 원통의 부피는 $V=\frac{\pi}{4}d^2L$이므로, 소장과 대장의 전체 부피는

$$V=V_s+V_l=\frac{\pi}{4}(0.04\ \text{m})^2(6\ \text{m})+\frac{\pi}{4}(0.06\ \text{m})^2(1.5\ \text{m})=0.0117\ \text{m}^3\cong 10^{-2}\ \text{m}^3$$

이 부피의 1%를 박테리아가 차지한다고 가정하면, 박테리아의 부피는 다음과 같다.

$$V_{bac}=(10^{-2}\ \text{m}^3)(0.01)=10^{-4}\ \text{m}^3$$

박테리아의 길이를 한 변의 길이가 $L=10^{-6}\text{m}$인 정육면체로 가정하면, 박테리아 하나의 부피는 약 $L^3=10^{-18}\ \text{m}^3$이다.

따라서 장 내 박테리아의 수는 약

$$(10^{-4}\,\mathrm{m}^3)\left(\frac{1\text{박테리아}}{10^{-18}\,\mathrm{m}^3}\right) = 10^{14}\text{박테리아}$$

이다.

(b) 박테리아의 수가 많다는 것은 박테리아가 유익한 것임을 암시힌다. 그렇지 않으면 신체는 오래 전에 박테리아 수를 줄이는 방법을 찾았을 것이다. 장내 특정 유형의 박테리아가 유익하다는 것은 잘 알려져 있다. 이러한 박테리아는 소화를 돕고 위험한 박테리아가 장에서 번성하는 것을 막아준다.

28. "한 달 열흘= $\frac{4}{3}$ 개월" 이므로

$$\left(\frac{1\text{판}}{4/3\text{개월}}\right)\left(\frac{12\text{개월}}{1\text{년}}\right) = 9\text{판/년}$$

29. 1년의 실제 초 수는

(86 400초/일) (365.25일/년) = 31 557 600초/년

이다. 근사치의 백분율 오차는 다음과 같다.

$$\frac{|(\pi \times 10^7\text{초/년}) - (31\ 557\ 600\text{초/년})|}{31\ 557\ 600} \times 100\% = 0.449\%$$

30. 그림에서 눈덩이 하나의 변위 방향은 $90.0° + 35.0° + 16.0° = 141°$

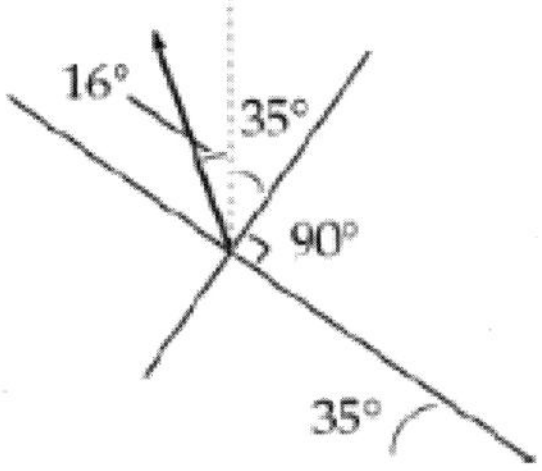

(a) 최대 변위의 슬로프에 평행한 경우

$(1.50\ \mathrm{m})\cos 141° = -1.17\ \mathrm{m}$, 또는 슬로프 꼭대기를 향하여 $+1.17\ \mathrm{m}$.

(b) 슬로프에 수직인 경우

$(1.50\ \mathrm{m})\sin 141° = 0.944\ \mathrm{m}$, 또는 슬로프 면으로부터 멀어지는 쪽으로 $0.944\ \mathrm{m}$.

2장 일차원에서의 운동

2.1 평균 속도

1.

(a) $v_{avg} = \dfrac{\Delta x}{\Delta t} = \dfrac{10\ \text{m}}{2\ \text{s}} = 5\ \text{m/s}$

(b) $v_{avg} = \dfrac{\Delta x}{\Delta t} = \dfrac{5\ \text{m}}{4\ \text{s}} = 1.2\ \text{m/s}$

(c) $v_{avg} = \dfrac{\Delta x}{\Delta t} = \dfrac{5\ \text{m} - 10\ \text{m}}{4\ \text{s} - 2\ \text{s}} = -2.5\ \text{m/s}$

(d) $v_{avg} = \dfrac{\Delta x}{\Delta t} = \dfrac{-5\ \text{m} - 5\ \text{m}}{7\ \text{s} - 4\ \text{s}} = -3.3\ \text{m/s}$

(e) $v_{avg} = \dfrac{\Delta x}{\Delta t} = \dfrac{0\ \text{m} - 0\ \text{m}}{8\ \text{s} - 0\ \text{s}} = 0\ \text{m/s}$

2.

(a) $v_{avg} = \dfrac{\Delta x}{\Delta t} = \dfrac{2.3\ \text{m} - 0\ \text{m}}{1\ \text{s} - 0\ \text{s}} = -2.3\ \text{m/s}$

(b) $v_{avg} = \dfrac{\Delta x}{\Delta t} = \dfrac{57.5\ \text{m} - 9.2\ \text{m}}{5\ \text{s} - 2\ \text{s}} = 16.1\ \text{m/s}$

(c) $v_{avg} = \dfrac{\Delta x}{\Delta t} = \dfrac{57.5\ \text{m} - 0\ \text{m}}{5\ \text{s} - 0\ \text{s}} = 11.5\ \text{m/s}$

3. 입자가 $x = 10t^2$으로 이동한다면

(a) $v_{avg} = \dfrac{\Delta x}{\Delta t} = \dfrac{90.0 - 40.0}{3.00 - 2.00} = \dfrac{50.0}{1.00} = 50.0\ \text{m/s}$

(b) $v_{avg} = \dfrac{\Delta x}{\Delta t} = \dfrac{44.1 - 40.0}{2.10 - 2.00} = \dfrac{4.10}{0.100} = 41.0\ \text{m/s}$

2.2 순간 속도

4.

(a) $t_i = 1.5\ \text{s}$일 때 $x_i = 8.0\ \text{m}$ (점 A)

$t_i = 4.0\ \text{s}$일 때 $x_f = 2.0\ \text{m}$ (점 B)

$v_{avg} = \dfrac{\Delta x}{\Delta t} = \dfrac{2.0 - 8.0}{4.0 - 1.5} = -\dfrac{6.0}{2.5} = -2.4\ \text{m/s}$

(b) 접선의 기울기는 점 C($t_C = 1.0\ \text{s}$, $x_C = 9.5\ \text{m}$)와 D ($t_D = 3.5\ \text{s}$, $x_D = 0\ \text{m}$)에서 구할 수 있다.

$v_{avg} = -3.8\ \text{m/s}$.

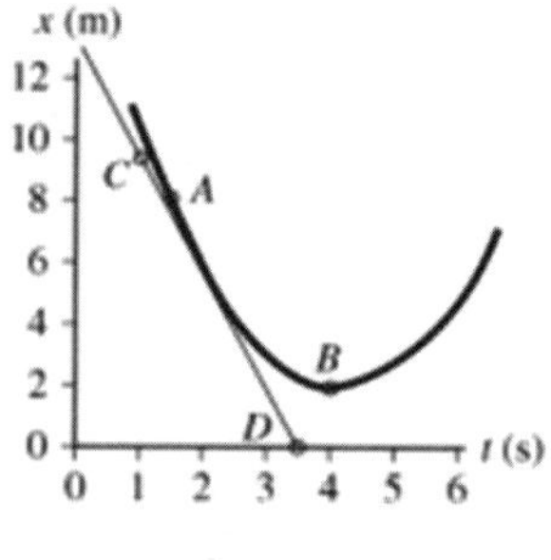

ANS. FIG. P2.4

(c) x가 최소일 때 속도는 영이다. 이는 $t = 4.0\ \text{s}$에서이다.

5.

(a) $v_{1,x,avg} = \frac{(\Delta x)_1}{(\Delta t)_1} = \frac{L-0}{t_1} = +\frac{L}{t_1}$

(b) $v_{2,x,avg} = \frac{(\Delta x)_2}{(\Delta t)_2} = \frac{0-L}{t_2} = -\frac{L}{t_2}$

(c) $v_{x,avg,total} = \frac{(\Delta x)_1 + (\Delta x)_2}{t_1 + t_2} = \frac{L-L}{t_1+t_2} = 0$

(d) $v_{avg,trip} = \frac{\text{전체거리}}{(\Delta t)_{total}} = \frac{|+L|+|-L|}{t_1+t_2} = \frac{2L}{t_1+t_2}$

6.

(a) $v = \frac{5\ \text{m} - 0\ \text{m}}{1\ \text{s} - 0\ \text{s}} = 5\ \text{m/s}$

(b) $v = \frac{5\ \text{m} - 10\ \text{m}}{4\ \text{s} - 2\ \text{s}} = -2.5\ \text{m/s}$

(c) $v = \frac{5\ \text{m} - 5\ \text{m}}{5\ \text{s} - 4\ \text{s}} = 0\ \text{m/s}$

(d) $v = \frac{0\ \text{m} - (-5)\ \text{m}}{8\ \text{s} - 7\ \text{s}} = +5\ \text{m/s}$

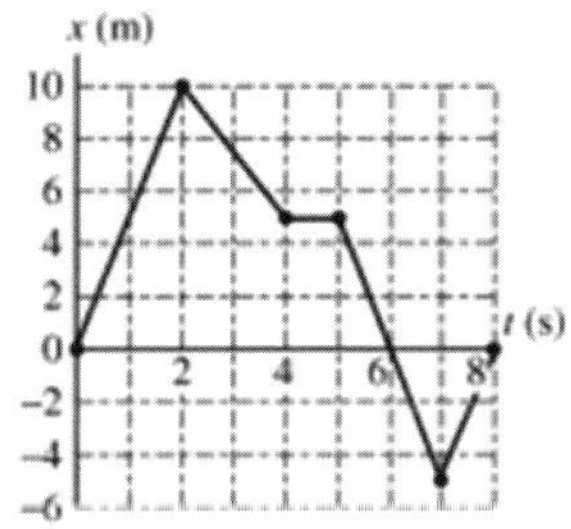

ANS. FIG. P2.6

2.3 분석 모형: 등속 운동하는 입자

7. 전체 여행의 평균 속도가 30.0 mi/h 일 때

(a) $v_{avg} = \frac{\Delta x}{\Delta t}$, $\Delta x = \Delta x_1 + \Delta x_2 = 2d$, $\Delta t = \Delta t_1 + \Delta t_2 = \frac{d}{v_1} + \frac{d}{v_2}$

$$\therefore\ v_{avg} = \left(\frac{\Delta x}{\Delta t}\right) = \left(\frac{\Delta x_1 + \Delta x_2}{\Delta t_1 + \Delta t_2}\right) = \left(\frac{2d}{d/v_1 + d/v_2}\right) = \left(\frac{2v_1 v_2}{v_1 + v_2}\right)$$

이로부터 $(v_1 + v_2)v_{avg} = 2v_1 v_2 \ \rightarrow\ v_2 = \left(\frac{v_1 v_{avg}}{2v_1 - v_{avg}}\right)$

$v_{avg} = 30\ \text{mi/h}$, $v_1 = 60\ \text{mi/h}$ 이므로

$$v_2 = \left[\frac{(30\ \text{mi/h})(60\ \text{mi/h})}{2(60\ \text{mi/h}) - (30\ \text{mi/h})}\right] = 20\ \text{mi/h}$$

(b) $\Delta x = \Delta x_1 + \Delta x_2 = d + (-d) = 0$

$$v_{avg} = \frac{\Delta x}{\Delta t} = 0$$

(c) $d = d_1 + d_2 = 2d$, $\Delta t = d/v_1 + d/v_2$

$$\therefore\ v_{avg} = \left(\frac{\Delta x}{\Delta t}\right) = \left(\frac{\Delta x_1 + \Delta x_2}{\Delta t_1 + \Delta t_2}\right) = \left(\frac{2d}{d/v_1 + d/v_2}\right) = \left(\frac{2v_1 v_2}{v_1 + v_2}\right)$$ 이므로,

(a)와 같이

$$v_{avg} = \frac{\Delta x}{\Delta t} = 30 \text{ mi/h}$$

2.4 가속도

8. (a)

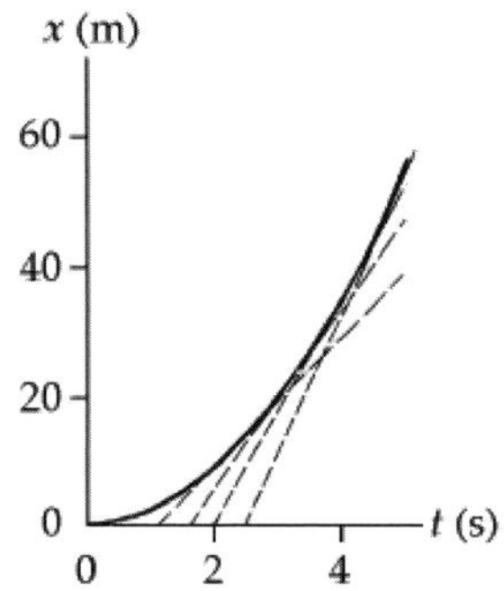

(b) $t = 5.0$ s일 때 $v \approx \frac{58 \text{ m}}{2.5 \text{ s}} = 23 \text{ m/s}$

$t = 4.0$ s일 때 $v \approx \frac{54 \text{ m}}{3 \text{ s}} = 18 \text{ m/s}$

$t = 3.0$ s일 때 $v \approx \frac{49 \text{ m}}{3.4 \text{ s}} = 14 \text{ m/s}$

$t = 2.0$ s일 때 $v \approx \frac{36 \text{ m}}{4.0 \text{ s}} = 9.0 \text{ m/s}$

(c)

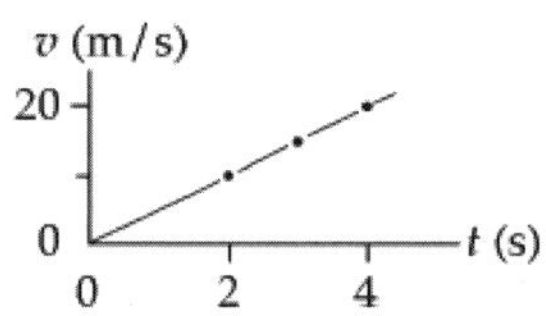

$$a_{avg} = \frac{\Delta v}{\Delta t} \approx \frac{23 \text{ m/s}}{5.0 \text{ s}} \approx 4.6 \text{ m/s}^2$$

(d) 자동차의 처음 속도는 0이다.

9.

$x = 2.00 + 3.00t - t^2$ 이므로, $v = \frac{dx}{dt} = 3.00 - 2.00t, \quad a = \frac{dv}{dt} = -2.00$

$t = 3.00$ s에서

(a) $x = (2.00 + 9.00 - 9.00) \text{ m} = 2.00 \text{ m}.$

(b) $v = \frac{dx}{dt} = (3.00 - 6.00) \text{ m/s} = -3.00 \text{ m/s}$

(c) $a = -2.00 \text{ m/s}^2$

10.

(a) $a-t$ 그래프 아래의 넓이는 속도 변화 Δv와 같다. 그림 2.16을 사용하여 특정 시간 간격 동안의 속도 변화를 구할 수 있다.

시간 간격 0 ~ 10 s 동안 곡선 아래의 넓이는 직사각형 모양이며, 그 넓이는

$$\Delta v = (2\ \mathrm{m/s^2})(10\ \mathrm{s}) = 20\ \mathrm{m/s}$$

입자는 정지 상태($v_0 = 0$)에서 출발하므로, 10 s 끝날 때의 속도는

$$v = v_0 + \Delta v = 0 + 20\ \mathrm{m/s} = 20\ \mathrm{m/s}$$

$t = 10$ s와 $t = 15$ s 동안, 넓이는 0이다 : $\Delta v = 0$.

$t = 15$ s와 $t = 20$ s 동안, 넓이는 직사각형이다 : $\Delta v = (-3\ \mathrm{m/s^2})(5\ \mathrm{s}) = -15\ \mathrm{m/s}$.

따라서, $t = 0$ s와 $t = 20$ s 동안, 전체 넓이는 $\Delta v = (20\ \mathrm{m/s}) + (0\ \mathrm{m/s}) +$ 이고, $t = 20$ s에서의 속도는 5 m/s이다.

(b) (a)에서 도출한 정보를 사용하여 $x-t$ 그래프를 구성할 수 있다. 이 그래프 아래의 넓이는 입자의 변위 Δx와 같다.

(a)에서 얻은 고려해야할 시간과 속도는 다음과 같다. $(t, v) = (0\ \mathrm{s}, 0\ \mathrm{m/s})$, $(10\ \mathrm{s}, 20\ \mathrm{m/s})$, $(15\ \mathrm{s}, 20\ \mathrm{m/s})$, $(20\ \mathrm{s}, 5\ \mathrm{m/s})$이다. 이를 다음의 그래프에 나타내었다.

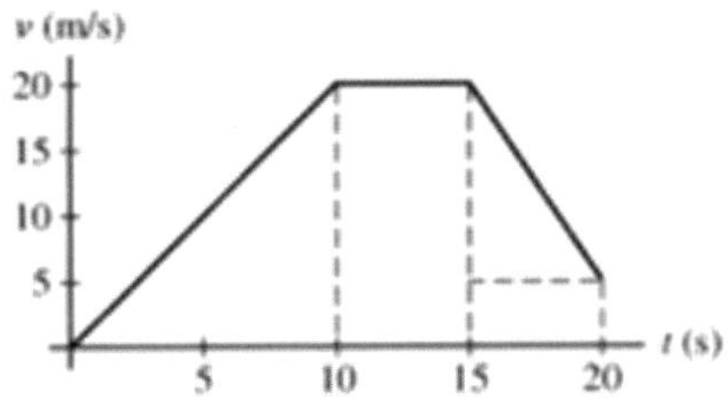

변위는 다음과 같다:

0 − 10 s (삼각형 넓이) : $\Delta x = (1/2)(20\ \mathrm{m/s})(10\ \mathrm{s}) = 100\ \mathrm{m}$

10 − 15 s (직사각형 넓이) : $\Delta x = (20\ \mathrm{m/s})(5\ \mathrm{s}) = 100\ \mathrm{m}$

15 − 20 s (삼각형과 직사각형 넓이) : $\Delta x = (1/2)[(20-5)\ \mathrm{m/s}](5\ \mathrm{s}) + (5\ \mathrm{m/s})(5\ \mathrm{s}) = 62.5\ \mathrm{m}$

첫 20.0 s 동안의 전체 변위는

$$\Delta x = 100\ \mathrm{m} + 100\ \mathrm{m} + 62.5\ \mathrm{m} = 262.5\ \mathrm{m} = 263\ \mathrm{m}.$$

11. $x = 3.00t^2 - 2.00t + 3.00$ 이므로, $v = \dfrac{dx}{dt} = 6.00t - 2.00$, $a = \dfrac{dv}{dt} = 6.00$

(a) $t = 2.00$ s일 때, $x = [(3.00(2.00)^2 - 2.00(2.00) + 3.00]\ \mathrm{m} = 11.0\ \mathrm{m}$

$t = 3.00$ s일 때, $x = [(3.00(3.00)^2 - 2.00(3.00) + 3.00]\ \mathrm{m} = 24.0\ \mathrm{m}$ 이므로

$$v_{avg} = \frac{\Delta x}{\Delta t} = \frac{24.0\ \mathrm{m} - 11.0\ \mathrm{m}}{3.00\ \mathrm{s} - 2.00\ \mathrm{s}} = 13.0\ \mathrm{m/s}.$$

(b) 순간 속도 :

$t = 2.00$ s일 때, $v = [(6.00(2.00) - 2.00]$ m/s $= 10.0$ m/s.

$t = 3.00$ s일 때, $v = [(6.00(3.00) - 2.00]$ m/s $= 16.0$ m/s.

(c) 평균 가속도 :

$$a_{avg} = \frac{\Delta v}{\Delta t} = \frac{16.0\ \text{m/s} - 10.0\ \text{m/s}}{3.00\ \text{s} - 2.00\ \text{s}} = 6.00\ \text{m/s}^2$$

(d) 순간 가속도 :

모든 시간에서 가속도는 일정하다. $a = \dfrac{dv}{dt} = 6.00\ \text{m/s}^2$.

(e) $v = \dfrac{dx}{dt} = 6.00t - 2.00 = 0 \rightarrow t = (2.00)/(6.00) = 0.333$ s.

12. $x-t$ 그래프

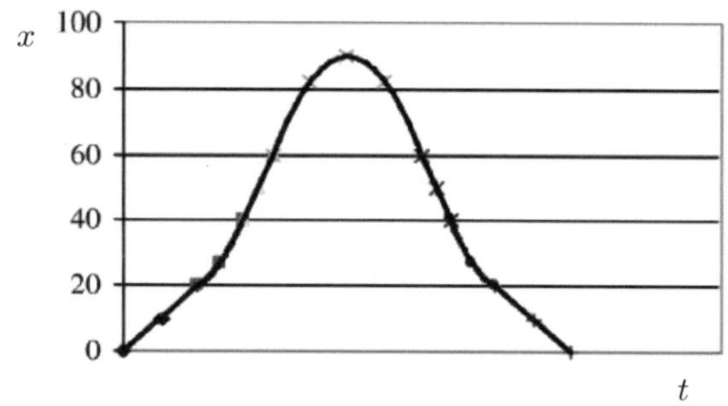

$v_x - t$ 그래프

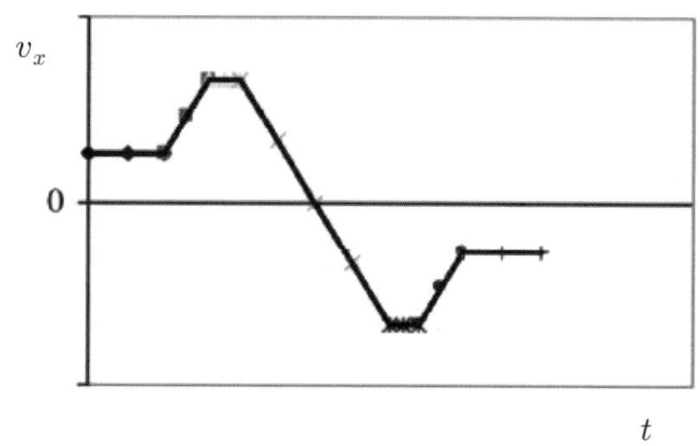

$a_x - t$ 그래프

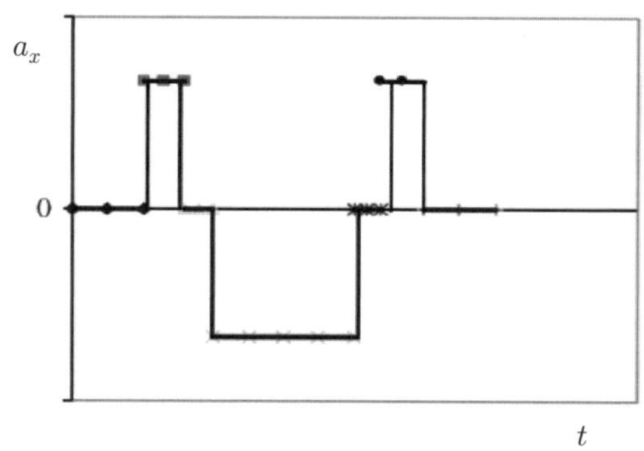

2.5 운동 도표

13.

P2.13

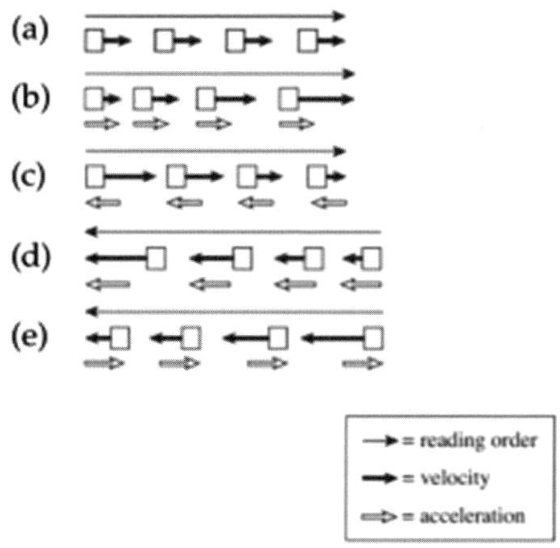

(f) 답을 표현하는 한 가지 방법: 연속적인 위치의 간격은 덜 규칙적으로 변하게 된다. 또 다른 방법: 물체는 (a)에서 (e)까지 표시된 운동의 조합으로 이동한다. 한 도표에서, 가속도 벡터의 크기와 방향은 변하게 된다.

2.6 분석 모형: 등가속도 운동하는 입자

14. $x_f - x_i = v_i t + \frac{1}{2}at^2$ 으로부터

$$-5.00 - 3.00 = 12.0(2.00) + \frac{1}{2}a(2.00)^2$$

$$-8.00 = 24.0 + 2a \quad \rightarrow \quad a = -16.0\ \text{cm/s}^2.$$

15. 음극선관 내에서 전자의 등가속도 운동, $v_i = 2.00\times10^4$ m/s, $v_f = 6.00\times10^6$ m/s, $x_f - x_i = 1.50\times10^{-2}$ m

(a) $x_f - x_i = \frac{1}{2}(v_i + v_f)t$ 에서

$$t = \frac{2(x_f - x_i)}{v_i + v_f} = \frac{2(1.50\times10^{-2}\ \text{m})}{2.00\times10^4\ \text{m/s} + 6.00\times10^6\ \text{m/s}} = 4.98\times10^{-9}\ \text{s}$$

(b) $v_f^2 = v_i^2 + 2a_x(x_f - x_i)$에서

$$a_x = \frac{v_f^2 - v_i^2}{2(x_f - x_i)} = \frac{(6.00\times10^6\ \text{m/s})^2 - (2.00\times10^4\ \text{m/s})^2}{2(1.50\times10^{-2}\ \text{m})} = 1.20\times10^{15}\ \text{m/s}^2$$

16.

(a) 오른쪽에 표시된 것처럼 보트의 운동 방향에서 오른쪽을 $+x$축으로 하는 좌표계를 선택

한다.

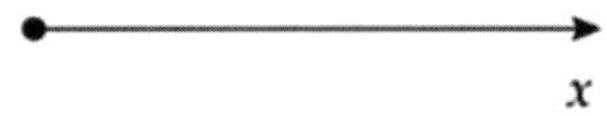

ANS. FIG. P2.16

(b) 보트의 속력이 증가하므로, 여기서는 등가속도 운동하는 입자 모형을 사용하여야 한다.

(c) 보트의 변위에 따라 처음 속도와 나중 속도가 주어져 있으므로, 다음 식을 사용한다.

$$v_{xf}^2 = v_{xi}^2 + 2a\Delta x\,.$$

(d) 보트의 가속도에 대하여 풀면

$$a = \frac{v_f^2 - v_i^2}{2\Delta x}\,.$$

(e) $a = \dfrac{v_f^2 - v_i^2}{2\Delta x} = \dfrac{(30.0\ \text{m/s})^2 - (20.0\ \text{m/s})^2}{2(200\ \text{m})} = 1.25\ \text{m/s}^2.$

(f) 시간 간격을 구하기 위하여 $v_f = v_i + at$ 를 사용하면,

$$t = \frac{v_f - v_i}{a} = \frac{30.0\ \text{m/s} - 20.0\ \text{m/s}}{1.25\ \text{m/s}^2} = 8.00\ \text{s}\,.$$

17.

(a) $v_f = v_i + at = 13.0\ \text{m/s} + (-4.00\ \text{m/s}^2)(1.00\ \text{s}) = 9.00\ \text{m/s}\,.$

(b) $v_f = v_i + at = 13.0\ \text{m/s} + (-4.00\ \text{m/s}^2)(4.00\ \text{s}) = -3.00\ \text{m/s}\,.$

(c) $v_f = v_i + at = 13.0\ \text{m/s} + (-4.00\ \text{m/s}^2)(-1.00\ \text{s}) = 17.0\ \text{m/s}\,.$

(d) $v-t$ 그래프는 오전 10시 5분에 13 m/s를 통과하고 아래쪽으로 기울어지며, 이후 1초마다 4 m/s씩 감소하는 직선이다.

(e) 한 순간에 물체의 속도를 알고 있다는 전제 하에, 등가속도가 주어지면 다른 순간의 속도를 알 수 있다.

18. 등가속도 운동

(a) $x_f - x_i = \dfrac{1}{2}(v_i + v_f)t$ 로부터

$$40.0\ \text{m} = \frac{1}{2}(v_i + 2.80\ \text{m/s})(8.50\ \text{s}) \quad\rightarrow\quad v_i = 6.61\ \text{m/s}.$$

(b) $a = \dfrac{v_f - v_i}{t} = \dfrac{2.80\ \text{m/s} - 6.61\ \text{m/s}}{8.50\ \text{s}} = -0.448\ \text{m/s}^2.$

2.7 자유 낙하 물체

19. 지폐는 정지 상태 $v_i = 0$ 에서 시작하여 (중력으로 인해) 9.80 m/s²의 하향 가속도로 낙하한다. 사람의 평균 반응 시간이 약 0.20초인 경우, 지폐가 낙하한 거리를 구할 수 있다.

$$y_f = y_i + v_i t + \frac{1}{2}at^2 \quad\rightarrow\quad \Delta y = v_i t - \frac{1}{2}gt^2$$

$$\Delta y = 0 - \frac{1}{2}(9.80\ \text{m/s}^2)(0.20)^2 = -0.20\ \text{m}.$$

지폐는 약 20 cm 낙하하는데, 이 거리는 지폐 중앙과 위쪽 끝 사이의 거리인 약 8 cm의 약 두 배이다. 따라서 데이비드는 지폐를 잡을 만큼 빠르게 반응할 수 없다.

20. 헬리콥터의 높이 $y = h = 3.00t^3$

$t = 2.00\,\text{s}$ 일 때 $y = 3.00(2.00\ \text{s})^3 = 24.0\ \text{m}$

$$v_y = \frac{dy}{dt} = 9.00t^2 = 36.0\ \text{m/s}$$

우편 행랑 운동 식은 $y_f = y_i + v_i t + \frac{1}{2}at^2 = (24.0\ \text{m}) + (36.0\ \text{m/s})t - (4.90\ \text{m/s}^2)t^2$

지표면에 도달하면 $y_f = 0$ 이므로

$$\therefore\ 4.90t^2 - 36.0t - 24.0 = 0$$

근의 공식에 의해 $t = \dfrac{36.0 \pm \sqrt{(-36.0)^2 - 4(4.90)(-24.0)}}{2(4.90)}$

$$\therefore\ t = 7.96\ \text{s}$$

21. 3.00 m를 낙하하는 데 걸리는 시간은 $v_i = 0$ 일 때 다음의 식에서 구할 수 있다.

$$3.00\ \text{m} = \frac{1}{2}(9.80\ \text{m/s}^2)t^2 \quad \rightarrow \quad t = 0.782\ \text{s}.$$

(a) 말이 10.0 m/s로 질주할 때, 수평 거리는 $vt = 7.82\ \text{m}$ 이다.

(b) 앞에서와 같이, $t = 0.782\ \text{s}$.

22. 두 공이 지표면으로부터 같은 높이 h 에서 만난다고 할 때, $y_f = y_i + v_i t - \frac{1}{2}gt^2$ 로부터

15.0 m에서 떨어뜨린 공의 경우 : $-(15.0\ \text{m} - h) = -\frac{1}{2}gt^2 \quad \rightarrow \quad h = 15.0\ \text{m} - \frac{1}{2}gt^2$

위로 던진 공의 경우 : $h = (25\ \text{m}/s)t - \frac{1}{2}gt^2$

두 식이 같으므로 $15.0\ \text{m} - \frac{1}{2}gt^2 = (25\ \text{m/s})t - \frac{1}{2}gt^2$

따라서 $t = \dfrac{15\ \text{m}}{25\ \text{m/s}} = 0.60\ \text{s}$

23. $y_f = y_i + v_i t - \frac{1}{2}gt^2$ 로부터

$$0 = (30.0\ \text{m}) + (-8.00\ \text{m/s})t - (4.90\ \text{m/s}^2)t^2$$

근의 공식에 의해 $t = \dfrac{8.00 \pm \sqrt{(-8.00)^2 - 4(-4.90)(30.0)}}{2(-4.90)}$

$$\therefore\ t = 1.79\ \text{s}\,.$$

추가문제

24.

(a) 첫 번째 경사면의 꼭대기와 바닥을 처음과 나중 위치로 하자. 공이 정지 상태에서 출발하면 $v_f = 3.00\ \text{m/s}. v_i = 0$, $a = 0.500\ \text{m/s}^2$, $x_f - x_i = 9.00\ \text{m}$이다.

그러면 $v_f^2 = v_i^2 + 2a(x_f - x_i) = 0^2 + 2(0.500\ \text{m/s}^2)(9.00\ \text{m})$

$$v_f = 3.00\ \text{m/s}.$$

(b) 걸린 시간을 구하기 위해 다음을 사용한다.

$$x_f - x_i = v_i t + \frac{1}{2}at^2$$

주어진 값을 대입하면

$$9.00 = 0 + \frac{1}{2}(0.500\ \text{m/s}^2)t^2$$

$$t = 6.00\ \text{s}.$$

(c) 첫 번째 경사면의 바닥과 두 번째 경사면의 꼭대기를 각각 처음과 나중 위치로 정하자. $v_i = 3.00\ \text{m/s}$, $v_f = 0$, $x_f - x_i = 15.0\ \text{m}$. 다음 식으로부터

$$v_f^2 = v_i^2 + 2a(x_f - x_i)$$

$$a = \frac{v_f^2 - v_i^2}{2(x_f - x_i)} = \frac{0^2 - (3.00\ \text{m/s})^2}{2(15.0\ \text{m})} = -0.300\ \text{m/s}^2$$

(d) 첫 번째 경사면의 바닥과 두 번째 경사면을 따라 8.00 m 이동한 위치를 각각 처음과 나중 위치로 정한다. $v_i = 3.00\ \text{m/s}$, $a = -0.300\ \text{m/s}^2$, $x_f - x_i = 8.00\ \text{m}$.

다음 식으로부터

$$v_f^2 = v_i^2 + 2a(x_f - x_i) = (3.00\ \text{m/s})^2 + 2(-0.300\ \text{m/s}^2)(8.00\ \text{m}) = 4.20\ \text{m}^2/\text{s}^2$$

$$v_f = 2.05\ \text{m/s}.$$

25.

(a) $v_f^2 = v_i^2 + 2a\Delta y$에서

$$v_f = \sqrt{v_i^2 + 2a(\Delta y)} = \sqrt{0 + 2(4\ 000\ \text{m/s}^2)(2.00\times10^{-3}\text{m})} = 4.00\ \text{m/s}$$

(b) $t = \frac{v_f - v_i}{a} = \frac{4.00\,\text{m/s} - 0}{4\ 000\ \text{m/s}^2} = 1.00\times10^{-3}\ \text{s} = 1.00\ \text{ms}$

(c) $\Delta y = \frac{v_f^2 - v_i^2}{2a} = \frac{0 - (4.00\,\text{m/s})^2}{2(-9.80\,\text{m/s}^2)} = 0.816\ \text{m}$

26.

(a) $v_{xf} = v_{xi} + at \rightarrow a_x = \frac{v_{xf} - v_{xi}}{t} = \frac{175\ \text{mi/h} - 0}{25.0\ \text{s}} = 70.0\ \text{mi/h}\cdot\text{s}$

$$= 70.0\ \text{mi/h}\cdot\text{s}\left(\frac{1\ 609\ \text{mi}}{1\ \text{m}}\right)\left(\frac{1\ \text{h}}{3\ 600\ \text{s}}\right) = 31.3\ \text{m/s}^2.$$

(b) $x_f - x_i = \frac{1}{2}(v_i + v_f)t = \frac{1}{2}(0 + 175\ \text{mi/h})(2.5\ \text{s})\left(\frac{1\ 609\ \text{mi}}{1\ \text{mi}}\right)\left(\frac{1\ \text{h}}{3\ 600\ \text{s}}\right) = 97.8\ \text{m}$

27. 코뿔소의 운동 상황을 두 가지로 분석해 보자.

1) $t_i = 0,\ v_i = 0;\ t = 10.0\,\text{s},\ v_f = 8.00\ \text{m/s}$:

$$v_f = v_i + at \ \rightarrow\ a = \frac{v_f}{t} = \frac{8.00\,\text{m/s}}{10.0\,\text{s}} = 0.800\ \text{m/s}^2.$$

2) $t_i = 0,\ v_i = 0;\ t = 10.0\,\text{s},\ x_f = 50.0\,\text{m}$:

$$x_f = x_i + v_i t + \frac{1}{2}at^2 \ \rightarrow\ x_f = \frac{1}{2}at^2 \ \rightarrow\ a = \frac{2x_f}{t^2} = \frac{2(50.0\,\text{m})}{(10.0\,\text{s})^2} = 1.00\ \text{m/s}^2$$

두 운동 상황을 분석한 결과, 가속도가 일치하지 않는다. 그러므로 이 상황은 불가능하다.

28.

(a) 그래프에서 보듯이, 약 −50 s에서 50 s까지 아셀라(Acela)는 $+x$ 방향으로 등속도로 이동한다. 50 s에서 200 s까지 아셀라는 $+x$ 방향으로 가속하여 약 170 mi/h의 최고 속력에 도달한다. 약 200 s에 엔지니어가 브레이크를 밟아, 여전히 $+x$ 방향으로 이동하던 기차는 속력을 줄여 350 s에 멈춘다. 350 s 직후, 아셀라는 방향을 바꾸어(v가 음수가 됨) $-x$ 방향으로 꾸준히 속력을 높인다.

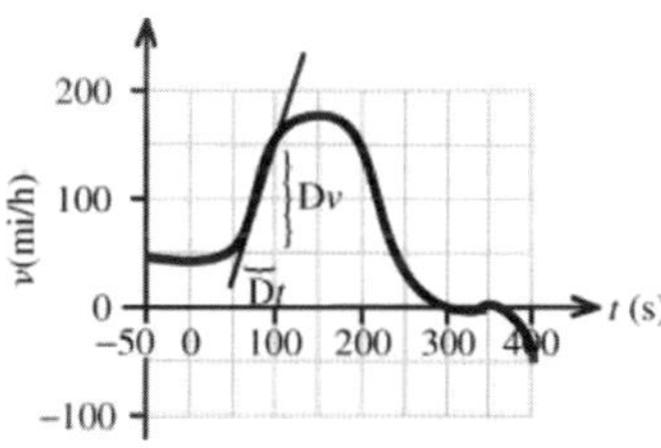

ANS. FIG. P2.28(a)

(b) 45 ~ 170 mi/h 사이의 최대 가속도는, 이 구간에서 $v-t$ 곡선의 가장 가파른 접선의 기울기이다. 그림에 나타낸 접선으로부터 가속도를 구한다.

$$a = \text{기울기} = \frac{\Delta v}{\Delta t} = \frac{(155 - 45)\ \text{mi/h}}{(100 - 50)\ \text{s}} = 2.2\ (\text{mi/h})/\text{s} = 0.98\ \text{m/s}^2.$$

(c) $v-t$ 곡선 아래의 넓이가 변위와 같다는 사실을 이용하자. 0에서 200 s 사이의 전동차 변위는 일련의 삼각형과 직사각형으로 근사화한 회색 음영 영역의 넓이와 같다.

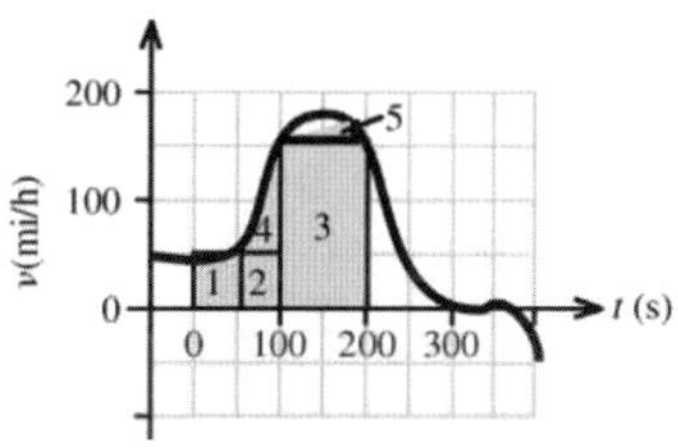

ANS. FIG. P2.28(c)

$$\begin{aligned}\Delta x_{0\rightarrow 200\ \text{s}} &= \text{넓이}_1 + \text{넓이}_2 + \text{넓이}_3 + \text{넓이}_4 + \text{넓이}_5 \\ &= (50\ \text{mi/h})(50\ \text{s}) + (50\ \text{mi/h})(50\ \text{s}) \\ &\quad + (160\ \text{mi/h})(100\ \text{s}) + \frac{1}{2}(50\ \text{s})(100\ \text{mi/h}) \\ &\quad + \frac{1}{2}(100\ \text{s})(170 - 160)\ \text{mi/h} \\ &= 24\ 000\ (\text{mi/h})(\text{s}).\end{aligned}$$

이제 시간을 초로 변환하여 변위를 마일 단위로 나타낼 수 있다. 1 h = 3600 s이므로,

$$\Delta x_{0\rightarrow 200\ \text{s}} = \left(\frac{24\ 000\ \text{mi}}{3\ 600\ \text{s}}\right)(\text{s}) = 6.7\ \text{mi}.$$

29.

(a)

첫 번째 자동차에서

$$v_1 = v_{1i} + a_1 t = -3.50\ \text{cm/s} + (2.40\ \text{cm/s}^2)t$$

두 번째 자동차에서

$$v_2 = v_{2i} + a_2 t = +5.5\ \text{cm/s} + 0$$

두 속도가 같아야 하므로, $-3.50 + (2.40)t = 5.5 \quad \rightarrow \quad t = \dfrac{9.00}{2.40} = 3.75\ \text{s}$

(b) 첫 번째 자동차의 속도 $v_1 = v_{1i} + a_1 t = -3.50 + 2.40 \times 3.75 = 5.50\ \text{cm/s}$

그리고 두 번째 자동차의 속도는 일정하다.

(c) $x_1 = x_{1i} + v_{1i} + \dfrac{1}{2}a_1 t^2 = 15.0 - (3.50)t + \dfrac{1}{2}(2.40)t^2$

$x_2 = 10.0 + (5.50)t$

두 자동차의 위치가 같아야 하므로, $15.0 - (3.50)t + \dfrac{1}{2}(2.40)t^2 = 10.0 + 5.50t$

위의 식을 정리하면 $(1.20)t^2 - (9.00)t + 5.00 = 0$

근의 공식에 의해 $t = \dfrac{9 \pm \sqrt{9^2 - 4(1.2)(5)}}{2(1.2)} = \dfrac{9 \pm \sqrt{57}}{2.4} = 0.604\ \text{s}$ 또는 $6.90\ \text{s}$

이 중에서 두 자동차가 서로 지나치는 시간은 0.604 s가 된다.

(d) $t = 0.604\ \text{s}$일 때

$$x_{1,2} = 10.0 + (5.50)(0.604) = 13.3\ \text{cm}.$$

$t = 6.90\ \text{s}$일 때

$$x_{1,2} = 10.0 + (5.50)(6.90) = 47.9\ \text{cm}.$$

(e) 두 자동차는 처음에 서로를 향해 움직이므로 곧 동일한 위치 x에 도달하게 되는데, 이때 두 자동차의 속력은 매우 다르다. 첫 번째 동일 위치에 도달하는 시간이 (c)에서의 첫 번째 답이 되며, 이 시간은 (a)와는 다른 시간이다. 첫 번째 자동차는 왼쪽으로 이동하면서 속력이 느려지다가 방향을 바꿔 오른쪽으로 이동하기 시작한다. 그러면서 가속이 되어 속력이 붙기 시작한다. 그러다가 어떤 특정 순간에 첫 번째 자동차의 속도는 오른쪽으로 등속 운동하고 있는 자동차의 속도와 같게 된다. 이 때 첫 번째 가속하는 자동차의 위치는 등속 운동하는 두 번째 자동차의 위치보다 훨씬 뒤에 있다. 따라서 (a)의 답이 (c)의 답이 아니다. 결국 가속하는 자동차는 등속 운동하는 자동차를 매우 빠른 속도로 따라 잡게 되어, (c)의 두 번째 답이 나오게 된다.

3장 이차원에서의 운동

3.1 위치, 속도 및 가속도 벡터

1. xy 평면에서 물체의 좌표가 $x = -5.00\sin\omega t$, $y = 4.00 - 5.00\cos\omega t$로 변한다.

(a) 속도 : $v_x = \dfrac{dx}{dt} = \left(\dfrac{d}{dt}\right)(-5.00\sin\omega t) = -5.00\omega\cos\omega t$

$$v_y = \frac{dy}{dt} = \left(\frac{d}{dt}\right)(4.00 - 5.00\cos\omega t) = 0 + 5.00\omega\sin\omega t$$

따라서 $t = 0$ 에서 물체의 속도 $\vec{v} = (-5.00\omega\cos 0)\hat{i} + (5.00\omega\sin 0)\hat{j} = -5.00\omega\,\hat{i}$ m/s

(b) 가속도 : $a_x = \dfrac{dv_x}{dt} = \dfrac{d}{dt}(-5.00\omega\cos\omega t) = +5.00\omega^2\sin\omega t$

$$a_y = \frac{dv_y}{dt} = \frac{d}{dt}(5.00\omega\sin\omega t) = 5.00\omega^2\cos\omega t$$

$t = 0$ 에서 물체의 가속도 $\vec{a} = (5.00\omega^2\sin 0)\hat{i} + (5.00\omega^2\cos 0)\hat{j} = 5.00\omega^2\,\hat{j}$ m/s^2

(c) 위치 벡터 $\vec{r} = (4.00\ \text{m})\hat{j} + (5.00\ \text{m})(-\sin\omega t\,\hat{i} - \cos\omega t\,\hat{j})$

속도 벡터 $\vec{v} = (5.00\ \text{m})\omega[-\cos\omega t\,\hat{i} + \sin\omega t\,\hat{j}]$

가속도 벡터 $\vec{a} = (5.00\ \text{m})\omega^2[\sin\omega t\,\hat{i} + \cos\omega t\,\hat{j}]$

(d) (x, y)는 다음의 식을 만족한다. $x^2 + (y - 4.00)^2 = (5.00)^2$

이는 중심이 (0, 4.00 m)이고 반지름이 5.00 m 인 원운동을 나타낸다.

2.

(a) $t = 2.00$ s 에서 $t = 4.00$ s 사이에서의 평균 속도 :

$$\vec{v}_{avg} = \left(\frac{x(4.00) - x(2.00)}{4.00\ \text{s} - 2.00\ \text{s}}\right)\hat{i} + \left(\frac{y(4.00) - y(2.00)}{4.00\ \text{s} - 2.00\ \text{s}}\right)\hat{j}$$

$$= \left(\frac{5.00\ \text{m} - 3.00\ \text{m}}{2.00\ \text{s}}\right)\hat{i} + \left(\frac{3.00\ \text{m} - 1.50\ \text{m}}{2.00\ \text{s}}\right)\hat{j}$$

$$\vec{v}_{avg} = \boxed{(1.00\hat{i} + 0.750\hat{j})\ \text{m/s}}$$

(b) $t = 2.00$ s 에서의 속도와 속력 :

$$v_x = \frac{dx}{dt} = a = 1.00\ \text{m/s}$$

$$v_y = \frac{dy}{dt} = 2ct = (0.250\ \text{m/s}^2)t$$

이므로, 속도는

$$\vec{v} = v_x\hat{i} + v_y\hat{j} = (1.00\ \text{m/s})\hat{i} + (0.250\ \text{m/s}^2)t\,\hat{j}$$

$$\boxed{\vec{v}(t = 2.00\ \text{s}) = (1.00\ \text{m/s})\hat{i} + (0.500\ \text{m/s})\hat{j}}$$

속력은

$$|\vec{v}(t = 2.00\ \text{s})| = \sqrt{(1.00\ \text{m/s})^2 + (0.500\ \text{m/s})^2} = \boxed{1.12\ \text{m/s}}$$

3.2 이차원 등가속도 운동

3. 주어진 조건 $\vec{\mathbf{a}} = 3.00\hat{\mathbf{j}}\ \mathrm{m/s^2}$; $\vec{\mathbf{v}}_i = 5.00\hat{\mathbf{i}}\ \mathrm{m/s}$; $\vec{\mathbf{r}}_i = 0\hat{\mathbf{i}} + 0\hat{\mathbf{j}}$ 로부터,

(a) 위치 벡터 :

$$\vec{\mathbf{r}}_f = \vec{\mathbf{r}}_i + \vec{\mathbf{v}}_i t + \frac{1}{2}\vec{\mathbf{a}}t^2 = (5.00\ \mathrm{m/s})t\hat{\mathbf{i}} + \tfrac{1}{2}(3.00\ \mathrm{m/s^2})t^2\hat{\mathbf{j}}$$
$$= \boxed{5.00t\hat{\mathbf{i}} + 1.50t^2\hat{\mathbf{j}}}$$

여기서 r과 t의 단위는 각각 m와 s이다.

(b) 속도 벡터 :

$$\vec{\mathbf{v}}_f = \vec{\mathbf{v}}_i + \vec{\mathbf{a}}t = \boxed{5.00\hat{\mathbf{i}} + 3.00t\,\hat{\mathbf{j}}}$$

여기서 v와 t의 단위는 각각 m/s와 s이다.

(c) t = 2.00 s에서의 입자의 좌표 :

$$\vec{\mathbf{r}}_f = (5.00\ \mathrm{m/s})(2.00\ \mathrm{s})\hat{\mathbf{i}} + \left(1.50\ \mathrm{m/s^2}\right)(2.00\ \mathrm{s})^2\hat{\mathbf{j}}$$
$$= \left(10.0\hat{\mathbf{i}} + 6.00\hat{\mathbf{j}}\right)\ \mathrm{m}$$

따라서 $x_f = \boxed{10.0\ \mathrm{m}}$, $y_f = \boxed{6.00\ \mathrm{m}}$.

(d) t = 2.00 s에서의 입자의 속력 :

$$\vec{\mathbf{v}}_f = \vec{\mathbf{v}}_i + \vec{\mathbf{a}}t = (5.00\ \mathrm{m/s})\hat{\mathbf{i}} + \left(3.00\ \mathrm{m/s^2}\right)(2.00\ \mathrm{s})\hat{\mathbf{j}}$$
$$= \left(5.00\hat{\mathbf{i}} + 6.00\hat{\mathbf{j}}\right)\ \mathrm{m/s}$$

$$v_f = \sqrt{v_{xf}^2 + v_{yf}^2} = \sqrt{(5.00\ \mathrm{m/s})^2 + (6.00\ \mathrm{m/s})^2} = \boxed{7.81\ \mathrm{m/s}}$$

4. $\vec{\mathrm{r}}_i = 29.0\cos 95.0^\circ\ \hat{\mathrm{i}} + 29.0\sin 95.0^\circ\ \hat{\mathrm{j}} = -2.53\,\hat{\mathrm{i}} + 28.9\,\hat{\mathrm{j}}$

$\vec{\mathrm{v}}_i = 4.50\cos 40.0^\circ\ \hat{\mathrm{i}} + 4.50\sin 40.0^\circ\ \hat{\mathrm{j}} = 3.45\,\hat{\mathrm{i}} + 2.89\,\hat{\mathrm{j}}$

$\vec{\mathrm{a}} = 1.90\cos 200^\circ\ \hat{\mathrm{i}} + 1.90\sin 200^\circ\ \hat{\mathrm{j}} = -1.79\,\hat{\mathrm{i}} - 0.650\,\hat{\mathrm{j}}$

(a) $\vec{\mathrm{v}}_f = \vec{\mathrm{v}}_i + \vec{\mathrm{a}}t = (3.45 - 1.79t)\,\hat{\mathrm{i}} + (2.89 - 0.650t)\,\hat{\mathrm{j}}$

(b) $\vec{\mathrm{r}}_f = \vec{\mathrm{r}}_i + \vec{\mathrm{v}}_i t + \frac{1}{2}\vec{\mathrm{a}}t^2$

$$= \left(-2.53 + 3.45t + \frac{1}{2}(-1.79)t^2\right)\hat{\mathrm{i}} + \left(28.9 + 2.89t + \frac{1}{2}(-0.650)t^2\right)\hat{\mathrm{j}}$$

$$= \left(-2.53 + 3.45t - 0.893t^2\right)\hat{\mathrm{i}} + \left(28.9 + 2.89t - 0.325t^2\right)\hat{\mathrm{j}}$$

3.3 포물체 운동

5. 높이가 영인 곳에서 최대 높이 h로의 운동을 고려하자.

$$v_{yf}^2 = v_{yi}^2 + 2a_y(y_f - y_i) \quad \text{-->} \quad 0 = v_{yi}^2 - 2g(h-0) \quad \text{또는} \quad v_{yi} = \sqrt{2gh}$$

이번에는 원점으로부터 최대 높이의 반까지의 운동을 고려하자.

$$v_{yf}^2 = v_{yi}^2 + 2a_y(y_f - y_i) \quad \text{-->} \quad v_{yh}^2 = 2gh + 2(-g)\left(\frac{1}{2}h - 0\right) \text{ 이므로 } \quad v_{yh} = \sqrt{gh}$$

최대 높이에서의 속력은 다음과 같다.

$$v_x = \frac{1}{2}\sqrt{v_x^2 + v_{yh}^2} = \frac{1}{2}\sqrt{v_x^2 + gh} \quad \text{-->} \quad v_x = \sqrt{\frac{gh}{3}}.$$

처음 발사 각도는 다음과 같다.

$$\theta_i = \tan^{-1}\frac{v_{yi}}{v_x} = \tan^{-1}\frac{\sqrt{2gh}}{\sqrt{gh/3}} = \tan^{-1}\sqrt{6} = \boxed{67.8°}$$

6. $h = \dfrac{v_i^2 \sin^2\theta_i}{2g}$, $R = \dfrac{v_i^2(\sin 2\theta_i)}{g}$

여기서 $3h = R$이므로 $\dfrac{3v_i^2\sin^2\theta_i}{2g} = \dfrac{v_i^2(\sin 2\theta_i)}{g} \rightarrow \dfrac{2}{3} = \dfrac{\sin^2\theta_i}{\sin 2\theta_i} = \dfrac{\tan\theta_i}{2}$

발사각 $\theta_i = \tan^{-1}\left(\dfrac{4}{3}\right) = 53.1°$

7.

(a) 머그잔이 카운터에서 수평으로 떨어질 때의 속도를 v_{xi}라고 하자. 머그잔이 바닥에 떨어질 때 걸린 시간을 t라고 하면, 수평 가속도는 없으므로,

$$x_f = v_{xi}t \rightarrow t = x_f/v_{xi} \rightarrow t = (1.40\ \text{m}/v_{xi})$$

t시간 동안 머그잔은 아래 방향의 가속도 9.80 m/s^{2}으로 1.22 m를 낙하하므로,

$$y_f = y_i + v_{yi}t + \tfrac{1}{2}a_y t^2$$
$$0 = 1.22\ \text{m} - (4.90\ \text{m/s}^2)(1.40\ \text{m}/v_{xi})^2$$

이다. 따라서

$$v_{xi} = \sqrt{\frac{(4.90\ \text{m/s}^2)(1.40\ \text{m})^2}{1.22\ \text{m}}} = \boxed{2.81\ \text{m/s}}$$

(b) 머그잔이 바닥에 부딪힐 때의 연직 속도는

$$v_{yf} = v_{yi} + a_y t \rightarrow v_{yf} = v_{yi} + (-g)(1.40\ \text{m}/v_{xi})$$
$$v_{yf} = 0 + (-9.80\ \text{m/s}^2)(1.40\ \text{m}/2.81\ \text{m/s}) = -4.89\ \text{m/s}$$

이다. 따라서 머그잔이 바닥에 부딪힐 때의 각도 θ는 다음과 같다.

$$\theta = \tan^{-1}\left(\frac{v_{yf}}{v_{xf}}\right) = \tan^{-1}\left(\frac{-4.89\ \text{m/s}}{2.81\ \text{m/s}}\right) = -60.2°$$

머그잔이 바닥에 부딪힐 때 머그전의 속도는 수평 아래로 60.2° 이다.

8.

(a) $x_f = v_{xi}t = (8.00 \text{ m/s})\cos 20.0° \,(3.00 \text{ s}) = \boxed{22.6 \text{ m}}$

(b) 아래를 양(+)의 방향으로 하면,

$$y_f = v_{yi}t + \frac{1}{2}gt^2$$

$$y_f = (8.00 \text{ m/s})\sin 20.0°(3.00 \text{ s}) + \frac{1}{2}(9.80 \text{ m/s}^2)(3.00 \text{ s})^2$$

$$= \boxed{52.3 \text{ m}}$$

(c)

$$10.0 \text{ m} = (8.00 \text{ m/s})(\sin 20.0°)t + \frac{1}{2}(9.80 \text{ m/s}^2)t^2$$

$$4.90t^2 + 2.74t - 10.0 = 0$$

$$t = \frac{-2.74 \pm \sqrt{(2.74)^2 + 196}}{9.80} = \boxed{1.18 \text{ s}}$$

9.

(a) $R = h$이므로

$$\frac{v_i^2 \sin 2\theta_i}{g} = \frac{v_i^2 \sin^2\theta_i}{2g}, \text{ 이때 } 2\sin 2\theta_i = \sin^2\theta_i \quad \rightarrow \quad 4\sin\theta_i\cos\theta_i = \sin^2\theta_i$$

$$\tan\theta_i = 4 \quad \rightarrow \quad \theta_i = \tan^{-1}(4) = 76.0°$$

(b) $R = \dfrac{v_i^2 \sin[2(76.0°)]}{g}$이고 $R_{\max} = \dfrac{v_i^2 \sin[2(45.0°)]}{g} = \dfrac{v_i^2}{g}$이므로

$$R_{\max} = \frac{R}{\sin[2(76.0°)]} = 2.13R$$

(c) g 영향을 받지 않으므로 다른 행성에서도 같다.

10. 변위의 수평 성분은 $x_f = v_{xi}t = (v_i \cos\theta_i)t$ 이다. 그러므로 거리 d만큼 떨어진 건물에 도달하는 시간은 $t = \dfrac{d}{v_i \cos\theta_i}$ 이다. 이 시간에 물의 높이는 다음과 같다.

$$y_f = v_{yi}t + \frac{1}{2}a_y t^2 = v_i \sin\theta_i\left(\frac{d}{v_i\cos\theta_i}\right) - \frac{g}{2}\left(\frac{d}{v_i\cos\theta_i}\right)^2$$

따라서, 지표면으로부터 물은 지표면으로부터 다음에 주어지는 높이 h에 도달한다.

$$h = y_f = \boxed{d\tan\theta_i - \frac{gd^2}{2v_i^2\cos^2\theta_i}}$$

11. 처음에 수평으로 돌을 차면 연직 속도 성분은 영(0)이므로, 공기 중에서 날라가는 시간은 다음과 같다.

$$y_f = y_i + v_{yi}t + \frac{1}{2}a_y t^2$$

$$-40.0\text{ m} = 0 + 0 + \frac{1}{2}(-9.80\text{ m/s}^2)t^2$$

$$t = 2.86\text{ s}$$

축구 선수가 다시 소리를 듣게될 때까지 여분의 시간은 3.00 s − 2.86 s = 0.14 s이다. 이 동안의 거리는

$$(343\text{ m/s})\ 0.143\text{ s} = 49.0\text{ m} = \sqrt{x^2 + (40.0\text{ m})^2}$$

이며, 여기서 x는 돌이 이동한 수평 거리를 나타낸다. 이로부터 구한 돌의 속력은 다음과 같다.

$$x = 28.3\text{ m} = v_{xi}t + 0t^2$$

$$\therefore v_{xi} = \frac{28.3\text{ m}}{2.86\text{ s}} = \boxed{9.91\text{ m/s}}$$

12.

포물체의 위치

$$x_f = x_i + v_{xi}t + \frac{1}{2}a_x t^2 = (v_i\cos\theta)t$$

$$y_f = y_i + v_{yi}t + \frac{1}{2}a_y t^2 = h + (v_i\sin\theta)t - \frac{1}{2}gt^2$$

속도 성분;

$$v_{xf} = v_{xi} + a_x t = v_i\cos\theta, \quad v_{yf} = v_{yi} + a_y t = v_i\sin\theta - gt$$

(a) 물체가 최대 높이에 도달하면 $v_{yf} = 0$이므로,

$$v_{yf} = v_i\sin\theta - gt = 0 \quad \rightarrow \quad t = \frac{v_i\sin\theta}{g}$$

(b) $h_{\max} = h + (v_i\sin\theta)t - \frac{1}{2}gt^2 = h + v_i\sin\theta\,\frac{v_i\sin\theta}{g} - \frac{1}{2}g\left(\frac{v_i\sin\theta}{g}\right)^2$

$$\therefore\ h_{\max} = h + \frac{(v_i\sin\theta)^2}{2g}$$

13.

(a) $x_i = 0.00\,\text{m}$, $y_i = 0.00\,\text{m}$

(b) $v_{xi} = 18.0\,\text{m/s}$, $v_{yi} = 0$

(c) 등가속도 운동하는 입자

(d) 등속 운동하는 입자

(e) $v_{xf} = v_{xi} + a_x t \ \rightarrow \ v_{xf} = v_{xi} = 18.0\text{ m/s}$, $v_{yf} = -(9.80\text{ m/s}^2)t$

(f) $x_f = v_{xi}t + \frac{1}{2}a_x t^2 = v_{xi}t = (18.0\text{ m/s})t^2$,

$$y_f = y_i + v_{yi}t + \frac{1}{2}a_y t^2 = h - \frac{1}{2}gt^2 = (50.0\ \text{m}) - (4.90\ \text{m/s}^2)t^2$$

(g) $y_f = -\frac{1}{2}gt^2 = -h = -\frac{1}{2}gt^2 \quad \rightarrow \quad t = \sqrt{\frac{2h}{g}} = \sqrt{\frac{2(50.0\,\text{m})}{9.80\,\text{m/s}^2}} = 3.19\,\text{s}$

(h) 수평 성부 $v_{xf} = v_{xi} = 18.0\ \text{m/s}$

연직 성분 $v_{yf} = -gt = -g\sqrt{\frac{2h}{g}} = -\sqrt{2gh} = -\sqrt{2(9.80\,\text{m/s}^2)(50.0\,\text{m})} = -31.3\ \text{m/s}$

따라서 $v_f = \sqrt{v_{xf}^2 + v_{yf}^2} = \sqrt{(18.0\,\text{m/s})^2 + (-31.3\,\text{m/s})^2} = 36.1\ \text{m/s}$

$$\theta_f = \tan^{-1}\left(\frac{v_{yf}}{v_{xf}}\right) = \tan^{-1}\left(\frac{-31.3}{18.0}\right) = -60.1\,°$$

14. 문제에서 주어진 식

$$\boldsymbol{x_f = 0 + (11.2\ \text{m/s})\cos 18.5° t}$$

$$\boldsymbol{0.360\ \text{m} = 0.840\ \text{m} + (11.2\ \text{m/s})\sin 18.5° t - \frac{1}{2}(9.80\ \text{m/s}^2)t^2}$$

을 포물체의 나중 위치 식

$$\boldsymbol{x_f = x_i + v_{xi}t}$$

$$\boldsymbol{y_f = y_i + v_{yi}t - \frac{1}{2}gt^2}$$

과 비교해 본다. 그러면 $x_i = 0$, $y_i = 0.840\ \text{m}$, $v_{xi} = (11.2\ \text{m/s})\cos 18.5°$,

$v_{yi} = (11.2\ \text{m/s})\cos 18.5°$, $g = 9.80\ \text{m/s}^2$ 이다.

(a) 그러면 운동 선수의 질량 중심의 처음 위치는 $(x_i, y_i) = (0, 0.840\ \text{m})$이다. 즉, 그의 처음 위치 벡터는 $\vec{r} = 0\,\hat{i} + 0.840\ \text{m}\ \hat{j}$ 이다.

(b) 처음 속도는

$$\vec{v} = (11.2\ \text{m/s})\cos 18.5°\ \hat{i} + (11.2\ \text{m/s})\sin 18.5°\ \hat{j}$$

$= x$축 위 18.5° 방향으로 11.2 m/s.

(c) $\boldsymbol{(4.90\ \text{m/s}^2)t^2 - (3.55\ \text{m/s})t - 0.48\ \text{m} = 0}$로부터 뛰는 동안의 시간 간격을 구하면,

$$\boldsymbol{t = \frac{-(-3.55) + \sqrt{(-3.55)^2 - 4(4.90)(-0.48)}}{2(4.90)} = 0.841\ \text{s}}$$

이므로, $\boldsymbol{x_f = (11.2\ \text{m/s})\cos 18.5°(0.841\ \text{s}) = \boxed{8.94\ \text{m}}}$.

3.4 분석 모형: 등속 원운동하는 입자

15. 원반의 최대 지름 가속도는 구심 가속도로 구하면 된다.

즉, $a_c = \frac{v^2}{r} = \frac{(20.0\ \text{m/s})^2}{1.06\ \text{m}} = 377\ \text{m/s}^2$.

$r = 0.500\ \mathrm{m};$

16. $v_t = \dfrac{2\pi r}{T} = \dfrac{2\pi(0.500\ \mathrm{m})}{\frac{60.0\ \mathrm{s}}{200\ \mathrm{rev}}} = 10.47\ \mathrm{m/s} = \boxed{10.5\ \mathrm{m/s}}$

$$a = \frac{v^2}{r} = \frac{(10.47\ \mathrm{m/s})^2}{0.500\ \mathrm{m}} = 219\ \mathrm{m/s^2}\quad \text{중심 방향.}$$

17. (a) $v = \dfrac{d}{\Delta t} = \dfrac{2\pi r}{T}$ 로부터

$$8.00\,\mathrm{rev/s} \rightarrow T = \frac{1}{8.00\,\mathrm{rev/s}} = 0.125\,\mathrm{s} \rightarrow v = \frac{2\pi(0.600\,\mathrm{m})}{0.125\,\mathrm{s}} = 30.2\ \mathrm{m/s}$$

$$6.00\,\mathrm{rev/s} \rightarrow T = \frac{1}{6.00\,\mathrm{rev/s}} = 0.167\,\mathrm{s} \rightarrow v = \frac{2\pi(0.900\,\mathrm{m})}{0.167\,\mathrm{s}} = 33.9\ \mathrm{m/s}$$

그러므로 위의 두 경우 중에서 공의 속력이 빠른 것은 6.00 rev/s일 때이다.

(b) 구심 가속도 $a = \dfrac{v^2}{r} = \dfrac{(30.2\ \mathrm{m/s})^2}{0.600\,\mathrm{m}} = 1.52 \times 10^3\ \mathrm{m/s^2}$

(c) 구심 가속도 $a = \dfrac{(33.9\ \mathrm{m/s})^2}{0.900\ \mathrm{m}} = 1.28 \times 10^3\ \mathrm{m/s^2}$

따라서 8 rev/s일 때 가속도가 더 크다는 것을 알 수 있다.

18.

$$v = \frac{2\pi R}{T} = \frac{2\pi\left(6.37 \times 10^6\ \mathrm{m}\right)}{86\,400\ \mathrm{s}} = 463\ \mathrm{m/s}$$

$$a = \frac{\left(463\ \mathrm{m/s}\right)^2}{6.37 \times 10^6\ \mathrm{m}} = \boxed{0.033\,7\ \mathrm{m/s^2}\ \text{directed toward the center of Earth}}$$

3.5 접선 가속도와 지름 가속도

19.

(a) 구심 가속도 $a = \dfrac{v^2}{r} = \dfrac{(3\,\mathrm{m/s})^2}{2\,\mathrm{m}} = 4.50\ \mathrm{m/s^2}$.

전체 가속도의 크기는 구해진 가속도의 크기보다 작을 수는 없다.

따라서 답은 "네"이고, 6.00 $\mathrm{m/s^2}$일 수 있다.

입자의 접선 가속도 성분이 $\sqrt{6^2 - (4.5)^2} = 3.97\ \mathrm{m/s^2}$이 되도록 속도를 점점 올리거나 점점 늦출 수 있다.

(b) 답은 "아니오"이다. 가속도의 크기는 주어진 조건으로 구한 $v^2/r = 4.5\ \mathrm{m/s^2}$보다 작을 수 없다.

20.

$r = 2.50\text{ m}, a = 15.0\text{ m/s}^2$

(a) $a_c = a\cos 30.0° = (15.0\text{ m/s}^2)(\cos 30°)$

$= \boxed{13.0\text{ m/s}^2}$

(b) $a_c = \dfrac{v^2}{r}$

so $v^2 = ra_c = 2.50\text{ m}(13.0\text{ m/s})$

$= 32.5\text{ m}^2/\text{s}^2$

$v = \sqrt{32.5}\text{ m/s} = \boxed{5.70\text{ m/s}}$

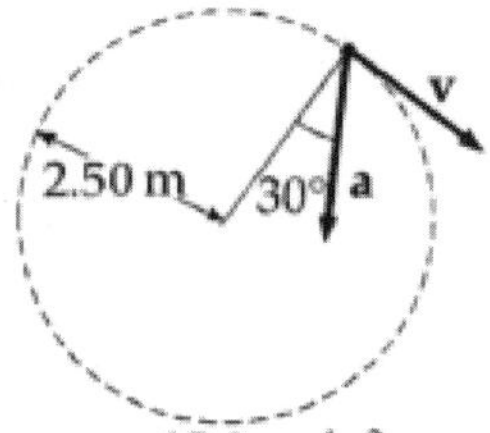

ANS. FIG. P3.20

(c) $a^2 = a_t^2 + a_r^2$

so $a_t = \sqrt{a^2 - a_r^2} = \sqrt{(15.0\text{ m/s}^2)^2 - (13.0\text{ m/s}^2)^2} = \boxed{7.50\text{ m/s}^2}$

3.6 상대 속도와 상대 가속도

21. $\vec{v}_{ce}$ = 지표면에 대한 자동차의 속도

$\vec{v}_{wc}$ = 자동차에 대한 비의 속도

$\vec{v}_{we}$ = 지구에 대한 비의 속도

이들 속도는 서로 오른쪽 그림에 보인 관계가 있다.

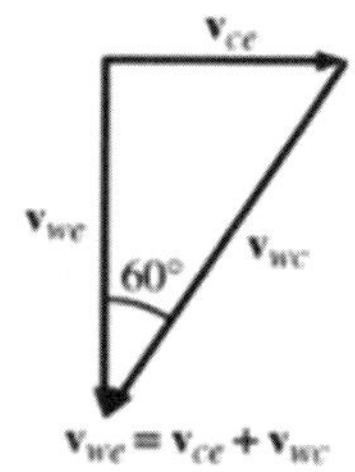

ANS. FIG. P3.21

(a) $\vec{v}_{we}$ 는 연직 방향이므로, $v_{wc}\sin 60.0° = v_{ce} = 50.0\text{ km/h}$ 또는

$\vec{v}_{wc} = 57.7\text{ km/h}$, 연직 방향으로부터 서쪽으로 60.0°

(b) $\vec{v}_{ce}$ 의 연직 성분이 영(0)이므로,

$v_{we} = v_{wc}\sin 60.0° = (57.7\text{ km/h})\cos 60.0° = 28.9\text{ km/h}$, 아래 방향

22.

(a) 열차 안 정지 상태의 관찰자에게 볼트 나사는 감속하여 열차의 후면을 향하게 된다.

$a = \sqrt{(2.50\text{ m/s}^2)^2 + (9.80\text{ m/s}^2)^2} = 10.1\text{ m/s}^2.$

$\theta = \tan^{-1}\left(\dfrac{2.50}{9.80}\right) = 14.3°$ (남쪽).

관찰자에게 볼트 나사는 마치 남쪽으로 2.50 m/s^2, 아래 방향으로 9.80 m/s^2의 가속도를 받는 것으로 보인다.

(b) $a = 9.80\text{ m/s}^2$ (연직 아래 방향)

(c) 볼트 나사는 자신의 축이 아래 방향으로 유지하면서 포물선 운동을 한다. 볼트는 천장에서 떨어진 그 곳 바로 아래로부터 남쪽에 도달한다.

(d) 볼트는 연직축을 유지하면서 포물선 운동한다.

23.

$$v = \sqrt{(150\text{ km/h})^2 + (30.0\text{ km/h})^2} = \boxed{153\text{ km/h}}$$

$$\theta = \tan^{-1}\left(\frac{30.0\text{ km/h}}{150\text{ km/h}}\right) = \boxed{11.3°\text{ north of west}}$$

24.

(a) $$t_{\text{up}} = \frac{1\,000\,\text{m}}{1.2\,\text{m/s} - 0.500\,\text{m/s}} = 1.43 \times 10^3 \text{ s}$$

$$t_{\text{down}} = \frac{1\,000\,\text{m}}{1.20\,\text{m/s} + 0.500\,\text{m/s}} = 588 \text{ s}$$

그러므로 t

(b) $t = \frac{d}{v} = \frac{2\,000}{1.20} = 1.67 \times 10^3$ s.

(c) 흐르는 강물에서 반대 방향으로 거슬러 수영할 때 수영하는 속력을 느리게 만들기 때문에 시간이 더 걸리게 된다.

추가문제

25.

(a) 등가속도 운동이 아니므로,

$$\Delta\vec{v} = \int_i^f d\vec{v} = \int_i^f \vec{a}\,dt$$

$$\vec{v} - 5\,\hat{\text{i}}\text{ m/s} = \int_0^t 6t^{1/2}dt\,\hat{\text{j}} = 6\frac{t^{3/2}}{3/2}\Big|_0^t = 4t^{3/2}\,\hat{\text{j}} \text{ m/s}$$

따라서 $\vec{v} = (5\,\hat{\text{i}} + 4t^{3/2}\,\hat{\text{j}})$ m/s.

(b) $$\Delta\vec{r} = \int_i^f \vec{v}\,dt$$

$$\vec{r} - 0 = \int_0^t (5\,\hat{\text{i}} + 4t^{3/2}\,\hat{\text{j}})dt = \left(5t\,\hat{\text{i}} + 4\frac{t^{5/2}}{5/2}\,\hat{\text{j}}\right)\Big|_0^t$$

$$= (5t\,\hat{\text{i}} + 1.6t^{5/2}\,\hat{\text{j}}) \text{ m}.$$

26. 줄이 끊어진 후, 공은 포물체 운동을 하며 시간 t에 땅에 도달한다:

$$y_f = v_{yi}t + \frac{1}{2}a_y t^2$$

$$-1.20\text{ m} = 0 + \frac{1}{2}(-9.80\text{ m/s}^2)t^2$$

$t = 0.495$ s이므로, 이의 일정한 수평 속력은

$$v_x = \frac{x}{t} = \frac{2.00\text{ m}}{0.495\text{ s}} = 4.04\text{ m/s}$$

이다. 그러므로 줄이 끊어지기 직전의 가속도는 다음과 같다.

$$a_c = \frac{v_x^2}{r} = \frac{(4.04 \text{ m/s})^2}{0.300 \text{ m}} = \boxed{54.4 \text{ m/s}^2}$$

27. 처음 속도의 성분은

$$v_{xi} = v_i \cos\theta_i = 41.7\cos 35.0° = 34.2 \text{ m/s}$$

$$v_{yi} = v_i \sin\theta_i = 41.7\sin 35.0° = 23.9 \text{ m/s}$$

이다. 여기서 공이 날아간 시간을 구한 후, 이 때의 높이를 구하면

$$x_f = x_i + v_{xi}t \quad \rightarrow \quad t = \frac{x_f - x_i}{v_{xi}} = \frac{130.0\,\text{m} - 0}{34.2\,\text{m/s}} = 3.80 \text{ s}$$

$$\therefore\ y_f = y_i + v_{yi}t + \frac{1}{2}at^2 = 0 + v_{yi}t - \frac{1}{2}gt^2$$

$$= (23.9\,\text{m/s})(3.80\,\text{s}) - (4.9\,\text{m/s}^2)(3.80\,\text{s})^2 = 20.1 \text{ m}.$$

따라서 담장 높이가 24 m 이므로, 계산된 값으로부터 확인 결과 담장을 넘기에는 불가능하다.

28. 수평 도달 거리 식을 사용할 수 있는 특수 조건이 적용된다. 45° 각도로 던진 공의 경우,

$$D = R_{45} = \frac{v_i^2 \sin 90°}{g}$$

이다.

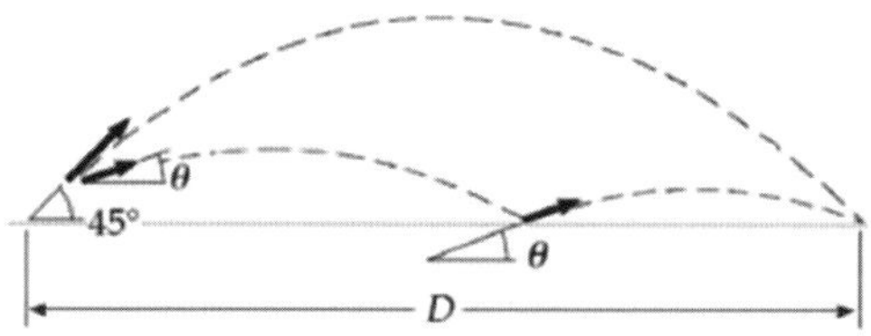

ANS. FIG. P3.29

바운드되는 공의 경우,

$$D = R_1 + R_2 = \frac{v_i^2 \sin 2\theta}{g} + \frac{(v_i/2)^2 \sin 2\theta}{g}$$

이다. 여기서 θ 는 공을 던질 때와 바운드될 때 지표면과 이루는 각도이다.

(a) 문제에서 주어진 조건에 의해

$$\frac{v_i^2}{g} = \frac{v_i^2 \sin 2\theta}{g} + \frac{v_i^2 \sin 2\theta}{4g}$$

$$\sin 2\theta = \frac{4}{5}$$

$$\boxed{\theta = 26.6°}$$

(b) 대칭적인 포물선 비행 시간은 다음 식으로부터 구한다.

$$y_f = v_{yi}t - \frac{1}{2}gt^2$$

$$0 = v_i \sin\theta_i t - \frac{1}{2}gt^2$$

공을 던질 때의 시간이 $t=0$이면, $t=\dfrac{2v_i\sin\theta_i}{g}$은 땅에 떨어질 때의 시간이다. 따라서 45.0° 로 던진 공의 경우:

$$t_{45}=\frac{2v_i\sin 45.0°}{g}$$

이다. 바운드된 공의 경우는

$$t=t_1+t_2=\frac{2v_i\sin 26.6°}{g}+\frac{2(v_i/2)\sin 26.6°}{g}=\frac{3v_i\sin 26.6°}{g}$$

이므로, 바운드되지 않았을 때를 기준으로 두 시간의 비율을 구하면 다음과 같다.

$$\frac{3v_i\sin 26.6°/g}{2v_i\sin 45.0°/g}=\frac{1.34}{1.41}=\boxed{0.949}$$

29.

(a) 각 위치에서 지름 가속도 크기는

$$a_c=\frac{v^2}{r}=\frac{(5.00\,\mathrm{m/s})^2}{1.00\,\mathrm{m}}=25.0\ \mathrm{m/s^2}$$

(b) 접선 가속도 크기는 $a_t=g=9.80\ \mathrm{m/s^2}$

(c) 아래 그림

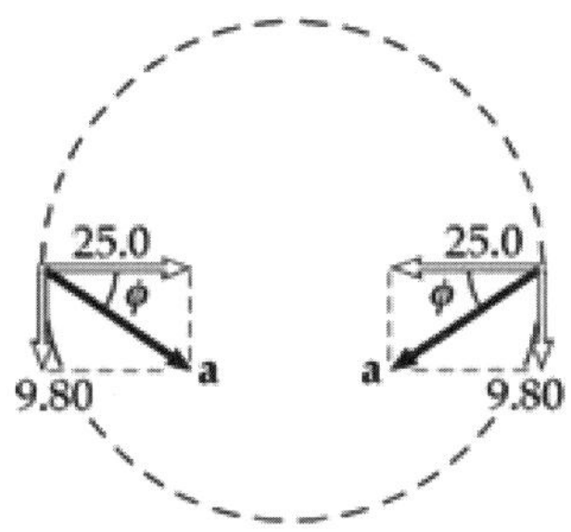

(d) $a=\sqrt{a_c^2+a_t^2}=\sqrt{(25.0\,\mathrm{m/s^2})^2+(9.80\,\mathrm{m/s^2})^2}=26.8\ \mathrm{m/s^2}$

$$\phi=\tan^{-1}\left(\frac{a_t}{a_c}\right)=\tan^{-1}\left(\frac{9.80\,\mathrm{m/s^2}}{25.0\,\mathrm{m/s^2}}\right)=21.4°$$

4장 운동의 법칙

4.3 질량

1. 동일한 힘 F가 서로 다른 질량에 작용한다: $F = m_1 a$ 그리고 $F = m_2 a_2$. 이로부터

(a) $\frac{m_1}{m_2} = \frac{a_2}{a_1} = \boxed{\frac{1}{3}}$

$F = (m_1 + m_2)a = 4m_1 a = m_1(3.00\ \mathrm{m/s^2})$

(b) $a = \boxed{0.750\ \mathrm{m/s^2}}$

4.4 뉴턴의 제2법칙

2.

(a) 두 힘을 합성하면

$\vec{F}_1 + \vec{F}_2 = (-6.00\,\hat{i} - 4.00\,\hat{j}) + (-3.00\,\hat{i} + 7.00\,\hat{j}) = (-9.00\,\hat{i} + 3.00\,\hat{j})\ \mathrm{N}$

$\vec{a} = a_x\,\hat{i} + a_y\,\hat{j} = \frac{\sum F}{m} = \frac{(-9.00\,\hat{i} + 3.00\,\hat{j})\mathrm{N}}{2.00\,\mathrm{kg}} = (-4.50\,\hat{i} + 1.50\,\hat{j})\ \mathrm{m/s^2}$ 이고,

$\vec{v}_f = \vec{v}_i + \vec{a}t = \vec{a}t$ 에서

$\vec{v}_f = [(-4.50\,\hat{i} + 1.50\,\hat{j})\mathrm{m/s^2}](10.0\,\mathrm{s}) = (-45.0\,\hat{i} + 15.0\,\hat{j})\ \mathrm{m/s}$

(b) $\theta = \tan^{-1}\left(\frac{v_y}{v_x}\right) = \tan^{-1}\left(-\frac{15.0\ \mathrm{m/s}}{45.0\ \mathrm{m/s}}\right)$

$\therefore\ \theta = -18.4^\circ + 180^\circ = 162^\circ$, $+x$축을 기준.

(c) $x_f - x_i = v_{xi}t + \frac{1}{2}a_x t^2 = \frac{1}{2}(-4.50\ \mathrm{m/s^2})(10.0\,\mathrm{s})^2 = -225\ \mathrm{m}$

$y_f - y_i = v_{yi}t + \frac{1}{2}a_y t^2 = \frac{1}{2}(1.5\,\mathrm{m/s^2})(10.0\,\mathrm{s})^2 = 75.0\ \mathrm{m}$

따라서 $\Delta\vec{r} = (-225\,\hat{i} + 75.0\,\hat{j})\ \mathrm{m}$

(d) $(x_f,\ y_f) = (x_i + (-225\ \mathrm{m}),\ y_i + (75\ \mathrm{m})) = (-227,\ 79.0)\ \mathrm{m}$

3.

$$v_x = \frac{dx}{dt} = \frac{d}{dt}(5t^2 - 1) = 10t,\ \ v_y = \frac{dy}{dt} = \frac{d}{dt}(3t^3 + 2) = 9t^2$$

$$a_x = \frac{dv_x}{dt} = 10,\ \ a_y = \frac{dv_y}{dt} = 18t$$

At $t = 2.00$ s, $a_x = 10.0\ \text{m/s}^2$, $a_y = 36.0\ \text{m/s}^2$

$$\sum F_x = ma_x:\ \ 3.00\ \text{kg}(10.0\ \text{m/s}^2) = 30.0\ \text{N}$$

$$\sum F_y = ma_y:\ \ 3.00\ \text{kg}(36.0\ \text{m/s}^2) = 108\ \text{N}$$

$$\sum F = \sqrt{F_x^2 + F_y^2} = \boxed{112\ \text{N}}$$

4. $F = \sqrt{(180\,\text{N})^2 + (390\,\text{N})^2} = 430\,\text{N}$

따라서, 가속도 크기 : $a = \frac{F}{m} = \frac{430\,\text{N}}{270\,\text{kg}} = 1.59\ \text{m/s}^2$

가속도 방향 : $\theta = \tan^{-1}\left(\frac{390}{180}\right) = 65.2^\circ$ (북동쪽)

5. $\Sigma\vec{F} = m\vec{a}$ 로부터

$$\left(-2.00\hat{\mathbf{i}} + 2.00\hat{\mathbf{j}} + 5.00\hat{\mathbf{i}} - 3.00\hat{\mathbf{j}} - 45.0\hat{\mathbf{i}}\right)\ \text{N} = m\left(3.75\ \text{m/s}^2\right)\hat{\mathbf{a}}$$

여기서 $\hat{a}$ 는 가속도 $\vec{a}$ 의 방향을 나타내는 단위 벡터이다.

$$\left(-42.0\hat{\mathbf{i}} - 1.00\hat{\mathbf{j}}\right)\ \text{N} = m\left(3.75\ \text{m/s}^2\right)\hat{\mathbf{a}}$$

$$\sum\vec{\mathbf{F}} = \sqrt{(42.0)^2 + (1.00)^2}\ \text{N at } \tan^{-1}\left(\frac{1.00}{42.0}\right) \text{ below the } -x \text{ axis}$$

$$\sum\vec{\mathbf{F}} = 42.0\ \text{N at } 181^\circ = m\left(3.75\ \text{m/s}^2\right)\hat{\mathbf{a}}$$

좌변과 우변의 벡터가 같기 위해서는 이들의 크기와 방향이 같아야만 한다.

(a) 따라서 $\hat{a}$ 는 x 축으로부터 시계 반대 방향으로 181° 를 향한다.

(b) $$m = \frac{42.0\ \text{N}}{3.75\ \text{m/s}^2} = \boxed{11.2\ \text{kg}}$$

(c) $$v = |\vec{\mathbf{v}}| = 0 + |\vec{\mathbf{a}}|\,t = (3.75\ \text{m/s}^2)(10.00\ \text{s}) = \boxed{37.5\ \text{m/s}}$$

(d) $$\vec{\mathbf{v}} = \vec{\mathbf{v}}_i + |\vec{\mathbf{a}}|\,t = 0 + \frac{\vec{\mathbf{F}}}{m}t$$

$$\vec{\mathbf{v}} = \frac{\left(-42.0\hat{\mathbf{i}} - 1.00\hat{\mathbf{j}}\right)}{11.2\ \text{kg}}(10.0\ \text{s}) = \left(-37.5\hat{\mathbf{i}} - 0.893\hat{\mathbf{j}}\right)\ \text{m/s}$$

So, $\vec{\mathbf{v}}_f = \boxed{\left(-37.5\hat{\mathbf{i}} - 0.893\hat{\mathbf{j}}\right)\ \text{m/s}}$

6. 알짜힘을 받는 입자 모형을 사용한다.

(a) $\sum \vec{\mathbf{F}} = \vec{\mathbf{F}}_1 + \vec{\mathbf{F}}_2 = (20.0\hat{\mathbf{i}} + 15.0\hat{\mathbf{j}})\ \mathrm{N}$

뉴턴의 제2법칙을 적용하면 ($m = 5.00\ \mathrm{kg}$),

$$\vec{\mathbf{a}} = \frac{\sum \vec{\mathbf{F}}}{m} = \left(4.00\hat{\mathbf{i}} + 3.00\hat{\mathbf{j}}\right)\ \mathrm{m/s^2}$$

or $\boxed{a = 5.00\ \mathrm{m/s^2}\ \text{at}\ \theta = 36.9°}$

(b) $F_{2x} = 15.0\cos 60.0° = 7.50\ \mathrm{N}$

$F_{2y} = 15.0\sin 60.0° = 13.0\ \mathrm{N}$

$\vec{\mathbf{F}}_2 = \left(7.50\hat{\mathbf{i}} + 13.0\hat{\mathbf{j}}\right)\ \mathrm{N}$

$\sum \vec{\mathbf{F}} = \vec{\mathbf{F}}_1 + \vec{\mathbf{F}}_2 = \left[20.0\hat{\mathbf{i}} + \left(7.50\hat{\mathbf{i}} + 13.0\hat{\mathbf{j}}\right)\right]\ \mathrm{N}$

$= (27.5\hat{\mathbf{i}} + 13.0\hat{\mathbf{j}})\ \mathrm{N}$

$$\vec{\mathbf{a}} = \frac{\sum \vec{\mathbf{F}}}{m} = \left(5.50\hat{\mathbf{i}} + 2.60\hat{\mathbf{j}}\right)\ \mathrm{m/s^2} = \boxed{6.08\ \mathrm{m/s^2}\ \text{at}\ 25.3°}$$

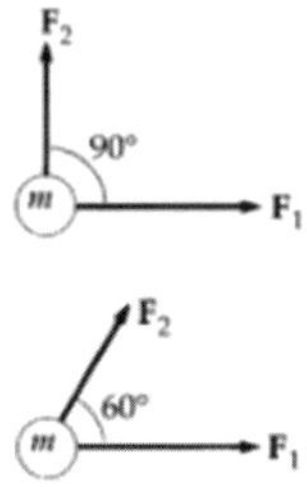

ANS. FIG. P4.6

4.5 중력과 무게

7. 질량이 90.0 kg인 사람의 경우 체중 변화는

$$\Delta F_g = m\left(g_p - g_C\right) = 90.0\ \mathrm{kg}(9.809\,5 - 9.780\,8) = \boxed{2.58\ \mathrm{N}}$$

8.

(a) $v_f^2 = v_i^2 + 2ax$ 와 $\Sigma F = ma$ 로부터 가속도를 먼저 구하면 힘을 구할 수 있다.

$a = \dfrac{v_f^2 - v_i^2}{2x}$ 이므로, 이를 운동 방정식에 대입하면 $\sum F = \dfrac{m\left(v_f^2 - v_i^2\right)}{2x}$ 이다.

주어진 값들을 대입하면

$$\sum F = \frac{\left(9.11\times10^{-31}\ \mathrm{kg}\right)\left[\left(7.00\times10^{5}\ \mathrm{m/s}\right)^2 - \left(3.00\times10^{5}\ \mathrm{m/s}\right)^2\right]}{2(0.050\,0\ \mathrm{m})}$$

$$\sum F = \boxed{3.64\times10^{-18}\ \mathrm{N}}$$

(b) 지구는 전자에 무게라고 하는 힘을 작용한다.

$$F_g = mg = (9.11\times10^{-31}\mathrm{kg})(9.80\ \mathrm{m/s^2}) = 8.93\times10^{-30}\mathrm{N}$$

가속하는 힘은 전자 무게의 4.08×10^{11} 배이다.

9. 지구에서의 남성의 무게 $F_g = mg = 900\,\mathrm{N}$ → 질량 $m = \dfrac{900\,\mathrm{N}}{9.80\,\mathrm{m/s^2}} = 91.8\ \mathrm{kg}$

따라서 목성에서의 무게 $(F_g)_{목성} = 91.8\,\mathrm{kg}\,(25.9\,\mathrm{m/s^2}) = 2.38\ \mathrm{kN}$.

10. 야구공에 작용하는 두 힘은 투수의 힘과 중력 F_g = 공의 무게 = mg 이다.

야구공은 정지 상태에서 출발하여 v로 던져진다. 야구공의 가속도는 다음과 같다.

$$\vec{\mathbf{a}} = \frac{\Delta\vec{\mathbf{v}}}{\Delta t} = \frac{\vec{\mathbf{v}} - \vec{\mathbf{v}}_i}{t} = \frac{v - 0}{t}\hat{\mathbf{i}} = \frac{v}{t}\hat{\mathbf{i}}$$

(a) 이동 거리 $x = \bar{v}t$: $x = \left(\frac{v}{2}\right)t = \boxed{\frac{vt}{2}}$

(b) 야구공에 작용한 힘은 투수의 힘과 중력의 합이므로,

$$\vec{\mathbf{F}}_p - F_g\hat{\mathbf{j}} = \frac{F_g v}{gt}\hat{\mathbf{i}}$$

이다. 따라서 투수가 공에 작용한 힘은 다음과 같다.

$$\vec{\mathbf{F}}_p = \boxed{\frac{F_g v}{gt}\hat{\mathbf{i}} + F_g\hat{\mathbf{j}}}$$

4.6 뉴턴의 제3법칙

11.

(a) 벽돌의 자유 물체 도형

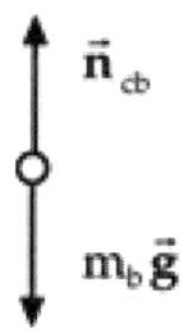

(b) 고무판의 자유 물체 도형

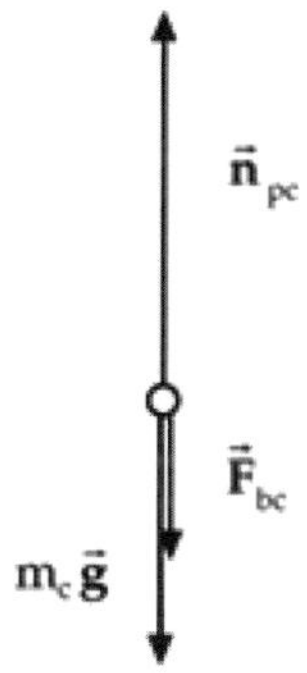

(c)

작용력 : 벽돌에 작용하는 고무판의 수직 항력 ($\vec{\mathbf{n}}_{cb}$)

→ 반작용력 : 고무판에 작용하는 벽돌의 힘 ($\vec{\mathbf{F}}_{bc}$)

작용력 : 벽돌에 작용하는 지구 중력 ($m_b\vec{\mathbf{g}}$)

→ 반작용력 : 지구에 작용하는 벽돌의 중력

작용력 : 고무판에 작용하는 빙판의 수직력 ($\vec{\mathbf{n}}_{pc}$)

→ 반작용력 : 빙판에 작용하는 고무판의 힘

작용력 : 고무판에 작용하는 지구 중력 ($m_c\vec{\mathbf{g}}$)

→ 반작용력 : 지구에 작용하는 고무판의 중력

12.

(a) 사람과 지구는 서로 같은 힘을 작용한다: $m_y g = M_E a_E$. 사람의 질량이 70.0 kg이라면, 지구의 가속도 크기는 다음과 같다.

$$a_E = \frac{(70.0\ \text{kg})(9.80\ \text{m/s}^2)}{5.98\times10^{24}\ \text{kg}} = \boxed{\sim 10^{-22}\ \text{m/s}^2} \tag{1}$$

(b) 사람과 지구가 같은 시간 간격 Δt 동안 $\Delta x = \frac{1}{2}a(\Delta t)^2$를 움직인다.

의자의 높이가 50.0 cm라면,

$$\sqrt{\frac{2\Delta x_y}{a_y}} = \sqrt{\frac{2\Delta x_E}{a_E}}$$

$$\Delta x_E = \frac{a_E}{a_y}\Delta x_y$$

식 (1)의 값을 $\dfrac{a_E}{a_y}$에 대입하면, 다음을 얻게 된다.

$$\Delta x_E = \frac{70.0\ \text{kg}(0.500\ \text{m})}{5.98\times10^{24}\ \text{kg}}$$

$$\boxed{\Delta x_E \sim 10^{-23}\ \text{m}}$$

13.

(a) 분자의 처음 운동 방향을 x축이라고 하자. 그러면

$$v_f = v_i + at:\quad -670\ \text{m/s} = 670\ \text{m/s} + a(3.00\times10^{-13}\ \text{s})$$

$$a = \boxed{-4.47\times10^{15}\ m/s^2}$$

(b) 분자 운동에서. 분자의 무게는 무시한다. 분자가 벽에 작용하는 평균력은

$$\vec{\mathbf{F}}_{\text{wall on molecule}} = 4.68\times10^{-26}\ \text{kg}(-4.47\times10^{15}\ \text{m/s}^2) = -2.09\times10^{-10}\ \text{N}$$

$$\vec{\mathbf{F}}_{\text{molecule on wall}} = \boxed{+2.09\times10^{-10}\ \text{N}}$$

4.7 뉴턴의 제2법칙을 이용한 분석 모형

14.

(a) 자유 물체 도형

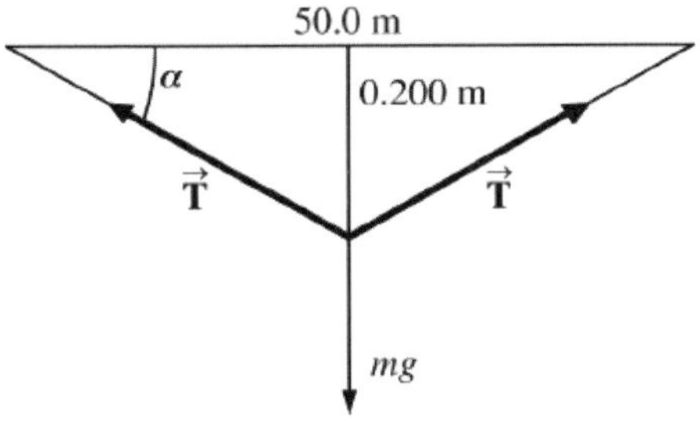

(b) 새의 질량 $m = 1.00\ \text{kg}$,　$mg = (1.00\,\text{kg})(9.80\,\text{m/s}^2) = 9.80\ \text{N}$

수평과 이루는 각도는　$\tan\alpha = \dfrac{0.200\,\text{m}}{25.0\,\text{m}}$ $\rightarrow$ $\alpha = 0.458°$ 이다.

전선의 장력을 구하면 다음과 같다.

$T_x = T\cos\alpha$, $T_y = T\sin\alpha$

$$\sum F_y = 2T\sin\alpha - mg = 0 \quad \rightarrow \quad T = \frac{mg}{2\sin\alpha} = \frac{9.80\,\text{N}}{2\sin 0.458°} = 613\ \text{N}$$

15.

시멘트 포대의 평형으로부터

$$T_3 = F_g \qquad (1)$$

매듭에서의 $\Sigma F_y = 0$ 으로부터

$$T_1 \sin\theta_1 + T_2 \sin\theta_2 = F_g \qquad (2)$$

매듭에서의 $\Sigma F_x = 0$ 으로부터

$$T_1 \cos\theta_1 = T_2 \cos\theta_2 \qquad (3)$$

$T_2 = T_1\cos\theta_1 / \cos\theta_2$를 이용하여 T_2를 소거하고 T_1에 대하여 정리하면

$$T_1 = \frac{F_g\cos\theta_2}{(\sin\theta_1\cos\theta_2 + \cos\theta_1\sin\theta_2)} = \frac{F_g\cos\theta_2}{\sin(\theta_1+\theta_2)}$$

$$T_3 = F_g = \boxed{325\ \text{N}}$$

$$T_1 = F_g\left(\frac{\cos 40.0°}{\sin 100.0°}\right) = \boxed{253\ \text{N}}$$

$$T_2 = T_1\left(\frac{\cos\theta_1}{\cos\theta_2}\right) = (253\ \text{N})\left(\frac{\cos 60.0°}{\cos 40.0°}\right) = \boxed{165\ \text{N}}$$

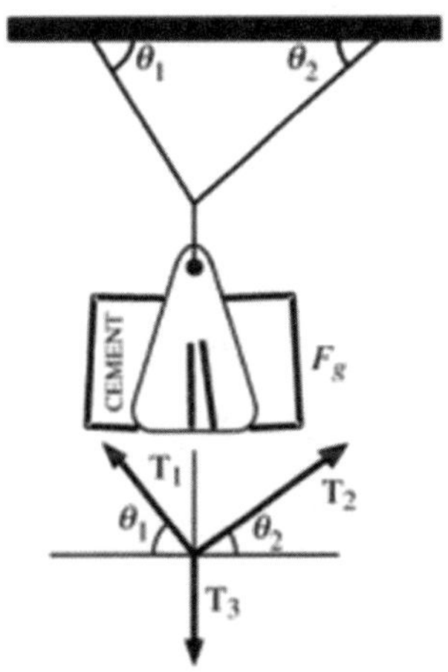

ANS. FIG. P4.16

16. 앞의 문제 4.15에서 구한 T_1을 참조. 이들 식은 장력이 F_g에 직접 비례함을 보여주고 있다.

17. 각각의 사람이 잡아당기는 힘의 크기를 각각 F_1과 F_2라고 하자. 그러면 같은 방향으로 잡아당기는 경우에 대한 뉴턴의 제2법칙은 다음과 같다.

$$F_1 + F_2 = 200\ \text{kg}(1.52\ \text{m/s}^2)$$

$$\text{or} \qquad F_1 + F_2 = 304\ \text{N} \qquad (1)$$

서로 반대 방향으로 잡아당기는 경우,

$$F_1 - F_2 = 200\ \text{kg}(-0.518\ \text{m/s}^2)$$

$$\text{or} \qquad F_1 - F_2 = -104\ \text{N} \qquad (2)$$

이므로, 이로부터

$$F_1 = 100\ \text{N}, \quad F_2 = 204\ \text{N}.$$

18.

(a) 두 물체의 자유 물체 도형은 다음과 같다.

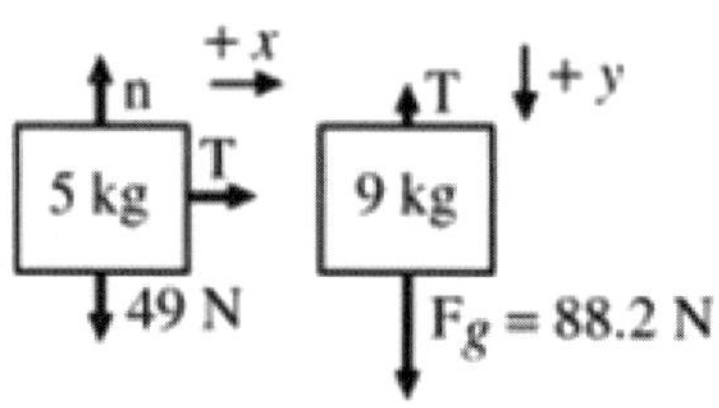

(b)와 (c)

수평 방향으로 움직이는 질량 m_1에 작용하는 유일한 힘은 T이므로,

$$\sum F_x = ma$$

$$T = (5\ \text{kg})a \qquad [1]$$

이다. 이번에는 연직 방향으로 움직이는 질량 m_2에 작용하는 힘은 장력 T와 자신의 무게 88.2 N이다. 따라서

$$\sum F_y = ma$$

$$88.2\ \text{N} - T = (9\ \text{kg})a \qquad [2]$$

이다. 두 질량의 가속도 크기는 같아야만 한다. 이들 식으로부터

$$\boxed{a = 6.30\ \text{m/s}^2 \text{ and } T = 31.5\ \text{N}}$$

19. 물체는 경사면을 올라가면서 자신의 무게 성분 때문에 속력이 변한다.

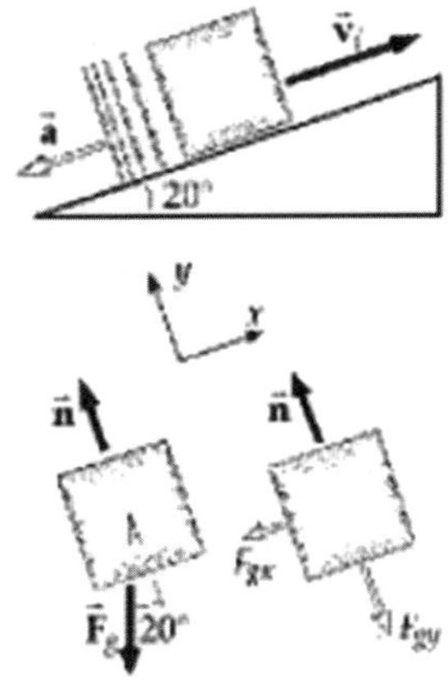

$$\sum F_x = ma_x$$
$$-mg\sin 20.0° = ma$$

$$v_f^2 = v_i^2 + 2a(x_f - x_i)$$

$v_f = 0,\ v_i = 5.00\ \text{m/s},\ a = -g\sin(20.0°)$이므로

$$0 = (5.00)^2 - 2(9.80)\sin(20.0°)(x_f - 0)$$

or

$$x_f = \frac{25.0}{2(9.80)\sin(20.0°)} = \boxed{3.73\ \text{m}}$$

20. (a) 자유 물체 도형

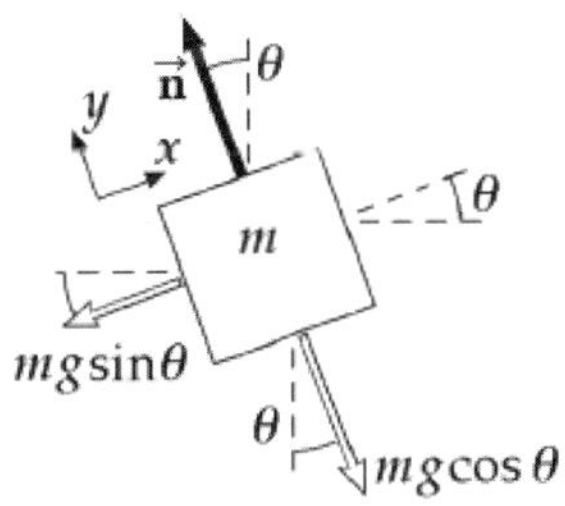

(b) 물체의 운동 방정식 :

$$\sum F_x = -mg\sin\theta = ma \rightarrow a = -g\sin\theta$$
$$\sum F_y = n - mg\cos\theta = 0 \rightarrow n = mg\cos\theta$$

$\theta = 15.0°$ 일 때 $a = -2.54\ \text{m/s}^2$.

(c) $v_f^2 = v_i^2 + 2a(x_f - x_i) = 2a\Delta x$

$$v_f = \sqrt{2a\Delta x} = \sqrt{2(2.54\,\text{m/s}^2)(2.00\,\text{m})} = 3.19\ \text{m/s}$$

21. 작업자가 천천히 올라가면 도르래가 천천히 돌게 되며, 줄에서의 장력은 도르래 양쪽에서 같다. 작업자-도르래-플랫폼을 하나의 계로 선택하면

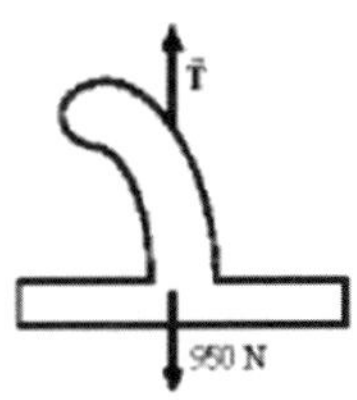

$$\sum F_y = ma_y$$
$$+T - 950\ \text{N} = 0, \qquad T = 950\ \text{N}\cdot$$

작업자는 줄을 950 N의 힘으로 잡아당겨야 한다.

22.

질량 $m_1 = 2.00\ \text{kg}$에 작용하는 힘 :

$$T - mg = m_1 a \qquad (1)$$

질량 $m_2 = 8.00$ kg에 작용하는 힘 :

$$F_x - T = m_2 a \qquad (2)$$

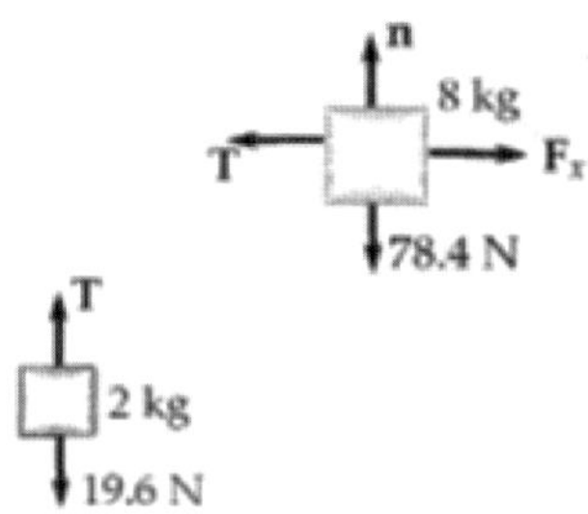

(a) 식 (1)과 (2)에서 가속도 a를 구하면

$$a = \frac{F_x - m_1 g}{m_1 + m_2}$$

a가 위 방향(즉, 양수)이려면

$$F_x > m_1 g = 19.6 \text{ N}.$$

(b) 식 (1)과 (2)에서 장력 T를 구하면

$$T = \frac{m_1}{m_1 + m_2}(F_x + m_2 g)$$

$T = 0$이려면 $F_x < -m_2 g = -78.4$ N.

$F_x < -m_2 g$이면, 끈이 헐렁해져서 m_2는 자유 낙하를 하고 m_1은 F_1에 의해서만 가속된다.

(c) 다음 그림 참조.

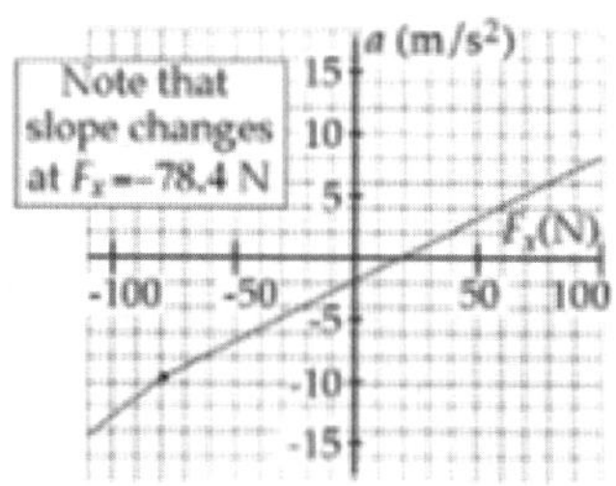

F_x, N	−100	−78.4	−50.0	0	50.0	100
a_x, m/s²	−12.5	−9.80	−6.96	−1.96	3.04	8.04

추가문제

23.

(a) 오른쪽의 힘 도형을 보자. 모든 힘은 연직 방향이다. 올라가는 운동은 등속력이고, 각 물체의 가속도와 전체 힘은 영(0)이다.

(b) M의 경우, $\Sigma F = 0 = T_s - Mg$이므로

$$T_s = Mg$$

도르래에서의 마찰은 무시한다. 장력은 가벼운 줄에서 일정하므로 $T_1 = T_2 = T_3$이다.

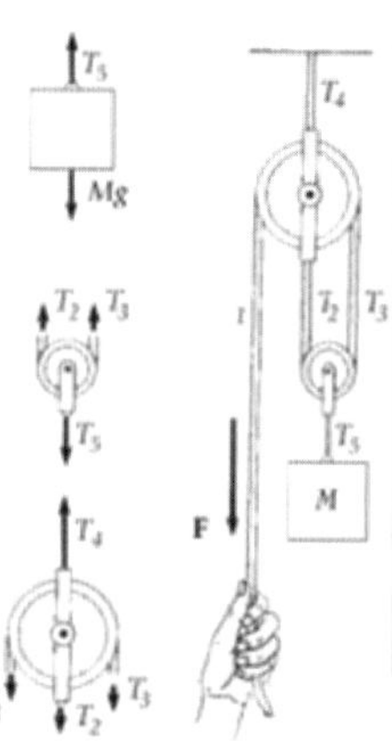

아래쪽 도르래의 경우,

$$\Sigma F = 0 = T_2 + T_3 - T_5$$

이므로

$2T_2 = T_5$. Then $\boxed{T_1 = T_2 = T_3 = \frac{Mg}{2}}$, $\boxed{T_4 = \frac{3Mg}{2}}$, and $\boxed{T_5 = Mg}$.

(c) $F = T_1$ 이므로, $F = \dfrac{Mg}{2}$.

24.

(a)

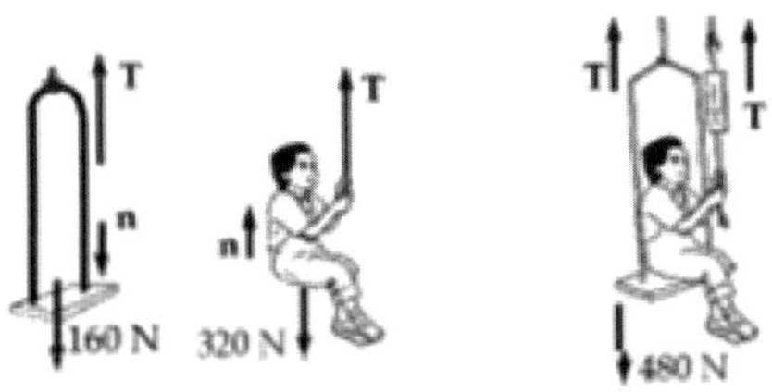

(b) 먼저 닉과 의자를 하나의 계로 생각하자. 두 개의 줄이 계를 지탱하고 있음에 주목하고 각 줄에 걸리는 힘 $T = 250$ N이다.

운동 방정식 $\Sigma F = 0 = ma$를 적용하면 :

$$2T - 480 = ma,\ \text{where } m = \frac{480}{9.80} = 49.0\ \text{kg}$$

이므로, 가속도는 다음과 같다.

$$a = \frac{500\ \text{N} - 480\ \text{N}}{49.0\ \text{kg}} = \boxed{0.408\ \text{m/s}^2}$$

(c) 닉에 운동 방정식을 적용하면, $n + T - 320\ \text{N} = ma$ 이고,

질량은 $m = \dfrac{320\ \text{N}}{9.80\ \text{m/s}^2} = 32.7\ \text{kg}$ 이다.

수직항력을 구하면 $n = ma + 320\text{N} - T$ 이고

값을 대입하면

$$n = (32.7\,\text{kg})(0.408\,\text{m/s}^2) + 320\,\text{N} - 250\,\text{N}$$

이므로, $n = 83.3$ N.

25. 오른쪽 힘 도형을 보자. 줄의 장력은 T이다.

(a) 닉이 다른 아이에게 줄을 건네주자마자, 전체 무게가 480 N인 닉과 의자는 아래로 가속될 것이고, 무게가 작은 440 N의 아이는 위로 가속될 것이다.

닉과 의자의 운동 방정식 :

$$\sum F_y = +480\ \text{N} - T = \frac{480\ \text{N}}{9.8\ \text{m/s}^2}a$$

아이의 운동 방정식 :

$$\sum F_y = +T - 440\ \text{N} = \frac{440\ \text{N}}{9.8\ \text{m/s}^2}a$$

두 식을 더하면

$$+480\text{ N}-T+T-440\text{ N}=(49.0\text{ kg}+44.9\text{ kg})a$$

$$a=\frac{40\text{ N}}{93.9\text{ kg}}=\boxed{0.426\text{ m/s}^2=a}$$

줄의 장력은 $T=440\text{ N}+44.9\text{ kg}(0.426\text{ m/s}^2)=459\text{ N}.$

(b) 줄은 닉과 의자를 지탱해야 하므로, 줄의 장력은 480 N이다. 문제 24에서는 250 N의 줄 장력으로 인해 줄이 끊어지지 않는다. (a)에서 줄은 459 N의 장력을 지탱할 만큼 충분히 강하다. 그러나 이제는 줄 전체의 장력이 480 N이므로, 줄이 끊어지는 강도를 초과할 수 있다.

도르래를 지탱하는 체인의 장력은 480 + 480 N = 960 N이므로, 체인이 먼저 끊어질 수 있다.

26.

(a) x를 에어 트랙에서 글라이더의 위치라고 하면,

$$z^2=x^2+h_0^2,\ x=(z^2-h_0^2)^{1/2},\text{ and } v_x=\frac{dx}{dt}=\frac{1}{2}(z^2-h_0^2)^{-1/2}(2z)\frac{dz}{dt}.$$

이다. dz/dt는 도르래에 연결된 줄의 속력이므로, 이는 매달린 질량의 속력 v_y와 같다.

따라서, $v_x=z(z^2-h_0^2)^{-1/2}v_y=uv_y$

(b) $a_x=\frac{dv_x}{dt}=\frac{d}{dt}uv_y=u\frac{dv_y}{dt}+v_y\frac{du}{dt}$ 로부터

정지 상태에서 놓으므로 $v_y=0$이다. 따라서 $a_x=ua_y$이다.

$\sin 30.0°=\frac{80.0\text{ cm}}{z}$, $z=1.60\text{ m}$,

(c) $u=(z^2-h_0^2)^{-1/2}z=\left[(1.6\text{ m})^2-(0.8\text{ m})^2\right]^{-1/2}(1.6\text{ m})=1.15\text{ m}$

매달린 질량의 y방향 운동 방정식 :

$$T-(0.5\text{ kg})(9.80\text{ m/s}^2)=-(0.5\text{ kg})a_y$$

$$a_y=(-2\text{ kg}^{-1})T+(9.80\text{ m/s}^2)$$

글라이더의 x방향 운동 방정식 :

$$\begin{aligned}T\cos 30°&=(1.00\text{ kg})\,a_x=(1.15\text{ kg})a_y\\&=(1.15\text{ kg})\left[(-2\text{ kg}^{-1})T+9.80\text{ m/s}^2\right]\\&=-2.31T+11.3\text{ N}\end{aligned}$$

$$3.18T=11.3\text{ N}$$

$$T=\boxed{3.56\text{ N}}$$

27. 운동 방정식 $\Sigma F=ma$를 적용하자. (오른쪽 자유 물체 도형 참조.)

m_1의 경우: $T-m_1g=0$

m_2의 경우: $T=m_2a$

T를 소거하면 $a = \dfrac{m_1 g}{m_2}$

따라서 세 물체의 경우:

$$F = (M + m_1 + m_2)\frac{m_1 g}{m_2}$$

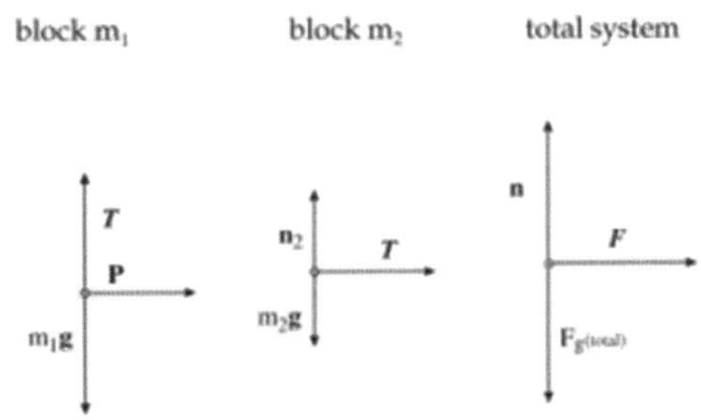

28.

(a) 오른쪽의 자유 물체 도형으로부터

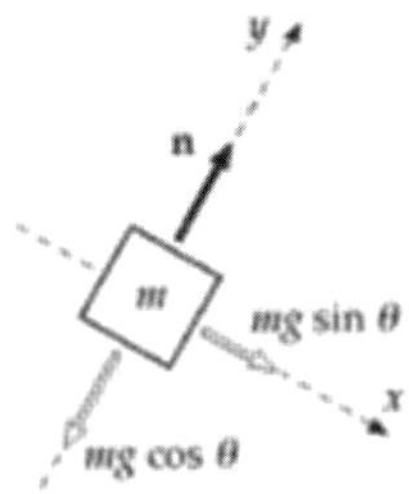

$$\sum F_y = ma_y:$$

$$n - mg\cos\theta = 0$$

$$\text{or } n = (8.40\ \text{kg})(9.80\ \text{m/s}^2)\cos\theta$$

$$\boxed{n = (82.3\ \text{N})\cos\theta}$$

(b)

$$\sum F_x = ma_x:$$

$$mg\sin\theta = ma$$

$$a = g\sin\theta$$

$$\boxed{a = (9.80\ \text{m/s}^2)\sin\theta}$$

(c)

θ, deg	n, N	a, m/s^2
0.00	82.3	0.00
5.00	82.0	0.854
10.0	81.1	1.70
15.0	79.5	2.54
20.0	77.4	3.35
25.0	74.6	4.14
30.0	71.3	4.90
35.0	67.4	5.62
40.0	63.1	6.30
45.0	58.2	6.93
50.0	52.9	7.51
55.0	47.2	8.03
60.0	41.2	8.49
65.0	34.8	8.88
70.0	28.2	9.21
75.0	21.3	9.47
80.0	14.3	9.65
85.0	7.17	9.76
90.0	0.00	9.80

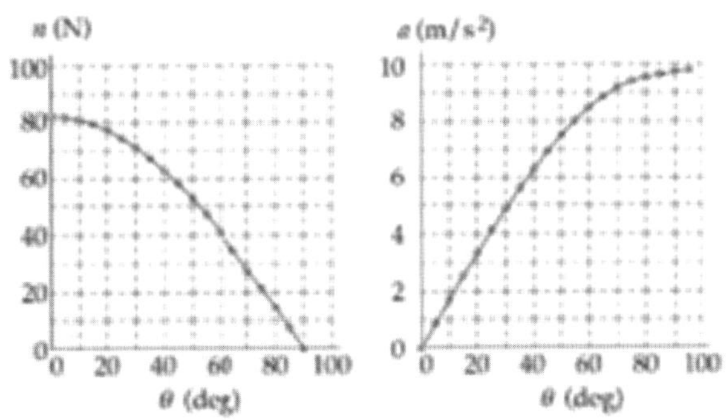

(d) 0° 에서 수직 항력은 완전히 무게이고 가속도는 영(0)이다. 90° 에서 질량은 연직 경사면 바로 옆에서 자유 낙하한다.

29. 오른쪽의 자유 물체 도형을 참조하자. 경사면 아래쪽을 $+x$ 축으로 잡으면, 줄은 연직 방향과 각도 θ를 이룬다. 식 $v_f = v_i + at$를 이용하여 가속도를 구하면 다음과 같다.

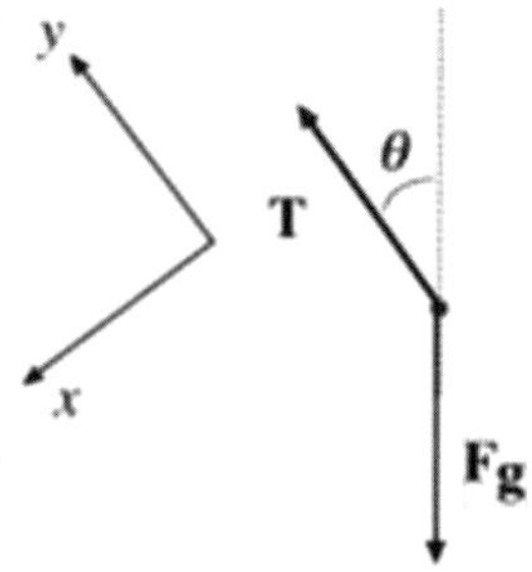

$$a = (v_f - v_i)/t = (30.0 \text{ m/s}^2 - 0)/6.00 \text{ s}$$

$$a = 5.00 \text{ m/s}^2$$

줄이 천장에 수직으로 유지되기 때문에, 장난감은 경사면 아래로 자동차와 같은 가속도 5.00 m/s²으로 내려간다. 따라서,

$$a_x = 5.00 \text{ m/s}^2 \quad \text{그리고} \quad a_y = 0$$

장난감에 가해지는 유일한 힘은 힘 도표에 표시된 것처럼, y방향의 줄 장력과 중력뿐이다. 후자의 크기는$mg = (0.100 \text{ kg})(9.80 \text{ m/s}^2) = 0.980 \text{ N}$

(a) $\Sigma F_x = ma_x$ 로부터

$$(0.980 \text{ N})\sin\theta = (0.100 \text{ kg})(5.00 \text{ m/s}^2)$$

$$\sin\theta = 0.510 \text{ and } \theta = \boxed{30.7°}$$

(b) $\Sigma F_y = ma_y$ 로부터

$$+T - (0.980 \text{ N})\cos\theta = 0$$

$$T = (0.980 \text{ N})\cos 30.7° = \boxed{0.843 \text{ N}}$$

5장 뉴턴 법칙의 적용

5.1 마찰력

1. 힘의 평형 상태로부터 (오른쪽 힘 도형 참조),

$$f = F,\ n = F_g,\ f = \mu n$$

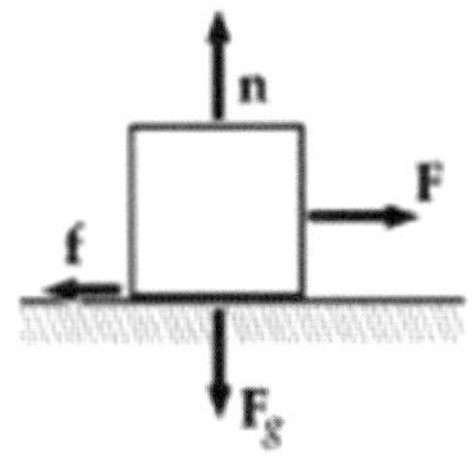

(a) $\mu = \dfrac{f}{n} = \dfrac{F}{F_g}$

$$\mu_s = \frac{75.0\ \text{N}}{25.0(9.80)\ \text{N}} = \boxed{0.306}$$

(b) $\mu_k = \dfrac{60.0\ \text{N}}{25.0(9.80)\ \text{N}} = \boxed{0.245}$

2. 짐의 운동 방정식과 등가속도 운동학 식으로부터,

(a) $-\mu_s m_{\text{짐}} g = m_{\text{짐}} a_x \quad \rightarrow \quad a_x = -\mu_s g$

$$v_{xf}^2 = v_{xi}^2 + 2a_x \Delta x \quad \rightarrow \quad 0 = v_{xi}^2 + 2(-\mu_s g)(x_f - 0)$$

$$\therefore\ x_f = \frac{v_{xi}^2}{2\mu_s g} = \frac{(12.0\,\text{m/s})^2}{2(0.500)(9.80\,\text{m/s}^2)} = 14.7\ \text{m}.$$

(b) $\therefore\ x_f = \dfrac{v_{xi}^2}{2\mu_s g}$ 에서 질량은 필요 없는 자료이다 (질량과 무관함).

3. 두 질량에 운동 방정식을 적용하면,

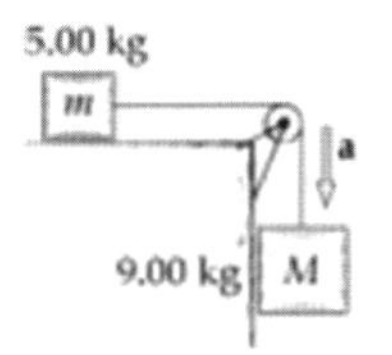

5.00 kg의 경우, $T - f_k = (5.00\ \text{kg})a$

9.00 kg의 경우, $(9.00\ \text{kg})g - T = (9.00\ \text{kg})a$

이 두 식을 더하면

$$(9.00\ \text{kg})(9.80\ \text{m/s}^2) - 0.200(5.00\ \text{kg})(9.80\ \text{m/s}^2) = (14.0\ \text{kg})a$$

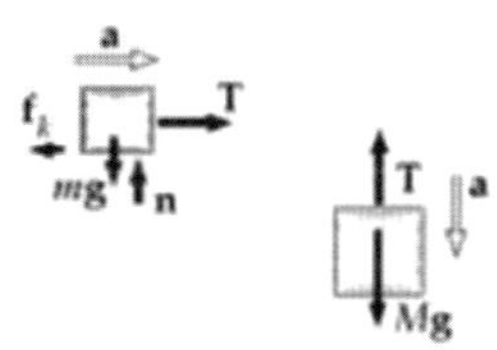

이로부터 $a = 5.60\ \text{m/s}^2$ 이며, 이를 첫 번째 식에 대입하면

$$T = (5.00\ \text{kg})(5.60\ \text{m/s}^2) + 0.200(5.00\ \text{kg})(9.80\ \text{m/s}^2) = \boxed{37.8\ \text{N}}$$

4. 운동 방정식을 적용하면,

$$\sum F_y = ma_y:\quad +n - mg = 0$$

$$f_s \le \mu_s n = \mu_s mg$$

최대 정지 마찰력의 크기는 타이어가 미끄러지지 않고 굴러가는 한 작용한다.

$$\sum F_x = ma_x \rightarrow -f_s = ma$$

최대 가속도는

$$a = -\mu_s g$$

이고, 처음과 나중 조건은 $x_i = 0$, $v_i = 50.0\ \text{mi/h} = 22.4\ \text{m/s}$, $v_f = 0$ 이므로

$$v_f^2 = v_i^2 + 2a(x_f - x_i) \rightarrow v_i^2 = 2\mu_s g x_f$$

(a) $x_f = \dfrac{v_i^2}{2\mu_s g}$

$$x_f = \frac{(22.4\ \text{m/s})^2}{2(0.100)(9.80\ \text{m/s}^2)} = \boxed{256\ \text{m}}$$

(b) $x_f = \dfrac{v_i^2}{2\mu_s g}$

$$x_f = \frac{(22.4\ \text{m/s})^2}{2(0.600)(9.80\ \text{m/s}^2)} = \boxed{42.7\ \text{m}}$$

5.

(a) 자유 물체 도형

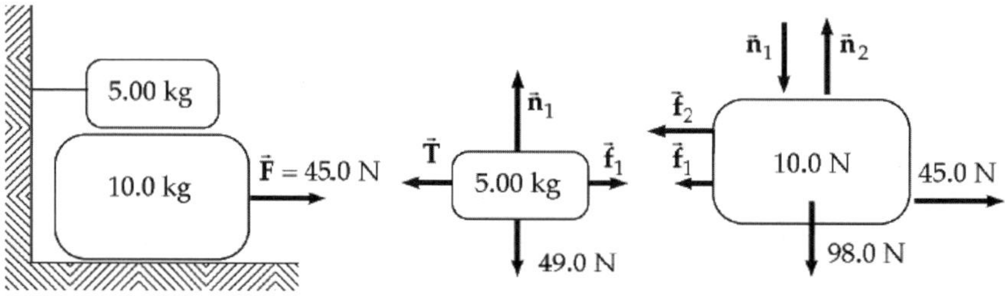

두 자유 물체 도형에서 보면 f_1과 n_1은 작용-반작용으로 나타난다.

(b) 운동 방정식을 적용하면,

5.00 kg인 블록의 경우, $n_1 = m_1 g = (5.00\,\text{kg})(9.80\,\text{m/s}^2) = 49.0\,\text{N}$

$$f_1 - T = 0 \quad \rightarrow \quad T = f_1 = \mu m g = 0.200(5.00\,\text{kg})(9.80\,\text{m/s}^2) = 9.80\ \text{N}$$

10.00 kg인 블록의 경우,

$$45.0\text{N} - f_1 - f_2 = (10.0\,\text{kg})a$$

$$n_2 - n_1 - 98.0\,\text{N} = 0$$

이때 $f_2 = \mu n_2 = \mu(n_1 + 98.0\,\text{N}) = 0.20(49.0\text{N} + 98.0\text{N}) = 29.4\ \text{N}$

따라서 $45.0\text{N} - 9.80\text{N} - 29.4\text{N} = (10.0\text{kg})a \quad \rightarrow \quad a = 0.580\ \text{m/s}^2$

6. 최대 정지 마찰은 최대 가속도를 생성하는 힘을 제공하여, $\Delta x = 3.00\ \text{m}$를 가속하는 데 최소의 시간 간격이 된다.

최대 정지 마찰력이 $f_{s=}\mu_s n$임을 알고 있다. 신발이 수평면에 있는 경우, 마찰은 수평 방향으로 작용한다. 연직 방향 수직 항력이 사람에 작용하는 중력 크기와 동일하고 최대라고 가정하면, $n = F_g = mg$이므로 최대 정지 마찰력은 다음과 같다.

$$f_s = \mu_s n = \mu_s mg$$

뉴턴의 제2법칙을 적용하면:

$$\Sigma F_x = ma_x$$

$$f_s = ma$$

$$\mu_s mg = ma \rightarrow a = \mu_s g$$

정지 상태에서 $\Delta x = 3.00$ m를 가속하는 데 걸린 시간 간격 $\Delta t = t$를 구하기 위하여 $x_f = x_i + v_{xi} + (1/2)a_x t^2$를 이용하면,

$$\Delta x = \frac{1}{2}a_x(\Delta t)^2 \rightarrow \Delta t = \sqrt{\frac{2\Delta x}{a_x}} = \sqrt{\frac{2\Delta x}{\mu_s g}}$$

(a) For $\mu_s = 0.500$, $\Delta t = \boxed{1.11 \text{ s}}$

(b) For $\mu_s = 0.800$, $\Delta t = \boxed{0.875 \text{ s}}$

7.

(a) P의 가능한 최댓값을 구하기 위해, 첫 번째 경우에서처럼 위로 움직이기 시작하는 상황을 생각해 보자.

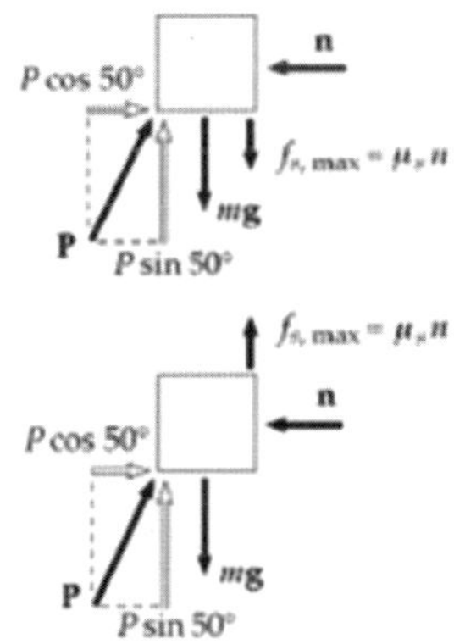

$\Sigma F_x = 0$ 로부터

$$P\cos 50.0° - n = 0$$

$f_{s,\max} = \mu_s n$ 이므로

$$f_{s,\max} = \mu_s P\cos 50.0°$$
$$= 0.250(0.643)P = 0.161P$$

$\Sigma F_y = 0$ 로부터

$$P\sin 50.0° - 0.161P - (3.00\text{ kg})(9.80\text{ m/s}^2) = 0$$

$$P_{\max} = \boxed{48.6\text{ N}}$$

P의 가능한 최솟값을 구하기 위해, 아래로 움직이기 시작하는 상황을 생각해 보자. 첫 번째 경우에서와 같이,

$$f_{s,\max} = 0.161P$$

$\Sigma F_y = 0$ 로부터

$$P\sin 50.0° + 0.161P - (3.00\text{ kg})(9.80\text{ m/s}^2) = 0$$

$$P_{\min} = \boxed{31.7\text{ N}}$$

(b) $P > 48.6$ N이면, 물체는 벽 위로 올라간다. $P < 31.7$ N이면, 물체는 벽 아래로 내려간다.

(c) 새 각도에 대하여 (a)에서의 계산을 다시 한다. 첫 번째 경우에서와 같이 위로 움직이기 시작하는 상황을 고려하자.

$\Sigma F_x = 0$ 로부터

$$P\cos 13° - n = 0$$

$$f_{s,\max} = \mu_s n: \quad f_{s,\max} = \mu_s P\cos 13°$$
$$= 0.250(0.974)P = 0.244P$$

$\Sigma F_y = 0$ 로부터

$$P\sin 13° - 0.244P - (3.00\text{ kg})(9.80\text{ m/s}^2) = 0$$

$$P_{max} = -1\ 580\text{ N}$$

미는 힘은 음수가 될 수 없다. 아무리 크거나 작더라도 위쪽으로 움직일 수는 없다. P의 가능한 최솟값을 구하기 위해, 아래로 움직이기 시작하는 상황을 고려하자. 첫 번째 경우에서처럼,

$$f_{s,\max} = 0.244P$$

이고, $\Sigma F_y = 0$ 로부터

$$P\sin 13° + 0.244P - (3.00\text{ kg})(9.80\text{ m/s}^2) = 0$$

$$P_{min} = \boxed{62.7\text{ N}}$$

$P \geq 62.7$ N 이면, 물체는 벽 위로 올라갈 수 없다. $P < 62.7$ N 이면, 물체는 벽 아래로 내려간다.

8.

(a) 자유 물체 도형은 오른쪽 그림 참조.

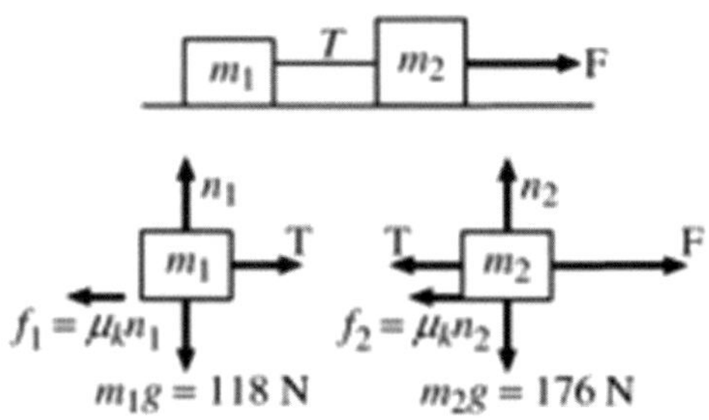

(b) 운동 방정식 적용하면

물체 1의 경우,

$$T - \mu m_1 g = m_1 a$$

물체 2의 경우,

$$68.0\text{ N} - T - \mu m_2 g = m_2 a$$

이들 두 식을 더하면,

$$68.0\text{ N} - \mu_k(m_1 + m_2)g = (m_1 + m_2)a$$

or

$$a = \frac{68.0\text{ N}}{(m_1 + m_2)} - \mu g = \boxed{1.29\text{ m/s}^2}$$

(c)

$$T = \mu_k m_1 g + m_1 a = m_1(\mu g + a)$$

$$= (12.0\text{ kg})[(0.100)(9.80\text{ m/s}^2) + (1.29\text{ m/s}^2)]$$

$$T = \boxed{27.2\text{ N}}$$

9.

(a) 각 물체에 대한 자유 물체 도형은 오른쪽 그림 참조.

(b) a는 가속도의 크기를 나타낸다. m_1의 가속도는 $-a\hat{\mathbf{j}}$, m_2의 가속도는 $-a\hat{\mathbf{i}}$, m_3의 가속도는 $+a\hat{\mathbf{j}}$이다. T_{12}는 왼쪽 줄에서의 장력이고 T_{23}는 오른쪽 줄에서의 장력이다.

운동 방정식을 적용하면,

물체 1의 경우, $\Sigma F_y = ma_y$ 로부터

$$+T_{12} - m_1 g = -m_1 a$$

물체 2의 경우,

$\Sigma F_x = ma_x$ 로부터 -> $-T_{12} + \mu_k n + T_{23} = -m_2 a$

$\Sigma F_y = ma_y$ 로부터 -> $n - m_2 g = 0$

물체 3의 경우, $\Sigma F_y = ma_y$ 로부터

$$T_{23} - m_3 g = +m_3 a$$

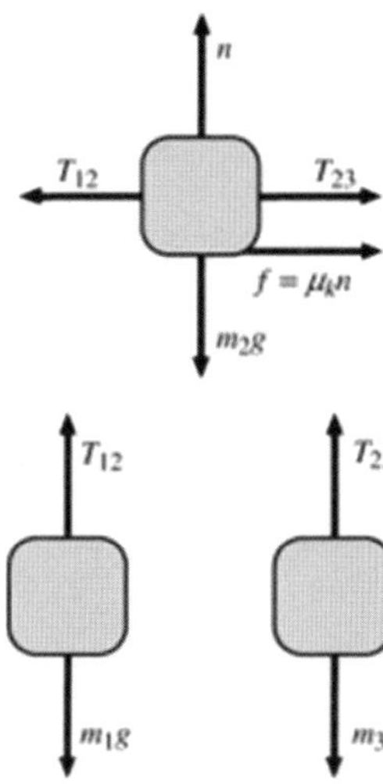

세 개의 연립 방정식

$$-T_{12} + 39.2\text{ N} = (4.00\text{ kg})a$$
$$+T_{12} - 0.350(9.80\text{ N}) - T_{23} = (1.00\text{ kg})a$$
$$+T_{23} - 19.6\text{ N} = (2.00\text{ kg})a$$

을 더하면

$$+39.2\text{ N} - 3.43\text{ N} - 19.6\text{ N} = (7.00\text{ kg})a$$

$a = 2.31\text{ m/s}^2$, m_1은 아래쪽, m_2는 왼쪽, m_3는 위쪽.

(c) 가속도 $a = 2.31\text{ m/s}^2$을 첫 번째와 두 번째 식에 대입하면

$$-T_{12} + 39.2\text{ N} = (4.00\text{ kg})(2.31\text{ m/s}^2)$$

$$\boxed{T_{12} = 30.0\text{ N}}$$

$$T_{23} - 19.6\text{ N} = (2.00\text{ kg})(2.31\text{ m/s}^2)$$

$$\boxed{T_{23} = 24.2\text{ N}}$$

(d) 테이블의 윗면이 매끄러우면, 마찰이 사라지므로($\mu_k = 0$) 가속도는 더 커질 것이다. 가속도가 증가하면, 위의 방정식에 따라 장력이 변한다.

$T_{12} = m_1 g - m_1 a \quad \rightarrow \quad T_{12}$ 감소함

$T_{23} = m_3 g + m_3 a \quad \rightarrow \quad T_{23}$ 증가함

5.2 등속 원운동하는 입자 모형의 확장

10. 줄은 25.0 kg에 해당하는 무게를 초과하면 끊어지므로,

$$T_{max} = Mg = (25.0\text{ kg})(9.80\text{ m/s}^2) = 245\text{ N}$$

3.00 kg의 질량이 수평면에서 원운동할 때, 장력으로 인해 구심 가속도가 발생한다. 따라서

$$T = m\frac{v^2}{r}$$

이므로

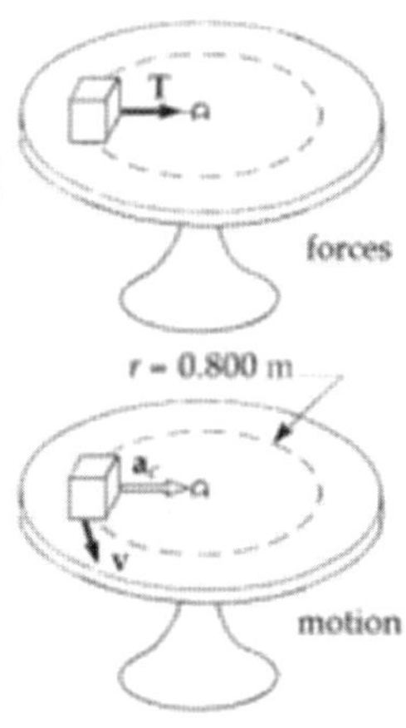

$$v^2 = \frac{rT}{m} = \frac{(0.800\ \text{m})T}{3.00\ \text{kg}} \le \frac{(0.800\ \text{m})T_{\max}}{3.00\ \text{kg}}$$

$$= \frac{(0.800\ \text{m})(245\ \text{N})}{3.00\ \text{kg}} = 65.3\ \text{m}^2/\text{s}^2$$

and $0 \le v \le \sqrt{65.3}\ \text{m/s}$

or $\boxed{0 \le v \le 8.08\ \text{m/s}}$

11.

(a) 일정한 속력 $v = \dfrac{235\,\text{m}}{36.0\,\text{s}} = 6.53\ \text{m/s}$

원의 반지름 $\dfrac{1}{4}(2\pi r) = 235\,\text{m} \quad \to \quad r = 150\ \text{m}$

B 지점에서 구심 가속도 $\vec{a}_r = \dfrac{v^2}{r} = \dfrac{(6.53\,\text{m/s})^2}{150\,\text{m}}$, 북서쪽 35.0°

$= (0.285\,\text{m/s}^2)(\cos 35.0°\,(-\hat{\mathbf{i}}) + \sin 35.0°\,\hat{\mathbf{j}}) = (-0.233\,\hat{\mathbf{i}} + 0.163\,\hat{\mathbf{j}})\,\text{m/s}^2$

(b) 일정한 속력 $v = \dfrac{235\,\text{m}}{36.0\,\text{s}} = 6.53\ \text{m/s}$

(c) $\vec{\mathbf{a}}_{\text{avg}} = \dfrac{\vec{\mathbf{v}}_{\text{f}} - \vec{\mathbf{v}}_{\text{i}}}{\Delta t} = \dfrac{(-6.53\,\hat{\mathbf{i}} + 6.53\,\hat{\mathbf{j}})}{36.0\ \text{s}}$

$= (-0.181\,\hat{\mathbf{i}} + 0.181\,\hat{\mathbf{j}})\ \text{m/s}^2$

12. $\sum F_{slow} = \left(\dfrac{m}{r}\right)(14.0\,\text{m/s})^2, \quad \sum F_{fast} = \left(\dfrac{m}{r}\right)(18.0\,\text{m/s})^2$

$\therefore \sum F \propto v^2 \quad \to$ 14.0 m/s에서 18.0 m/s로 증가하므로 비 $\left(\dfrac{18.0}{14.0}\right)^2$도 증가한다.

빠른 속력에서 전체 힘은 $\sum F_{fast} = \left(\dfrac{18.0}{14.0}\right)^2 \left(\sum F_{slow}\right) = \left(\dfrac{18.0}{14.0}\right)^2 (130\,\text{N}) = 215\ \text{N}$.

13. 원뿔 진자 운동:

추의 운동 방정식 적용하면,

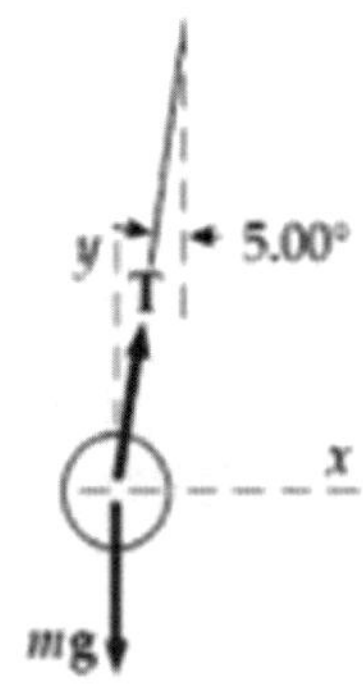

(a) 연직 성분의 운동 방정식

$$T\cos 5.00° = mg = (80.0\ \text{kg})(9.80\ \text{m/s}^2)$$

$T = 787\ \text{N}$

따라서, T의 수평 성분 = $T\sin(5.00°) = 68.6\ \text{N}$

T의 연직 성분 = $T\cos(5.00°) = 784\ \text{N}$

$$\vec{\mathbf{T}} = \boxed{(68.6\ \text{N})\hat{\mathbf{i}} + (784\ \text{N})\hat{\mathbf{j}}}$$

(b) 수평 성분의 운동 방정식

$T\sin 5.00° = ma_c$: $\boxed{a_c = 0.857\ \text{m/s}^2}$ (원의 중심 향함)

5.3 비등속 원운동

14.

(a) $a_c = \dfrac{v^2}{r} = \dfrac{(4.00\,\mathrm{m/s})^2}{12.0\,\mathrm{m}} = 1.33\ \mathrm{m/s^2}$

(b) $a = \sqrt{a_c^2 + a_t^2} = \sqrt{(1.33\,\mathrm{m/s^2})^2 + (1.20\,\mathrm{m/s^2})^2} = 1.79\ \mathrm{m/s^2}$

$\theta = \tan^{-1}\left(\dfrac{a_c}{a_t}\right) = \tan^{-1}\left(\dfrac{1.33}{1.20}\right) = 48.0^\circ$ (안쪽)

15.

(a) 양동이가 물에 작용하는 외력들은 중력과 접촉력이다.

(b) 양동이에 작용하는 접촉력은 물이 원운동을 하는 데 가장 중요하다. 중력만 작용한다면, 물은 포물선 경로를 따라갈 것이다.

(c) 원형 경로의 가장 높은 지점에서 양동이가 뒤집어지면, 물이 떨어지는 것을 막을 수 없다. 물이 쏟아지지 않으려면, 양동이는 필요로하는 구심력이 적어도 중력보다 더 크게 충분히 빠르게 움직여야 한다. 즉,

$$m\frac{v^2}{r} \geq mg \quad \text{or} \quad v \geq \sqrt{rg} = \sqrt{(1.00\,\mathrm{m})(9.80\,\mathrm{m/s^2})} = \boxed{3.13\ \mathrm{m/s}}$$

(d) 양동이가 원의 가장 높은 지점에서 3.13 m/s로 운동할 때 갑자기 사라지면, 물은 $v_{xi} = 3.13\ \mathrm{m/s}$, $v_{yi} = 0$의 처음 속도로 발사된 포물체의 포물선 경로를 따라갈 것이다.

16. 진자의 운동 방정식 :

(a) $\sum F_r = ma_r \rightarrow T - mg\cos\theta = \dfrac{mv^2}{r}$

$\therefore\ T = mg\cos\theta + \dfrac{mv^2}{r} = (0.500\,\mathrm{kg})(9.80\,\mathrm{m/s^2})\cos 20.0^\circ + \dfrac{(0.500\,\mathrm{kg})(8.00\,\mathrm{m/s})^2}{2.00\,\mathrm{m}}$

$= 4.60\,\mathrm{N} + 16.0\,\mathrm{N} = 20.6\ \mathrm{N}$

(b) 지름 가속도 $a_r = \dfrac{v^2}{r} = \dfrac{(8.00\,\mathrm{m/s})^2}{2.00\,\mathrm{m}} = 32.0\ \mathrm{m/s^2}$ (안쪽)

접선 가속도 $\sum F_t = ma_t \rightarrow mg\sin\theta = ma_t$

$\therefore\ a_t = g\sin\theta = (9.80\ \mathrm{m/s^2})\sin 20.0^\circ = 3.35\ \mathrm{m/s^2}$ (원의 접선 아래쪽)

(c) 전체 가속도 크기 $a = \sqrt{a_r^2 + a_t^2} = \sqrt{(32.0\,\mathrm{m/s^2})^2 + (3.35\,\mathrm{m/s^2})^2} = 32.2\ \mathrm{m/s^2}$

방향 $\phi = \tan^{-1}\left(\dfrac{3.35}{32.0}\right) = 5.98^\circ$

(d) 변화가 없다.

(e) 물체가 내려갈 때 속력을 얻거나, 올라갈 때 속력을 잃어도 힘은 같다. 그러므로 물체의 가속도는 운동 방향과 관계가 없다.

5.4 속도에 의존하는 저항력을 받는 운동

17.

(a) 시간에 따른 속력 v는 식 5.6에 따라 변한다.

$$v = \frac{mg}{b}\left(1 - e^{-bt/m}\right) = v_T\left(1 - e^{-t/\tau}\right)$$

여기서 $v_T = mg/b$는 종단 속력이므로,

$$b = \frac{mg}{v_T} = \frac{(3.00 \times 10^{-3}\ \text{kg})(9.80\ \text{m/s}^2)}{2.00 \times 10^{-2}\ \text{m/s}} = \boxed{1.47\ \text{N} \cdot \text{s/m}}$$

(b) $v = 0.632 v_T$를 식 5.6에 대입하면

$$0.632 v_T = v_T(1 - e^{-bt/m}) \quad \text{or} \quad 0.368 = e^{-(1.47t/0.00300)}$$

양변에 자연 로그를 취한 후 t를 구하면,

$$\ln(0.368) = -\frac{1.47\,t}{3.00 \times 10^{-3}} \quad \text{or} \quad -1 = -\frac{1.47\,t}{3.00 \times 10^{-3}}$$

$$\text{or} \quad t = -\left(\frac{m}{b}\right)\ln(0.368) = \boxed{2.04 \times 10^{-3}\ \text{s}}$$

(c) 종단 속력에서, $R = v_T b = mg = \boxed{2.94 \times 10^{-2}\ \text{N}}$

18.

(a) $a = g - Bv$

$$v = v_T,\ a = 0,\ g = Bv_T \quad \rightarrow \quad B = \frac{g}{v_T}$$

스티로폼은 일정한 속력 v_T로 5.00 s 동안 1.50 m를 낙하한다. 따라서

$$v_T = \frac{h}{\Delta t} = \frac{1.50\text{m}}{5.00\text{s}} = 0.300\text{m/s}$$

$$\boxed{B = \frac{9.80\ \text{m/s}^2}{0.300\ \text{m/s}} = 32.7\ \text{s}^{-1}}$$

(b) $t = 0$일 때, $v = 0$이고 $a = g = 9.80\ \text{m/s}^2$ (아래쪽)

(c) $v = 0.150\ \text{m/s}$일 때,

$$a = g - Bv$$

$$= 9.80\ \text{m/s}^2 - (32.7\ \text{s}^{-1})(0.150\ \text{m/s})$$

$$= 4.90\ \text{m/s}^2 \quad (\text{아래쪽})$$

19. 자동차의 속력 $100\ \text{km/h} = 27.8\ \text{m/s}$이므로

$$R = \frac{1}{2}\rho_{air} A D v_T^2 = \frac{1}{2}(0.250)(1.20\,\text{kg/m}^3)(2.20\,\text{m}^2)(27.8\,\text{m/s})^2$$

$$= 255\ \text{N}$$

따라서 $a = -\frac{R}{m} = -\frac{255\,\text{N}}{1200\,\text{kg}} = -0.212\ \text{m/s}^2$ (속도 벡터 반대쪽)

5.5 자연의 기본적인 힘

20. 뉴턴의 만유인력 법칙에 의하면, 물체에 작용하는 중력은 다음과 같이 주어진다.

$$F_g = \frac{Gm_1m_2}{r^2}$$

여기서 G는 중력 상수이다. 지구에서 물체의 무게는 mg로 나타내며, $g = \frac{GM_E}{r^2}$이다. 여기서 M_E는 지구의 질량이다. 지구로 인한 중력 가속도인 g는 역제곱 법칙을 따른다. 지표면(중심에서 지구 반지름 R_E만큼 떨어진 거리)에서 $g = 9.80\ \text{m/s}^2$이다. 지표면 위 $3.00R_E$인 고도(지구 중심에서 거리가 $4.00R_E$)에서 중력 가속도는 4.00^2 = 16.0배 작아진다.

$$a = \frac{GM_E}{(4.00\,R_E)^2} = \frac{GM_E}{16.0\,R_E^2} = \frac{9.80\ \text{m/s}^2}{16.0}$$

$= 0.612\ \text{m/s}^2$ (지구 중심을 향함)

21.

$$F = \frac{Gm_1m_2}{r^2} = \frac{(6.672\times10^{-11}\ \text{N}\cdot\text{m}^2/\text{kg}^2)(2.00\ \text{kg})(2.00\ \text{kg})}{(0.30\ \text{m})^2}$$

$$= \boxed{2.97\times10^{-9}\ \text{N}}$$

22.

$$F = k_e\frac{q_1q_2}{(r_{12})^2} = (8.99\times10^9\ \text{N}\cdot\text{m}^2/\text{C}^2)\frac{(+40\ \text{C})(-40\ \text{C})}{(2\,000\ \text{m})^2}$$

$= -3.60\times10^6$ N (인력) $= 3.60\times10^6$ N (아래쪽)

추가문제

23. 일정한 속력으로 이동하기 때문에 접선 가속도는 없고, 원의 형태로 굽어 있기 때문에 구심 가속도를 가진다.

	속도 방향	가속도 방향
지점 A	동쪽	남쪽
지점 B	남쪽	서쪽

24.

(a) 상자가 움직이기 직전에는 평형 상태에 있다. 상자에 작용하는 수직 항력과 마찰력을 각각 n과 f_k라고 하자. 운동 방정식을 적용하면,

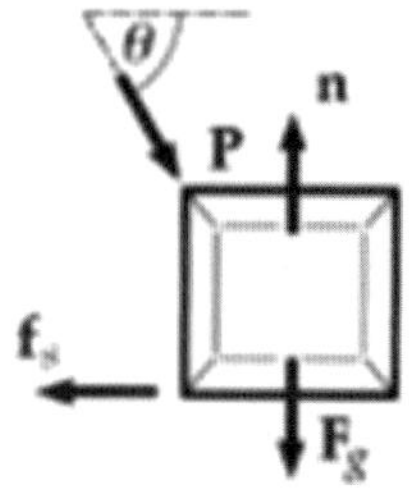

$\Sigma F_y = ma_y$ 로부터 -> $n = F_g + P\sin\theta$

$\Sigma F_x = ma_x$ 로부터 -> $P\cos\theta = f$

그러나 $f_s \le \mu_s n$

즉 $P\cos\theta \le \mu_s(F_g + P\sin\theta)$ 또는 $P(\cos\theta - \mu_s \sin\theta) \le \mu_s F_g$

$\cos\theta$로 나누면,

$$P(1-\mu_s \tan\theta) \le \mu_s F_g \sec\theta$$

따라서

$$\boxed{P_{\text{minimum}} = \frac{\mu_s F_g \sec\theta}{1-\mu_s \tan\theta}}$$

(b) 상자가 움직이기 위해서는 x성분$(P\cos\theta)$이 마찰력 $f_s = \mu_s n$을 이겨야 한다:

$$P\cos\theta \ge \mu_s n = \mu_s (F_g + P\sin\theta)$$

$$P(\cos\theta - \mu_s \sin\theta) \ge \mu_s F_g$$

이 조건을 만족하려면,

$$(\cos\theta - \mu_s \sin\theta) > 0 \rightarrow \mu_s \tan\theta < 1 \rightarrow \tan\theta < \frac{1}{\mu_s}.$$

이 조건을 만족하지 않으면, 어떤 P값도 상자를 움직일 수 없다.

25. 각각의 물체에 뉴턴의 제2법칙을 적용하면,

$T_1 = f_1 + 2m(g\sin\theta + a)$ **[1]**

$T_2 - T_1 = f_2 + m(g\sin\theta + a)$ **[2]**

$T_2 = M(g-a)$ **[3]**

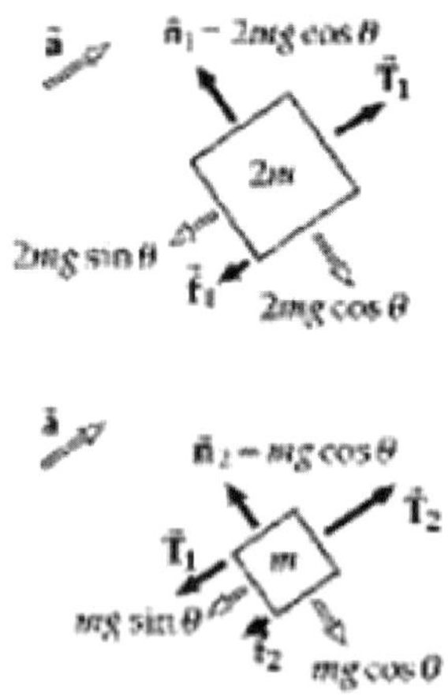

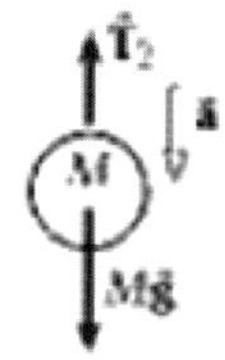

(a)(b) 계가 평형 상태$(a=0)$이고 경사면에 마찰이 없다$(f_1 = f_2 = 0)$고 가정하면,

운동 방정식은 다음과 같이 된다.

$\boxed{T_1 = 2mg\sin\theta}$ **[1′]**

$T_2 - T_1 = mg\sin\theta$ **[2′]**

$T_2 = Mg$ **[3′]**

식 [1′]과 [2′]을 식 [3′]에 대입하면,

$M = 3m\sin\theta$

따라서 식 [3′]은 $T_2 = 3mg\sin\theta$가 된다.

(c)(d) 이번에는 $M = 6m\sin\theta$(질량이 두 배가 됨)이고 $f_1 = f_2 = 0$이다.

그러면 앞의 식 [1]~[3]은 다음과 같이 된다.

$$T_1 = 2m(g\sin\theta + a),$$
$$T_2 - T_1 = m(g\sin\theta + a)$$
$$T_2 = 6m\sin\theta(g - a)$$

이 연립 방정식을 풀면.

$$\boxed{a = \frac{g\sin\theta}{1+2\sin\theta}},\ \boxed{T_1 = 4mg\sin\theta\left(\frac{1+\sin\theta}{1+2\sin\theta}\right)}$$

$$\boxed{T_2 = 6mg\sin\theta\left(\frac{1+\sin\theta}{1+2\sin\theta}\right)}$$

(e) 평형 상태($a=0$)이고 경사면을 올라가기 시작하는 순간이므로, $M = M_{\max}$, $f_1 = 2\mu_s mg\cos\theta$, $f_2 = \mu_s mg\cos\theta$이다. 이들 마찰력은 경사면 아래를 향한다. 이들 조건으로부터

$$T_1 = 2mg(\sin\theta + \mu_s\cos\theta)\,\mu_s\cos\theta)$$
$$T_2 - T_1 = mg(\sin\theta + \mu_s\cos\theta)$$
$$T_2 = M_{\max}g$$

이 연립 방정실을 풀면. 다음과 같다.

$$\boxed{M_{\max} = 3m(\sin\theta + \mu_s\cos\theta)}$$

이 식에서 질량이 음수가 되면, 이는 물리적으로 경사면 바닥에서 도르래 위 줄에 매달려 있는 질량 M에 해당한다.

(f) 평형 상태($a=0$)이고 경사면을 내려가기 시작하는 순간이므로, $M = M_{\min}$, $f_1 = 2\mu_s mg\cos\theta$, $f_2 = \mu_s mg\cos\theta$이다. 이들 마찰력은 경사면 위를 향한다. 이들 조건으로부터

$$T_1 = 2mg(\sin\theta - \mu_s\cos\theta),$$
$$T_2 - T_1 = mg(\sin\theta - \mu_s\cos\theta)$$
$$T_2 = M_{\min}g$$

이 연립 방정실을 풀면. 다음과 같다.

$$\boxed{M_{\min} = 3m(\sin\theta - \mu_s\cos\theta)}$$

이 식에서 질량이 음수가 되면, 이는 물리적으로 경사면 바닥에서 도르래 위 줄에 매달려 있는 질량 M에 해당한다.

(g) $\boxed{T_{2,\max} - T_{2,\min} = M_{\max}g - M_{\min}g = 6\mu_s mg\cos\theta}$

26.

(a) 등속 원운동에 대한 운동 방정식 :

$$\sum F_y = ma_y \ : \ n - mg = -\frac{mv^2}{r}$$

속력 $v = (30\,\text{km/h})\left(\frac{1\,\text{h}}{3600\,\text{s}}\right)\left(\frac{1000\,\text{m}}{1\,\text{km}}\right) = 8.33\ \text{m/s}$

수직항력 $n = m\left(g - \frac{v^2}{r}\right) = (1800\,\text{kg})\left[9.80\,\text{m/s}^2 - \frac{(8.33/\text{s})^2}{20.4\,\text{m}}\right] = 1.15\times10^4\ \text{N}\ (\uparrow)$

(b) $n = 0$이므로, $mg = \frac{mv^2}{r}$

$$\rightarrow \quad v = \sqrt{gr} = \sqrt{(9.80\,\text{m/s}^2)(20.4\,\text{m})} = 14.1\ \text{m/s}$$

27.

(a) 오른쪽의 자유 물체 도형에서와 같이, 줄 끝의 질량은 연직 평형 상태에 있다. 따라서

$$T\cos\theta = mg \qquad (1)$$

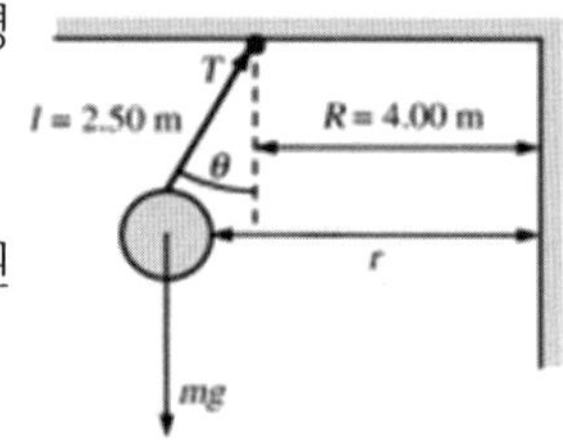

forces on seat

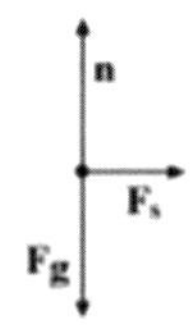

forces on child

수평 방향에서, 질량은 반지름 r인 원의 중심을 향해 가속된다.

$$T\sin\theta = ma_r = m\frac{v^2}{r} \qquad (2)$$

여기서 r은 원형 플랫폼의 반지름 $R = D/2 = 4.00$ m와 $2.50\sin\theta$의 합이다. 즉,

$$r = (2.50\sin\theta + 4.00)\ \text{m}$$
$$r = (2.50\sin 28.0^\circ + 4.00)\ \text{m} = 5.17\ \text{m}$$

식 (1)에서 장력 T를 구하면

$$T\cos\theta = mg \rightarrow T = \frac{mg}{\cos\theta}$$

이고, 이를 식 (2)에 대입하면

$$\tan\theta = \frac{a_r}{g} = \frac{v^2}{gr}$$
$$v^2 = gr\tan\theta = (9.80\ \text{m/s}^2)(5.17\ \text{m})(\tan 28.0^\circ)$$
$$v = \boxed{5.19\ \text{m/s}}$$

(b) 아이의 힘 도형은 오른쪽 그림 참조.

(c) $T = \frac{mg}{\cos\theta} = \frac{(40.0\ \text{kg})(9.80\ \text{m/s}^2)}{\cos 28.0^\circ} = \boxed{444\ \text{N}}$

6장 계의 에너지

6.2 일정한 힘이 한 일

1.

(a) $W = F\Delta r\cos\theta = (16.0\text{ N})(2.20\text{ m})\cos 25.0° = \boxed{31.9\text{ J}}$

(b),(c) 수직항력과 중력은 움직이는 모든 위치에서 변위와 90°의 각도를 이루고 있으므로, 두 힘이 한 일은 모두 영(0)이다.

(d) $\sum W = 31.9\text{ J} + 0 + 0 = \boxed{31.9\text{ J}}$

2.

(a) $W = (281.5\,\text{kg})(9.80\,\text{m/s}^2)(0.171\,\text{m}) = 472\ \text{J}$

(b) $F = mg = (281.5\,\text{kg})(9.80\,\text{m/s}^2) = 2.76\times10^3\,\text{N} = 2.76\ \text{kN}$

3. 스파이더맨의 중력은 $mg = (80\ \text{kg})(9.80\ \text{m/s}^2) = 784\ \text{N}$ 이다. 그의 연직 변위만이 중력이 하는 일에 기여한다. 나뭇가지 아래의 원래 처음 y 좌표는 -12 m이고, 나중 y 좌표는 $(-12\ \text{m})\cos 60.0° = -6\ \text{m}$ 이므로, 높이 변화는 -6 m-(-12 m) = 6 m이다. 따라서, 중력이 한 일은 다음과 같다.

$$W = F\Delta r\cos\theta = (784\text{ N})(6\text{ m})\cos 180° = \boxed{-4.70\text{ kJ}}$$

4.

(a) $W_{shopper} = (F\cos\theta)\Delta x = (35\text{ N})(\cos 25°)(50.0\text{ m}) = \boxed{1.6\times10^3\text{ J}}$

(b) 카트의 속력이 일정하므로,

$$KE_f = KE_i \quad\rightarrow\quad W_{net} = \Delta KE = 0$$

(c) 이제는 구매자가 작용하는 힘이 완전히 수평 방향이므로 이 힘은 마찰력과 크기가 같다. 왜냐하면 카트가 일정한 속도를 유지하기 때문이다. (a)와 (b)에서, 구매자의 힘은 아랫 방향의 연직 성분이 있어서 카트에 작용하는 수직력을 증가시켜, 그 결과로 마찰력이 증가한다. 이번에는 연직 성분이 없기 때문에, 마찰력이 줄어들고 힘도 이전보다 더 작아진다.

(d) (c)에서 힘의 수평 성분은 더 작기 때문에, 동일한 50.0 m 거리를 움직이는 동안 구매자가 카트에 한 일은 (c)에서보다 더 작다.

6.3 두 벡터의 스칼라곱

5. $\vec{A}\cdot\vec{B} = \left(A_x\hat{i} + A_y\hat{j} + A_z\hat{k}\right)\cdot\left(B_x\hat{i} + B_y\hat{j} + B_z\hat{k}\right) = A_xB_x + A_yB_y + A_zB_z$

여기서 $\hat{i}\cdot\hat{i} = \hat{j}\cdot\hat{j} = \hat{k}\cdot\hat{k} = 1$, $\hat{i}\cdot\hat{j} = \hat{j}\cdot\hat{k} = \hat{k}\cdot\hat{i} = 0$

6.

(a) $W = \vec{\mathbf{F}} \cdot \Delta\vec{\mathbf{r}} = F_x x + F_y y = (6.00)(3.00)\ \mathrm{N \cdot m} + (-2.00)(1.00)\ \mathrm{N \cdot m}$

$= \boxed{16.0\ \mathrm{J}}$

(b) $\theta = \cos^{-1}\left(\dfrac{\vec{\mathbf{F}} \cdot \Delta\vec{\mathbf{r}}}{F\Delta r}\right)$

$= \cos^{-1}\dfrac{16\ \mathrm{N \cdot m}}{\sqrt{(6.00\ \mathrm{N})^2 + (-2.00\ \mathrm{N})^2} \cdot \sqrt{(3.00\ \mathrm{m})^2 + (1.00\ \mathrm{m})^2}}$

$= \boxed{36.9°}$

7. 먼저 두 벡터 사이의 각도 θ를 구하면

$$\theta = (360° - 132°) - (118° + 90.0°) = 20.0°$$

이므로, 두 벡터의 스칼라곱은 다음과 같다.

$$\vec{\mathbf{F}} \cdot \vec{\mathbf{r}} = Fr\cos\theta = (32.8\ \mathrm{N})(0.173\ \mathrm{m})\cos 20.0°$$

$$\vec{\mathbf{F}} \cdot \vec{\mathbf{r}} = 5.33\ \mathrm{N \cdot m} = \boxed{5.33\ \mathrm{J}}$$

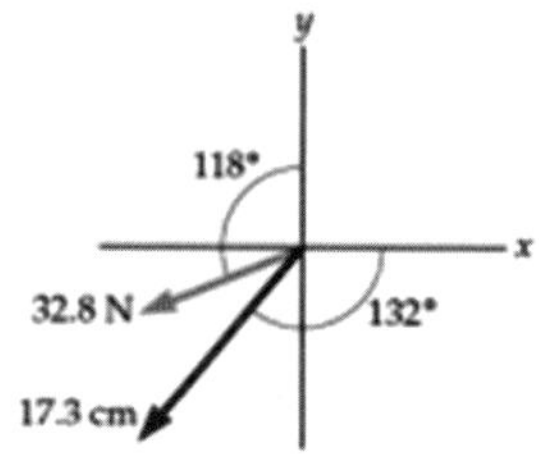

8.

(a) $\vec{A} = 3.00\hat{i} - 2.00\hat{j}$, $\vec{B} = 4.00\hat{i} - 4.00\hat{j}$

$$\therefore \theta = \cos^{-1}\left(\frac{\vec{A} \cdot \vec{B}}{AB}\right) = \cos^{-1}\left(\frac{12.0 + 8.00}{\sqrt{13.0}\sqrt{32.0}}\right) = 11.3°$$

(b) $\vec{A} = -2.00\hat{i} + 4.00\hat{j}$, $\vec{B} = 3.00\hat{i} - 4.00\hat{j} + 2.00\hat{k}$

$$\therefore \theta = \cos^{-1}\left(\frac{\vec{A} \cdot \vec{B}}{AB}\right) = \cos^{-1}\left(\frac{-6.00 - 16.0}{\sqrt{20.0}\sqrt{29.0}}\right) = 156°$$

(c) $\vec{A} = \hat{i} - 2.00\hat{j} + 2.00\hat{k}$, $\vec{B} = 3.00\hat{j} + 4.00\hat{k}$

$$\therefore \theta = \cos^{-1}\left(\frac{\vec{A} \cdot \vec{B}}{AB}\right) = \cos^{-1}\left(\frac{-6.00 + 8.00}{\sqrt{9.00}\sqrt{25.0}}\right) = 82.3°$$

9. $\vec{A}$와 $\vec{B}$ 사이의 각도를 θ라고 하자. 25° 더 회전하면 스칼라곱은 더 커지므로, $\vec{C}$와 $\vec{B}$ 사이의 각도는 더 작아져야 한다. 이 때의 각도를 $\theta - 25°$ 라고 하자. 그러면

$$5A\cos\theta = 30 \quad \text{and} \quad 5A\cos(\theta - 25°) = 35$$

$$A\cos\theta = 6 \quad \text{and} \quad A(\cos\theta\cos 25° + \sin\theta\sin 25°) = 7$$

이다. 두 식을 나누면

$$\cos 25° + \tan\theta\sin 25° = 7/6$$

$$\tan\theta = (7/6 - \cos 25°)/\sin 25° = 0.616$$

이로부터 $\theta = 31.6°$ 이므로, $\vec{A}$의 방향은 $60° - 31.6° = 28.4°$ 이며, 이를 다시 앞의 식에 대입하면

$A\cos 31.6° = 6 \quad \rightarrow \quad \vec{A} = 7.05$ m, 방향은 28.4°

6.4 변하는 힘이 한 일

10. $kx = ma \rightarrow k = \dfrac{ma}{x} = \dfrac{(4.70\times10^{-3}\,\text{kg})(0.800)(9.80\,\text{m/s}^2)}{0.500\times10^{-2}\,\text{m}} = 7.37\ \text{N/m}$

11. 일을 그래프 표현으로 계산하는 방법을 사용한다. 일 W는 힘-변위 곡선 아래의 넓이와 같다.

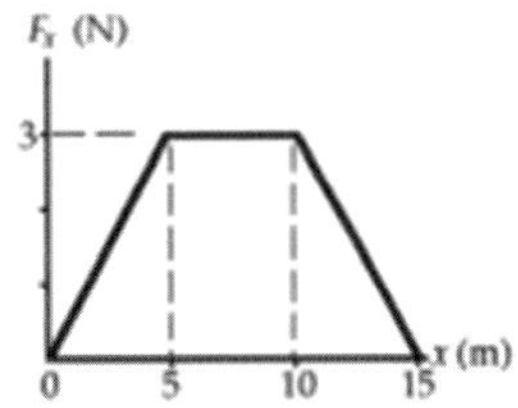

(a) $0 \leq x \leq 5.00$ m 경우, $W = \dfrac{(3.00\ \text{N})(5.00\ \text{m})}{2} = 7.50\ J$

(b) $5.00 \leq x \leq 10.0$ m 경우, W = (3.00 N)(5.00 m) = 15.0 J

(c) $10.0 \leq x \leq 15.0$ m 경우, $W = \dfrac{(3.00\ \text{N})(5.00\ \text{m})}{2} = 7.50\ J$

(d) $0 \leq x \leq 15.0$ m 경우, W = (7.50 +7.50 + 15.0) J = 30 J

12.

(a) 용수철 힘 $F = ky$에서

힘상수 $k = \dfrac{F}{y} = \dfrac{Mg}{y} = \dfrac{(4.00\,\text{kg})(9.80\,\text{m/s}^2)}{2.50\times10^{-2}\,\text{m}} = 1.57\times10^3\ \text{N/m}$

따라서 질량 1.50 kg일 때

$$y = \frac{mg}{k} = \frac{(1.50\,\text{kg})(9.80\,\text{m/s}^2)}{1.57\times10^3\,\text{N/m}} = 0.00938\,\text{m} = 0.938\ \text{cm}$$

(b) 일 $W = \dfrac{1}{2}ky^2 = \dfrac{1}{2}(1.57\times10^3\,\text{N/m})(4.00\times10^{-2}\,\text{m})^2 = 1.25\ \text{J}$

13.

(a) 물체의 반지름은 수평과 θ의 각도를 이룬다. 원통에 접하는 운동 방향을 x축으로 하면, 물체의 무게는 $-x$축과 θ의 각도를 이룬다. 그러면,

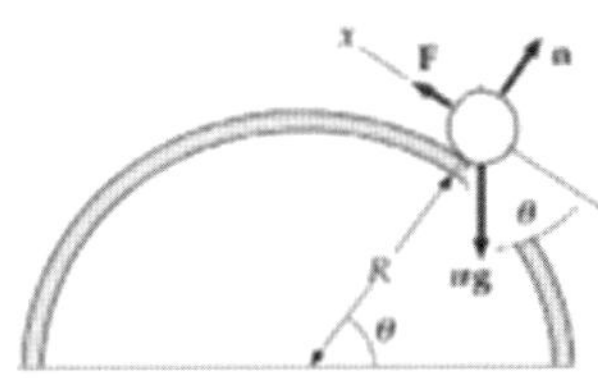

$$\sum F_x = ma_x$$
$$F - mg\cos\theta = 0$$
$$F = \boxed{mg\cos\theta}$$

(b) 물체의 작은 이동 거리 dr을 회전 각도 $d\theta$와의 관계는 라디안으로 표현할 때 $dr = Rd\theta$이므로,

$$W = \int \vec{F} \cdot d\vec{r}$$
$$= \int_0^{\pi/2} mg\cos\theta R\,d\theta = mgR\sin\theta\Big|_0^{\pi/2} = mgR(1-0) = \boxed{mgR}$$

14.

(a) 마찰 계수 = 0인 경우:

용수철 힘 $F_s = kx = (3.85\ \text{N/m})(0.08\,\text{m}) = 0.308\ \text{N}$

왼쪽 블록의 무게 $F_g = mg = (0.250\,\text{kg})(9.80\,\text{m/s}^2) = 2.45\ \text{N}$

왼쪽 블록의 수직항력 $\sum F_y = 0 \quad \rightarrow \quad n - 2.45\,\text{N} = 0 \quad \rightarrow \quad n = 2.45\ \text{N}$

따라서 왼쪽 블록의 경우

$$\sum F_x = ma_x \quad \rightarrow \quad -0.308\,\text{N} = (0.250\,\text{kg})a \qquad \therefore\ a = -1.23\ \text{m/s}^2$$

오른쪽 블록의 무게와 수직항력 $n = F_g = (0.500\,\text{kg})(9.80\,\text{m/s}^2) = 4.90\ \text{N}$

따라서 오른쪽 블록의 경우 $0.308\,\text{N} = (0.500\,\text{kg})a \quad \rightarrow \quad \therefore\ a = 0.616\ \text{m/s}^2$

(b) 마찰 계수 = 0.100 인 경우:

왼쪽 블록에 대해, $\sum F_x = ma_x$로부터

$$-0.308\,\text{N} + 0.245\,\text{N} = (0.250\,\text{kg})a$$

$\rightarrow\ a = -0.252\ \text{m/s}^2$ (정지 마찰력이 너무 크지 않다면)

오른쪽 블록에 대해 $f_k = \mu_k n = 0.490\,\text{N}$. 이것은 최대 정지 마찰력이 복원력보다 더 커서 운동이 없고, 가속도가 0이다.

(c) 마찰 계수 = 0.462 인 경우:

왼쪽 블록 $f_k = 0.462(2.45\,\text{N}) = 1.13\,\text{N}$. 최대 정지 마찰력이 복원력보다 더 크다. 그래서 용수철 힘은 이 블록을 운동하게 하지 못하고, 더 마찰력을 느끼게 하므로 오른쪽 블록도 마찬가지이다. 둘 다 가속도는 0이다.

15. 힘이 한 일:

$$W = \int_i^f \vec{\mathbf{F}} \cdot d\vec{\mathbf{r}} = \int_0^{5\,\text{m}} \left(4x\hat{\mathbf{i}} + 3y\hat{\mathbf{j}}\right)\text{N} \cdot dx\hat{\mathbf{i}}$$

$$\int_0^{5\,\text{m}} (4\ \text{N/m})x\,dx + 0 = (4\ \text{N/m})\frac{x^2}{2}\Bigg|_0^{5\,\text{m}} = \boxed{50.0\ \text{J}}$$

6.5 운동 에너지와 일-운동 에너지 정리

16.

(a) 슈퍼히어로우의 손이 총알을 붙잡으면, 총알의 운동 에너지를 감소시키는 위해 총알에 일을 한다. 평균력은 총알의 변위와 반대이다.

$$W_{\text{net}} = F_{\text{avg}}\Delta x \cos 180° = -F_{\text{avg}}\Delta x = \Delta K$$

$$F_{\text{avg}} = \frac{\Delta K}{-\Delta x} = \frac{0 - \frac{1}{2}(7.80 \times 10^{-3}\ \text{kg})(575\ \text{m/s})^2}{-0.055\,0\ \text{m}}$$

$F_{avg} = 2.34 \times 10^4\ \text{N}$, 운동 방향과 반대임.

(b) 평균력이 일정하면 총알의 가속도는 일정할 것이다. 그럭고 정지하는 동안의 평균 속도는 $v_{avg} = (v_i + v_f)/2$이다. 따라서 멈출 때가지의 시간은 다음과 같다.

$$\Delta t = \frac{\Delta x}{\bar{v}} = \frac{2(\Delta x)}{v_f + v_i} = \frac{2(5.50\times10^{-2}\text{ m})}{0+575\text{ m/s}} = \boxed{1.91\times10^{-4}\text{ s}}$$

17. 운동 에너지와 일-운동 에너지 정리 이용:

(a) $K_A = \frac{1}{2}(0.600\text{ kg})(2.00\text{ m/s})^2 = \boxed{1.20\text{ J}}$

(b) $\frac{1}{2}mv_B^2 = K_B$: $v_B = \sqrt{\frac{2K_B}{m}} = \sqrt{\frac{(2)(7.50\text{ J})}{0.600\text{ kg}}} = \boxed{5.00\text{ m/s}}$

(c) $\sum W = \Delta K = K_B - K_A = \frac{1}{2}m\left(v_B^2 - v_A^2\right) = 7.50\text{ J} - 1.20\text{ J} = \boxed{6.30\text{ J}}$

18. 일-운동 에너지 정리 이용:

(a) $\Delta K = K_f - K_i = \frac{1}{2}mv_f^2 - 0 = \sum W =$ ($x = 0$부터 $x = 5.00$ m까지의 넓이)

$$v_f = \sqrt{\frac{2(\text{area})}{m}} = \sqrt{\frac{2(7.50\text{ J})}{4.00\text{ kg}}} = \boxed{1.94\text{ m/s}}$$

(b) $\Delta K = K_f - K_i = \frac{1}{2}mv_f^2 - 0 = \sum W =$ ($x = 0$부터 $x = 10.0$ m까지의 넓이)

$$v_f = \sqrt{\frac{2(\text{area})}{m}} = \sqrt{\frac{2(22.5\text{ J})}{4.00\text{ kg}}} = \boxed{3.35\text{ m/s}}$$

(c) $\Delta K = K_f - K_i = \frac{1}{2}mv_f^2 - 0 = \sum W =$ ($x = 0$부터 $x = 15.0$ m까지의 넓이)

$$v_f = \sqrt{\frac{2(\text{area})}{m}} = \sqrt{\frac{2(30.0\text{ J})}{4.00\text{ kg}}} = \boxed{3.87\text{ m/s}}$$

19. 말뚝박는 기계의 해머가 정지 상태에서 떨어져서 낙하 후 멈출 때까지 한 일을 고려하자. 해머가 자유 낙하한 거리가 $d = 5.00$ m, 땅속으로 들어간 거리를 $h = 0.12$ cm라고 하자.

$$\sum W = \Delta K: \quad W_{\text{gravity}} + W_{\text{beam}} = \frac{1}{2}mv_f^2 - \frac{1}{2}mv_i^2$$

$$(mg)(h+d)\cos 0° + \left(\bar{F}\right)(d)\cos 180° = 0 - 0$$

따라서

$$\bar{F} = \frac{(mg)(h+d)}{d} = \frac{(2\,100\text{ kg})\left(9.80\text{ m/s}^2\right)(5.12\text{ m})}{0.120\text{ m}} = \boxed{8.78\times10^5\text{ N}}$$

빔이 해머에 작용하는 힘은 위쪽을 향한다.

20.

(a) 수평력이므로 변위 방향과 $\theta = 0°$를 이룬다. 이 힘이 한 일로부터

$$W_{F_0} = (F_0 \cos\theta)\Delta x = F_0(\cos 0°)\Delta x = F_0(\Delta x)$$

$$F_0 = \frac{W_{F_0}}{\Delta x} = \frac{350\ \text{J}}{12.0\ \text{m}} = \boxed{29.2\ \text{N}}$$

(b) 가해진 힘이 29.2 N보다 크면, 나무상자는 이 힘의 방향으로 가속될 것이다. 그래서 시간이 지남에 따라 속력이 증가할 것이다.

(c) 가해진 힘이 29.2 N보다 작으면, 나무상자의 속력이 줄어들어 정지하게 된다.

6.6 계의 퍼텐셜 에너지

21. 중력 퍼텐셜 에너지 $U = mgy$를 사용하자. 여기서 y는 기준 위치로부터의 거리이다. 이 문제에서는 y를 우물의 맨 위쪽($y = 0$)에서부터의 거리로 측정한다.

(a) $y = 1.3$ m: $U = mgy = (0.20\ \text{kg})(9.80\ \text{m/s}^2)(1.3\ \text{m}) = \boxed{+2.5\ \text{J}}$

(b) $y = -5.0$ m: $U = mgy = (0.20\ \text{kg})(9.80\ \text{m/s}^2)(-5.0\ \text{m}) = \boxed{-9.8\ \text{J}}$

(c) $\Delta U = U_f - U_i = (-9.8\ \text{J}) - (2.5\ \text{J}) = -12.3 = \boxed{-12\ \text{J}}$

22.

(a) $U_B = 0$, $U_A = mgy$에서, 연직 방향 높이 y는 다음과 같다.

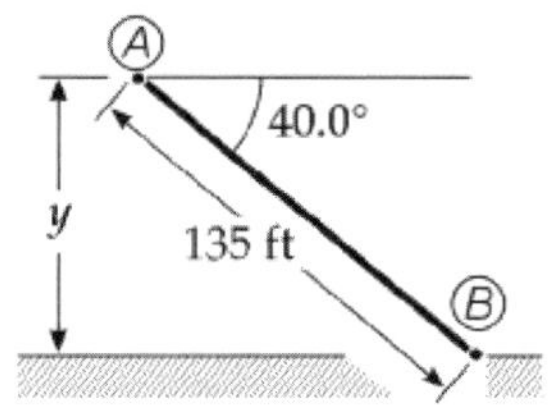

$135\ \text{ft} = 41.1\ \text{m}$이고 $y = 41.1\,\text{m}\sin 40.0° = 26.4\,\text{m}$

즉, $U_A = mgy = (1\,000\,\text{kg})(9.80\,\text{m/s}^2)(26.4\,\text{m}) = 2.59 \times 10^5\ \text{J}$

따라서 $U_B - U_A = 0 - 2.59 \times 10^5\,\text{J} = -2.59 \times 10^5\ \text{J}$

(b) $U_A = 0$, $U_B = mgy$로 조건을 바꾸면

$U_B = mgy = (1\,000\,\text{kg})(9.80\,\text{m/s}^2)(-26.4\,\text{m}) = -2.59 \times 10^5\ \text{J}$

$\therefore\ U_B - U_A = (-2.59 \times 10^5\,\text{J}) - 0 = -2.59 \times 10^5\ \text{J}$

6.7 보존력과 비보존력

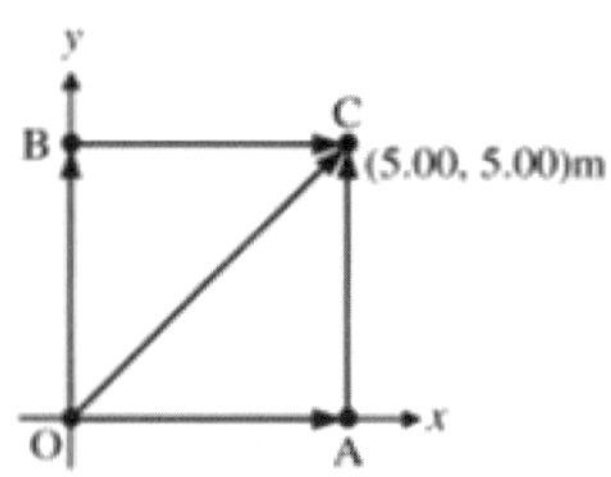

23. 중력은 아래 방향이다.

$$F_g = mg = (4.00\ \text{kg})(9.80\ \text{m/s}^2) = 39.2\ \text{N}$$

(a) 경로 OAC에서의 일

= 경로 OA에서의 일 + 경로 AC에서의 일

$$= F_g(\text{OA})\cos 90.0° + F_g(\text{AC})\cos 180°$$
$$= (39.2\text{ N})(5.00\text{ m})(0)$$
$$+ (39.2\text{ N})(5.00\text{ m})(-1)$$
$$= \boxed{-196\text{ J}}$$

(b) 경로 OBC에서의 일 = 경로 OB에서의 일 + 경로 BC에서의 일

$$= (39.2\text{ N})(5.00\text{ m})\cos 180°$$
$$+ (39.2\text{ N})(5.00\text{ m})\cos 90.0°$$
$$= \boxed{-196\text{ J}}$$

(c) 경로 OC에서의 일 $= F_g(\text{OC})\cos 135°$

$$= (39.2\text{ N})\left(5.00\times\sqrt{2}\text{ m}\right)\left(-\frac{1}{\sqrt{2}}\right) = \boxed{-196\text{ J}}$$

(d) 중력은 보존력이기 때문에, 결과는 모두 같아야 한다.

24.

(a) $W_{OA} = \int_0^{5.00m} dx\,\hat{\mathbf{i}} \cdot \left(2y\,\hat{\mathbf{i}} + x^2\,\hat{\mathbf{j}}\right) = \int_0^{5.00m} 2y dx = 0$ (왜냐하면 $y = 0$)

$W_{AC} = \int_0^{5.00m} dy\,\hat{\mathbf{j}} \cdot \left(2y\,\hat{\mathbf{i}} + x^2\,\hat{\mathbf{j}}\right) = \int_0^{5.00m} x^2 dy = 125\text{ J}$ (왜냐하면 $x = 5.00\text{ m}$)

$\therefore\ W_{OAC} = 0 + 125 = 125\text{ J}$

(b) $W_{OB} = \int_0^{5.00m} dy\,\hat{\mathbf{j}} \cdot \left(2y\,\hat{\mathbf{i}} + x^2\,\hat{\mathbf{j}}\right) = \int_0^{5.00m} x^2 dy = 0$ (왜냐하면 $x = 0$)

$W_{BC} = \int_0^{5.00m} dx\,\hat{\mathbf{i}} \cdot \left(2y\,\hat{\mathbf{i}} + x^2\,\hat{\mathbf{j}}\right) = \int_0^{5.00m} 2y dx = 50.0\text{ J}$ (왜냐하면 $y = 5.00\text{ m}$)

$\therefore\ W_{OAC} = 0 + 125 = 125\text{ J}$

(c) $W_{OC} = \int \left(dx\,\hat{\mathbf{i}} + dy\,\hat{\mathbf{j}}\right) \cdot \left(2y\,\hat{\mathbf{i}} + x^2\,\hat{\mathbf{j}}\right) = \int \left(2y dx + x^2 dy\right)$

$x = y$ 이므로 $W_{OC} = \int_0^{5.00m} (2x + x^2) dx = 66.7\text{ J}$

(d) F는 비보존력이다.

(e) 입자에 힘이 한 일은 경로에 의존한다. 이는 힘이 비보존력이기 때문이다.

6.8 보존력과 퍼텐셜 에너지의 관계

25. 책을 올리는 동안 20.0 J의 일을 했다면, 이것은 곧 중력 퍼텐셜 에너지이며, 이 책이 바닥으로 떨어질 때 중력 퍼텐셜 에너지 20.0 J이 운동 에너지로 바뀌게 된다. 바닥에서의 중력 퍼텐셜 에너지가 영(0)이기에, 전체 에너지는 도서관 사서가 책-지구계에 공급한 에너지 20.0 J이 된다. 따라서 이 문제에서 설정한 상황은 불가능하다.

26.

$$F_x = -\frac{\partial U}{\partial x} = -\frac{\partial(3x^3y - 7x)}{\partial x} = -(9x^2y - 7) = 7 - 9x^2y$$

$$F_y = -\frac{\partial U}{\partial y} = -\frac{\partial(3x^3y - 7x)}{\partial y} = -(3x^3 - 0) = -3x^3$$

그러므로, 점 $(x,\ y)$에 작용하는 힘은 다음과 같다.

$$\vec{\mathbf{F}} = F_x\hat{\mathbf{i}} + F_y\hat{\mathbf{j}} = \boxed{(7 - 9x^2y)\hat{\mathbf{i}} - 3x^3\hat{\mathbf{j}}}$$

6.9 중력 퍼텐셜 에너지

27.

(a) 중력 퍼텐셜 에너지

$$\begin{aligned} U &= -\frac{GM_E m}{r} \\ &= -\frac{(6.67\times10^{-11}\ \mathrm{N\cdot m^2/kg^2})(5.98\times10^{24}\ \mathrm{kg})(100\ \mathrm{kg})}{(6.37+2.00)\times10^{6}\ \mathrm{m}} \\ &= \boxed{-4.77\times10^{9}\ \mathrm{J}} \end{aligned}$$

(b),(c) 지구와 인공위성은 서로 크기가 같은 힘을 작용한다. 인공위성에 작용하는 힘은 아래쪽이고 지구에 작용하는 힘은 위쪽이다.

$$\begin{aligned} F &= \frac{GM_E m}{r^2} \\ &= \frac{(6.67\times10^{-11}\ \mathrm{N\cdot m^2/kg^2})(5.98\times10^{24}\ \mathrm{kg})(100\ \mathrm{kg})}{(8.37\times10^{6}\ \mathrm{m})^2} \\ &= \boxed{569\ \mathrm{N}} \end{aligned}$$

28. 총알 도달 높이는 지구 반지름과 비교하여 볼 때 작지가 않으므로, $U = mgy$가 아니라 $U = -\dfrac{GM_1M_2}{r}$를 적용하여야 한다. 지표면에서 높이 h로 갈 때, 에너지 보존으로부터

$$K_i + U_i + \Delta E_{\text{mech}} = K_f + U_f$$

$$\frac{1}{2}M_p v_i^2 - \frac{GM_E M_p}{R_E} + 0 = 0 - \frac{GM_E M_p}{R_E + h}$$

$$\frac{1}{2}(10.0\times10^3 \text{ m/s})^2 - (6.67\times10^{-11} \text{ N}\cdot\text{m}^2/\text{kg}^2)\left(\frac{5.98\times10^{24} \text{ kg}}{6.37\times10^6 \text{ m}}\right)$$

$$= -(6.67\times10^{-11} \text{ N}\cdot\text{m}^2/\text{kg}^2)\left(\frac{5.98\times10^{24} \text{ kg}}{6.37\times10^6 \text{ m} + h}\right)$$

$$(5.00\times10^7 \text{ m}^2/\text{s}^2) - (6.26\times10^7 \text{ m}^2/\text{s}^2) = \frac{-3.99\times10^{14} \text{ m}^3/\text{s}^2}{6.37\times10^6 \text{ m} + h}$$

$$6.37\times10^6 \text{ m} + h = \frac{3.99\times10^{14} \text{ m}^3/\text{s}^2}{1.26\times10^7 \text{ m}^2/\text{s}^2} = 3.16\times10^7 \text{ m}$$

$$\boxed{h = 2.52\times10^7 \text{ m}}$$

추가문제

29.

(a) 지점 x에서 계의 퍼텐셜 에너지는 5에다가 $x = 0$에서 위치 x로 이동하는 입자에 힘이 한 일의 음수를 더한 값이 된다.

$$dU = -Fdx$$

$$\int_5^U dU = -\int_0^x 8e^{-2x}\,dx$$

$$U - 5 = -\left(\frac{8}{[-2]}\right)\int_0^x e^{-2x}(-2dx)$$

$$U = 5 - \left(\frac{8}{[-2]}\right)e^{-2x}\Big|_0^x = 5 + 4e^{-2x} - 4\cdot1 = \boxed{1 + 4e^{-2x}}$$

(b) 힘이 물체에 한 일이 두 지점 사이의 경로가 아니라 처음 위치와 나중 위치에만 의존하기 때문에, 이 힘은 보존력이다. 따라서, 이 힘과 관련된 유일하게 정의되는 퍼텐셜 에너지가 존재한다.

30. 경사면에 평행한 무게 힘의 성분인 $mg\sin\theta$는 블록을 경사면 아래로 가속시키며, 이 가속된 블록은 거리 d를 이동하여 용수철을 만나게 된다. 그 후 경사면 위로 밀어올리는 용수철 힘은 무게 힘과 반대로 작용하여 블록을 느리게 한다. 블록은 결국 순간적으로 정지할 때까지 거리 x를 이동한다. 무게 힘은 블록이 경사면 아래로 전체 거리 $(d+x)$를 미끄러질 때까지 블록에 양수의 일을 하고, 용수철 힘은 블록이 거리 x를 미끄러질 때 블록에 음수의 일을 한다. 수직항력은 일을 하지 않는다. 일-에너지 정리를 적용하면,

$$K_i + W_g + W_s = K_f$$

$$\frac{1}{2}mv_i^2 + mg\sin\theta(d+x) + \left(\frac{1}{2}kx_{sp,i}^2 - \frac{1}{2}kx_{sp,f}^2\right) = \frac{1}{2}mv_f^2$$

$$\frac{1}{2}mv^2 + mg\sin\theta(d+x) + \left(0 - \frac{1}{2}kx^2\right) = 0$$

이를 질량 m 으로 나누면,

$$\frac{1}{2}v^2 + g\sin\theta(d+x) - \frac{k}{2m}x^2 = 0 \quad \rightarrow$$

$$\frac{k}{2m}x^2 - (g\sin\theta)x - \left[\frac{v^2}{2} + (g\sin\theta)d\right] = 0$$

이고, x 에 대하여 풀면

$$x = \frac{g\sin\theta \pm \sqrt{(g\sin\theta)^2 - 4\left(\frac{k}{2m}\right)\left[-\left(\frac{v^2}{2} + (g\sin\theta)d\right)\right]}}{2\left(\frac{k}{2m}\right)}$$

$$x = \frac{g\sin\theta \pm \sqrt{(g\sin\theta)^2 + \left(\frac{k}{m}\right)\left[v^2 + 2(g\sin\theta)d\right]}}{k/m}$$

이다. 거리 x 는 양수이어야 하므로,

$$x = \frac{g\sin\theta + \sqrt{(g\sin\theta)^2 + \left(\frac{k}{m}\right)\left[v^2 + 2(g\sin\theta)d\right]}}{k/m}$$

이다. v = 0750 m/s, k = 500 N/m, m = 2.50 kg, θ = 20.0°, g = 9.80 m/s^{2}일 때, $g\sin\theta$ (9.80 m/s^2)sin20.0° = 3.35 m/s^{2}이고 k/m = (500 N/m)/(2.50 kg) = 200 N/m • kg 이다. 단위를 생략하고 계산하면, 다음과 같다.

$$x = \frac{3.35 + \sqrt{(3.35)^2 + (200)\left[(0.750)^2 + 2(3.35)(0.300)\right]}}{200} = \boxed{0.131\ \text{m}}$$

31.

처음 위치 : $\vec{\mathbf{v}} = (40.0\ \text{m/s})\cos 30.0°\hat{\mathbf{i}} + (40.0\ \text{m/s})\sin 30.0°\hat{\mathbf{j}}$

최대 높이 : $\vec{\mathbf{v}} = (40.0\ \text{m/s})\cos 30.0°\hat{\mathbf{i}} + 0\hat{\mathbf{j}} = (34.6\ \text{m/s})\hat{\mathbf{i}}$

운동 에너지 $K = \frac{1}{2}mv^2 = \frac{1}{2}(0.150\ \text{kg})(34.6\ \text{m/s})^2 = \boxed{90.0\ \text{J}}$

32.

(a) 용수철이 수평면에서 운동한다고 가정할 때, 퍽의 운동 반지름은 $r = L_0 + x$ 이다. 여기서 L_0 = 0.155 m 는 압축되지 않았을 때의 길이이다. 용수철 힘은 퍽의 구심 가속도를 만든다.

$$F = mv^2/r \quad \rightarrow \quad kx = m(2\pi r/T)^2/r \quad \rightarrow \quad kT^2x = 4\pi^2 mr$$

$r = L_0 + x$ 를 대입하면

$$kT^2x = 4\pi^2m(L_0 + x)$$

$$kx = \frac{(4\pi^2mL_0)}{T^2} + \frac{x(4\pi^2m)}{T^2}$$

$$x\left(k - \frac{4\pi^2m}{T^2}\right) = \frac{4\pi^2mL_0}{T^2}$$

$$x = \frac{4\pi^2mL_0/T^2}{k - 4\pi^2mL_0/T^2}$$

$k = 4.30\ \text{N/m}$, $L_0 = 0.155\ \text{m}$, $T = 1.30\ \text{s}$이므로

$$x = \frac{4\pi^2m(0.155\ \text{m})/(1.30\ \text{s})^2}{4.30\ \text{N/m} - 4\pi^2m/(1.30\ \text{s})^2}$$

$$= \frac{(3.62\ \text{m/s}^2)m}{4.30\ \text{kg/s}^2 - (23.36/\text{s}^2)m}$$

$$= \frac{(3.62\ \text{m})m}{[4.30\ \text{kg} - (23.36)m]}\frac{1/\text{s}^2}{1/\text{s}^2}$$

$$\boxed{x = \frac{(3.62\ \text{m})m}{4.30\ \text{kg} - (23.4)m}}$$

(b) $m = 0.070\ \text{kg}$인 경우,

$$x = \frac{(3.62\ \text{m})[0.070\ \text{kg}]}{4.30\ \text{kg} - 23.36(0.070\ \text{kg})}$$

$$= \boxed{0.095\ 1\ \text{m}}$$

(c) $m = 0.140\ \text{kg}$인 경우,

$$x = \frac{(3.6208\ \text{m})[0.140\ \text{kg}]}{4.30\ \text{kg} - 23.360(0.140\ \text{kg})}$$

$$= \boxed{0.492\ \text{m}}$$

(d) $m = 0.180\ \text{kg}$인 경우,

$$x = \frac{(3.62\ \text{m})[0.180\ \text{kg}]}{4.30\ \text{kg} - 23.36(0.180\ \text{kg})}$$

$$= \frac{0.652}{0.0952}\ \text{m} = \boxed{6.85\ \text{m}}$$

(e) 앞의 (a)에서 얻은 결과로부터 분모가 영(0)일 때, x가 무한대가 된다. 즉, $4.30\ \text{kg} - 23.4m = 0$일 때이다. 이 때의 질량은 $m = 0.184\ \text{kg}$이다. 이보다 더 큰 질량의 경우, 용수철은 더 이상 이와 같은 운동을 할 수 없다. 따라서 이 상황은 불가능하다.

(f) 앞의 (a)에서 얻은 결과로부터, x는 질량 m에 비례하는데, 이때 질량은 단지 몇 그램 정도일 때에 한정된다. 그러면서 질량이 $m = 0.184\ \text{kg}$에 근접함에 따라 x값이 점점 커지면서 무한대에 접근한다.

33.

(a) $\vec{F}_1 = (25.0\text{ N})(\cos 35.0°\hat{i} + \sin 35.0°\hat{j}) = \boxed{(20.5\hat{i} + 14.3\hat{j})\text{ N}}$

$\vec{F}_2 = (42.0\text{ N})(\cos 150°\hat{i} + \sin 150°\hat{j}) = \boxed{(-36.4\hat{i} + 21.0\hat{j})\text{ N}}$

(b) $\sum\vec{F} = \vec{F}_1 + \vec{F}_2 = \boxed{(-15.9\hat{i} + 35.3\hat{j})\text{ N}}$

(c) $\vec{a} = \dfrac{\sum\vec{F}}{m} = \boxed{(-3.18\hat{i} + 7.07\hat{j})\text{ m/s}^2}$

(d) $\vec{v}_f = \vec{v}_i + \vec{a}t = (4.00\hat{i} + 2.50\hat{j})\text{ m/s} + (-3.18\hat{i} + 7.07\hat{j})(\text{m/s}^2)(3.00\text{ s})$

$\vec{v}_f = \boxed{(-5.54\hat{i} + 23.7\hat{j})\text{ m/s}}$

(e) $\vec{r}_f = \vec{r}_i + \vec{v}_i t + \dfrac{1}{2}\vec{a}t^2$

$$\vec{r}_f = 0 + (4.00\hat{i} + 2.50\hat{j})(\text{m/s})(3.00\text{ s}) + \frac{1}{2}(-3.18\hat{i} + 7.07\hat{j})(\text{m/s}^2)(3.00\text{ s})^2$$

$\Delta\vec{r} = \vec{r}_f = \boxed{(-2.30\hat{i} + 39.3\hat{j})\text{ m}}$

(f) $K_f = \dfrac{1}{2}mv_f^2 = \dfrac{1}{2}(5.00\text{ kg})\left[(5.54)^2 + (23.7)^2\right](\text{m/s}^2) = \boxed{1.48\text{ kJ}}$

(g) $K_f = \dfrac{1}{2}mv_i^2 + \sum\vec{F}\cdot\Delta\vec{r}$

$$K_f = \frac{1}{2}(5.00\text{ kg})\left[(4.00)^2 + (2.50)^2\right](\text{m/s})^2 + \left[(-15.9\text{ N})(-2.30\text{ m}) + (35.3\text{ N})(39.3\text{ m})\right]$$

$K_f = 55.6\text{ J} + 1\,426\text{ J} = \boxed{1.48\text{ kJ}}$

* 일-운동 에너지 정리는 뉴턴의 제2법칙과 일치한다.

7장 에너지의 보존

7.1 분석 모형: 비고립계 (에너지)

1.

(a) 토스터 코일은 전기 전달을 통해 에너지를 흡수한다. 토스터 코일은 내부 에너지를 증가시키고 열에 의해 공기 중으로 에너지를, 코일이 열을 내기 시작할 때 전자기적 복사의 형태로 에너지를 내보낸다.

$$\boxed{\Delta E_{int} = Q + T_{ET} + T_{ER}}$$

(b) 자동차는 물질 전달을 통해 에너지를 흡수한다. 자동차의 화학적 퍼텐셜 에너지가 증가한다. 자동차가 움직일 때 운동 에너지가 증가하고, 공기 중에서 일의 형태로 에너지를, 배기에서 열의 형태로 에너지를, 소리와 같은 역학적인 파동의 형태로 작은 에너지를 내보낸다.

$$\boxed{\Delta K + \Delta U + \Delta E_{int} = W + Q + T_{MW} + T_{MT}}$$

(c) 사람은 물질 전달을 통해 에너지를 흡수한다. 사람의 화학적 퍼텐셜 에너지가 증가한다. 사람은 공기 중으로 열의 형태로 에너지를 항상 내보낸다.

$$\boxed{\Delta U = Q + T_{MT}}$$

(d) 집은 안정한 상태에 있고, 시계 또는 에어컨을 작동시키기 위해 전기 전달 형태로 에너지를 일정하게 받는다. 햇빛을 흡수하고, 전자기 복사에 의해 에너지가 흡수된다. 옷 건조기, 온수기, 난로 등을 위해, 집 안으로 연결될 파이프로 천연 가스의 형태로 물질 전달이 되어 에너지가 집 안으로 들어온다. 또한 문이나 창문을 통해 공기가 새는 방식으로 물질 전달이 발생한다.

$$\boxed{0 = Q + T_{MT} + T_{ET} + T_{ER}}$$

2.

(a) 공-지구 계는 고립계이다. 운동 에너지가 증가함에 따라 계의 중력 에너지는 감소한다.

$$\boxed{\Delta K + \Delta U = 0}$$

$$\left(\frac{1}{2}mv^2 - 0\right) + (-mgh - 0) = 0 \rightarrow \frac{1}{2}mv^2 = mgy$$

$$\boxed{v = \sqrt{2gh}}$$

(b) 공이 아래로 움직일 때, 중력은 공에 양수의 일을 한다. 지구는 정지해 있다고 가정하기 때문에, 지구에 한 일은 없다.

$$\Delta K = W$$

$$\left(\frac{1}{2}mv^2 - 0\right) = mgh \rightarrow \frac{1}{2}mv^2 = mgy$$

$$\boxed{v = \sqrt{2gh}}$$

7.2 분석 모형: 고립계 (에너지)

3.

(a) 역학적 에너지 보존

$$\frac{1}{2}mv_{xi}^2 + \frac{1}{2}mv_{yi}^2 = \left(\frac{1}{2}mv_{xf}^2 + 0\right) + mgy_f$$

그리고 $v_{xi} = v_{xf}$이므로

첫 번째 포탄, $\frac{1}{2}mv_{yi}^2 = mgy_f \rightarrow y_f = \frac{v_{yi}^2}{2g} = \frac{[(1000\,\mathrm{m/s})\sin 37.0°]^2}{2(9.80\,\mathrm{m/s^2})} = 1.85 \times 10^4\ \mathrm{m}$

두 번째 포탄, $y_f = \frac{(1000\,\mathrm{m/s})^2}{2(9.80\,\mathrm{m/s^2})} = 5.10 \times 10^4\ \mathrm{m}$

(b) $E_{mech} = K_i + U_i = K_i + 0$

$$= \frac{1}{2}(20.0\,\mathrm{kg})(1000\,\mathrm{m/s})^2 = 1.00 \times 10^7\ \mathrm{J}$$

4.

(a) 물체와 지구를 계로 정의하자. 그러면,

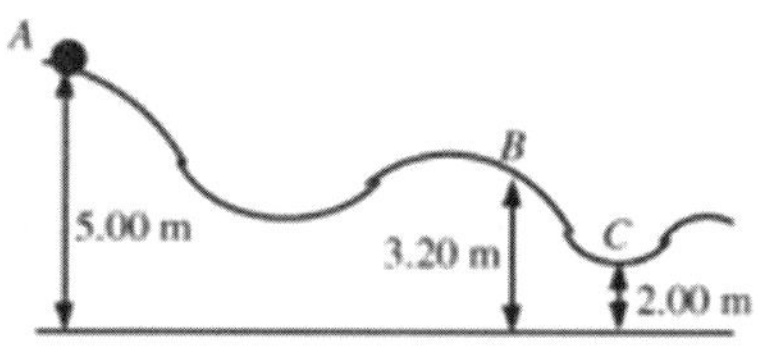

$$\Delta K + \Delta U = 0$$

$$\left(\frac{1}{2}mv_B^2 - 0\right) + (mgh_B - mgh_A) = 0$$

$$\frac{1}{2}mv_B^2 = mg(h_A - h_B)$$

$$v_B = \sqrt{2g(h_A - h_B)}$$

$$v_B = \sqrt{2(9.80\ \mathrm{m/s^2})(5.00\ \mathrm{m} - 3.20\ \mathrm{m})} = \boxed{5.94\ \mathrm{m/s}}$$

이다. 같은 방법으로

$$v_C = \sqrt{2g(h_A - h_C)}$$

$$v_C = \sqrt{2g(5.00 - 2.00)} = \boxed{7.67\ \mathrm{m/s}}$$

(b) 물체를 계로 정의하면,

$$W_g\big|_{A\rightarrow C} = \Delta K = \left(\frac{1}{2}mv_C^2 - 0\right) = \boxed{147\ \mathrm{J}}$$

5. 책상 상단의 높이를 $y = 0$ 이라고 하자. 지구와 두 물체에 대한 에너지 보존을 사용하자.

(a)

$$\Delta K + \Delta U = 0$$

$$\Delta K_1 + \Delta K_2 + \Delta U_1 + \Delta U_2 = 0$$

$$\left[\frac{1}{2}m_1v^2 - 0\right] + \left[\frac{1}{2}m_2v^2 - 0\right] + (0 - m_1gh) + (m_2gh - 0) = 0$$

$$\frac{1}{2}(m_1 + m_2)v^2 = m_1gh - m_2gh = (m_1 - m_2)gh$$

$$\frac{1}{2}(5.00\text{ kg} + 3.00\text{ kg})v^2 = (5.00\text{ kg} - 3.00\text{ kg})g(4.00\text{ m})$$

$$v = \sqrt{19.6}\text{ m/s} = \boxed{4.43\text{ m/s}}$$

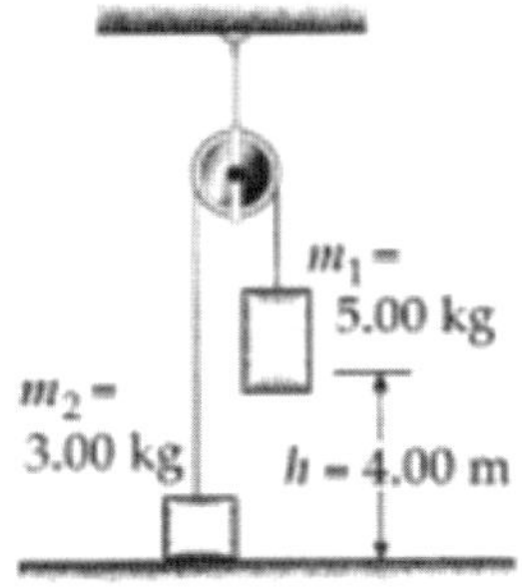

(b) 이제 줄이 느슨해지는 순간으로부터 3.00 kg 물체가 가장 높은 위치에 도달하는 순간까지 걸린 시간 동안, 3.00 kg 물체-지구 계에 에너지 보존을 적용한다.

$$\Delta K + \Delta U = 0 \quad \rightarrow \quad \Delta K = -\Delta U$$

$$0 - \frac{1}{2}m_2v^2 = -m_2g\Delta y \rightarrow \Delta y = \frac{v^2}{2g}$$

$$\Delta y = 1.00\text{ m}$$

$$y_{\max} = 4.00\text{ m} + \Delta y = \boxed{5.00\text{ m}}$$

6. $m_1 > m_2$라고 가정하고, 책상 상단의 높이를 $y = 0$이라고 하자.

(a)

$$\Delta K + \Delta U = 0$$

$$\Delta K_1 + \Delta K_2 + \Delta U_1 + \Delta U_2 = 0$$

$$\left[\frac{1}{2}m_1v^2 - 0\right] + \left[\frac{1}{2}m_2v^2 - 0\right] + (0 - m_1gh) + (m_2gh - 0) = 0$$

$$\frac{1}{2}(m_1 + m_2)v^2 = m_1gh - m_2gh = (m_1 - m_2)gh$$

$$v = \boxed{\sqrt{\frac{2(m_1 - m_2)gh}{(m_1 + m_2)}}}$$

(b) 줄이 느슨해지는 순간으로부터 질량 m_2가 최대 위치에 도달할 때까지의 상황에 대하여 질량 m_2-지구 계에 에너지 보존을 적용한다.

$$\Delta K + \Delta U = 0 \quad \rightarrow \quad \Delta K = -\Delta U$$

$$0 - \frac{1}{2}m_2 v^2 = -m_2 g\, \Delta y \rightarrow \Delta y = \frac{v^2}{2g}$$

$$y_{\max} = h + \Delta y = h + \frac{2(m_1 - m_2)gh}{2g(m_1 + m_2)} = h + \frac{(m_1 - m_2)h}{m_1 + m_2}$$

$$y_{\max} = \frac{(m_1 + m_2)h}{m_1 + m_2} + \frac{(m_1 - m_2)h}{m_1 + m_2}$$

$$y_{\max} = \boxed{\frac{2m_1 h}{m_1 + m_2}}$$

7. 물체 B가 1 cm 위로 이동하면 물체 A는 2 cm 아래로 이동하고, 둘 사이의 간격은 3 cm가 된다. B가 $h/3$ 위로 이동하고 속력이 $v_A/2$일 때를 나중 위치로 선택한다. 이 때 A는 $2h/3$ 아래로 이동하고 속력이 v_A이다. 역학적 에너지 보존을 적용하면,

$$\Delta K + \Delta U = 0$$

$$\left(K_A + K_B + U_g\right)_f - \left(K_A + K_B + U_g\right)_i = 0$$

$$\left(K_A + K_B + U_g\right)_i = \left(K_A + K_B + U_g\right)_f$$

$$0 + 0 + 0 = \frac{1}{2}mv_A^2 + \frac{1}{2}m\left(\frac{v_A}{2}\right)^2 + \frac{mgh}{3} - \frac{mg2h}{3}$$

$$\frac{mgh}{3} = \frac{5}{8}mv_A^2$$

$$\boxed{v_A = \sqrt{\frac{8gh}{15}}}$$

8. 막대의 장력과 그에 따른 압축력은 공에 일을 하지 않는다. 왜냐하면 이들 두 힘은 매 순간 변위와 수직하기 때문이다. 공을 친 직후와 공이 꼭대기에 도달하는 순간 사이에 대하여, 공-지구 계의 에너지 보존을 고려하자. 공이 간신히 꼭대기에 도달한다고 하면, 이 곳에서의 속력은 영(0)이다. 가벼운 막대의 질량은 무시한다.

$$\Delta K + \Delta U = 0:$$

$$\left(0 - \frac{1}{2}mv_i^2\right) + [mg(2L) - 0] = 0$$

$$v_i = \sqrt{4gL} = \sqrt{4(9.80\ \text{m/s}^2)(0.770\ \text{m})}$$

$$v_i = \boxed{5.49\ \text{m/s}}$$

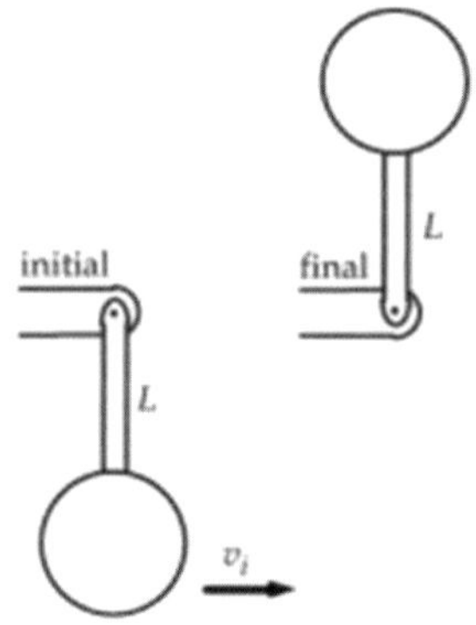

7.4 운동 마찰이 포함되어 있는 상황

9.

(a) $\Delta E_{int} = -\Delta K = -\frac{1}{2}m(v_f^2 - v_i^2)$

$$= -\frac{1}{2}(0.400\text{ kg})[(6.00)^2 - (8.00)^2](\text{m/s})^2 = 5.60\text{ J}$$

(b) 앞의 결과로부터 운동 마찰 계수 μ_k를 구하면,

$$-f_k d = \frac{1}{2}m(v_f^2 - v_i^2)$$

$$-\mu_k mg(2\pi r) = \frac{1}{2}m(v_f^2 - v_i^2) = -5.60\text{ J}$$

$$\mu_k = \frac{5.60\text{ J}}{mg(2\pi r)} = 0.152$$

N번 회전 후 $K_f = 0$이고, $\Delta E_{int} = -\Delta K$로부터

$$f_k d = -(0 - K_i) = \frac{1}{2}mv_i^2 \quad \rightarrow \quad \mu_k mg[N(2\pi r)] = \frac{1}{2}mv_i^2$$

$$N = \frac{\frac{1}{2}mv_i^2}{\mu_k mg(2\pi r)} = \frac{\frac{1}{2}(8.00\text{ m/s})^2}{(0.152)(9.80\text{ m/s}^2)2\pi(1.50\text{ m})} = 2.29\text{ rev}$$

10.

$v_i = 2.00$ m/s, and $v_f = 0$ $\qquad$ $\mu_k = 0.100$

$\Delta K + \Delta U = -f_k d$: $\qquad$ $0 - \frac{1}{2}mv_i^2 = -f_k d$

$$\frac{1}{2}mv_i^2 = \mu_k mgd$$

$$d = \frac{v_i^2}{2\mu_k g} = \frac{(2.00\text{ m/s})^2}{2(0.100)(9.80\text{ m/s}^2)} = \boxed{2.04\text{ m}}$$

11. 앞의 문제 10번과 같은 내용이다.

$v_i = v$, and $v_f = 0$

$\Delta K + \Delta U = -f_k d$: $\qquad$ $0 - \frac{1}{2}mv^2 = -f_k d$

$$\frac{1}{2}mv^2 = \mu_k mgd \quad \rightarrow \quad \boxed{d = \frac{v^2}{2\mu_k g}}$$

12.

(a) 용수철은 물체에 양수의 일을 한다. 따라서,

$$W_s = \frac{1}{2}kx_i^2 - \frac{1}{2}kx_f^2$$

$$W_s = \frac{1}{2}(500\ \text{N/m})(5.00\times10^{-2}\ \text{m})^2 - 0$$

$$= 0.625\ \text{J}$$

$\Delta K = W_s$를 적용하면

$$\frac{1}{2}mv_f^2 - \frac{1}{2}mv_i^2 = W_s$$

$$\frac{1}{2}mv_f^2 - 0 = W_s$$

이로부터

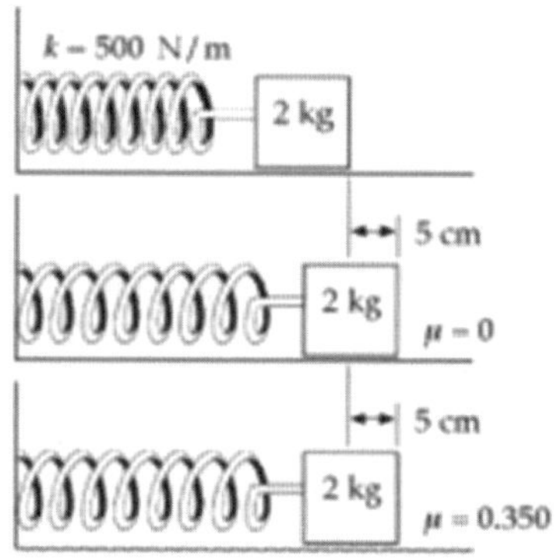

$$v_f = \sqrt{\frac{2(W_s)}{m}}$$

$$= \sqrt{\frac{2(0.625)}{2.00}}\ \text{m/s} = \boxed{0.791\ \text{m/s}}$$

(b) 이번에는 마찰로 인해 물체-표면 계의 내부 에너지 $f_k d$가 증가한다. 비고립계의 에너지 보존으로부터

$$W_s = \Delta K + \Delta E_{int}$$

$$\Delta K = W_s - f_k d$$

$$\frac{1}{2}mv_f^2 - \frac{1}{2}mv_i^2 = W_s - f_k d = W_s - \mu_s mgd$$

$$\frac{1}{2}mv_f^2 = 0.625\ \text{J} - (0.350)(2.00\ \text{kg})(9.80\ \text{m/s}^2)(0.050\,0\ \text{m})$$

$$\frac{1}{2}(2.00\ \text{kg})v_f^2 = 0.625\ \text{J} - 0.343\ \text{J} = 0.282\ \text{J}$$

$$v_f = \sqrt{\frac{2(0.282)}{2.00}}\ \text{m/s} = \boxed{0.531\ \text{m/s}}$$

13.

$$\sum F_y = ma_y:\quad n - 392\ \text{N} = 0$$

$$n = 392\ \text{N}$$

$$f_k = \mu_k n = (0.300)(392\ \text{N}) = 118\ \text{N}$$

(a) $W_F = Fd\cos\theta = (130\ \text{N})(5.00\ \text{m})\cos 0° = \boxed{650\ \text{J}}$

(b) $\Delta E_{int} = f_k d = (118\ \text{N})(5.00\ \text{m}) = \boxed{588\ \text{J}}$

(c) $W_n = nd\cos\theta = (392\ \text{N})(5.00\ \text{m})\cos 90° = \boxed{0}$

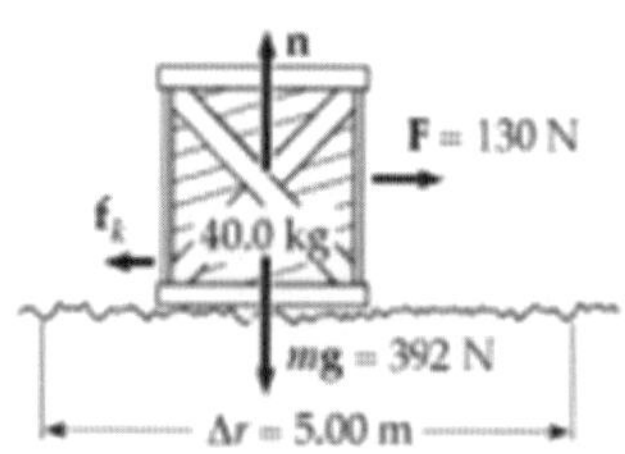

(d) $W_g = mgd\cos\theta = (392\text{ N})(5.00\text{ m})\cos(-90°) = \boxed{0}$

(e) $\Delta K = K_f - K_i = \sum W_{\text{other}} - \Delta E_{\text{int}}$

$$\frac{1}{2}mv_f^2 - 0 = 650\text{ J} - 588\text{ J} + 0 + 0 = \boxed{62.0\text{ J}}$$

(f) $v_f = \sqrt{\frac{2K_f}{m}} = \sqrt{\frac{2(62.0\text{ J})}{40.0\text{ kg}}} = \boxed{1.76\text{ m/s}}$

7.5 비보존력에 의한 역학적 에너지의 변화

14.

(a) 에너지 보존 적용하면,

$$\Delta K + \Delta U + \Delta E_{int} = 0$$

$$\left[\frac{1}{2}mv_B^2 - \frac{1}{2}mv_A^2\right] + (mgy_B - mgy_A) + f_k d = 0$$

$$\rightarrow \left[\frac{1}{2}mv_B^2 - 0\right] + (0 - mgy_A) + f_k d = 0$$

$$\rightarrow \frac{1}{2}mv_B^2 = mgy_A - f_k d$$

$$\therefore v_B = \sqrt{2gy_A - \frac{2f_k d}{m}} = \sqrt{2(9.80\text{ m/s}^2)(0.200\text{ m}) - \frac{2(0.025\text{ N})(0.600\text{ m})}{25.0\times10^{-3}\text{kg}}}$$

$$= \sqrt{2.72}\text{ m/s} = 1.65\text{ m/s}$$

(b) 녹색 구슬이 빠른 속력으로 B 지점에 먼저 도달한다. 이유는 이동 경로 길이가 더 짧기 때문에, 마찰력에 의한 에너지 손실이 덜 작용하기 때문이다.

15.

(a) 역학적 에너지 보존으로부터

$$\Delta K + \Delta U = 0 \quad \rightarrow \quad U_f = K_i - K_f + U_i$$

나중 퍼텐셜 에너지 $U_f = 30.0\text{J} - 18.0\text{J} + 10.0\text{J} = 22.0\text{ J}$

전체 에너지 $E = K + U = 30.0\text{J} + 10.0\text{J} = 40.0\text{ J}$

(b) 퍼텐셜 에너지가 22.0 J보다 적기 때문에 비보존력이 작용한 것이다.

(c) 전체 역학적 에너지 $E = 18.0\text{ J} + 5.00\text{ J} = 23.0\text{ J}$이므로 원래 에너지 40.0 J보다 작다. 그러므로 역학적 에너지가 감소하였으며, 따라서 비보존력이 작용했음을 알 수 있다.

16.

(a) 운동 에너지 변화량

$$\Delta K = \frac{1}{2}m\left(v_f^2 - v_i^2\right)$$
$$= -\frac{1}{2}mv_i^2$$
$$= -\frac{1}{2}(5.00\ \text{kg})(8.00\ \text{m/s})^2$$
$$= \boxed{-160\ \text{J}}$$

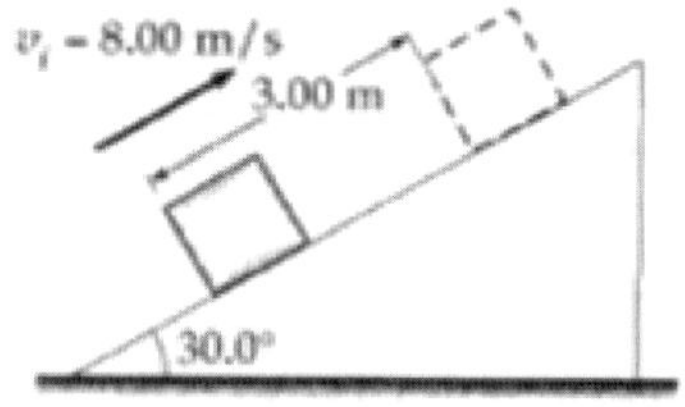

(b) 퍼텐셜 에너지 변화량

$$\Delta U = mgh = (5.00\ \text{kg})(9.80\ \text{m/s}^2)(3.00\ \text{m})\sin 30.0° = \boxed{73.5\ \text{J}}$$

(c) 마찰로 인해 전환된 역학적 에너지는 160 J − 73.5 J = 86.5 J 이다. 따라서 마찰력은

$$f = \frac{86.5\ \text{J}}{3.00\ \text{m}} = \boxed{28.8\ \text{N}}$$

(d)

$$f = \mu_k n = \mu_k mg\cos 30.0° = 28.8\ \text{N}$$

$$\mu_k = \frac{28.8\ \text{N}}{(5.00\ \text{kg})(9.80\ \text{m/s}^2)\cos 30.0°} = \boxed{0.679}$$

17\. 두 질량과 지구로 구성된 계에 대하여,

$$\Delta E_{\text{mech}} = -f_k d$$
$$K_f - K_i + U_f - U_i = -f_k d$$
$$\frac{1}{2}m_1 v^2 + \frac{1}{2}m_2 v^2 + (-m_2 gh) = -\mu_k m_1 gh$$

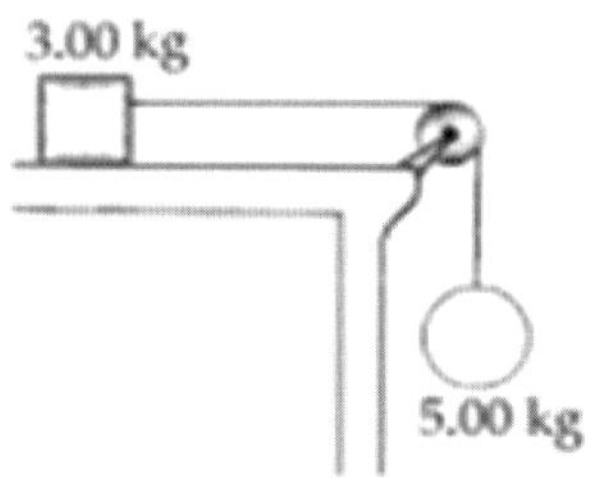

여기서 $f_k = \mu_k n = \mu_k m_1 g$ 이고 $d = h$ 이다.
이로부터

$$m_2 gh - \mu_k m_1 gh = \frac{1}{2}(m_1 + m_2)v^2$$

$$v^2 = \frac{2(m_2 - \mu_k m_1)(hg)}{m_1 + m_2}$$

$$v = \sqrt{\frac{2(9.80\ \text{m/s}^2)(1.50\ \text{m})[5.00\ \text{kg} - 0.400(3.00\ \text{kg})]}{8.00\ \text{kg}}}$$
$$= \boxed{3.74\ \text{m/s}}$$

18\. 용수철은 처음에 $x_i = 0.100$ m 압축되어 있다. 물체는 경사면을 따라 거리 d만큼 올라간다. 용수철이 물체에 한 일은 $W_s = \frac{1}{2}kx_i^2 - \frac{1}{2}kx_f^2 = \frac{1}{2}kx_i^2 - 0 = \frac{1}{2}kx_i^2$ 이다. 중력이 물체에 한 일은 $W_g = mgd\cos(90° + 60.0°) = mgd\sin(60.0°)$ 이고, 마찰은 없다.

(a)

$$\sum W = \Delta K: \qquad W_s + W_g = 0$$

$$\frac{1}{2}kx_i^2 - mgd\ \sin(60.0°) = 0$$

$$\frac{1}{2}(1.40\times10^3\ \text{N/m})(0.100\ \text{m})^2 - (0.200\ \text{kg})(9.80\ \text{m/s}^2)d(\sin 60.0°) = 0$$

$$d = \boxed{4.12\ \text{m}}$$

(b) 계 내에서, 마찰은 운동 에너지를 내부 에너지로 변환시킨다.

$$\Delta E_{\text{int}} = f_k d = (\mu_k n)d = \mu_k(mg\cos 60.0°)d$$

$$\sum W = \Delta K + \Delta E_{\text{int}}: \quad W_s + W_g - \Delta E_{\text{int}} = 0$$

$$\frac{1}{2}kx_i^2 - mgd\sin 60.0° - \mu_k mg\cos 60.0° d = 0$$

$$\frac{1}{2}(1.40\times10^3\ \text{N/m})(0.100\ \text{m})^2 - (0.200\ \text{kg})(9.80\ \text{m/s}^2)d(\sin 60.0°) - (0.400)(0.200\ \text{kg})(9.80\ \text{m/s}^2)(\cos 60.0°)d = 0$$

$$d = \boxed{3.35\ \text{m}}$$

19.

(a) 고립되어 있다. 계에 작용하는 유일한 외력은 미끄럼틀로부터의 수직항력이지만, 이 힘은 항상 변위와 수직하므로 계에 일을 하지 않는다.

(b) 미끄럼틀에 마찰력이 없으므로 비고립계가 아니다.

(c) $U_g = mgh$

(d) $E = K + U_g = \frac{1}{2}mv_i^2 + \frac{mgh}{5}$

(e) $E = \frac{1}{2}mv^2 + mgh = \frac{1}{2}m(v_{xi}^2 + v_{yi}^2) + mgy_{\max}$

$$E = \frac{1}{2}m(v_{xi}^2 + 0) + mgy_{\max} \rightarrow E = \frac{1}{2}mv_{xi}^2 + mgy_{\max}$$

(f) $E = mgh = \frac{1}{2}mv_i^2 + \frac{mgh}{5} \rightarrow v_i = \sqrt{\frac{8gh}{5}}$

(g) $E = \frac{1}{2}mv_i^2 + \frac{mgh}{5} = \frac{1}{2}mv_{xi}^2 + mgy_{\max}$

여기서 $v_{xi} = v_i\cos\theta$, $v_{yi} = v_i\sin\theta$이므로

$$\frac{1}{2}mv_i^2 + \frac{mgh}{5} = \frac{1}{2}m(v_i\cos\theta)^2 + mgy_{\max}$$

$$\rightarrow y_{\max} = \left(\frac{4h}{5}\right)(1-\cos^2\theta) + \frac{h}{5} = h\left(1 - \frac{4}{5}\cos^2\theta\right)$$

(h) 마찰이 존재하면 계의 역학적 에너지는 보존되지 않으므로, 최고 높이에서 내려오면서 모든 곳에서 어린이의 운동 에너지는 마찰이 없는 경우와 비교할 때 감소할 것이다. 따라서 어린이가 미끄럼틀에서 떠날 때의 속력과 최대 도달 높이는 감소할 것이다.

20.

(a) 낙하하는 물체는 용수철에 닿을 때까지 거리 $d = 1.20$ m를 떨어진다. 그 후 물체는 용수철이 거리 x만큼 압축될 때까지 계속 운동한다. 역학적 에너지 보존으로부터

$$\Delta K + \Delta U = 0$$

$$K_f - K_i + U_f - U_i = 0$$

$$0 - 0 + \left(\frac{1}{2}kx^2 - 0\right) + \left[mg(-x) - mgd\right] = 0$$

$$\frac{1}{2}kx^2 - mg(x+d) = 0$$

$$\frac{1}{2}(320\ \mathrm{N/m})x^2 - (1.50\ \mathrm{kg})(9.80\ \mathrm{m/s^2})(x + 1.20\ \mathrm{m}) = 0$$

단위를 생략하면,

$$160x^2 - (14.7)x - 17.6 = 0$$

$$x = \frac{14.7 \pm \sqrt{(-14.7)^2 - 4(160)(-17.6)}}{2(160)}$$

$$x = \frac{14.7 \pm 107}{320}$$

x는 거리이기 때문에, 음의 근은 제외하면,

$x = 0.381$ m

(b) 이번에는 물체-용수철-지구 계에서 거리 $(x + d)$ 이동하는 동안 마찰이 작용한다.

$$\Delta K + \Delta U = -f_k(x+d)$$

$$0 - 0 + \left(\frac{1}{2}kx^2 - 0\right) + \left[mg(-x) - mgd\right] = -f_k(x+d)$$

$$\frac{1}{2}kx^2 - (mg - f_k)x - (mg - f_k)d = 0$$

여기서 $mg - f_k = 14.0$ N이며, 단위를 생략하면

$$160x^2 - 14.0x - 16.8 = 0$$

$$160x^2 - 14.0x - 16.8 = 0$$

$$x = \frac{14.0 \pm \sqrt{(-14.0)^2 - 4(160)(-16.8)}}{2(160)}$$

$$x = \frac{14.0 \pm 105}{320}$$

여기서 양의 근은

$x = 0.371$ m

(c) 달의 경우,

$$\frac{1}{2}kx^2 - mg(x+d) = 0$$

$$\frac{1}{2}(320\ \text{N/m})x^2 - (1.50\ \text{kg})(1.63\ \text{m/s}^2)(x+1.20\ \text{m}) = 0$$

이고, 단위를 생략하면

$$160x^2 - 2.45x - 2.93 = 0$$

$$x = \frac{2.45 \pm \sqrt{(-2.45)^2 - 4(160)(-2.93)}}{2(160)}$$

$$x = \frac{2.45 \pm 43.3}{320}$$

$$x = \boxed{0.143\ \text{m}}$$

7.6 일률

21. 28.0 W 전구에 대해

$$E = (28.0\ \text{W})(1.00 \times 10^4\ \text{h}) = 280\ \text{kWh}$$

$$\text{전체 비용} = \$4.50 + (280\ \text{kWh})(\$0.200/\text{kWh}) = \$60.50$$

100W 전구에 대해

$$E = (100\ \text{W})(1.00 \times 10^4\ \text{h}) = 1.00 \times 10^3\ \text{kWh}$$

$$\text{전구 개수} = \frac{1.00 \times 10^4\ \text{h}}{750\ \text{h}/\text{전구}} = 13.3 = 13\text{전구}$$

$$\text{전체 비용} = 13(0.420) + (1.00 \times 10^3\ \text{kWh})(\$0.200/\text{kWh}) = \$205.46$$

따라서 절약 비용 $= \$205.46 - \$60.50 = \$144.96 = \$145$

22. 일률 $P = \dfrac{W}{t}$ 이므로

$$P = \frac{mgh}{t} = \frac{(820\ \text{N})(12.0\ \text{m})}{8.00\ \text{s}} = 1\ 230\ \text{W} = \boxed{1.23\ \text{kW}}$$

23. 두 자동차의 일률 비교:

구형 자동차: $W = \dfrac{1}{2}mv^2 \quad \rightarrow \quad P = \dfrac{W}{\Delta t} = \dfrac{mv^2}{2\Delta t}$

신형 스포츠카: $W = \dfrac{1}{2}m(2v)^2 = \dfrac{1}{2}(4mv^2)$

$$\therefore P = \frac{4mv^2}{2\Delta t} = 4\frac{mv^2}{2\Delta t}$$

따라서 신형 스포츠카는 구형 자동차의 4배가 된다.

24. 고도에 따른 중력의 변화를 무시하면, 3.20×10^7 kg의 수증기를 일정한 속력으로 $\Delta y = 1.75$ km 높이까지 들어올리는 데 필요한 일은

$$W = \Delta PE_g = mg(\Delta y) = (3.20 \times 10^7 \text{ kg})(9.80 \text{ m/s}^2)(1.75 \times 10^3 \text{ m})$$
$$= 5.49 \times 10^{11} \text{ J}$$

이 일을 하는 데 걸리는 시간은

$$\Delta t = \frac{W}{P} = \frac{5.49 \times 10^{11} \text{ J}}{2.70 \times 10^3 \text{ J/s}} = \boxed{2.03 \times 10^8 \text{ s}} = (2.03 \times 10^8 \text{ s})\left(\frac{1 \text{ h}}{3\,600 \text{ s}}\right)$$
$$= \boxed{5.64 \times 10^4 \text{ h}} = 6.44 \text{ yr}$$

25. 자동차가 수평 도로를 일정한 속력으로 이동할 때, 전체 마찰력을 극복하는 데 사용되는 일률은 엔진으로부터 오는 일률 $P_{output} = f$와 같다. 이로부터

f

26.

(a) $$P_{av} = \frac{W}{\Delta t} = \frac{K_f}{\Delta t} = \frac{mv^2}{2\Delta t} = \frac{(0.875 \text{ kg})(0.620 \text{ m/s})^2}{2(21 \times 10^{-3} \text{ s})} = \boxed{8.01 \text{ W}}$$

(b) 기차 계로 전달되는 에너지 중 일부는 따뜻한 선로와 움직이는 부품의 내부 에너지로 들어가고, 일부는 소리에 의해 계 밖으로 나간다. 문제에서 주어진 운동 에너지 증가뿐만 아니라 이를 설명하려면, 에너지가 8.01 W보다 더 높은 비율로 전달되어야 한다.

27. 1 300 kg의 자동차가 정지 상태로부터 24.6 m/s로 속력을 높이는 데 15.0 s 걸린다. 엔진의 출력 일은 나중 운동 에너지와 같으므로,

$$\frac{1}{2}(1\,300 \text{ kg})(24.6 \text{ m/s})^2 = 390 \text{ kJ}$$

이며, 따라서 일률은

$$P = \frac{390\,000 \text{ J}}{15.0 \text{ s}} \boxed{\sim 10^4 \text{ W,}}$$

이다. 이는 약 30 hp(마력)이다.

28.

(a) 처음 3.00 s 동안 위로 이동한 거리는

$$\Delta y = \bar{v}\Delta t = \left[\frac{0 + 1.75 \text{ m/s}}{2}\right](3.00 \text{ s}) = 2.63 \text{ m}$$

모터와 지구 중력은 승강기에 일을 하므로

$$W_{motor} + W_{gravity} = \Delta K$$

$$W_{motor} + (mg\Delta y)\cos 180° = \frac{1}{2}mv_f^2 - \frac{1}{2}mv_i^2$$

$$W_{motor} - (mg\Delta y) = \frac{1}{2}mv_f^2 - \frac{1}{2}mv_i^2$$

$$W_{motor} = \frac{1}{2}mv_f^2 - \frac{1}{2}mv_i^2 + mg\Delta y$$

$$W_{motor} = \frac{1}{2}(650\ \text{kg})(1.75\ \text{m/s})^2 - 0 + (650\ \text{kg})g(2.63\ \text{m})$$

$$= 1.77 \times 10^4\ \text{J}$$

이다.

$W = P_{avg}\Delta t$ 이므로

$$P_{avg} = \frac{W}{\Delta t} = \frac{1.77 \times 10^4\ \text{J}}{3.00\ \text{s}} = 5.91 \times 10^3\ W = 7.92\ hp$$

(b) 일정한 속력($v = 1.75$ m/s)으로 올라갈 때, 인가한 힘은 무게($= (650\ \text{kg})(9.80\ \text{m/s}^2)$ $= 6.37 \times 10^3$ N)와 같다. 그러므로

$$P = Fv = (6.37 \times 10^3\ \text{N})(1.75\ \text{m/s}) = \boxed{1.11 \times 10^4\ \text{W}} = 14.9\ \text{hp}$$

추가문제

29.

(a) $U_A = mgR = (0.200\ \text{kg})(9.80\ \text{m/s}^2)(0.300\ \text{m}) = \boxed{0.588\ \text{J}}$

(b) $K_A + U_A = K_B + U_B$

$K_B = K_A + U_A - U_B = mgR = \boxed{0.588\ \text{J}}$

(c) $v_B = \sqrt{\dfrac{2K_B}{m}} = \sqrt{\dfrac{2(0.588\ \text{J})}{0.200\ \text{kg}}} = \boxed{2.42\ \text{m/s}}$

(d) $U_C = mgh_C = (0.200\ \text{kg})(9.80\ \text{m/s}^2)(0.200\ \text{m}) = \boxed{0.392\ \text{J}}$

$K_C = K_A + U_A - U_C = mg(h_A - h_C)$

$K_C = (0.200\ \text{kg})(9.80\ \text{m/s}^2)(0.300 - 0.200)\ \text{m} = \boxed{0.196\ \text{J}}$

30.

(a) 역학적 에너지 보존 법칙에 의해

$$m_2gd = \frac{1}{2}(m_1 + m_2)v^2$$

따라서 $v = \sqrt{\dfrac{2m_2gd}{m_1 + m_2}} = \sqrt{\dfrac{2(1.90\,\text{kg})(9.80\,\text{m/s}^2)(0.900\,\text{m})}{5.40\,\text{kg}}} = 2.49\ \text{m/s}$

(b) $\frac{1}{2}m_1v^2 + m_1gh = \frac{1}{2}m_1v_{\text{바닥}}^2$

$v_{바닥} = \sqrt{2gh+v^2} = \sqrt{2(9.80\,\text{m/s}^2)(1.20\,\text{m})+(2.49\,\text{m/s})^2} = 5.45\ \text{m/s}$

(c) $y = \dfrac{1}{2}gt^2 \rightarrow t = \sqrt{\dfrac{2y}{g}} = \sqrt{\dfrac{2(1.20\,\text{m})}{9.80\,\text{m/s}^2}} = 0.495\,\text{s}$

따라서 $x = v_d t = (2.49\,\text{m/s})(0.495\,\text{s}) = 1.23\ \text{m}$

(d) 에너지가 같지 않다.

(e) m_2의 운동 에너지 중 일부는 소리로 전달되고, 일부는 m_1과 바닥에서 내부 에너지로 변환된다.

31. 30분 정도의 운동 시간을 따라갈 수 있는 속도로, 높이가 18 cm인 계단을 20 s 동안 두 층을 올라간다. 나의 출력 일은 지구와 나로 이루어진 계의 나중 중력 에너지가 된다.

$$mgy = (85\text{ kg})(9.80\text{ m/s}^2)(40\times 0.18\text{ m}) = 6\,000\text{ J}$$

나의 지속적인 일률은 $P = \dfrac{6\ 000\ \text{J}}{20\ \text{s}} = \sim 10^2\ \text{W}$

32.

$$\Delta E_{\text{mech}} = -f\Delta x$$
$$E_f - E_i = -f \cdot d_{BC}$$
$$\frac{1}{2}kx^2 - mgh = -\mu mgd_{BC}$$

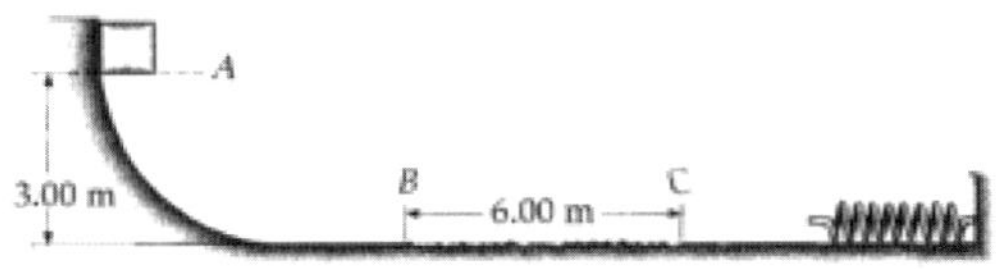

$$\mu = \frac{mgh - \frac{1}{2}kx^2}{mgd_{BC}}$$
$$= \frac{(10.0\text{ kg})(9.80\text{ m/s}^2)(3.00\text{ m}) - \frac{1}{2}(2\,250\text{ N/m})(0.300\text{ m})^2}{(10.0\text{ kg})(9.80\text{ m/s}^2)(6.00\text{ m})}$$
$$= \boxed{0.328}$$

33.

(a) $x = 6.00\ \text{cm},\ k = 850\ \text{N/m}$

$$U = \frac{1}{2}kx^2 = \frac{1}{2}(850\,\text{N/m})(0.0600\,\text{m})^2 = 1.53\ \text{J}$$

$x = 0;\ U = 0\,\text{J}$

(b) $\Delta K + \Delta U = 0 \rightarrow \dfrac{1}{2}mv_f^2 = U_i - U_f$

$$v_f = \sqrt{\frac{2(U_i - U_f)}{m}} = \sqrt{\frac{2(1.53\,\text{J})}{1.00\,\text{kg}}} = 1.75\ \text{m/s}$$

(c) $x_f = \dfrac{x_i}{2} = 3.00\,\text{cm}$

$$U = \frac{1}{2}kx^2 = \frac{1}{2}(850\,\text{N/m})(0.0300\,\text{m})^2 = 0.383\ \text{J}$$

$$v_f = \sqrt{\frac{2(0.383\,\mathrm{J})}{1.00\,\mathrm{kg}}} = 1.51\ \mathrm{m/s}$$

(d) 아니다. 이 상황은 물리적으로 진동을 하기 때문에 위치에 비례적이지 않다.

8장 운동량과 충돌

8.1 선운동량

1. 주어진 값 $m = 3.00\text{ kg},\ \vec{\mathbf{v}} = \left(3.00\hat{\mathbf{i}} - 4.00\hat{\mathbf{j}}\right)\text{ m/s}$ 으로부터,

(a) $\vec{\mathbf{p}} = m\vec{\mathbf{v}} = \left(9.00\hat{\mathbf{i}} - 12.0\hat{\mathbf{j}}\right)\text{ kg}\cdot\text{m/s}$

$$\boxed{p_x = 9.00\text{ kg}\cdot\text{m/s}} \text{ and } \boxed{p_y = -12.0\text{ kg}\cdot\text{m/s}}.$$

(b) $p = \sqrt{p_x^2 + p_y^2} = \sqrt{(9.00\text{ kg}\cdot\text{m/s})^2 + (12.0\text{ kg}\cdot\text{m/s})^2}$

$= \boxed{15.0\text{ kg}\cdot\text{m/s}}$

$$\theta = \tan^{-1}\left(\frac{p_y}{p_x}\right) = \tan^{-1}(-1.33) = \boxed{307°}$$

2. $\Delta\vec{\mathrm{p}} = \vec{\mathrm{F}}\Delta t \quad \rightarrow \quad \vec{\mathrm{F}} = \dfrac{\Delta\vec{\mathrm{p}}}{\Delta t} = m\left(\dfrac{\vec{\mathrm{v}}_f - \vec{\mathrm{v}}_i}{\Delta t}\right)$

$$\vec{\mathrm{F}}_{\text{on ball}} = (0.145\text{ kg})\frac{(55.0\text{ m/s})\hat{\mathrm{j}} - (45.0\text{ m/s})\hat{\mathrm{i}}}{2.00\times10^{-3}\text{ s}} = (-3.26\hat{\mathrm{i}} + 3.99\hat{\mathrm{j}})\text{ kN}$$

여기서, $+x$ 축은 투수로부터 홈 플레이트로 오는 방향아고, $+y$ 축은 위쪽이다. 뉴턴의 제3법칙에 의해

$$\vec{\mathrm{F}}_{\text{on bat}} = -\vec{\mathrm{F}}_{\text{on ball}} \quad \rightarrow \quad \vec{\mathrm{F}}_{\text{on bat}} = (+3.26\hat{\mathrm{i}} - 3.99\hat{\mathrm{j}})\text{ kN}$$

8.2 분석 모형: 고립계 (운동량)

3.

(a) 운동량 $p = mv$ 이므로, 운동 에너지는 다음과 같다.

$$K = \frac{1}{2}mv^2 = \frac{1}{2}m\left(\frac{p}{m}\right)^2 = \boxed{\frac{p^2}{2m}}$$

(b) $K = \dfrac{1}{2}mv^2$ 로부터 $v = \sqrt{\dfrac{2K}{m}}$ 이므로

$$p = mv = m\sqrt{\frac{2K}{m}} = \boxed{\sqrt{2mK}}.$$

4.

(a) 소녀-널빤지 계는 고립계이므로, 수평 방향 운동량은 보존된다.

빙판에 대한 운동량을 측정한다: $\vec{\mathbf{p}}_{gi} + \vec{\mathbf{p}}_{pi} = \vec{\mathbf{p}}_{gf} + \vec{\mathbf{p}}_{pf}$.

일차원 운동이므로, 다음과 같이 쓸 수 있다.

$$v_{gi}\hat{\mathbf{i}} = v_{gp}\hat{\mathbf{i}} + v_{pi}\hat{\mathbf{i}} \rightarrow v_{gi} = v_{gp} + v_{pi}$$

여기서 v_{gi}는 빙판에 대한 소녀의 속도, v_{gp}는 널빤지에 대한 소녀의 속도, v_{pi}는 빙판에 대한 널빤지의 속도를 나타낸다. 운동량 식은

$$0 = m_g v_{gi}\hat{\mathbf{i}} + m_p v_{pi}\hat{\mathbf{i}} \rightarrow 0 = m_g v_{gi} + m_p v_{pi}$$

$$0 = m_g\left(v_{gp} + v_{pi}\right) + m_p v_{pi}$$

$$0 = m_g v_{gp} + \left(m_g + m_p\right)v_{pi} \rightarrow v_{pi} = -\left(\frac{m_g}{m_g + m_p}\right)v_{gp}$$

$$v_{pi} = -\left(\frac{m_g}{m_g + m_p}\right)v_{gp} = -\left(\frac{45.0\text{ kg}}{45.0\text{ kg} + 150\text{ kg}}\right)(1.50\text{ m/s})$$

$$\boxed{v_{pi} = -\ 0.346\text{ m/s}}$$

(b) 위의 결과를 이용하면,

$$v_{gi} = v_{gp} + v_{pi} = (1.50\text{ m/s}) + (-0.346\text{ m/s})$$

$$\boxed{v_{gi} = 1.15\text{ m/s}}$$

5. 충격량-운동량 정리 이용하면

(a) 소년 : $I = F\Delta t = \Delta p = (65.0\,\text{kg})(-2.90\,\text{m/s}) = -189\,\text{N}\cdot\text{s}$

누이 : $I = -F\Delta t = -\Delta p = +189\,\text{N}\cdot\text{s}$

누이의 속력 $v_f = \dfrac{I}{m} = \dfrac{189\,\text{N}\cdot\text{s}}{40.0\,\text{kg}} = 4.71\ \text{m/s}$ (동쪽으로)

(b) 누이 신체에서의 화학적 퍼텐셜 에너지 = 전체 나중 운동 에너지

$$U_{\text{chemical}} = \frac{1}{2}m_{\text{boy}}v_{\text{boy}}^2 + \frac{1}{2}m_{\text{girl}}v_{\text{girl}}^2$$

$$= \frac{1}{2}(65.0\,\text{kg})(2.90\,\text{m/s})^2 + \frac{1}{2}(40.0\,\text{kg})(4.71\,\text{m/s})^2 = 717\ \text{J}$$

(c) 계의 운동량은 영(0)으로 보존된다.

(d) 계의 운동량의 변화가 없다고 볼 수 있으므로 두 오누이에서 힘은 내력이다. 즉, 계는 고립계라 할 수 있다.

(e) 운동량이 발생했지만 방향이 반대인 입장에서 운동량의 크기를 비교하기 때문에, 전체적으로 볼 때는 운동량의 변화량은 영(0)이 된다.

8.3 분석 모형: 비고립계 (운동량)

6. 충격량-운동량 정리 이용하면

$$\Delta\vec{\mathbf{p}} = \vec{\mathbf{F}}\Delta t$$

$$\Delta p_y = m\left(v_{yf} - v_{yi}\right) = m(v\cos 60.0°) - mv\cos 60.0° = 0$$

$$\Delta p_x = m(-v\sin 60.0° - v\sin 60.0°) = -2mv\sin 60.0°$$

$$= -2(3.00\ \text{kg})(10.0\ \text{m/s})(0.866)$$

$$= -52.0\ \text{kg}\cdot\text{m/s}$$

$$F_{\text{avg}} = \frac{\Delta p_x}{\Delta t} = \frac{-52.0\ \text{kg}\cdot\text{m/s}}{0.200\ \text{s}} = -260\ \text{N}$$

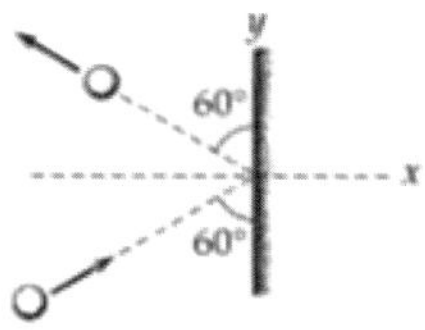

힘은 260 N이고, 벽에 수직하다.

7.

(a) 용수철-질량 계는 고립계이므로 역학적 에너지가 보존된다.

$$K_i + U_{si} = K_f + U_{sf}$$

$$\therefore\ 0 + \frac{1}{2}kx^2 = \frac{1}{2}mv^2 + 0 \quad \rightarrow \quad v = x\sqrt{\frac{k}{m}}$$

(b) 충격량 $I = \Delta p = mv_f - 0 = mx\sqrt{\frac{k}{m}} = x\sqrt{km}$

(c) 글라이더에 대해 $W = K_f - K_i = \frac{1}{2}mv^2 - 0 = \frac{1}{2}kx^2$

따라서 질량은 일을 하는 데 있어 전혀 영향을 주지 않는다.

8.

(a) 충격량 $I = \left(\frac{0+4\,\text{N}}{2}\right)(2\,\text{s} - 0) + (4\,\text{N})(3\text{s} - 2\text{s}) + \left(\frac{4\,\text{N}+0}{2}\right)(5\,\text{s} - 3\,\text{s})$

$$= 12.0\ \text{N}\cdot\text{s} \quad \rightarrow \quad \vec{I} = 12.0\,\hat{\mathbf{i}}\ \text{N}\cdot\text{s}$$

(b) $m\vec{\mathbf{v}}_{\text{i}} + \vec{\mathbf{F}}\Delta t = m\vec{\mathbf{v}}_{\text{f}}$에서

$$\vec{\mathbf{v}}_{\text{f}} = \vec{\mathbf{v}}_{\text{i}} + \frac{\vec{\mathbf{F}}\Delta t}{m} = 0 + \frac{12.0\,\hat{\mathbf{i}}\ \text{N}\cdot\text{s}}{2.50\,\text{kg}} = 4.80\,\hat{\mathbf{i}}\ \text{m/s}$$

(c) $\vec{\mathbf{v}}_{\text{f}} = \vec{\mathbf{v}}_{\text{i}} + \frac{\vec{\mathbf{F}}\Delta t}{m} = -2.00\,\hat{\mathbf{i}}\,\text{m/s} + \frac{12.0\,\hat{\mathbf{i}}\,\text{N}\cdot\text{s}}{2.50\,\text{kg}} = 2.80\,\hat{\mathbf{i}}\ \text{m/s}$

(d) $\vec{\mathbf{F}}_{\text{avg}}\Delta t = 12.0\,\hat{\mathbf{i}}\,\text{N}\cdot\text{s} = \vec{\mathbf{F}}_{\text{avg}}(5.00\ \text{s})$

$$\therefore\ \vec{\mathbf{F}}_{avg} = 2.40\,\hat{\mathbf{i}}\ \text{N}$$

9. 공의 처음 방향을 $-x$ 방향이라고 하자.

(a) 공에 전달된 충격량은

$$\vec{\mathbf{I}} = \Delta\vec{\mathbf{p}} = \vec{\mathbf{p}}_f - \vec{\mathbf{p}}_i$$
$$= (0.060\ 0\ \text{kg})(40.0\ \text{m/s})\hat{\mathbf{i}} - (0.060\ 0\ \text{m/s})(50.0\ \text{m/s})(-\hat{\mathbf{i}})$$
$$= \boxed{5.40\hat{\mathbf{i}}\ \text{N}\cdot\text{s}}$$

(b) 라켓이 공에 한 일

$$W = K_f - K_i = \frac{1}{2}(0.060\ 0\ \text{kg})\left[(40.0\ \text{m/s})^2 - (50.0\ \text{m/s})^2\right]$$
$$= \boxed{-27.0\ \text{J}}$$

8.4 일차원 충돌

10.

(a) 운동량 보존 법칙을 쓰면

$$mv_{1i} + 3mv_{2i} = 4mv_f$$
$$v_f = \frac{4.00\ \text{m/s} + 3(2.00\ \text{m/s})}{4} = \boxed{2.50\ \text{m/s}}$$

(b) $$K_f - K_i = \frac{1}{2}(4m)v_f^2 - \left[\frac{1}{2}mv_{1i}^2 + \frac{1}{2}(3m)v_{2i}^2\right]$$
$$= \frac{1}{2}(2.50\times10^4\ \text{kg})[4(2.50\ \text{m/s})^2$$
$$-(4.00\ \text{m/s})^2 - 3(2.00\ \text{m/s})^2]$$
$$= \boxed{-3.75\times10^4\ \text{J}}$$

11. 찰흙 덩어리와 나무토막 사이의 충돌은 완전 비탄성이다. 충돌에서 운동량이 보존된다. 충돌 직전 찰흙 덩어리(C)의 속력과 충돌 직후의 (찰흙 덩어리+나무토막) 속력(CB) 사이의 관계를 구해보자.

$$\vec{\mathbf{p}}_{Bi} + \vec{\mathbf{p}}_{Ci} = \vec{\mathbf{p}}_{Bf} + \vec{\mathbf{p}}_{Cf} \rightarrow m_B v_{Bi} + m_C v_{Ci} = m_B v_{Bf} + m_C v_{Cf}$$
$$M(0) + mv_C = mv_{CB} + Mv_{CB} = (m+M)v_{CB}$$
$$v_C = \frac{(m+M)}{m}v_{CB}$$

이번에는 마찰력이 있을 때 에너지 보존을 사용하여, 충돌 직후 속력 v_{CB}와 나무토막이 정지할 때가지 미끄러진 거리 사이의 관계를 구해보자.

$$\Delta K + \Delta E_{int} = 0: \quad 0 - \frac{1}{2}(m+M)v_{CB}^2 - fd = 0$$

and $-fd = -\mu nd = -\mu(m+M)gd$

$$\rightarrow \frac{1}{2}(m+M)v_{CB}^2 = \mu(m+M)gd \rightarrow v_{CB} = \sqrt{2\mu gd}$$

앞의 결과를 이용하여 정리하면,

$$v_C = \frac{(m+M)}{m}\sqrt{2\mu g d}$$
$$= \frac{(12.0\text{ g} + 100\text{ g})}{12.0\text{ g}}\sqrt{2(0.650)(9.80\text{ m/s}^2)(7.50\text{ m})}$$
$$\boxed{v_C = 91.2\text{ m/s}}$$

12. 원운동의 바닥과 꼭대기에서 추-지구 계에 대해 에너지가 보존된다. 꼭대기에서 딱딱한 막대기는 압축을 받고 추는 거의 정지 상태이다.

$$K_i + U_i = K_f + U_f: \quad \frac{1}{2}Mv_b^2 + 0 = 0 + Mg2\ell$$
$$v_b = 2\sqrt{g\ell}$$

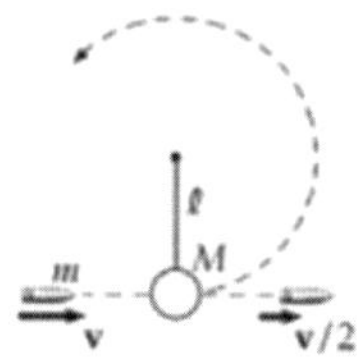

추-총알 계의 운동량은 충돌 시 보존되므로,

$$mv = m\frac{v}{2} + M\left(2\sqrt{g\ell}\right) \rightarrow \boxed{v = \frac{4M}{m}\sqrt{g\ell}}$$

13.

(a) 처음에 정지 물체에 대한 일차원 탄성 충돌의 교재 내 분석으로부터, 중성자 속도의 x 성분은 $v_{1f} = (1-12)v_i/13 = -11v_i/13$로 변한다. 정지한 핵 속도의 x성분은 $v_{2f} = 2v_i/13$이다. 중성자의 처음 운동 에너지는 $(1/2)m_1v_i^2$이고, 표적 핵의 나중 운동 에너지는 $(1/2)(12m_1)(2v_i^2/13)^2$이다.

따라서 전환된 운동 에너지 비율은

$$\frac{\frac{1}{2}12m_1(2v_i/13)^2}{\frac{1}{2}m_1v_i^2} = \frac{48}{169} = \boxed{0.284}$$

(b) 충돌은 탄성이기 때문에, 처음 에너지의 나머지 71.6%는 중성자가 갖고 있다. 탄소는 원자로에서 감속재 역할을 하여 중성자를 느리게 해 연료에서 반응을 일으킬 가능성을 높인다.

$$K_n = (0.716)(1.6\times10^{-13}\text{ J}) = \boxed{1.15\times10^{-13}\text{ J}}$$
$$K_C = (0.284)(1.6\times10^{-13}\text{ J}) = \boxed{4.54\times10^{-14}\text{ J}}$$

14.

(a) 농구공과 테니스공이 떨어질 때 에너지가 보존된다고 가정한다. 각각은 다음과 같은 속도로 가장 낮은 지점에 도달한다.

$$(K+U_g)_{\text{release}} = (K+U_g)_{\text{bottom}}$$
$$0+mgh = \frac{1}{2}mv^2 + 0$$
$$v = \sqrt{2gh}$$

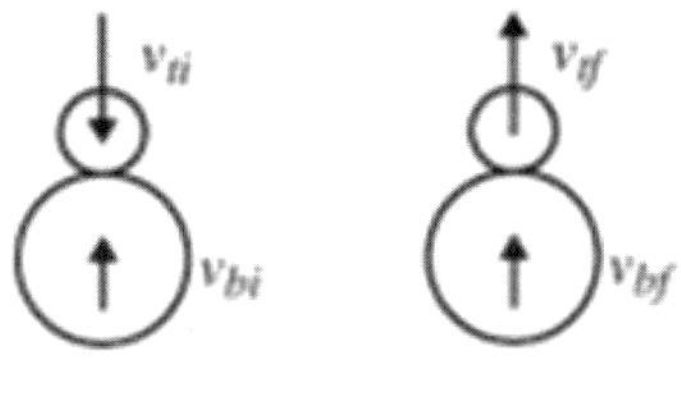

두 공은 아래로 움직일 때 서로에게 힘을 가하지 않는다. 농구공의 속도가 바닥에 부딪혀 역전된 후, 두 공은 서로 충돌한다. 위쪽을 양(+)의 방향으로 하자. 운동량 보존으로부터

$$m_t v_{ti} + m_b v_{bi} = m_t v_{tf} + m_b v_{bf}$$
$$m_t(-v) + m_b v = m_t v_{tf} + m_b v_{bf}$$
$$\to (m_b - m_t)v = m_t v_{tf} + m_b v_{bf}$$

탄성 충돌의 결과인 상대 속도 식을 이용하면

$$v_{bi} - v_{ti} = v_{tf} - v_{bf}$$
$$v - (-v) = v_{tf} - v_{bf} \to v_{bf} = v_{tf} - 2v$$

이를 대입하여 풀면,

$$(m_b - m_t)v = m_t v_{tf} + m_b v_{bf}$$
$$(m_b - m_t)v = m_t v_{tf} + m_b(v_{tf} - 2v)$$
$$(m_b - m_t)v = m_t v_{tf} + m_b v_{tf} - 2m_b v$$
$$(3m_b - m_t)v = (m_b + m_t)v_{tf} \to v_{tf} = \frac{3m_b - m_t}{m_b + m_t}v$$

이번에 테니스공-지구 계는 공이 올라오는 동안 일정한 에너지를 유지한다.

$$\frac{1}{2}m_t v_{tf}^2 = m_t g y_f$$
$$g y_f = \frac{1}{2}\left(\frac{3m_b - m_t}{m_b + m_t}\right)^2 v^2$$
$$g y_f = \frac{1}{2}\left(\frac{3m_b - m_t}{m_b + m_t}\right)^2 (2gh)$$
$$y_f = \boxed{\left(\frac{3m_b - m_t}{m_b + m_t}\right)^2 h}$$

(b) 테니스공은 처음 위치보다 더 높은 곳으로 되튀었지만, 농구공은 더 낮은 높이로 돌아온다. 고립된 두 공-지구 계의 전체 역학적 에너지는 보존된다.

8.5 이차원 충돌

15. 완전 비탄성 충돌이므로, 선운동량이 보존되어야 한다. 따라서

$$m_1\vec{\mathbf{v}}_{1i} + m_2\vec{\mathbf{v}}_{2i} = m_1\vec{\mathbf{v}}_{1f} + m_2\vec{\mathbf{v}}_{2f}$$

이로부터

$$\vec{\mathbf{v}}_f = \frac{m_1\vec{\mathbf{v}}_{1i} + m_2\vec{\mathbf{v}}_{2i}}{m_1 + m_2} = \frac{(3.00\text{ kg})(5.00\hat{\mathbf{i}}\text{ m/s}) + (2.00\text{ kg})(-3.00\hat{\mathbf{j}}\text{ m/s})}{3.00\text{ kg} + 2.00\text{ kg}}$$

$$\vec{\mathbf{v}}_f = \frac{15.0\hat{\mathbf{i}} - 6.00\hat{\mathbf{j}}}{5.00}\text{ m/s} = \boxed{(3.00\hat{\mathbf{i}} - 1.20\hat{\mathbf{j}})\text{ m/s}}$$

16. 탄성 충돌이므로, 선운동량이 보존된다. 따라서

x 방향에서 운동량 보존 $p_{xf} = p_{xi}$를 쓰면,

$$mv_{\text{O}}\cos 37.0° + mv_{\text{Y}}\cos 53.0° = m(5.00\text{ m/s})$$

$$0.799v_{\text{O}} + 0.602v_{\text{Y}} = 5.00\text{ m/s} \qquad [1]$$

y 방향에서 운동량 보존 $p_{yf} = p_{yi}$를 쓰면,

$$mv_{\text{O}}\sin 37.0° - mv_{\text{Y}}\sin 53.0° = 0$$

$$0.602v_{\text{O}} = 0.799v_{\text{Y}} \qquad [2]$$

식 [1]과 [2]를 연립하여 풀면

$$\boxed{v_{\text{O}} = 3.99\text{ m/s}}\text{ and }\boxed{v_{\text{Y}} = 3.01\text{ m/s}}$$

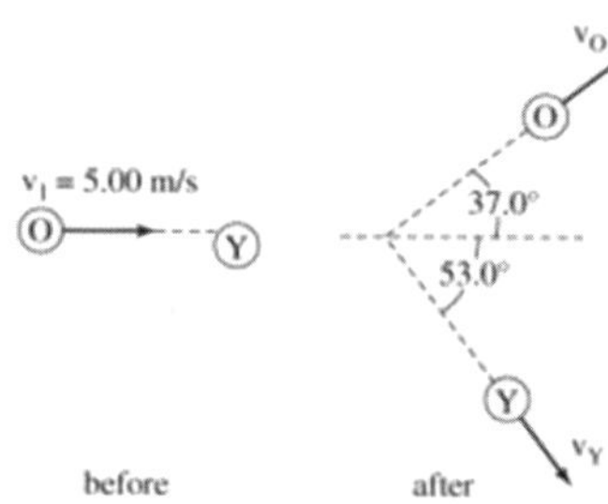

17. 탄성 충돌이므로, 선운동량이 보존된다. 따라서

x 방향에서 운동량 보존 $p_{xf} = p_{xi}$를 쓰면,

$$5.00\text{ m/s} + 0 = (4.33\text{ m/s})\cos 30.0° + v_{2fx}$$

$$v_{2fx} = 1.25\text{ m/s}$$

y 방향에서 운동량 보존 $p_{yf} = p_{yi}$를 쓰면,

$$0 = (4.33\ \mathbf{m/s})\sin 30.0° + v_{2fy}$$

$$v_{2fy} = -2.16\ \mathbf{m/s}$$

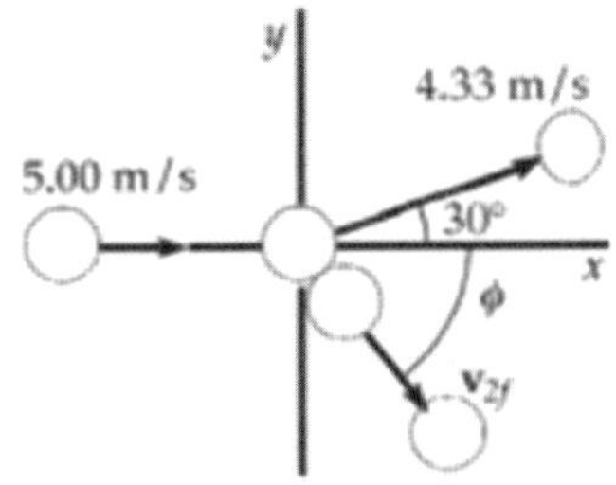

이로부터

$$\vec{\mathbf{v}}_{2f} = \boxed{2.50\ \mathbf{m/s\ at}\ -60.0°}$$

18. 2번 자동차의 처음 속력을 구하기 위하여, 북쪽과 동쪽으로 향하는 두 자동차 계에 대하여 운동량 보존을 이용한다.

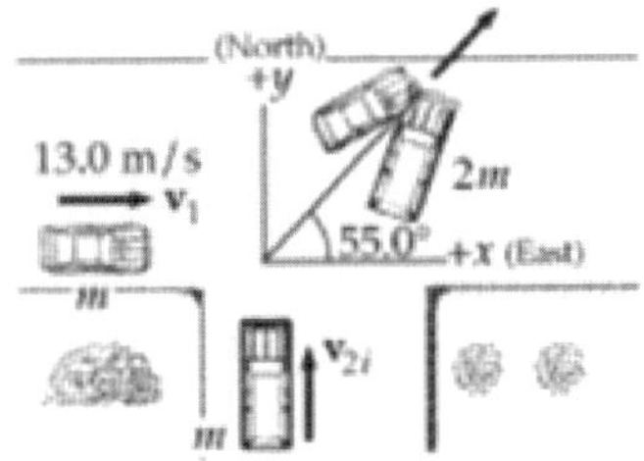

동쪽으로 향하는 자동차 경우:

$$m(13.0\ \mathbf{m/s}) = 2mV_f\cos 55.0°$$

북쪽으로 향하는 자동차 경우:

$$mv_{2i} = 2mV_f\ \sin 55.0°$$

위의 두 식을 나누면

$$v_{2i} = (13.0\ \mathrm{m/s})\tan 55.0° = 18.6\ \mathrm{m/s} = 66.6\ \mathrm{km/h} = 41.5\ \mathrm{mi/h}$$

따라서 북쪽으로 향하는 자동차의 운전자는 진실하지 않았다. 그의 처음 속력은 56 km/h(또는 35 mi/h) 이상이었다.

19.

(a) 세 입자에 대한 계의 나중 운동량은 $m_1\vec{\mathrm{v}}_{1f} + m_2\vec{\mathrm{v}}_{2f} + m_3\vec{\mathrm{v}}_{3f}$이며, 이는 처음 운동량과 같은 영(0)이어야 한다.

세 번째 입자의 질량은 $m_3 = (17.0 - 5.00 - 8.40)\times 10^{-27}\ \mathrm{kg} = 3.60\times 10^{-27}\ \mathrm{kg}$이다.

$$m_1\vec{\mathbf{v}}_{1f} + m_2\vec{\mathbf{v}}_{2f} + m_3\vec{\mathbf{v}}_{3f} = 0$$ 으로부터

$$\vec{\mathbf{v}}_{3f} = -\frac{m_1\vec{\mathbf{v}}_{1f} + m_2\vec{\mathbf{v}}_{2f}}{m_3}$$

$$\vec{\mathbf{v}}_{3f} = -\frac{(3.00\hat{\mathbf{j}} + 3.36\hat{\mathbf{i}})\times 10^{-20}\ \mathbf{kg\cdot m/s}}{3.60\times 10^{-27}\ \mathbf{kg}}$$

$$= \boxed{(-9.33\times 10^{6}\hat{\mathbf{i}} - 8.33\times 10^{6}\hat{\mathbf{j}})\ \mathbf{m/s}}$$

(b) 계의 처음 운동 에너지는 영(0)이고, 나중 운동 에너지는 $K = K_{1f} + K_{2f} + K_{3f}$이다.

$$K_{1f} = \tfrac{1}{2}(5.00\times 10^{-27}\ \mathbf{kg})(6.00\times 10^{6}\ \mathbf{m/s})^2 = 9.00\times 10^{-14}\ \mathbf{J}$$

$$K_{2f} = \tfrac{1}{2}(8.40\times 10^{-27}\ \mathbf{kg})(4.00\times 10^{6}\ \mathbf{m/s})^2 = 6.72\times 10^{-14}\ \mathbf{J}$$

$$K_{3f} = \tfrac{1}{2}(3.60\times 10^{-27}\ \mathbf{kg})$$
$$\times\left[(-9.33\times 10^{6}\ \mathbf{m/s})^2 + (-8.33\times 10^{6}\ \mathbf{m/s})^2\right]$$
$$= 28.2\times 10^{-14}\ \mathbf{J}$$

이므로, 계의 운동 에너지는

$$K = 9.00 \times 10^{-14}\ \text{J} + 6.72 \times 10^{-14}\ \text{J} + 28.2 \times 10^{-14}\ \text{J}$$

$$= \boxed{4.39 \times 10^{-13}\ \text{J}}$$

8.6 질량 중심

20. 물체를 9개의 정사각형으로 분석할 수 있으며, 각 정사각형은 중앙에 동일한 질량이 있는 것으로 나타낸다. 그러나 시트가 세 부분으로 구성되어 있다고 생각하고 각 부분의 질량이 해당 부분의 기하학적 중심에 있다고 생각하면 단순해진다. 단위 넓이당 질량을 σ로 정의하고, 그림과 같이 직사각형에 번호를 매긴다. 그러면 질량을 계산할 수 있고 각 섹션의 질량 중심을 식별할 수 있다.

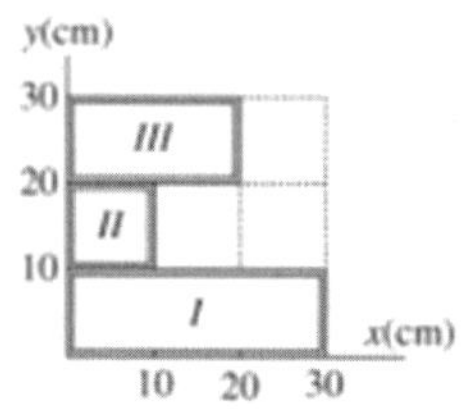

$CM_I = (15.0\ \text{cm},\ 5.00\ \text{cm})$의 질량 $\quad m_I = (30.0\ \text{cm})(10.0\ \text{cm})\sigma$

$CM_{II} = (5.0\ \text{cm},\ 20.0\ \text{cm})$의 질량 $\quad m_{II} = (10.0\ \text{cm})(20.0\ \text{cm})\sigma$

$CM_{III} = (15.0\ \text{cm},\ 25.0\ \text{cm})$의 질량 $\quad m_{II} = (10.0\ \text{cm})(10.0\ \text{cm})\sigma$

전체의 질량 중심은 다음과 같이 벡터 식으로 정의된 지점이다.

$$\vec{\mathbf{r}}_{CM} \equiv \left(\sum m_i \vec{\mathbf{r}}_i\right) / \sum m_i$$

주어진 값을 대입하면

$$\vec{\mathbf{r}}_{CM} = \left(\frac{1}{\sigma\left(300\ \text{cm}^2 + 200\ \text{cm}^2 + 100\ \text{cm}^2\right)}\right)\{\sigma[(300)(15.0\hat{\mathbf{i}} + 5.00\hat{\mathbf{j}}) + (200)(5.00\hat{\mathbf{i}} + 20.0\hat{\mathbf{j}}) + (100)(15.0\hat{\mathbf{i}} + 25.0\hat{\mathbf{j}})]\ \text{cm}^3\}$$

$$\vec{\mathbf{r}}_{CM} = \frac{4\,500\hat{\mathbf{i}} + 1\,500\hat{\mathbf{j}} + 1\,000\hat{\mathbf{i}} + 4\,000\hat{\mathbf{j}} + 1\,500\hat{\mathbf{i}} + 2\,500\hat{\mathbf{j}}}{600}\ \text{cm}$$

$$\vec{\mathbf{r}}_{CM} = \boxed{(11.7\hat{\mathbf{i}} + 13.3\hat{\mathbf{j}})\ \text{cm}}$$

21. 질량 중심의 x 좌표는

$$x_{CM} = \frac{\sum m_i x_i}{\sum m_i} = \frac{0+0+0+0}{2.00\ \text{kg} + 3.00\ \text{kg} + 2.50\ \text{kg} + 4.00\ \text{kg}} = 0$$

질량 중심의 y 좌표는

$$y_{CM} = \frac{\sum m_i y_i}{\sum m_i}$$

$$= \left(\frac{1}{2.00 \text{ kg} + 3.00 \text{ kg} + 2.50 \text{ kg} + 4.00 \text{ kg}}\right)$$

$$[(2.00 \text{ kg})(3.00 \text{ m}) + (3.00 \text{ kg})(2.50 \text{ m}) + (2.50 \text{ kg})(0) + (4.00 \text{ kg})(-0.500 \text{ m})]$$

$$y_{CM} = 1.00 \text{ m}$$

따라서

$$\boxed{\vec{\mathbf{r}}_{CM} = \left(0\hat{\mathbf{i}} + 1.00\hat{\mathbf{j}}\right) \text{ m}}$$

22. 이 물체는 가볍고, 단단하고, 균일한 막대 주위를 테이프로 감아 만들 수 있다.

(a) $$M = \int_0^{0.300 \text{ m}} \lambda dx = \int_0^{0.300 \text{ m}} [50.0 + 20.0x] dx$$

$$M = \left[50.0x + 10.0x^2\right]_0^{0.300 \text{ m}} = \boxed{15.9 \text{ g}}$$

(b) $$x_{CM} = \frac{\int_{\text{all mass}} x\,dm}{M} = \frac{1}{M} \int_0^{0.300 \text{ m}} \lambda x\,dx = \frac{1}{M} \int_0^{0.300 \text{ m}} \left[50.0x + 20.0x^2\right] dx$$

$$x_{CM} = \frac{1}{15.9 \text{ g}} \left[25.0x^2 + \frac{20x^3}{3}\right]_0^{0.300 \text{ m}} = \boxed{0.153 \text{ m}}$$

8.7 입자계 운동

23.

(a) $$\vec{\mathbf{v}}_{CM} = \frac{\sum m_i \vec{\mathbf{v}}_i}{M} = \frac{m_1 \vec{\mathbf{v}}_1 + m_2 \vec{\mathbf{v}}_2}{M}$$

$$= \left(\frac{1}{5.00 \text{ kg}}\right)[(2.00 \text{ kg})(2.00\hat{\mathbf{i}} \text{ m/s} - 3.00\hat{\mathbf{j}} \text{ m/s}) + (3.00 \text{ kg})(1.00\hat{\mathbf{i}} \text{ m/s} + 6.00\hat{\mathbf{j}} \text{ m/s})]$$

$$\vec{\mathbf{v}}_{CM} = \boxed{\left(1.40\hat{\mathbf{i}} + 2.40\hat{\mathbf{j}}\right) \text{ m/s}}$$

(b) $$\vec{\mathbf{p}} = M\vec{\mathbf{v}}_{CM} = (5.00 \text{ kg})(1.40\hat{\mathbf{i}} + 2.40\hat{\mathbf{j}}) \text{ m/s} = \boxed{(7.00\hat{\mathbf{i}} + 12.0\hat{\mathbf{j}}) \text{ kg} \cdot \text{m/s}}$$

24.

보트-연인 계에는 외부 힘이 작용하지 않으므로 운동량은 영(0)으로 보존되고, 보트-승객 계의 질량 중심은 고정된 상태로 유지된다. 즉,

$$x_{CM,i} = x_{CM,f}$$

그림에서와 같이 K를 키스하는 지점으로 정의하고, Δx_b와 Δx_J를 그림에서와 같이 정의하자. 로미오는 배와 함께 움직이기 때문에(따라서 $\Delta x_{로미오} = \Delta x_b$), m_b를 로미오와 배의 질량을 합한 것이라고 하자. 이 그림에서 배의 앞쪽과 해안은 오른쪽에 있고, $+x$ 방향을 오른쪽으로 잡자. 그러면,

$$m_J\Delta x_J + m_b\Delta x_b = 0$$

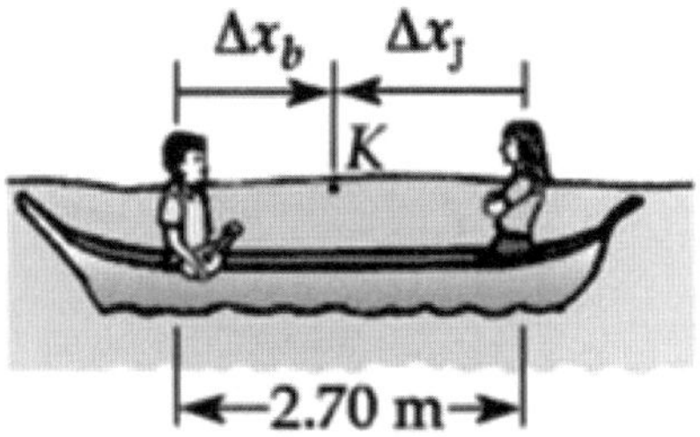

이다. x축을 해안을 향하도록 선택하면

$$(55.0\text{ kg})\Delta x_J + (77.0\text{ kg} + 80.0\text{ kg})\,\Delta x_b = 0$$

$$\Delta x_J = -2.85\Delta x_b$$

줄리엣이 해안으로부터 멀어지면서, 보트와 로미오는 처음의 2.70 m 떨어진 거리가 가까워질 때까지 해안을 향해 이동한다. 이러한 상대 운동을 다음과 같이 나타낼 수 있다.

$$|\Delta x_J| + \Delta x_b = 2.70\text{ m}$$

여기서 첫 번째 항은 줄리엣의 위치 변화가 왼쪽을 향하기 때문에 절댓값 기호가 필요하다. 그러면 이 식의 등가 식은 다음과 같다.

$$-\Delta x_J + \Delta x_b = 2.70\text{ m}$$

앞에서 얻은 결과를 대입하여 정리하면

$$+2.85\,\Delta x_b + \Delta x_b = 2.70\text{ m}$$

$$\Delta x_b = 2.70\text{ m}/3.85 = \boxed{0.700\text{ m}}$$

추가문제

25.

총알이 나무토막에 충돌하기 직전부터 직후까지의 운동량 보존을 사용하면, 다음과 같다.

$$mv_i = (M+m)v_f$$

$$v_i = \left(\frac{M+m}{m}\right)v_f \qquad [1]$$

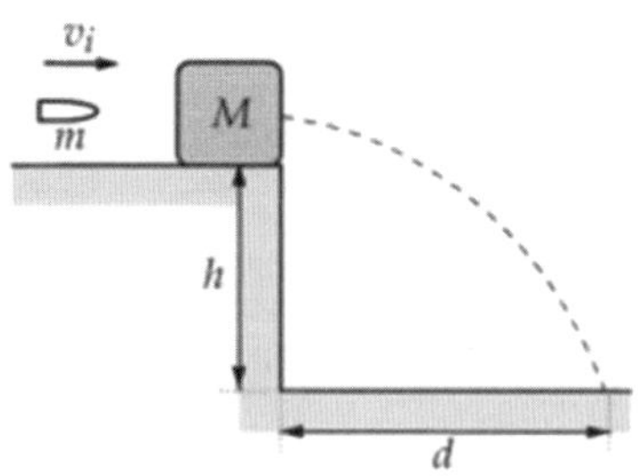

충돌 직후 총알이 박힌 나무토막의 속력은 운동학 식을 이용하여 구할 수 있다.

$$d = v_f t\,, \qquad h = \frac{1}{2}gt^2 \quad \rightarrow \quad t = \sqrt{\frac{2h}{g}}$$

따라서 $v_f = \dfrac{d}{t} = d\sqrt{\dfrac{g}{2h}} = \sqrt{\dfrac{gd^2}{2h}}$

이를 식 [1]에 대입하면

$$v_i = \boxed{\left(\frac{M+m}{m}\right)\sqrt{\frac{gd^2}{2h}}}.$$

26.

(a) 총알-나무토막 계의 운동량은 충돌 시 보존되므로, 충돌 직후의 총알과 나무토막의 속력을 총알의 처음 속력과 연관시킬 수 있다. 그런 다음 총알-나무토막-지구 계의 역학적 에너지 보존을 사용하여, 충돌 후 속력을 최대 높이와 연관시킬 수 있다.

(b) 충돌에서 운동량은 보존된다. 충돌 직전의 총알 속력 v_i와 충돌 직후의 (총알+나무토막)의 속력 v의 관계를 구한다.

$$\vec{\mathbf{p}}_{1i}+\vec{\mathbf{p}}_{2i}=\vec{\mathbf{p}}_{1f}+\vec{\mathbf{p}}_{2f} \rightarrow m_1v_{1i}+m_2v_{2i}=m_1v_{1f}+m_2v_{2i}$$

$$mv_i+M(0)=mv+Mv=(m+M)v$$

$$\rightarrow \qquad v_i=\frac{(m+M)}{m}v$$

총알-나무토막-지구 계의 전체 에너지는 보존된다. 총알-나무토막의 속력 v와 나무토막이 올라가는 높이 h 사이의 관계를 구한다.

$$K_i+U_i=K_f+U_f$$

$$\frac{1}{2}(m+M)v^2+0=(m+M)gh \rightarrow v=\sqrt{2gh}$$

앞의 결과를 조합하면 다음과 같다.

$$v_i=\frac{m+M}{m}\sqrt{2gh}=\frac{1.255\ \text{kg}}{0.005\ \text{kg}}\sqrt{2\left(9.80\ \text{m/s}^2\right)(0.220\ \text{m})}$$

$$v_i=\boxed{521\ \text{m/s}}$$

(방향은 위쪽)

27. 용수철이 각각의 물체에 작용하는 힘의 크기는

$$|F_s|=kx=(3.85\ \text{N/m})(0.08\ \text{m})=0.308\ \text{N}$$

(a) 마찰이 없으면 용수철의 탄성 에너지는 물체의 운동 에너지가 되며, 반대 방향으로 동일한 크기의 운동량을 갖는다. 물체가 용수철을 떠난 후에는 등속 운동한다. 에너지 보존부터,

$$(K+U)_i=(K+U)_f$$

$$\frac{1}{2}kx^2=\frac{1}{2}m_1v_{1f}^2+\frac{1}{2}m_2v_{2f}^2$$

$$\frac{1}{2}(3.85\ \text{N/m})(0.080\ 0\ \text{m})^2$$

$$=\frac{1}{2}(0.250\ \text{kg})v_{1f}^2+\frac{1}{2}(0.500\ \text{kg})v_{2f}^2 \qquad \textbf{[1]}$$

선운동량 보존으로부터

$$m_1\vec{\mathbf{v}}_{1i} + m_2\vec{\mathbf{v}}_{2i} = m_1\vec{\mathbf{v}}_{1f} + m_2\vec{\mathbf{v}}_{2f}$$

$$0 = (0.250\text{ kg})v_{1f}(-\hat{\mathbf{i}}) + (0.500\text{ kg})v_{2f}\hat{\mathbf{i}}$$

$$v_{1f} = 2v_{2f}$$

이를 식 [1]에 대입하면

$$0.012\,3\text{ J} = \tfrac{1}{2}(0.250\text{ kg})\left(2v_{2f}\right)^2 + \tfrac{1}{2}(0.500\text{ kg})v_{2f}^2 = \tfrac{1}{2}(1.50\text{ kg})v_{2f}^2$$

$$v_{2f} = \left(\frac{0.012\,3\text{ J}}{0.750\text{ kg}}\right)^{1/2} = 0.128\text{ m/s} \qquad \boxed{\vec{\mathbf{v}}_{2f} = 0.128\text{ m/s}\hat{\mathbf{i}}}$$

$$v_{1f} = 2(0.128\text{ m/s}) = 0.256\text{ m/s} \qquad \boxed{\vec{\mathbf{v}}_{1f} = 0.256\text{ m/s}\left(-\hat{\mathbf{i}}\right)}$$

(b) 가벼운 물체의 경우, 운동 마찰력은 다음과 같다.

$$\sum F_y = ma_y,\quad n - 0.250\text{ kg}\left(9.80\text{ m/s}^2\right) = 0,\quad n = 2.45\text{ N},$$

$$f_k = \mu_k n = 0.1\left(2.45\text{ N}\right) = 0.245\text{ N}.$$

최대 정지 마찰력도 이와 비슷하다고 가정한다. 0.308 N은 0.245 N보다 크기 때문에, 이 블록은 움직인다. 더 무거운 물체의 경우 수직항력과 마찰력은 두 배 더 크므로 $f_k = 0.490$ N 이다. 0.308 N은 이보다 작으므로, 무거운 물체는 정지하고 있다. 이 경우 바닥이 작용하는 마찰력은 두 물체 계의 운동량을 변화시킨다. 용수철 힘이 마찰력보다 크면 가벼운 물체는 속력을 얻게 되며, 이는 용수철 압축이 다음과 같이 주어지는 x_f가 될 때까지이다.

$$\left|F_s\right| = kx,\ 0.245\text{ N} = (3.85\text{ N}\cdot\text{m})x_f,\ 0.063\,6\text{ m} = x_f$$

이제 가벼운 물체가 이 최대 속력 지점으로 이동할 때의 에너지는 다음과 같다.

$$K_i + U_i - f_k d = K_f + U_f$$

$$0 + 0.012\,3\text{ J} - (0.245\text{ N})(0.08 - 0.063\,6\text{ m}) = \frac{1}{2}(0.250\text{ kg})v_f^2 + \frac{1}{2}(3.85\text{ N/m})(0.063\,6\text{ m})^2$$

$$0.012\,3\text{ J} - 0.004\,01\text{ J} = \tfrac{1}{2}(0.250\text{ kg})v_f^2 + 0.007\,80\text{ J}$$

$$\left(\frac{2(0.000\,515\text{ J})}{0.250\text{ kg}}\right)^{1/2} = v_f = 0.064\,2\text{ m/s}$$

따라서 무거운 물체의 최대 속도는 영(0)이고, 가벼운 물체의 최대 속도는 0.064 2 m/s$(-\vec{\mathrm{i}})$이다.

(c) 가벼운 물체의 경$f_k = 0.462(1.45\text{ N}) = 1.13$ N 이다. 정지 마찰력은 적어도 이보다는 커야 한다. 0.308 N의 용수철 힘은 너무 작아서 두 물체를 움직일 수 없다. 각각의 최대 속력은 영(0)이다.

28. 각각은 그네를 타며 내려갈 때,

$$mgR = \frac{1}{2}mv_1^2 \text{ and } MgR = \frac{1}{2}Mv_1^2 \quad \rightarrow \quad v_1 = \sqrt{2gR}$$

충돌 시,

$$-mv_1 + Mv_1 = +(m+M)v_2$$

$$v_2 = \frac{M-m}{M+m}v_1$$

그네가 올라가는 경우,

$$\frac{1}{2}(M+m)v_2^2 = (M+m)gR(1-\cos 35°)$$

$$v_2 = \sqrt{2gR(1-\cos 35°)}$$

$$\sqrt{2gR(1-\cos 35°)}(M+m) = (M-m)\sqrt{2gR}$$

$$0.425M + 0.425m = M - m$$

$$1.425m = 0.575M$$

$$\boxed{\frac{m}{M} = 0.403}$$

29. 두 입자 계의 운동량 보존은 다음과 같이 쓸 수 있다.

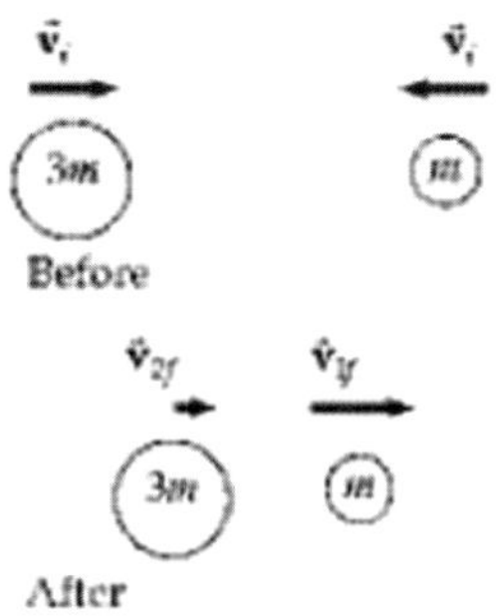

$$3mv_i - mv_i = mv_{1f} + 3mv_{2f}$$

상대 속도 식으로부터

$$v_{1i} - v_{2i} = -v_{1f} + v_{2f} \quad \begin{cases} -v_i - v_i = -v_{1f} + v_{2f} \\ 2v_i = v_{1f} + 3v_{2f} \end{cases}$$

이로부터

$$0 = 4v_{2f}$$

또는 $v_{1f} = 2v_i$ (질량 m인 입자)

$v_{2f} = 0$ (질량 $3m$인 입자)

9장 상대성 이론

9.1 갈릴레이의 상대성 원리

1. 실험실 기준틀에서 뉴턴의 제2법칙 $\vec{F} = m\vec{a}$는 유효하다. 실험실 관측자 1은 외력에 의해 가속되는 물체를 관측한다. 물체의 순간 속도를 $\vec{v}_1 = \vec{v}_{O1}$(실험실 기준틀에서 관측자 1에 대한 물체 O의 속도) 그리고 가속도를 $d\vec{v}_1/dt = \vec{a}_1$라 하자. 두 번째 관측자는 첫 번째 관측자에 대한 순간 속도 $\vec{v}_{21}$를 갖는다. 일반적으로 두 번째 관측자의 기준틀에서 물체의 속도는 다음과 같다.

$$\vec{\mathbf{v}}_2 = \vec{\mathbf{v}}_{O2} = \vec{\mathbf{v}}_{O1} + \vec{\mathbf{v}}_{12} = \vec{\mathbf{v}}_1 - \vec{\mathbf{v}}_{21}$$

(a) 두 번째 관측자의 순간 상대 속도 $\vec{v}_{21}$이 일정하면, 두 번째 관측자의 가속도는 다음과 같다.

$$\vec{\mathbf{a}}_2 = \frac{d\vec{\mathbf{v}}_2}{dt} = \frac{d\vec{\mathbf{v}}_1}{dt} = \vec{\mathbf{a}}_1$$

이는 첫 번째 관측자가 측정한 것과 동일하다. 이 비상대론적 경우, 이들은 동일한 힘과 질량을 측정한다. 따라서 두 번째 관측자도 역시 $\vec{F} = m\vec{a}$를 확인한다.

(b) 두 번째 관측자의 기준틀이 가속되면, 순간 상대 속도 $\vec{v}_{21}$은 일정하지 않다. 두 번째 관측자는 다음의 가속도를 측정한다.

$$\vec{\mathbf{a}}_2 = \frac{d\vec{\mathbf{v}}_2}{dt} = \frac{d(\vec{\mathbf{v}}_1 - \vec{\mathbf{v}}_{21})}{dt} = \vec{\mathbf{a}}_1 - \frac{d(\vec{\mathbf{v}}_{21})}{dt} = \vec{\mathbf{a}}_1 - \vec{\mathbf{a}}',$$

여기서 $d\vec{v}_{21}/dt = \vec{a}'$

가속틀에 있는 관측자는 질량의 가속도 $\vec{a}_2 = \vec{a}_1 - \vec{a}'$를 측정한다. 가속 기준틀에서 뉴턴의 제2법칙이 성립한다면, 그 관측자는 $\vec{F}_2 = m\vec{a}_2$ 또는 $\vec{F} = m\vec{a}_2$ 관계가 타당할 것이라고 기대할 것이다 (왜냐하면 $\vec{F}_1 = \vec{F}_2$이고 각각의 질량은 변하지 않기 때문입니다). 그러나 대신에 가속 기준틀의 관측자는$\vec{F}_2 = m\vec{a}_2 - m\vec{a}'$라는 것을 알게 되는데, 이는 뉴턴의 제2법칙이 아니다.

2.

정지 기준틀에서,

$$p_i = m_1v_{1i} + m_2v_{2i} = (2\,000\text{ kg})(20.0\text{ m/s}) + (1\,500\text{ kg})(0\text{ m/s})$$
$$= 4.00\times10^4\text{ kg}\cdot\text{m/s}$$
$$p_f = (m_1 + m_2)v_f = (2\,000\text{ kg} + 1\,500\text{ kg})v_f$$

$p_i = p_f$이므로,

$$v_f = \frac{p_i}{m_1 + m_2} = \frac{4.00\times10^4\text{ kg}\cdot\text{m/s}}{2\,000\text{ kg} + 1\,500\text{ kg}} = 11.429\text{ m/s}$$

이동하는 기준틀에서, 이들 속도는 모두 +10.0 m/s씩 줄어들므로,

$$v'_{1i} = v_{1i} - v' = 20.0\ \text{m/s} - (+10.0\ \text{m/s}) = 10.0\ \text{m/s}$$
$$v'_{2i} = v_{2i} - v' = 0\ \text{m/s} - (+10.0\ \text{m/s}) = -10.0\ \text{m/s}$$
$$v'_f = 11.429\ \text{m/s} - (+10.0\ \text{m/s}) = 1.429\ \text{m/s}$$

그러면 처음 운동량은

$$p'_i = m_1 v'_{1i} + m_2 v'_{2i} = (2\,000\ \text{kg})(10.0\ \text{m/s}) + (1\,500\ \text{kg})(-10.0\ \text{m/s})$$
$$= 5\,000\ \text{kg}\cdot\text{m/s}$$

이고, 나중 운동량은 같은 값을 가지므로

$$p'_f = (2\,000\ \text{kg} + 1\,500\ \text{kg})v'_f = (3\,500\ \text{kg})(1.429\ \text{m/s})$$
$$= 5\,000\ \text{kg}\cdot\text{m/s}$$

9.2 마이컬슨-몰리의 실험
9.3 아인슈타인의 상대성 원리
9.4 특수 상대성 이론의 결과

3.

(a) $0.800c$와 20.0 ly (광년)은 지구 기준틀에서 측정되었으므로, 이 기준틀에서는

$$\Delta t = \frac{x}{v} = \frac{20.0\ \text{ly}}{0.800c} = \left(\frac{20.0\ \text{ly}}{0.800c}\right)\left(\frac{1\ c}{1\ \text{ly/yr}}\right) = \boxed{25.0\ \text{yr}}$$

(b) 지구의 천문학자는 접근하고 있는 유성체의 시계를 보기 때문에, 고유 시간을 측정할 수 없다. 그 시계는 고유 시간을 측정하므로,

$$\Delta t = \gamma \Delta t_p:$$

$$\Delta t_p = \frac{\Delta t}{\gamma} = \frac{25.0\ \text{yr}}{1/\sqrt{1 - v^2/c^2}} = 25.0\ \text{yr}\sqrt{1 - 0.800^2}$$
$$= 25.0\ \text{yr}(0.600) = \boxed{15.0\ \text{yr}}$$

(c) 방법 1: 천문학자는 지구 기준틀에서 자신이 20.0 ly을 측정하므로, 이는 고유 길이이다. 여행자는 수축된 길이를 측정하므로,

$$L = \frac{L_p}{\gamma} = \frac{20.0\ \text{ly}}{1/\sqrt{1 - 0.800^2}} = \frac{20.0\ \text{ly}}{1.67} = \boxed{12.0\ \text{ly}}$$

방법 2: 여행자는 $0.800c$로 접근하는 지구를 보게 되므로,

$$(0.800\ \text{ly/yr})(15.0\ \text{yr}) = \boxed{12.0\ \text{ly}}$$

지구와 유성체 기준틀 사이에 거리와 시간이 다를 뿐만 아니라, 지구 기준틀 내에서의 겉보기 거리는 실제 거리와 다르다. 우리가 해석한 바와 같이, 발견 당시 지구에서 유성체까지의 실제 거리인 20광년은 직접 측정한 거리와는 달리 계산된 결과임에 틀림없다. 정

보 전송의 최대 속력이 제한되어 있기 때문에, 천문학자는 유성체가 훨씬 더 멀리 떨어져 있던 몇 년 전의 모습을 보게 된다. 이의 겉보기 거리를 d라고 하자. 새로 눈에 보이는 유성체에서 빛이 우리에게 도달하는 데 걸리는 시간은 $t = d/c$이다. 천문학자는 유성체가 되돌아보는 시간 동안 등속으로 이동하면서 20광년 떨어진 곳에 접근했다고 계산한다. 천문학자의 계산을 재구성하기 위해 거꾸로 작업해볼 수 있다.

$$d = 20.0\text{ ly} + 0.800ct = 20.0\text{ ly} + \frac{0.800cd}{c}$$

$$0.200d = 20.0\text{ ly}$$

$$d = 100\text{ ly}$$

따라서 직접적인 관측의 관점에서 볼 때, 우리가 보는 유성체는 불과 25년 만에 100광년을 이동한다. 이러한 겉보기 초광속 속도는 퀘이사에서 나오는 일부 물질 제트에서 실제로 관찰되는데, 그 이유는 퀘이사가 거의 지구를 향하고 있기 때문이다. 유성체에서 사건이 전개되는 것을 보면, 상대론적 시간 팽창으로 인해 사건이 느려지는 것을 볼 수 있을 뿐만 아니라 도플러 효과로 인해 속력이 크게 빨라지는 것도 볼 수 있다.

4.

(a) 막대자의 길이는 1.00 m이므로

$$L = L_p/\gamma = L_p\sqrt{1-(v/c)^2} = (1.00\,\text{m})\sqrt{1-(0.900)^2} = 0.436\ \text{m}$$

(b) 다가오는 막대자를 향해 달리므로 막대자의 상대 속도 v가 커진다. 그러므로 막대자의 길이는 0.436 m보다 작아지게 된다.

5.

(a) 여러분의 우주선은 친구의 우주선과 동일하고, 여러분의 우주선은 정지해 있으므로 길이는 20.0 m이다.

(b) 친구의 우주선은 여러분에 대하여 움직이고 있으므로, 우주선의 길이는 19.0 m로 축소된다.

(c) $L = L_p\sqrt{1-\frac{v^2}{c^2}}$ 로부터

$$\frac{L}{L_p} = \frac{19.0\text{ m}}{20.0\text{ m}} = 0.950 = \sqrt{1-\frac{v^2}{c^2}} \text{ and } \boxed{v = 0.312c}.$$

6. 시간 팽창: $\Delta t = \gamma\Delta t_p = \dfrac{\Delta t_p}{\sqrt{1-(v/c)^2}} = \dfrac{3.00\,\text{s}}{\sqrt{1-(0.800)^2}} = 5.00\ \text{s}$

7. 길이 수축에 관한 식으로부터,

$$L = L_p\sqrt{1-\frac{v^2}{c^2}} \quad \rightarrow \quad v = c\sqrt{1-\left(\frac{L}{L_p}\right)^2}$$

$L = \dfrac{L_p}{2}$ 이고 $L_p = 1.00\ \text{m}$ 를 사용하면

$$v = c\sqrt{1-\left(\frac{L_p/2}{L_p}\right)^2} = c\sqrt{1-\frac{1}{4}} = \boxed{0.866c}$$

8.

(a) 맥박 사이의 고유 시간 간격은 $\Delta t_p = \dfrac{1\text{분}}{75.0\text{회}}$ 이다. 따라서 팽창된 시간 간격은

$$\Delta t = \gamma \Delta t_p = \frac{1}{\sqrt{1-(0.500)^2}}\left(\frac{1\text{분}}{75.0\text{회}}\right) = 1.54 \times 10^{-2}\text{분/회이므로}$$

맥박은 $\dfrac{1}{\Delta t} = 65.0\text{회/분}$ 이다.

(b) $\dfrac{1}{\Delta t} = \dfrac{1}{\gamma \Delta t_p} = \sqrt{1-(0.990)^2}\left(\dfrac{75.0\text{회}}{1\text{분}}\right) = 10.5\text{회/분}$

9. 먼저 v/c를 계산하자.

$$\frac{v}{c} = \left(\frac{1\,000 \times 10^3 \text{ m/h}}{3.00 \times 10^8 \text{ m/s}}\right)\left(\frac{1 \text{ h}}{3\,600 \text{ s}}\right) = 9.26 \times 10^{-7}$$

식 9.6으로부터, 팽창된 시간 간격은

$$\Delta t = \gamma \Delta t_p = \frac{\Delta t_p}{\sqrt{1-\frac{v^2}{c^2}}}$$

근사적인 식으로 정리하면

$$\Delta t_p = \left(\sqrt{1-\frac{v^2}{c^2}}\right)\Delta t \approx \left(1-\frac{v^2}{2c^2}\right)\Delta t$$

$$\Delta t - \Delta t_p = \frac{v^2}{2c^2}\Delta t$$

이므로, 움직이는 시계의 시간 지연은

$$\Delta t - \Delta t_p = \frac{\left(9.26 \times 10^{-7}\right)^2}{2}(3\,600 \text{ s})$$

$$\Delta t - \Delta t_p = 1.55 \times 10^{-9} \text{ s} = \boxed{1.55 \text{ ns}}$$

10.

(a) 지구 기준틀에서, 속수의 여행 시간은

$$\Delta t = \frac{\Delta x}{v} = \frac{20.0 \text{ ly}}{0.950c} = 21.05\text{년}$$

이고, 속수의 나이는 여행하는 동안 고유 시간 간격만큼만 늘어난다.

$$\Delta t_p = \frac{\Delta t}{\gamma} = (21.05\text{년})\sqrt{1-(0.950)^2} = 6.574\text{년}$$

마찬가지로 지수의 경우

$$\Delta t_p = \frac{\Delta x}{v}\sqrt{1-\frac{v^2}{c^2}} = \frac{20.0 \text{ ly}}{0.750 \text{ ly/년}}\sqrt{1-(0.750)^2} = 17.64\text{년}$$

속수가 행성 X에 도착하여 그의 형제를 기다리는 동안, 속수는 나이가 다음과 같이 더 든다.

$$\frac{20.0 \text{ ly}}{0.750 \text{ ly/년}} - \frac{20.0 \text{ ly}}{0.950 \text{ ly/년}} = 5.614\text{년}$$

쌍둥이가 출발부터 다시 만날 때까지, 속수는 (6.574년 + 5.614년) = 12.19년이 지났고, 지수는 17.64년이 지났으므로, 나이 차이는 다음과 같다.

17.64년 - (6.574년 + 5.614년) = 5.45년

(b) 지수가 더 나이가 든다.

11. 지구 관측자가 측정한 우주선은 다음과 같이 길이 수축된다.

$$L = L_p\sqrt{1-\frac{v^2}{c^2}} \qquad \text{or} \qquad L^2 = L_p^2\left(1-\frac{v^2}{c^2}\right)$$

또한 길이 수축은 지나가는 데 걸리는 시간과 다음의 관계가 있다.

$$L = v\Delta t \qquad \text{or} \qquad L^2 = v^2(\Delta t)^2 = \frac{v^2}{c^2}(c\Delta t)^2$$

이들 두 식을 같게 놓으면

$$L_p^2 - L_p^2\frac{v^2}{c^2} = (c\Delta t)^2\frac{v^2}{c^2}$$

$$\left[L_p^2 + (c\Delta t)^2\right]\frac{v^2}{c^2} = L_p^2$$

$L_p = 300$ m와 $\Delta t = 0.750 \times 10^{-6}$ s를 대입하면

$$\left(1.41 \times 10^5 \text{ m}^2\right)\frac{v^2}{c^2} = 9.00 \times 10^4 \text{ m}^2$$

$$v = \boxed{0.800c}$$

12. 등속 원운동에서 만유인력이 구심력의 역할을 하므로

$$\frac{GMm}{r^2} = \frac{mv^2}{r} \to v = \left[\frac{GM}{(R+h)}\right]^{1/2} = \left[\frac{(6.67\times10^{-11}\text{N} \cdot \text{m}^2/\text{kg}^2)(5.98\times10^{24}\text{kg})}{(6.37\times10^6\text{m} + 0.160\times10^6\text{m})}\right]^{1/2}$$

$$= 7.82\times10^3 \text{ m/s} = 7.82 \text{ km/s}$$

1회전시 걸리는 시간인 주기 : $T = \frac{2\pi(R+h)}{v} = \frac{2\pi(6.53\times10^6\text{m})}{7.82\times10^3\text{m/s}} = 5.25\times10^3 \text{ s}$

(a) 22바퀴 동안 시간 차이는

$$\Delta t - \Delta t_p = (\gamma - 1)\Delta t_p = \left[(1-\frac{v^2}{c^2})^{-1/2} - 1\right](22T)$$

$$\approx \left(1 + \frac{1}{2}\frac{v^2}{c^2} - 1\right)(22T)$$

$$= \frac{1}{2}\left(\frac{7.82\times10^{3}\,\text{m/s}}{3.00\times10^{8}\,\text{m/s}}\right)^{2}\times 22(5.25\times10^{3}\,\text{s}) = 39.2\ \mu\text{s}$$

(b) 쿠퍼는 한주기 동안 $\Delta t-\Delta t_p=\frac{39.2\mu\text{s}}{22}=1.78\ \mu\text{s}$만큼 나이가 덜 들게 된다. 그러므로 기자가 쓴 기사는 정확하다.

13. 정지 상태의 시계보다 1/2배 느리게 가는 시계는 동일한 시간 간격을 기록한 시간보다 두 배 더 걸린다. 즉 $\Delta t = 2\Delta t_p$

$$\Delta t = \frac{\Delta t_p}{\left[1-(v/c)^2\right]^{1/2}}$$ 로부터

$$v = c\left[1-\left(\frac{\Delta t_p}{\Delta t}\right)^2\right]^{1/2}$$

$\Delta t = 2\Delta t_p$ 이므로

$$v = c\left[1-\left(\frac{\Delta t_p}{2\Delta t_p}\right)^2\right]^{1/2} = c\left[1-\frac{1}{4}\right]^{1/2} = \boxed{0.866c}$$

14. 운동 방향에 수직인 막대의 길이는 막대의 고유 기준틀과 막대가 움직이는 기준틀 모두에서 동일하다. 즉,

$\ell_y = \ell\sin\theta = \ell_{py}$

여기서 ℓ_{py}는 고유 길이의 y성분이다.

우리의 기준틀에서 측정한 값은 $\ell = 2.00$ m, $\theta = 30.0°$ 이다. 또한

$$\gamma = \frac{1}{\sqrt{1-v^2/c^2}} = \frac{1}{\sqrt{1-0.995^2}} = 10.0$$

이고, 우리의 기준틀에서 관측한 바와 같이,

$$\ell_x = \ell\cos\theta = (2.00\text{ m})\cos 30.0° = 1.73\text{ m}$$

$$\ell_y = \ell\sin\theta = (2.00\text{ m})\sin 30.0° = 1.00\text{ m}$$

이다. 고유 길이 ℓ_{px}는 ℓ_x와 $\ell_x = \frac{\ell_{px}}{\gamma}$의 관계가 있으므로

$$\ell_{Px} = 10.0\ell_x = 17.3\text{ m}$$

$$\ell_{Py} = \ell_y = 1.00\text{ m}$$

이다. 따라서

(a) $$\ell_P = \sqrt{(\ell_{Px})^2+(\ell_{Py})^2} = \sqrt{\left(\frac{\ell_x}{\gamma}\right)^2+(\ell_y)^2} = \boxed{17.4\text{ m}}$$

(b) 고유 기준틀에서

$$\theta_2 = \tan^{-1}\left(\frac{\ell_{Py}}{\ell_{Px}}\right) = \tan^{-1}\left(\frac{\ell_y}{\gamma \ell_x}\right) = \tan^{-1}\left(\frac{\tan 30.0°}{\gamma}\right) = \boxed{3.30°}$$

9.5 로렌츠 변환식

15.

(a) 로렌츠 변환으로부터, 청색등과 적색등 사건 사이의 거리는 다음과 같이 된다.

$$\Delta x' = \gamma(\Delta x - v\Delta t):\ 0 = \gamma\left[2.00\text{ m} - v\left(8.00\times10^{-9}\text{ s}\right)\right]$$

$$v = \frac{2.00\text{ m}}{8.00\times10^{-9}\text{ s}} = \boxed{2.50\times10^{8}\text{ m/s}}$$

그러므로

$$\gamma = \frac{1}{\sqrt{1-\left(2.50\times10^{8}\text{ m/s}\right)^2/\left(3.00\times10^{8}\text{ m/s}\right)^2}} = 1.81$$

(b) 또 다시 로렌츠 변환 $x' = \gamma(x - vt)$ 으로부터

$$x' = 1.81\left[3.00\text{ m} - \left(2.50\times10^{8}\text{ m/s}\right)\left(1.00\times10^{-9}\text{ s}\right)\right] = \boxed{4.98\text{m}}$$

(c) $t' = \gamma\left(t - \frac{v}{c^2}x\right)$:

$$t' = 1.81\left[1.00\times10^{-9}\text{ s} - \frac{\left(2.50\times10^{8}\text{ m/s}\right)}{\left(3.00\times10^{8}\text{ m/s}\right)^2}(3.00\text{ m})\right]$$

$$t' = \boxed{-1.33\times10^{-8}\text{s}}$$

16. 샤논은 기준틀 S에서 좌표가 $x_1 = 0,\ t_1 = 0,\ x_2 = 0,\ t_2 = 3.00\ \mu\text{s}$ 인 깜빡거리는 두 등을 본다고 하자. 킴미는 기준틀 S′에서 좌표가 $x_1{}' = 0,\ t_1{}' = 0,\ t_2{}' = 9.00\ \mu\text{s}$ 인 깜빡거리는 두 등을 본다고 하자.

(a) 그러면

$$t_2' = \gamma\left(t_2 - \frac{v}{c^2}x_2\right)$$

$$9.00\ \mu\text{s} = \frac{1}{\sqrt{1-v^2/c^2}}(3.00\ \mu\text{s} - 0)$$

$$\sqrt{1-\frac{v^2}{c^2}} = \frac{1}{3}$$

$$\boxed{v = 0.943c}$$

(b) 깜빡거리는 사건 사이의 거리는

$$\Delta x' = x_2' - x_1' = \gamma\left[(x_2 - x_1) - v(t_2 - t_1)\right]$$
$$= 3\left[0 - (0.943c)(3.00\times10^{-6}\ \text{s})\right]\left(\frac{3.00\times10^{8}\ \text{m/s}}{c}\right)$$
$$= -2.55\times10^{3}\ \text{m}$$
$$|\Delta x'| = \boxed{2.55\times10^{3}\ \text{m}}$$

나중 깜빡거림은 원점의 왼쪽에 있다.

17. 이 질문은 적우주선의 기준틀에서 순찰 우주선의 속력을 묻는 것과 같다.

u_x' = 적우주선 기준틀에서 순찰 우주선의 속도

u_x = 지구 기준틀에서 순찰 우주선의 속도

v = 적우주선 기준틀에서 지구의 속도

식 9.11로부터

$$u_x' = \frac{u_x - v}{1 - u_x v/c^2} = \frac{0.900c - 0.800c}{1-(0.900)(0.800)} = \boxed{0.357c}$$

18.

$u_x = (0.600c)\cos 50.0° = 0.386c$, $u_y = (0.600c)\sin 50.0° = 0.460c$로 분해 가능하며,

$$u_x{}' = \frac{u_x - v}{1 - u_x v/c^2} = \frac{0.386c - (-0.700c)}{1-(0.386c)(-0.700c)/c^2} = \frac{1.086c}{1.27} = 0.855c$$

$$u_y{}' = \frac{u_y}{\gamma(1 - u_x v/c^2)} = \frac{0.460c\sqrt{1-(0.700)^2}}{1-(0.386)(-0.700)} = \frac{0.460c(0.714)}{1.27} = 0.258c$$

이다. 속도의 크기는 $u' = \sqrt{(0.855c)^2 + (0.258c)^2} = 0.893c$,

방향은 x'축으로부터 위쪽으로 $\tan^{-1}\left(\frac{0.258c}{0.855c}\right) = 16.8°$

9.6 상대론적 운동량과 뉴턴 법칙의 상대론적 형태

19. $p = \frac{mu}{\sqrt{1-(u/c)^2}}$

$$\rightarrow\quad 1 - \frac{u^2}{c^2} = \frac{m^2u^2}{p^2}$$

$$\rightarrow\quad 1 = u^2\left(\frac{m^2}{p^2} + \frac{1}{c^2}\right) \quad\rightarrow\quad c^2 = u^2\left(\frac{m^2c^2}{p^2} + 1\right)$$

$$\rightarrow\quad u = \frac{c}{\sqrt{(m^2c^2/p^2)+1}}$$

20.

$$\frac{p-mu}{mu}=\frac{\gamma mu-mu}{mu}=\gamma-1:$$

$$\gamma-1=\frac{1}{\sqrt{1-(u/c)^2}}-1\approx 1+\frac{1}{2}\left(\frac{u}{c}\right)^2-1=\frac{1}{2}\left(\frac{u}{c}\right)^2$$

$$\frac{p-mu}{mu}\approx\frac{1}{2}\left(\frac{90.0\text{ m/s}}{3.00\times10^8\text{ m/s}}\right)^2=\boxed{4.51\times10^{-14}}$$

21. 상대론적인 운동량 $p=\gamma m\mu$;

(a) $0.010\,0c$로 움직이는 전자의 경우,

$$\gamma=\frac{1}{\sqrt{1-(u/c)^2}}=\frac{1}{\sqrt{1-(0.010\,0)^2}}=1.000\,05\approx1.00$$

그러므로

$$p=1.00(9.11\times10^{-31}\text{ kg})(0.010\,0)(3.00\times10^8\text{ m/s})$$

$$p=\boxed{2.73\times10^{-24}\text{ kg}\cdot\text{m/s}}$$

(b) 앞의 (a)에서와 같은 방법으로, $0.500c$로 움직이는 전자의 경우, $\gamma=1.15$이므로

$$p=\boxed{1.58\times10^{-22}\text{ kg}\cdot\text{m/s}}$$

(c) $0.900c$로 움직이는 전자의 경우, $\gamma=2.29$이므로

$$p=\boxed{5.64\times10^{-22}\text{ kg}\cdot\text{m/s}}$$

22.

(a) $p=mv=m(0.990c)=(1.67\times10^{-27}\text{kg})(0.990)(3.00\times10^8\text{m/s})$

$=4.96\times10^{-19}\text{ kg}\cdot\text{m/s}$

(b) $p=\dfrac{mu}{\sqrt{1-(u/c)^2}}=\dfrac{m(0.990c)}{\sqrt{1-(0.990)^2}}=\dfrac{(1.67\times10^{-27}\text{ kg})(0.990)(3\times10^8\text{m/s})}{\sqrt{1-(0.990)^2}}$

$=3.52\times10^{-18}\text{kg}\cdot\text{m/s}$

(c) 아니오.

9.7 상대론적 에너지

23.

(a) $K = E - E_R = 5E_R$

$$E = 6E_R = 6(9.11\times10^{-31}\ \text{kg})(3.00\times10^{8}\ \text{m/s})^2 = 4.92\times10^{-13}\ \text{J}$$

$$= \boxed{3.07\ \text{MeV}}$$

(b) $E = \gamma mc^2 = \gamma E_R$

$$\gamma = \frac{E}{E_R} = 6 = \frac{1}{\sqrt{1-u^2/c^2}}$$

$$\boxed{u = 0.986c}$$

24.

(a) $$K = \frac{1}{2}mu^2$$

$$= \frac{1}{2}(78.0\,\text{kg})(1.06\times10^5\,\text{m/s})^2 = 4.38\times10^{11}\ \text{J}$$

(b) $$K = \left(\frac{1}{\sqrt{1-(u/c)^2}} - 1\right)mc^2 = \left[\frac{1}{\sqrt{1-\left(\dfrac{1.06\times10^5}{2.998\times10^8}\right)^2}} - 1\right](78.0\,\text{kg})(3.00\times10^8\,\text{m/s})^2$$

$$= 4.38\times10^{11}\ \text{J}$$

(c) $\dfrac{u}{c} \ll 1$, 이항정리로부터

$$\left[1-\left(\frac{u}{c}\right)^2\right]^{-1/2} \approx 1 + \frac{1}{2}\left(\frac{u}{c}\right)^2$$

$$\therefore K \approx \frac{1}{2}\left(\frac{u}{c}\right)^2 mc^2 = \frac{1}{2}mu^2$$

25.

$$K = (\gamma - 1)mc^2 = \left(\frac{1}{\sqrt{1-u^2/c^2}} - 1\right)mc^2$$ 으로부터,

$$\frac{K}{mc^2} + 1 = \frac{1}{\sqrt{1-u^2/c^2}} = \frac{K+mc^2}{mc^2}$$

$$1 - \frac{u^2}{c^2} = \frac{m^2c^4}{(K+mc^2)^2}$$

$$\frac{u^2}{c^2} = 1 - \frac{(mc^2)^2}{(K+mc^2)^2}$$

$$u = c\left[1-\left(\frac{mc^2}{K+mc^2}\right)^2\right]^{1/2}$$

(a) 전자의 속력 : $u = c\left[1 - \left(\frac{0.511}{2.511}\right)^2\right]^{1/2} = \boxed{0.979c}$

(b) 양성자의 속력 : $u = c\left[1 - \left(\frac{938}{940}\right)^2\right]^{1/2} = \boxed{0.065\,2c}$

(c) $\frac{u_{전자}}{u_{양성자}} = \frac{0.979c}{0.065\,2c} = 15.0$

이 경우, 전자는 상대론적으로 움직이지만 고전적인 식 $\frac{1}{2}mv^2$는 양성자의 경우 두 자리까지 정확하다.

(d) 전자의 속력 : $u = c\left[1 - \left(\frac{0.511}{2\,000.511}\right)^2\right]^{1/2} = \boxed{0.999\,999\,97c}$

양성자의 속력 : $u = c\left[1 - \left(\frac{938}{2\,938}\right)^2\right]^{1/2} = \boxed{0.948c}$

$$\frac{u_{전자}}{u_{양성자}} = \frac{c\left[1 - \left(\frac{0.511}{2\,000.511}\right)^2\right]^{1/2}}{c\left[1 - \left(\frac{938}{2\,938}\right)^2\right]^{1/2}} = 1.06$$

두 입자의 운동 에너지가 커지면 커질수록, 속력은 c에 접근한다. 대조적으로, 고전적으로 속력은 제한 없이 커질 것이다.

26. $E = \gamma mc^2$과 $p = \gamma mu$의 두 식을 제곱하여 정리하면

$$\begin{aligned}
E^2 - p^2c^2 &= (\gamma mc^2)^2 - (\gamma mu)^2c^2 \\
&= \gamma^2\left[(mc^2)(mc^2) - (mc^2)(mu^2)\right] \\
&= \gamma^2(mc^2)^2\left(1 - \frac{u^2}{c^2}\right) \\
&= \left(1 - \frac{u^2}{c^2}\right)^{-1}(mc^2)^2\left(1 - \frac{u^2}{c^2}\right) \\
&= (mc^2)^2
\end{aligned}$$

9.8 질량과 에너지

27. $P = \frac{dE}{dt} = \frac{d(mc^2)}{dt} = c^2\frac{dm}{dt} = 3.85 \times 10^{26}\ \text{W}$ 로부터

$$\frac{dm}{dt}=\frac{3.85\times10^{26}\ \mathrm{J/s}}{\left(3.00\times10^{8}\ \mathrm{m/s}\right)^{2}}=\boxed{4.28\times10^{9}\ \mathrm{kg/s}}$$

28.

(a) $E=2.86\times10^{5}$ J의 에너지가 계로부터 방출되므로 최종 질량은 더 작다.

(b) $m=\dfrac{E}{c^2}=\dfrac{2.86\times10^{5}\,\mathrm{J}}{(3.00\times10^{8}\ \mathrm{m/s})^2}=3.18\times10^{-12}$ kg

(c) 이 질량은 9.00 g에 비해 측정할 수 없을 정도로 매우 작다.

추가문제

29.

$$\frac{\Delta mc^2}{mc^2}=\frac{4(938.78\ \mathrm{MeV})-3\,728.4\ \mathrm{MeV}}{4(938.78\ \mathrm{MeV})}\times100\%=\boxed{0.712\%}$$

30. 지수를 기준으로 속수가 행성을 갔다가 지구로 돌아오는 데 걸린 시간은

$$\Delta t=\frac{d}{u}=\frac{2(50\ \text{광년})}{0.85c}\left(\frac{c\cdot\text{년}}{\text{광년}}\right)=118\ \text{년}$$

따라서 속수가 지구로 돌아왔을 때 118년이 지났고, 따라서 속수는 158살이 되었을 것이다. 게다가 지수는 102살이 될 것이다. 아마도 미래의 의학적인 발전은 기대 수명을 158세 이상으로 연장할 수도 있지만, 현재로서는 불가능하다.

31. 관측자는 터널의 고유 길이인 50.0 m를 측정하지만, 기차의 수축된 길이를 측정한다. 즉,

$$L=L_p\sqrt{1-\frac{v^2}{c^2}}=100\ \mathrm{m}\sqrt{1-(0.950)^2}=31.2\ \mathrm{m}$$

관측자는 터널보다 $50.0-31.2=18.8$ m 만큼 짧게 측정한다.

선로변 관측자가 측정한 길이는 31.2 m이므로, 초고속 열차는 터널 속에 완전히 들어가며 18.8 m의 여유 공간이 있다.

32.

(a) 어떤 속력에서든지 입자의 운동량은 다음과 같이 주어진다:

$$p=\gamma mu=\frac{mu}{\sqrt{1-\left(u/c\right)^2}}$$

뉴턴의 법칙 $F=qE=\dfrac{dp}{dt}$ 로부터

$$qE=\frac{d}{dt}\left[mu\left(1-\frac{u^2}{c^2}\right)^{-1/2}\right]$$

$$qE=m\left(1-\frac{u^2}{c^2}\right)^{-1/2}\frac{du}{dt}+\frac{1}{2}mu\left(1-\frac{u^2}{c^2}\right)^{-3/2}\left(\frac{2u}{c^2}\right)\frac{du}{dt}$$

그러므로

$$\frac{qE}{m}=\frac{du}{dt}\left[\frac{1-u^2/c^2+u^2/c^2}{\left(1-u^2/c^2\right)^{3/2}}\right]$$

$$\boxed{a=\frac{du}{dt}=\frac{qE}{m}\left(1-\frac{u^2}{c^2}\right)^{3/2}}$$

(b) c에 비해 u가 작은 경우, 상대론적 식은 고전적인 식 $a=\dfrac{qE}{m}$으로 된다. u가 c에 근접하면, 가속도는 영(0)에 가까워지므로 물체는 결코 빛의 속력에 도달할 수 없다.

(c) 시간 t에서의 속력 u를 구하기 위해 (a)의 결과를 이용할 수 있다.

$$a=\frac{du}{dt}=\frac{qE}{m}\left(1-\frac{u^2}{c^2}\right)^{3/2}\quad\rightarrow\quad\int_0^u\frac{du}{\left(1-u^2/c^2\right)^{3/2}}=\int_0^t\frac{qE}{m}dt$$

$$\frac{u}{\left(1-u^2/c^2\right)^{1/2}}=\frac{qEt}{m}$$

$$u^2=\left(\frac{qEt}{m}\right)^2\left(1-\frac{u^2}{c^2}\right)$$

$$\boxed{u=\frac{qEct}{\sqrt{m^2c^2+q^2E^2t^2}}}$$

이번에는 시간 t에서의 위치 x를 구하기 위해 이 결과를 이용할 수 있다.

$$\frac{dx}{dt}=u=\frac{qEct}{\sqrt{m^2c^2+q^2E^2t^2}}$$

$$x=\int_0^t u\,dt=qEc\int_0^t\frac{t\,dt}{\sqrt{m^2c^2+q^2E^2t^2}}=\frac{c}{qE}\sqrt{m^2c^2+q^2E^2t^2}\Big|_0^t$$

$$\boxed{x=\frac{c}{qE}\left(\sqrt{m^2c^2+q^2E^2t^2}-mc\right)}$$

10장 회전 운동

10.1 각위치, 각속력, 각가속도

1. (a) 지구의 자전 각속력은

$$\omega = \frac{\Delta\theta}{\Delta t} = \frac{2\pi \text{ rad}}{1 \text{ day}}\left(\frac{1 \text{ day}}{8.64\times10^4 \text{ s}}\right) = 7.27\times10^{-5} \text{ rad/s}$$

(b) 각속력 때문에 적도에 돌출되는 영향을 준다.

2.

(a) $\theta|_{t=0} = \boxed{5.00 \text{ rad}}$

$$\omega|_{t=0} = \left.\frac{d\theta}{dt}\right|_{t=0} = 10.0 + 4.00t|_{t=0} = \boxed{10.0 \text{ rad/s}}$$

$$\alpha|_{t=0} = \left.\frac{d\omega}{dt}\right|_{t=0} = \boxed{4.00 \text{ rad/s}^2}$$

(b) $\theta|_{t=3.00\text{ s}} = 5.00 + 30.0 + 18.0 = \boxed{53.0 \text{ rad}}$

$$\omega|_{t=3.00\text{s}} = \left.\frac{d\theta}{dt}\right|_{t=3.00\text{s}} = 10.0 + 4.00t|_{t=3.00\text{s}} = \boxed{22.0 \text{ rad/s}}$$

$$\alpha|_{t=3.00\text{s}} = \left.\frac{d\omega}{dt}\right|_{t=3.00\text{s}} = \boxed{4.00 \text{ rad/s}^2}$$

10.2 분석 모형: 각가속도가 일정한 강체

3. 다음과 같은 등각가속도 운동에서의 두 운동학 식을 이용하자.

$$\theta_f - \theta_i = \omega_i t + \frac{1}{2}\alpha t^2 \text{ 와 } \omega_f = \omega_i + \alpha t$$

이로부터

$$\omega_i = \omega_f - \alpha t:\ \theta_f - \theta_i = (\omega_f - \alpha t)t + \frac{1}{2}\alpha t^2 = \omega t - \frac{1}{2}\alpha t^2$$

$$(37.0 \text{ rev})\left(\frac{2\pi \text{ rad}}{1 \text{ rev}}\right) = (98.0 \text{ rad/s})(3.00 \text{ s}) - \frac{1}{2}\alpha(3.00 \text{ s})^2$$

$$232 \text{ rad} = 294 \text{ rad} - (4.50 \text{ s}^2)\alpha:\quad \alpha = \frac{61.5 \text{ rad}}{4.50 \text{ s}^2} = \boxed{13.7 \text{ rad/s}^2}$$

4.

(a) 각가속도 $\alpha = \frac{\omega_f - \omega_i}{t} = \frac{12.0 \text{ rad/s}}{3.00 \text{ s}} = 4.00 \text{ rad/s}^2$

(b) 회전 각도 $\theta = \omega_i t + \frac{1}{2}\alpha t^2 = \frac{1}{2}(4.00\,\text{rad/s}^2)(3.00\,\text{s})^2 = 18.0\ \text{rad}$

5. 각속력은 $\omega = 5.00\ \text{rev/s} = 10.0\pi\ \text{rad/s}$ 이다. 세탁기 통의 운동을 두 단계로 나누어 볼 수 있다.

(1) 통의 속력이 증가하는 기간:

$$\theta_1 = \bar{\omega}t = \frac{0 + 10.0\pi\ \text{rad/s}}{2}(8.00\ \text{s}) = 40.0\pi\ \text{rad}.$$

(2) 통의 속력이 느려지는 기간:

$$\theta_2 = \bar{\omega}t = \frac{10.0\pi\ \text{rad/s} + 0}{2}(12.0\ \text{s}) = 60.0\pi\ \text{rad}.$$

그러므로 θ

10.3 회전 운동과 병진 운동의 물리량 관계

6.

(a) 9.00 s 동안 이동한 거리는 $s = \bar{v}\,t = \frac{v_i + v_f}{2}t = (11.0\,\text{m/s})(9.00\,\text{s}) = 99.0\,\text{m}$

이때 바퀴의 회전수 $\theta = \frac{s}{r} = \frac{99.0\,\text{m}}{0.290\,\text{m}} = 341\ \text{rad}\left(\frac{1\text{회전}}{2\pi\ \text{rad}}\right) = 54.3\ \text{회전}$

(b) 나중 각속력 $\omega_f = \frac{v_f}{r} = \frac{22.0\,\text{m/s}}{0.290\,\text{m}} = 75.9\ \text{rad/s} = 12.1\ \text{회전/s}$

7. 정지 마찰력은 앞으로 작용해야 하며, 그렇게 되면 점점 더 타이어 안쪽으로 정지 마찰력이 많이 작용하게 되어 접선 가속도와 구심 가속도가 생긴다. 정지 마찰력의 접선 성분은 $m(1.70\ \text{m/s}^2)$이고, 지름 방향 안쪽으로의 성분은 $ma_c = \frac{mv^2}{r} = m\omega^2 r$ 이며 시간에 따라 증가한다. 이의 최댓값은

$$m\omega_f^2 r = mr\left(\omega_i^2 + 2\alpha\Delta\theta\right) = mr\left(0 + 2\alpha\frac{\pi}{2}\right) = m\pi r\alpha = m\pi a_t$$
$$= m\pi\left(1.70\,\text{m/s}^2\right)$$

이다. 미끄러짐이 임박하면 $\sum F_y = ma_y,\ +n - mg = 0,\ n = mg$ 이므로

$$f_s = \mu_s n = \mu_s mg = \sqrt{m^2\left(1.70\ \text{m/s}^2\right)^2 + m^2\pi^2\left(1.70\ \text{m/s}^2\right)^2}$$
$$\mu_s = \frac{1.70\ \text{m/s}^2}{g}\sqrt{1+\pi^2} = \boxed{0.572}$$

8.

(a) 각속력 $\omega = \frac{d\theta}{dt} = 5.00t - 1.80t^2$

$$\frac{d\omega}{dt} = 5.00 - 3.60t = 0 \qquad \rightarrow \qquad t = 1.39\,\text{s}$$

그러므로 최대 각속력 $\omega_{max} = 5.00t - 1.80t^2|_{t=1.39} = 3.47\ \text{rad/s}$

(b) 최대 접선 속력 $v_{max} = \omega_{max} r = (3.47\,\text{rad/s})(0.500\,\text{m}) = 1.74\ \text{m/s}$

(c) $\omega = 5.00t - 1.80t^2 = t(5.00 - 1.80t) = 0$

$$t = \frac{5.00}{1.80} = 2.78\ \text{s}$$

(d) $t = 2.78\,\text{s}$일 때,

$$\theta = 2.50t^2 - 0.600t^3 = 2.50(2.78)^2 - 0.600(2.78)^3 = 6.43\,\text{rad}$$

$$(6.43\,\text{rad})\left(\frac{1\text{회전}}{2\pi\,\text{rad}}\right) = 1.02\text{회전}$$

10.4 회전 운동 에너지

9. 한쪽 끝을 통과하는 축에 대한 얇은 막대의 관성 모멘트는 $I = \frac{1}{3}ML^2$이다. 전체 회전 운동 에너지는 다음과 같다.

$$K_R = \frac{1}{2}I_h\omega_h^2 + \frac{1}{2}I_m\omega_m^2$$

여기서

$$I_h = \frac{m_h L_h^2}{3} = \frac{60.0\ \text{kg}(2.70\ \text{m})^2}{3} = 146\ \text{kg}\cdot\text{m}^2$$

$$I_m = \frac{m_m L_m^2}{3} = \frac{100\ \text{kg}(4.50\ \text{m})^2}{3} = 675\ \text{kg}\cdot\text{m}^2$$

이다. 또한 각각의 각속력은

$$\omega_h = \frac{2\pi\ \text{rad}}{12\ \text{h}}\left(\frac{1\ \text{h}}{3\,600\ \text{s}}\right) = 1.45\times10^{-4}\ \text{rad/s}$$

$$\omega_m = \frac{2\pi\ \text{rad}}{1\ \text{h}}\left(\frac{1\ \text{h}}{3\,600\ \text{s}}\right) = 1.75\times10^{-3}\ \text{rad/s}$$

이므로,

$$K_R = \frac{1}{2}(146\ \text{kg}\cdot\text{m}^2)(1.45\times10^{-4}\ \text{rad/s})^2 + \frac{1}{2}(675\ \text{kg}\cdot\text{m}^2)(1.75\times10^{-3}\ \text{rad/s})^2 = \boxed{1.04\times10^{-3}\ \text{J}}$$

10.

$$m_1 = 4.00\text{ kg},\ r_1 = |y_1| = 3.00\text{ m}$$

$$m_2 = 2.00\text{ kg},\ r_2 = |y_2| = 2.00\text{ m}$$

$$m_3 = 3.00\text{ kg},\ r_3 = |y_3| = 4.00\text{ m}$$

x 축에 대한 각속력 $\omega = 2.00$ rad/s

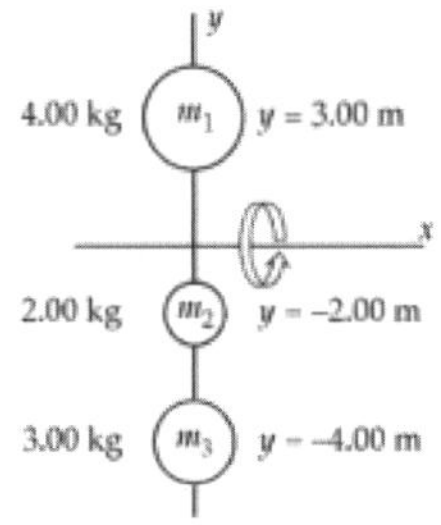

(a) $I_x = m_1r_1^2 + m_2r_2^2 + m_3r_3^2$

$$I_x = (4.00\text{ kg})(3.00\text{ m})^2 + (2.00\text{ kg})(2.00\text{ m})^2 + (3.00\text{ kg})(4.00\text{ m})^2 = \boxed{92.0\text{ kg}\cdot\text{m}^2}$$

(b) $K_R = \frac{1}{2}I_x\omega^2 = \frac{1}{2}(92.0\text{ kg}\cdot\text{m}^2)(2.00\text{ m})^2 = \boxed{184\text{ J}}$

(c) $v_1 = r_1\omega = (3.00\text{ m})(2.00\text{ rad/s}) = \boxed{6.00\text{ m/s}}$

$$v_2 = r_2\omega = (2.00\text{ m})(2.00\text{ rad/s}) = \boxed{4.00\text{ m/s}}$$

$$v_3 = r_3\omega = (4.00\text{ m})(2.00\text{ rad/s}) = \boxed{8.00\text{ m/s}}$$

(d) $K_1 = \frac{1}{2}m_1v_1^2 = \frac{1}{2}(4.00\text{ kg})(6.00\text{ m/s})^2 = 72.0\text{ J}$

$$K_2 = \frac{1}{2}m_2v_2^2 = \frac{1}{2}(2.00\text{ kg})(4.00\text{ m/s})^2 = 16.0\text{ J}$$

$$K_3 = \frac{1}{2}m_3v_3^2 = \frac{1}{2}(3.00\text{ kg})(8.00\text{ m/s})^2 = 96.0\text{ J}$$

$$K = K_1 + K_2 + K_3 = 72.0\text{ J} + 16.0\text{ J} + 96.0\text{ J} = \boxed{184\text{ J}} = \frac{1}{2}I_x\omega^2$$

(e) (b)와 (d) 부분에서 계산된 운동 에너지는 동일하다. 고정축을 중심으로 회전하는 물체의 회전 운동 에너지는 원형 경로로 움직이는 입자의 전체 병진 운동 에너지로 볼 수 있다.

11.

(a) T_1과 T_2를 질량 m_1과 m_2에 연결된 줄에 걸리는 장력이라고 하자. 두 물체의 가속도는 같으며, 도르래의 각가속도는 a/R이다.

m_1의 운동 방정식 : $\sum F = m_1a \rightarrow T_1 - m_1g = m_1(-a)$ or $-T_1 + m_1g = m_1a$

m_2의 운동 방정식 : $\sum F = m_2a \rightarrow T_2 - m_2g = m_2a$

도르래의 운동 방정식 : $\sum \tau = I\alpha \rightarrow +T_1R - T_2R = \frac{1}{2}MR^2(a/R) \rightarrow T_1 - T_2 = \frac{1}{2}Ma$

이들 세 식을 더하여 a를 구하면,

$$-T_1 + m_1 g + T_2 - m_2 g + T_1 - T_2 = m_1 a + m_2 a + \frac{1}{2}Ma$$

$$a = \frac{m_1 - m_2}{m_1 + m_2 + \frac{1}{2}M} g$$
$$= \frac{20.0\text{ kg} - 12.5\text{ kg}}{20.0\text{ kg} + 12.5\text{ kg} + \frac{1}{2}(5.00\text{ kg})}(9.80\text{ m/s}^2)$$
$$= 2.10\text{ m/s}^2$$

이번에는 등가속도 운동학 식을 적용하면

$$x = 0 + 0 + \frac{1}{2}at^2 \rightarrow t = \sqrt{\frac{2x}{a}} = \sqrt{\frac{2(4.00\text{ m})}{2.10\text{ m/s}^2}} = \boxed{1.95\text{ s}}$$

(b) 도르래의 질량이 없으면, 가속도는 35/32.5배로 더 커지고 시간은 $\sqrt{32.5/35}$ 배만큼 짧아진다. 즉, 시간이 3.64% 단축될 것이다.

10.5 돌림힘과 벡터곱

12. 돌림힘 $\sum \tau = +(0.100\text{ m})(12.0\text{ N}) - (0.250\text{ m})(9.00\text{ N}) - (0.250\text{ m})(10.0\text{ N})$
$= -3.55\text{ N}\cdot\text{m}$

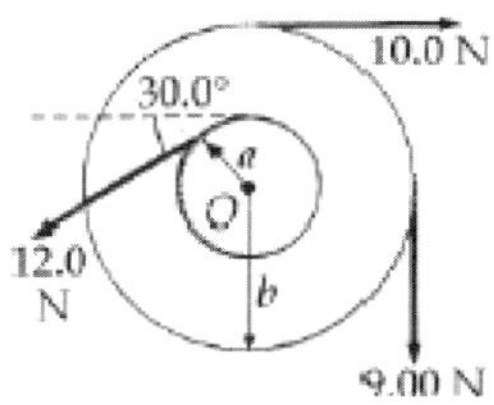

13. 스칼라곱 $|\vec{A} \times \vec{B}| = \vec{A} \cdot \vec{B} \quad \rightarrow \quad AB\sin\theta = AB\cos\theta$
$\tan\theta = 1 \quad \rightarrow \quad \theta = 45.0^\circ$

14.

$$\vec{M} \times \vec{N} = \begin{vmatrix} \hat{i} & \hat{j} & \hat{k} \\ 2 & -3 & 1 \\ 4 & 5 & -2 \end{vmatrix} = \hat{i}(6-5) - \hat{j}(-4-4) + \hat{k}(10+12) = \boxed{\hat{i} + 8.00\hat{j} + 22.0\hat{k}}$$

10.6 분석 모형: 평형 상태의 강체

15.

막대 중심에 대한 돌림힘 : $\sum \tau_{중심} = -F_{샘}(2.80\text{ m}) + F_{조}(1.80\text{ m}) = 0$

$\rightarrow \quad F_{조} = 1.56 F_{샘}$ ------ (1)

또한, 힘의 평형 : $\sum F_y = 0 \rightarrow F_{샘} + F_{조} = 450\,\text{N}$ ------ (2)

식 (1)을 (2)에 대입하면

$$F_{샘} + 1.56F_{샘} = 450\,\text{N}$$

$$\therefore F_{샘} = \frac{450\,\text{N}}{2.56} = 176\ \text{N}\quad (\text{위쪽으로})$$

따라서 식 (1)로부터

$$F_{조} = 1.56(176\,\text{N}) = 274\ \text{N}\quad (\text{위쪽으로})$$

16.

점 P에 대한 돌림힘 :

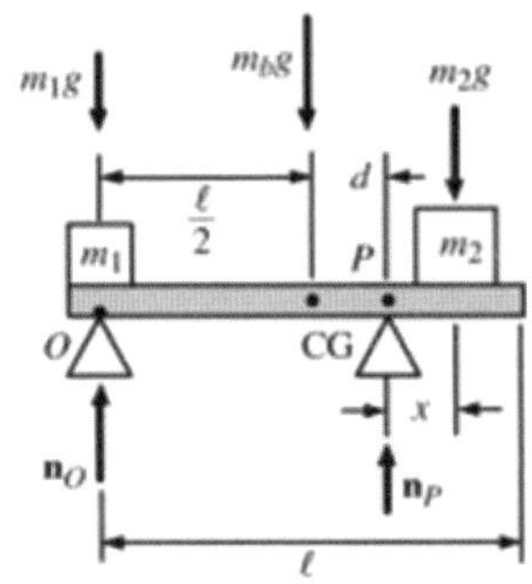

$$\sum \tau_p = -n_0\left[\frac{\ell}{2}+d\right] + m_1g\left[\frac{\ell}{2}+d\right] + m_bgd - m_2gx = 0$$

$n_o = 0$인 위치 x를 구하면,

$$x = \frac{(m_1g + m_bg)d + m_1g\frac{\ell}{2}}{m_2g} = \frac{(m_1 + m_b)d + m_1\frac{\ell}{2}}{m_2}$$

주어진 값들을 대입하면

$$x = \frac{(m_1 + m_b)d + m_1\frac{\ell}{2}}{m_2}$$

$$x = \frac{(5.00\text{ kg} + 3.00\text{ kg})(0.300\text{ m}) + (5.00\text{ kg})\frac{1.00\text{m}}{2}}{15.0\text{ m}}$$

$$x = 0.327\text{ m}$$

x가 보의 남아있는 부분의 길이 0.200 m보다 크기 때문에, 이 상황은 불가능하다.

17. 회전 운동의 평형 : $\sum \tau = 0 = mg(3r) - Tr$ (1)

병진 운동의 평형 : $2T - Mg\sin 45.0^\circ = 0$

$$\rightarrow T = \frac{Mg\sin 45.0}{2} = \frac{(1500kg)g\sin 45.0^\circ}{2}$$

$$= 530g\,\text{N} \quad (2)$$

식 (2)의 결과를 식 (1)에 대입하면

$$\therefore m = \frac{T}{3g} = \frac{530g}{3g} = 177\ \text{kg}$$

10.7 분석 모형: 알짜 돌림힘을 받는 강체
10.8 회전 운동에서의 에너지 고찰

18.

(a) 원반의 관성 모멘트 $I = \frac{1}{2}MR^2 = \frac{1}{2}(2.00\,\text{kg})(7.00\times 10^{-2}\,\text{m}) = 4.90\times 10^{-3}\,\text{kg}\cdot\text{m}^2$

원반의 각가속도 $\quad \alpha = \dfrac{\sum \tau}{I} = \dfrac{0.600}{4.90 \times 10^{-3}} = 122\ \text{rad/s}^2$

따라서 $\alpha = \dfrac{\Delta\omega}{\Delta t}$ 로부터 $\quad \Delta t = \dfrac{\Delta\omega}{\alpha} = \dfrac{1200(2\pi/60)}{122} = 1.03\ \text{s}$

(b) 회전수 $\Delta\theta = \dfrac{1}{2}\alpha t^2 = \dfrac{1}{2}(122\,\text{rad/s})(1.03\,\text{s})^2 = 64.7\,\text{rad} = 10.3$ 회전

19.

(a) 운동에너지 변화 : $\Delta K = K_f - K_i = \dfrac{1}{2}m_1 v^2 + \dfrac{1}{2}m_2 v^2 + \dfrac{1}{2}I\omega^2, \quad v = R\omega$

$$\therefore \Delta K = \frac{1}{2}\left(m_1 + m_2 + \frac{I}{R^2}\right)v^2$$

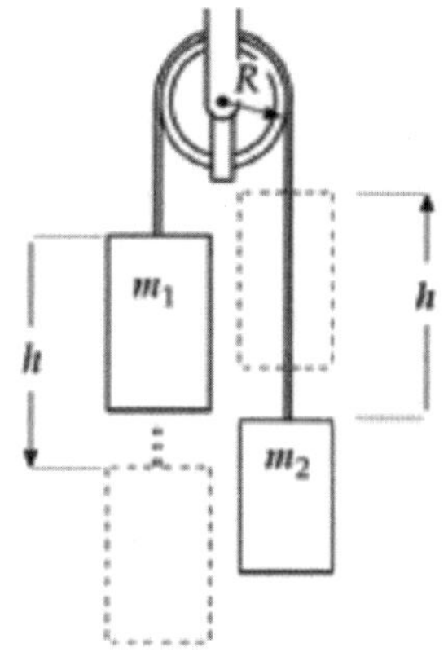

역학적 에너지 보존 법칙에 의해

$$\frac{1}{2}\left(m_1 + m_2 + \frac{I}{R^2}\right)v^2 + m_2 gh - m_1 gh = 0$$

$$\therefore v = \sqrt{\frac{2(m_1 - m_2)gh}{m_1 + m_2 + \dfrac{I}{R^2}}}$$

(b) 각속력 $\quad \omega = \dfrac{v}{R} = \sqrt{\dfrac{2(m_1 - m_2)gh}{m_1 R^2 + m_2 R^2 + I}}$

20.

(a) 알짜힘을 받는 입자 모형.

(b) 알짜 돌림힘을 받는 강체 모형.

(c) 뉴턴의 제2법칙을 적용하자.

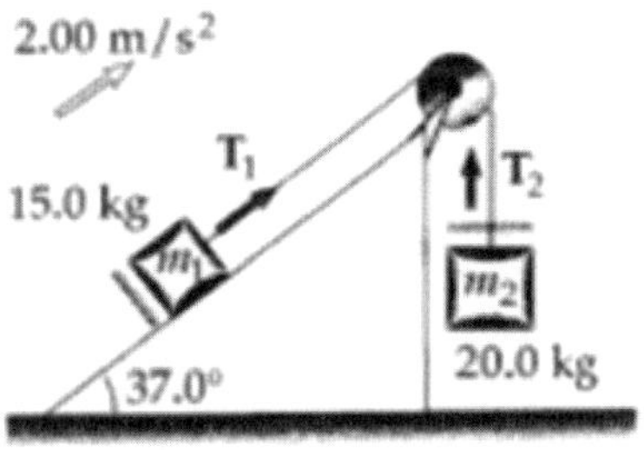

m_1 의 운동 방정식 :

$$T_1 - m_1 g\sin 37.0° = m_1 a$$

$$T_1 = (15.0\ \text{kg})(9.80\sin 37.0° + 2.00)\ \text{m/s}^2 = \boxed{118\ \text{N}}$$

(d) m_2 의 운동 방정식 :

$$m_2 g - T_2 = m_2 a$$

$$T_2 = m_2(g - a) = 20.0\ \text{kg}(9.80\ \text{m/s}^2 - 2.00\ \text{m/s}^2) = \boxed{156\ \text{N}}$$

(e) $(T_2 - T_1)r = I\alpha = I\left(\dfrac{a}{R}\right)$

$$I = \frac{(T_2 - T_1)r^2}{a}$$

(f) $\quad I = \dfrac{(156\ \text{N} - 118\ \text{N})(0.250\ \text{m})^2}{2.00\ \text{m/s}^2} = \boxed{1.17\ \text{kg}\cdot\text{m}^2}$

21.

실패에 가해지는 중력은 아랫 방향이며, 크기는 다음과 같다.

$$mg = (5.10\ \text{kg})(9.80\ \text{m/s}^2) = 50.0\ \text{N}$$

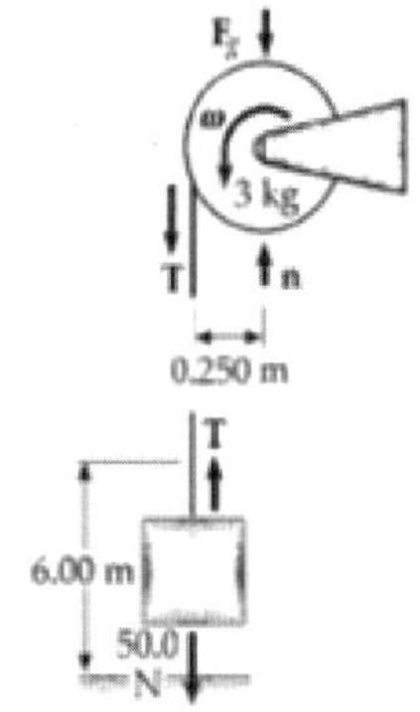

(a)(b) 회전 운동 방정식 $\Sigma\tau = I\alpha$를 이용하여 장력 T와 가속도 a를 구한다.

먼저, 실패는 균일 원반이라고 할 때, 이의 관성 모멘트는

$$I = \frac{1}{2}MR^2 = \frac{1}{2}(3.00\ \text{kg})(0.250\ \text{m})^2$$
$$= 0.093\ 8\ \text{kg}\cdot\text{m}^2$$

실패에 작용하는 힘은 축이 가하는 수직항력을 포함해서 오른쪽 힘 도형과 같다. 도형에서 보는 바와 같이, 실패를 회전하게 하는 돌림 힘은 단지 장력에 의해서이다. 따라서

$$\Sigma\tau = I\alpha \quad \rightarrow \quad n(0) + F_{gp}(0) + T(0.250\ \text{m}) = (0.093\ 8\ \text{kg}\cdot\text{m}^2)(a/0.250\ \text{m}) \qquad [1]$$

이고, $a_t = r\alpha$를 적용하였다. 아래로 이동하는 물체의 경우,

$$\Sigma F_y = ma_y \quad \rightarrow \quad 50.0\ \text{N} - T = (5.10\ \text{kg})a \qquad [2]$$

아래쪽을 양(+)의 방향으로 정의했기 때문에, 양수의 선형 가속도는 실패의 양수의 각가속도에 해당한다. 두 개의 연결된 물체에 대한 미지수 T와 a에 대한 두 개의 방정식이 있다. 식 (2)에서의 T를 식 (1)에 대입하면,

$$[50.0\ \text{N} - (5.10\ \text{kg})a](0.250\ \text{m}) = (0.093\ 8\ \text{kg}\cdot\text{m}^2)(a/0.250\ \text{m})$$
$$12.5\ \text{N}\cdot\text{m} - (1.28\ \text{kg}\cdot\text{m})a = (0.375\ \text{kg}\cdot\text{m})a$$
$$12.5\ \text{N}\cdot\text{m} = a(1.65\ \text{kg}\cdot\text{m})$$
$$\boxed{a = 7.57\ \text{m/s}^2}$$

$$T = 50.0\ \text{N} - 5.10\ \text{kg}\ (7.57\ \text{m/s}^2) = \boxed{11.4\ \text{N}}$$

(c) 매달린 물체의 경우,

$$v_f^2 = v_i^2 + 2a(y_f - y_i) = 0^2 + 2(7.57\ \text{m/s}^2)(6.00\ \text{m})$$
$$v_f = 9.53\ \text{m/s (down)}$$

(d) 고립계 에너지 모형은 뉴턴의 제2법칙보다 더 쉽게 여러 물체의 운동을 설명할 수 있다. 매달린 물체-실패-지구 계에 대하여

$$(K_1 + K_2 + U_g)_i = (K_1 + K_2 + U_g)_f$$

여기서 K_1은 매달린 물체의 병진 운동 에너지이고 K_2는 실패의 회전 운동 에너지이다.

$$0 + 0 + m_1 g y_{1i} = \tfrac{1}{2}m_1 v_{1f}^2 + \tfrac{1}{2}I_2\omega_{2f}^2 + 0$$

줄이 실패에서 풀리는 동안에 $\omega = r/v$이므로

$$mgy_i = \frac{1}{2}mv^2 + \frac{1}{2}I\omega^2$$

$$2mgy_i = mv^2 + I\left(\frac{v^2}{R^2}\right) = v^2\left(m + \frac{I}{R^2}\right)$$

$$v = \sqrt{\frac{2mgy_i}{m + (I/R^2)}} = \sqrt{\frac{2(5.10\text{ kg})(9.80\text{ m/s}^2)(6.00\text{ m})}{5.10\text{ kg} + (0.093\ 8/0.25^2)\text{kg}}}$$
$$= \boxed{9.53\text{ m/s}}$$

10.9 분석 모형: 비고립계(각운동량)
10.10 분석 모형: 고립계(각운동량)

22.

$\vec{r} = (6.00\hat{i} + 5.00t\hat{j})$를 시간에 대해 미분하면

$$\vec{v} = \frac{d\vec{r}}{dt} = 5.00\hat{j}\text{ m/s}$$

이므로, 선운동량은

$$\vec{p} = m\vec{v} = (2.00\text{ kg})(5.00\hat{j}\text{ m/s}) = 10.0\hat{j}\text{ kg}\cdot\text{m/s}$$

이다. 따라서 각운동량은

$$\vec{L} = \vec{r}\times\vec{p} = \begin{vmatrix} \hat{i} & \hat{j} & \hat{k} \\ 6.00 & 5.00t & 0 \\ 0 & 10.0 & 0 \end{vmatrix} = \boxed{(60.0\text{ kg}\cdot\text{m}^2/\text{s})\hat{k}}$$

23.

(a) 두 원판의 고립계에 대한 각운동량 보존으로부터:

$$(I_1 + I_2)\omega_f = I_1\omega_i$$

$$\omega_f = \boxed{\frac{I_1}{I_1 + I_2}\omega_i}$$

이것은 완전 비탄성 충돌의 예이다.

(b) 처음과 나중 회전 운동 에너지는 다음과 같다.

$$K_f = \frac{1}{2}(I_1 + I_2)\omega_f^2 \qquad K_i = \frac{1}{2}I_1\omega_i^2$$

따라서

$$\frac{K_f}{K_i} = \frac{\frac{1}{2}(I_1 + I_2)}{\frac{1}{2}I_1\omega_i^2}\left(\frac{I_1}{I_1 + I_2}\omega_i\right)^2 = \boxed{\frac{I_1}{I_1 + I_2}}$$

24. 회전 중심으로부터 입자까지의 거리를 d라고 하자. M = 0.100 kg, m = 0.400 kg, D = 1.00 m을 이용하여 각각의 경우에 대한 관성 모멘트를 구한다.

(a) 중심에 대해 회전하는 막대자의 경우, $I_m = \frac{1}{12}MD^2$이다.

추가적인 입자의 경우, $I_w = md^2 = m\left(\frac{1}{2}D\right)^2$이다.

이를 합치면, $I = I_m + I_w = \left(\frac{1}{12}MD^2\right) + \left(\frac{1}{4}mD^2\right)$

$$I = \frac{(0.100\ \text{kg})(1.00\ \text{m})^2}{12} + \frac{(0.400\ \text{kg})(1.00\ \text{m})^2}{4} = 0.108\ kg \cdot m^2$$

그리고 각운동량은

$$L = I\omega = (0.108\ \text{kg}\cdot\text{m}^2)(4.00\ \text{rad/s}) = \boxed{0.433\ \text{kg}\cdot\text{m}^2/\text{s}}$$

(b) 한쪽 끝의 한 점을 중심으로 회전하는 막대의 경우,

$$I_m = \tfrac{1}{3}mD^2$$

$$I_m = \tfrac{1}{3}(0.100\ \text{kg})(1.00\ \text{m})^2 = 0.033\ 3\ \text{kg}\cdot\text{m}^2$$

점질량의 경우, $I_w = mD^2 = (0.400\ \text{kg})(1.00\ \text{m})^2 = 0.400\ \text{kg}\cdot\text{m}^2$

이를 합치면, 관성 모멘트는

$$I = I_m + I_w = 0.433\ \text{kg}\cdot\text{m}^2$$

이고, 각운동량은

$$L = I\omega = (0.433\ \text{kg}\cdot\text{m}^2)(4.00\ \text{rad/s}) = \boxed{1.73\ \text{kg}\cdot\text{m}^2/\text{s}}$$

25. 원추 진자의 중심 방향과 연직 방향 성분의 운동 방정식:

$$T\sin\theta = \frac{mv^2}{r},\quad T\cos\theta = mg \quad \rightarrow \quad \frac{\sin\theta}{\cos\theta} = \frac{v^2}{rg} \qquad (T\text{는 줄의 장력})$$

$$\rightarrow \quad v = \sqrt{rg\frac{\sin\theta}{\cos\theta}}$$

그러므로 각운동량 크기는

$$L = mrv\sin 90.0° = \sqrt{m^2gr^3\frac{\sin\theta}{\cos\theta}},$$

여기서 $r = \ell\sin\theta$이므로

따라서 $L = \sqrt{m^2g\ell^3\frac{\sin^4\theta}{\cos\theta}}$

26. $\theta = \omega t = \frac{vt}{R}$이고

위치 $\vec{\mathbf{r}} = R\hat{\mathbf{i}} + R\cos\theta\,\hat{\mathbf{i}} + R\sin\theta\,\hat{\mathbf{j}} = R\left[\left(1+\cos\left(\frac{vt}{R}\right)\right)\hat{\mathbf{i}} + \sin\left(\frac{vt}{R}\right)\hat{\mathbf{j}}\right]$

이때 속도 $\vec{\mathbf{v}} = \frac{d\vec{\mathbf{r}}}{dt} = -v\sin\left(\frac{vt}{R}\right)\hat{\mathbf{i}} + v\cos\left(\frac{vt}{R}\right)\hat{\mathbf{j}}$

따라서 각운동량은

$$\vec{L} = \vec{r} \times m\vec{v} = mvR[(1+\cos\omega t)\hat{i} + \sin\omega t\,\hat{j}] \times [-\sin\omega t\,\hat{i} + \cos\omega t\,\hat{j}]$$
$$= mvR\left[\cos\left(\frac{vt}{R}\right)+1\right]\hat{k}$$

10.11 강체의 굴림 운동

27.

(a) 병진 운동 에너지는

$$K_{trans} = \frac{1}{2}mv^2 = \frac{1}{2}(10.0\text{ kg})(10.0\text{ m/s})^2 = \boxed{500\text{ J}}$$

(b) 원통의 반지름을 r이라고 하자. 중앙에 있는 관측자는 거친 표면과 10.0 m/s의 속력으로 움직이는 원통의 둘레를 보고 있으므로, 원통의 각속력은

$$\omega = \frac{v_{CM}}{r} = \frac{10.0\text{ m/s}}{r}$$

이다. 질량 중심을 통과하는 축에 대한 관성 모멘트는 $I_{CM} = \frac{1}{2}mr^2$이므로

$$K_{rot} = \frac{1}{2}I\omega^2 = \frac{1}{2}\left(\frac{1}{2}mr^2\right)\left(\frac{v^2}{r^2}\right) = \frac{1}{4}(10.0\text{ kg})(10.0\text{ m/s})^2$$
$$= \boxed{250\text{ J}}$$

(c) 전체 운동 에너지는

$$K_{total} = K_{trans} + K_{rot} = \boxed{750\text{ J}}$$

28.

(a) 역학적 에너지 보존으로부터

$$\frac{1}{2}mv_2^2 + \frac{1}{2}I\omega_2^2 + mgy_2 = \frac{1}{2}mv_1^2 + \frac{1}{2}I\omega_1^2 \quad \text{(1은 트랙 들어가는 부분, 2는 트랙 최고점)}$$

$$\rightarrow \quad \frac{1}{2}mv_2^2 + \frac{1}{2}\left(\frac{2}{3}mr^2\right)\left(\frac{v_2}{r}\right)^2 + mgy_2 = \frac{1}{2}mv_1^2 + \frac{1}{2}\left(\frac{2}{3}mr^2\right)\left(\frac{v_1}{r}\right)^2$$

$$\frac{5}{6}v_2^2 + gy_2 = \frac{5}{6}v_1^2$$

$$v_2 = \sqrt{v_1^2 - \frac{6}{5}gy_2} = \sqrt{(4.03\,\text{m/s})^2 - \frac{6}{5}(9.80\,\text{m/s}^2)(0.900\,\text{m})} = 2.38\text{ m/s}$$

(b) 고리의 최고점에서 구심 가속도: $a_c = \frac{v_2^2}{r} = \frac{(2.38\,\text{m/s})^2}{0.450\,\text{m}} = 12.6\text{ m/s}^2 > g$.

따라서 공은 트랙과 접촉되어 있어야 하며, 이때 트랙은 공을 아랫방향으로 민다.

(c) 트랙을 떠날 때의 위치를 3이라고 할 때, 역학적 에너지 보존식은

$$\frac{1}{2}mv_3^2 + \frac{1}{2}\left(\frac{2}{3}mr^2\right)\left(\frac{v_3}{r}\right)^2 + mgy_3 = \frac{1}{2}mv_1^2 + \frac{1}{2}\left(\frac{2}{3}mr^2\right)\left(\frac{v_1}{r}\right)^2$$

$$v_3 = \sqrt{v_1^2 - \frac{6}{5}gy_1} = \sqrt{(4.03\,\text{m/s})^2 - \frac{6}{5}(9.80\,\text{m/s}^2)(-0.200\,\text{m})} = 4.31\ \text{m/s}$$

(d) 구름 운동없이 미끄러진다고 할 때, 역학적 에너지 보존은

$$\frac{1}{2}mv_2^2 + mgy_2 = \frac{1}{2}mv_1^2$$

$$\rightarrow\ v_2 = \sqrt{v_1^2 - 2gy_2} = \sqrt{(4.03\,\text{m/s})^2 - (9.80\,\text{m/s}^2)(0.900\,\text{m})} = \sqrt{-1.40\,\text{m}^2/\text{s}^2}$$

공의 속력이 허수가 된다(!!).

(e) 공이 단지 미끄러지는 병진 운동 운동 에너지를 갖고 앞에서의 속력으로 던져진다면, 공이 트랙의 꼭대기에 도달하기에 운동 에너지가 충분하지 않다.

추가문제

29.

(a) 보존력만이 막대에 작용하므로, 막대-지구 계의 에너지가 보존된다. 즉,

$$K_i + U_i = K_f + U_f$$

계의 중력 에너지를 계산하기 위해, 강체를 질량 중심에 있는 입자로 모형화할 수 있다. 막대가 수평일 때, 막대-지구 계의 퍼텐셜 에너지를 영(0)으로 하자.

이러한 조건에서, $U_f = 0$과 $U_i = MgL/2$ 이다.

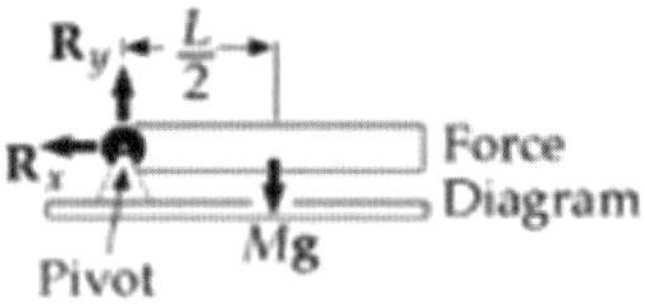

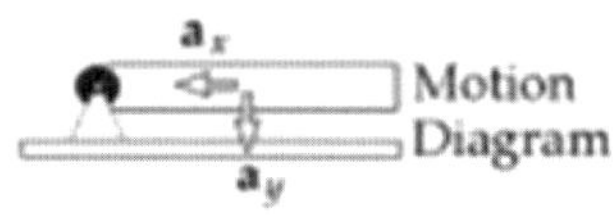

위의 에너지 보존 식을 사용하면

$$0 + \frac{1}{2}MgL = \frac{1}{2}I\omega^2 \quad \text{그리고} \quad \omega_f = \sqrt{MgL/I}$$

한쪽 끝을 통과하는 축에 대해 회전하는 막대의 경우,

$I = ML^3/3$ 이므로,

$$\omega_f = \sqrt{\frac{MgL}{\frac{1}{3}ML^2}} = \boxed{\sqrt{\frac{3g}{L}}}$$

시계 방향을 양(+)의 방향으로 선택하였다.

(b) $\sum\tau = I\alpha$: $Mg\left(\frac{L}{2}\right) = \left(\frac{1}{3}ML^2\right)\alpha$ 로부터 $\alpha = \dfrac{3g}{2L}$

(c)

$$a_y = -a_t = -r\alpha = \frac{L}{2}\alpha = -\frac{3g}{4}$$

$$\boxed{\vec{\mathbf{a}} = -\frac{3}{2}g\hat{\mathbf{i}} - \frac{3}{4}g\hat{\mathbf{j}}}$$

이는 **구심 가속도**이므로 **음(-)**의 수평 방향을 향한다.

(d) 회전 중심점은 막대에 힘 $\vec{\mathrm{F}}$를 작용한다. 뉴턴의 제2법칙을 이용하면,

$$F_x = Ma_x = -\frac{3}{2}Mg$$

$$F_y - Mg = Ma_y = -\frac{3}{4}Mg \rightarrow F_y = Mg - \frac{3}{4}Mg = \frac{1}{4}Mg$$

$$\boxed{\vec{\mathbf{F}} = M\vec{\mathbf{a}} = -\frac{3}{2}Mg\hat{\mathbf{i}} + \frac{1}{4}Mg\hat{\mathbf{j}}}$$

30.

(a) $\alpha = -10.0 - 5.00t = \frac{d\omega}{dt}$

$$\Delta\omega = \int_{65}^{\omega} d\omega = \int_{0}^{t} (-10.0 - 5.00t)dt$$

따라서 $\omega - 65.0 = -10.0t - 2.50t^2$ $\therefore \omega = 65.0 - 10.0t - 2.50t^2$

$t = 3.00\,\mathrm{s}$일 때 $\therefore \omega = 65.0 - 10.0t - 2.50t^2|_{t=3} = 12.5\ \mathrm{rad/s}$

(b) $\omega = \frac{d\theta}{dt} = 65.0\,\mathrm{rad/s} - (10.0\,\mathrm{rad/s^2})t - (2.50\,\mathrm{rad/s^3})t^2$

$$\Delta\theta = \int_0^t w dt = \int_0^t (65.0 - 10.0t - 2.50t^2)\,dt$$

$$= 65.0t - 5.00t^2 - 0.833t^3|_{t=3} = 128\ \mathrm{rad}$$

31.

(a)

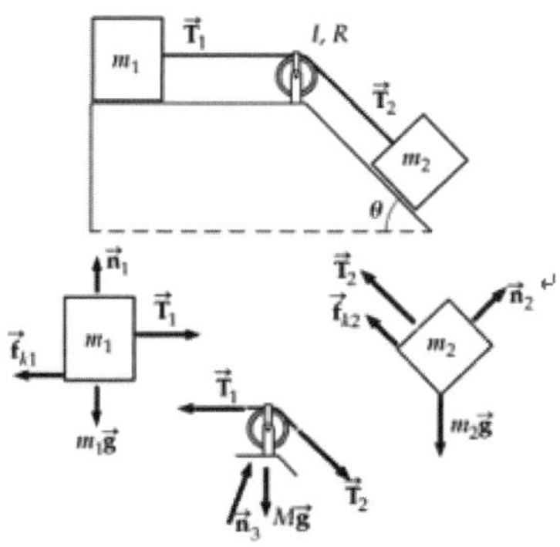

(b) m_1의 운동 방정식 :

$$\sum F_y = ma_y \rightarrow n_1 - m_1 g = 0 \quad \therefore n_1 = m_1 g$$

여기서 $f_{k1} = \mu_k n_1$

$$\sum F_x = ma_x \rightarrow -f_{k1} + T_1 = m_1 a \quad \text{-----------------} \ (1)$$

도르래의 운동 방정식 :

$$\sum \tau = I\alpha \rightarrow -T_1 R + T_2 R = \frac{1}{2}MR^2\left(\frac{a}{R}\right)$$

$$\therefore\ -T_1+T_2=\frac{1}{2}MR\left(\frac{a}{R}\right)\ \rightarrow\ -T_1+T_2=\frac{1}{2}Ma \quad \text{------ (2)}$$

m_2의 운동 방정식 :

$$n_2-m_2g\cos\theta=0\ \rightarrow\ n_2=m_2g\cos\theta,\quad f_{k2}=\mu_k n_2$$

$$-f_{k2}-T_2+m_2g\sin\theta=m_2a \quad \text{------------------ (3)}$$

식 (1), (2), (3)으로부터

$$-f_{k1}+T_1+(-T_1+T_2)-f_{k2}-T_2+m_2g\sin\theta=m_1a+\frac{1}{2}Ma+m_2a$$

$$\therefore\ -f_{k1}-f_{k2}+m_2g\sin\theta=\left(m_1+m_2+\frac{1}{2}M\right)a$$

$$\rightarrow\quad -\mu_k m_1g-\mu_k m_2g\cos\theta+m_2g\sin\theta=\left(m_1+m_2+\frac{1}{2}M\right)a$$

$$\therefore\ a=\frac{m_2(\sin\theta-\mu_k\cos\theta)-\mu_k m_1}{m_1+m_2+\frac{1}{2}M}g$$

$$=\frac{(6.00kg)(\sin30.0^\circ-0.360\cos30.0^\circ)-0.360(2.00\,\text{kg})}{(2.00\,\text{kg})+(6.00\,\text{kg})+\frac{1}{2}(10.0\,\text{kg})}g=0.309\ \text{m/s}^2$$

(c) 식 (1)에서

$$-f_{k1}+T_1=m_1a\ \rightarrow\ T_1=2.00\,\text{kg}(0.309\,\text{m/s}^2)+7.06\,\text{N}=7.67\ \text{N}$$

식 (2)에서

$$-T_1+T_2=\frac{1}{2}Ma\ \rightarrow\ T_2=7.67\text{N}+5.00\,\text{kg}(0.309\,\text{m/s}^2)=9.22\ \text{N}$$

32.

(a) 찰흙과 원통으로 계를 생각해 보자. 원통 중심에 대한 돌림힘을 갖도록 이 계에 작용하는 외력은 없다. 따라서 계의 각운동량은 원통 축에 대하여 보존된다. 즉,

$$L_f=L_i: \qquad I\omega=mv_id$$

또는

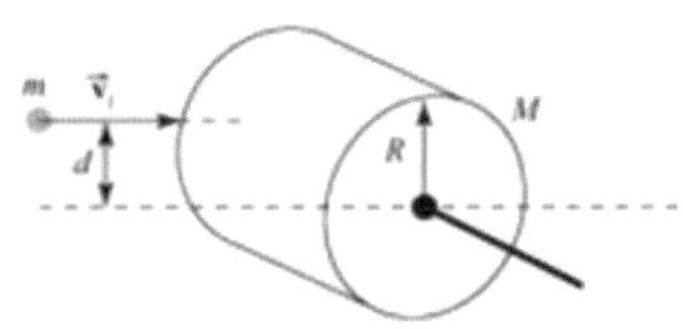

$$\left[\frac{1}{2}MR^2+mR^2\right]\omega=mv_id$$

따라서

$$\omega=\boxed{\frac{2mv_id}{(M+2m)R^2}}$$

(b) 아니요. 계의 역학전 에너지(찰흙의 운동 에너지)의 일부가 내부 에너지로 변한다.

(c) 계의 선운동량은 일정하지 않다. 찰흙이 부딪힐 때 축은 원통에 뒷방향으로 힘을 가하게 된다.

33.

(a) $\Delta K_{rot} + \Delta K_{trans} + \Delta U = 0$

처음에 구의 질량 중심은 원형 트랙 바닥 위로의 거리 h보다 약간 높다. 질량이 원형 트랙의 꼭대기에 도달하면, 기준 위치로부터의 거리는 $2R-r$이지만, $r \ll R$이므로 구-지구 계의 중력 퍼텐셜 에너지에 대한 높이를 고려할 때 r를 무시한다. 에너지 보존으로부터,

$$mgh = mg(2R) + \frac{1}{2}mv^2 + \frac{1}{2}I\omega^2$$

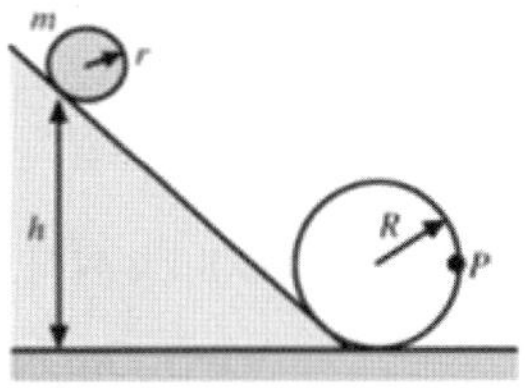

구의 경우 $I = \frac{2}{5}mr^2$이고 $v = r\omega$이므로, 위의 식은

$$gh = 2gR + \frac{7}{10}v^2 \qquad [1]$$

이 된다. 원형 트랙의 꼭대기에서의 속력이 다음 조건을 만족할 때 $h = h_{min}$이다.

$$\sum F = mg = \frac{mv^2}{R} \quad \text{or} \quad v^2 = gR$$

이를 식 [1]에 대입하면,

$$h_{min} = 2R + 0.700R \text{ or } \boxed{h_{min} = 2.70R}$$

(b) 구가 처음에 $h = 3R$에 있고 마지막으로 점 P에 있을 때, 에너지 보존 식은 다음과 같다.

$$mg3R = mgR + \frac{1}{2}mv^2 + \frac{1}{5}mv^2, \text{ or } v^2 = \frac{20}{7}Rg$$

점 P를 지나 미끄러지지 않고 구르면서, 구는 위로 작용하는 정지 마찰력 f의 돌림힘으로 인해 생긴 시계 반대 방향의 각가속도로 속력이 줄어든다. 즉,

$$\sum F_y = ma_y \quad \rightarrow \quad f - mg = -m\alpha r$$

그리고

$$\sum \tau = I\alpha \rightarrow fr = \left(\frac{2}{5}\right)mr^2\alpha.$$

대입하여 f를 소거하면

$\alpha = \frac{5g}{7r}$ 이므로

$$\sum F_y = \boxed{-\frac{5}{7}mg}$$

$$\sum F_x = -n = -\frac{mv^2}{R-r} = -\frac{\left(\frac{10}{7}\right)(2R+r)}{R-r}mg = \boxed{\frac{-20mg}{7}} \text{ (since } R >> r\text{)}$$

11장 중력과 행성의 운동

11.1 뉴턴의 만유인력 법칙에 대한 재음미

1. 두 사람의 질량은 70 kg이고, 구로 생각하자.

$$F_g = \frac{Gm_1m_2}{r^2} = \frac{(6.67\times10^{-11}\,\mathrm{N\cdot m^2/kg^2})(70\,\mathrm{kg})(70\,\mathrm{kg})}{(2\,\mathrm{m})^2}$$
$$= 10^{-7}\ \mathrm{N}$$

2. 1톤은 1 000 kg이다. 가속도는 다음과 같이 구한다.

$$F = m_1 g = \frac{Gm_1m_2}{r^2}$$

$$g = \frac{Gm_2}{r^2} = \frac{(6.67\times10^{-11}\ \mathrm{N\cdot m^2/kg^2})(4.00\times10^{7}\ \mathrm{kg})}{(100\ \mathrm{m})^2}$$
$$= \boxed{2.67\times10^{-7}\ \mathrm{m/s^2}}$$

3. 캐버디시 장치에서의 중력:

$$F = \frac{GMm}{r^2} = (6.67\times10^{-11}\ \mathrm{N\cdot m^2/kg^2})\frac{(1.50\ \mathrm{kg})(15.0\times10^{-3}\ \mathrm{kg})}{(4.50\times10^{-2}\ \mathrm{m})^2}$$
$$= \boxed{7.41\times10^{-10}\ \mathrm{N}}$$

4. 지구 또는 달 표면에서의 중력장 크기는 $g = \frac{GM}{r^2}$이다.

밀도의 식은 $\rho = \frac{M}{V} = \frac{M}{\frac{4}{3}\pi R^3}$이므로

$M = \frac{4}{3}\pi\rho R^3$이며

$$g = \frac{G\frac{4}{3}\pi\rho R^3}{R^2} = G\frac{4}{3}\pi\rho R$$이다.

이 식은 달과 지구 모두에 적용되므로, 두 식을 나누면

$$\frac{g_M}{g_E} = \frac{G\frac{4}{3}\pi\rho_M R_M}{G\frac{4}{3}\pi\rho_E R_E} = \frac{\rho_M R_M}{\rho_E R_E}$$

이다. 값들을 대입하면

$$\frac{1}{6}=\frac{\rho_M}{\rho_E}\left(\frac{1}{4}\right) \quad \text{-->} \quad \frac{\rho_M}{\rho_E}=\frac{4}{6}=\boxed{\frac{2}{3}}$$

5.

(a) 태양-지구 거리는 1.496×10^{11} m 이고 지구-달 거리는 3.84×10^{8} m 이므로, 일식 동안 태양에서 달까지의 거리는

$$1.496\times10^{11}\ \text{m}-3.84\times10^{8}\ \text{m}=1.492\times10^{11}\ \text{m}$$

이다. 태양, 지구, 달의 질량은 각각

$$M_S=1.99\times10^{30}\ \text{kg}$$

$$M_E=5.98\times10^{24}\ \text{kg}$$

$$M_M=7.36\times10^{22}\ \text{kg}$$

이다. 따라서

$$\begin{aligned} F_{SM}&=\frac{Gm_1m_2}{r^2}\\ &=\frac{(6.67\times10^{-11}\ \text{N}\cdot\text{m}^2/\text{kg}^2)(1.99\times10^{30}\ \text{kg})(7.36\times10^{22}\ \text{kg})}{(1.492\times10^{11}\ \text{m})^2}\\ &=\boxed{4.39\times10^{20}\ \text{N}} \end{aligned}$$

(b) $$\begin{aligned} F_{EM}&=\frac{(6.67\times10^{-11}\ \text{N}\cdot\text{m}^2/\text{kg}^2)(5.98\times10^{24}\ \text{kg})(7.36\times10^{22}\ \text{kg})}{(3.84\times10^{8}\ \text{m})^2}\\ &=\boxed{1.99\times10^{20}\ \text{N}} \end{aligned}$$

(c) $$\begin{aligned} F_{SE}&=\frac{(6.67\times10^{-11}\ \text{N}\cdot\text{m}^2/\text{kg}^2)(1.99\times10^{30}\ \text{kg})(5.98\times10^{24}\ \text{kg})}{(1.496\times10^{11}\ \text{m})^2}\\ &=\boxed{3.55\times10^{22}\ \text{N}} \end{aligned}$$

(d) 태양이 달에 작용하는 힘은 지구가 달에 작용하는 힘보다 훨씬 더 강하다. 어떤 의미에서 달은 지구를 공전하는 것보다 태양을 더 많이 공전한다. 달의 경로는 어디에서나 태양을 향해 오목하다. 지구-달 계의 태양 궤도 운동을 빼면 달이 이 계의 질량 중심을 공전하는 것을 볼 수 있다.

6. 구에 구성된 원소를 잘 모르기 때문에 이 상황은 불가능하다.

7.

2.00 kg의 질량이 4.00 kg의 질량에 가하는 힘은 위쪽을 향하고 다음과 같이 주어진다.

$$\vec{\mathbf{F}}_{12} = G\frac{m_2 m_1}{r_{12}^2}\hat{\mathbf{j}}$$

$$= \left(6.67\times10^{-11}\ \mathrm{N\cdot m^2/kg^2}\right)\frac{(4.00\ \mathrm{kg})(2.00\ \mathrm{kg})}{(3.00\ \mathrm{m})^2}\hat{\mathbf{j}}$$

$$= 5.93\times10^{-11}\hat{\mathbf{j}}\ \mathrm{N}$$

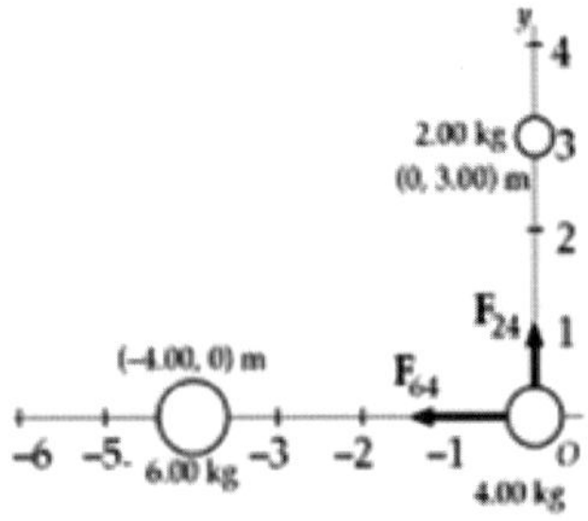

6.00 kg의 질량이 4.00 kg의 질량에 가하는 힘은 왼쪽으로 향한다:

$$\vec{\mathbf{F}}_{32} = G\frac{m_2 m_3}{r_{32}^2}\left(-\hat{\mathbf{i}}\right) = \left(-6.67\times10^{-11}\ \mathrm{N\cdot m^2/kg^2}\right)\frac{(4.00\ \mathrm{kg})(6.00\ \mathrm{kg})}{(4.00\ \mathrm{m})^2}\hat{\mathbf{i}}$$

$$= -10.0\times10^{-11}\hat{\mathbf{i}}\ \mathrm{N}$$

따라서 4.00 kg 질량에 작용하는 합력은

$$\vec{\mathbf{F}}_4 = \vec{\mathbf{F}}_{24} + \vec{\mathbf{F}}_{64} = \boxed{\left(-10.0\hat{\mathbf{i}} + 5.93\hat{\mathbf{j}}\right)\times10^{-11}\ \mathrm{N}}$$

8.

(a) $$F = \frac{GMm}{r^2} = \frac{\left(6.67\times10^{-11}\ \mathrm{N\cdot m^2/kg^2}\right)\left[100\left(1.99\times10^{30}\ \mathrm{kg}\right)\left(10^3\ \mathrm{kg}\right)\right]}{\left(1.00\times10^4\ \mathrm{m} + 50.0\ \mathrm{m}\right)^2}$$

$$= \boxed{1.31\times10^{17}\ \mathrm{N}}$$

(b) $$\Delta F = \frac{GMm}{r_{\mathrm{front}}^2} - \frac{GMm}{r_{\mathrm{back}}^2}$$

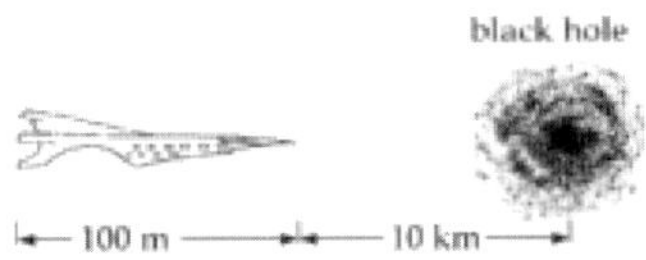

$$\Delta g = \frac{\Delta F}{m} = \frac{GM\left(r_{\mathrm{back}}^2 - r_{\mathrm{front}}^2\right)}{r_{\mathrm{front}}^2 r_{\mathrm{back}}^2}$$

$$\Delta g = \left(6.67\times10^{-11}\ \mathrm{N\cdot m^2/kg^2}\right)\frac{\left[100\left(1.99\times10^{30}\ \mathrm{kg}\right)\right]\left[\left(1.01\times10^4\ \mathrm{m}\right)^2 - \left(1.00\times10^4\ \mathrm{m}\right)^2\right]}{\left(1.00\times10^4\ \mathrm{m}\right)^2\left(1.01\times10^4\ \mathrm{m}\right)^2}$$

$$\Delta g = \boxed{2.62\times10^{12}\ \mathrm{N/kg}}$$

9.

(a) $g_1 = g_2 = \dfrac{MG}{r^2 + a^2}$

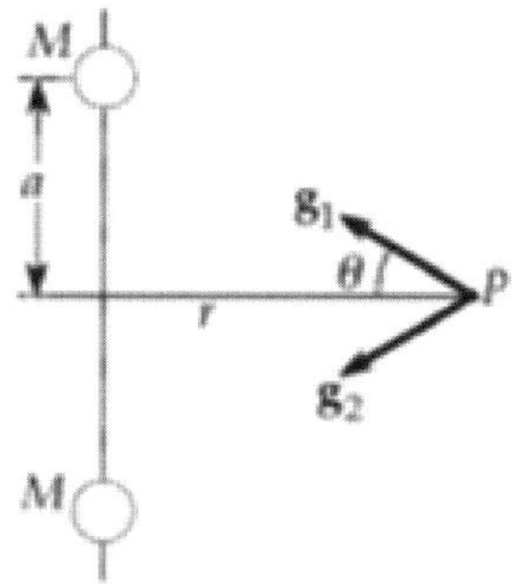

$$g_{1y} = -g_{2y}$$

$$g_y = g_{1y} + g_{2y} = 0$$

$$g_{1x} = g_{2x} = g_2 \cos\theta$$

$$\cos\theta = \frac{r}{\left(a^2 + r^2\right)^{1/2}}$$

$$\vec{\mathbf{g}} = 2g_{2x}\left(-\hat{\mathbf{i}}\right)$$

또는 $\vec{\mathbf{g}} = \dfrac{2MGr}{(r^2 + a^2)^{3/2}}$ 질량 중심을 향함

(b) $r = 0$에서 두 물체의 중력장은 크기가 같고 방향이 반대이므로, 이를 더하면 영(0)이 된다.

(c) $r \to 0$이면, $2MGr(r^2 + a^2)^{-3/2}$는 $2MG(0)/a^3 = 0$에 접근한다.

(d) r이 a보다 훨씬 크면, 중력장이 x축과 이루는 각도가 점점 작아진다. 매우 먼 거리에서 중력장 벡터는 축과 거의 평행하다. 그러므로 그들은 질량이 $2M$인 단일 물체의 중력장 벡터처럼 보이기 시작한다.

(e) r이 a보다 훨씬 크면, 식은 $2MGr(r^2 + 0^2)^{-3/2} = 2MGr/r^3 = 2MG/r^2$에 접근한다.

10. 지구 중심에서 운석까지의 거리는 $r = R + 3R = 4R$이므로, 이 거리에서의 중력 가속도는

$$g = \frac{GM}{r^2} = \frac{(6.67 \times 10^{-11}\ \mathrm{N \cdot m^2/kg^2})(5.98 \times 10^{24}\ \mathrm{kg})}{[4(6.37 \times 10^6\ \mathrm{m})]^2}$$

$= 0.614\ \mathrm{m/s^2}$, 지구를 향함.

11.3 케플러의 법칙

11. $F_g = mg = \dfrac{GM_E m}{r^2}$ → 중력 가속도 $g = \dfrac{GM_E}{r^2} = 9.00\ \mathrm{m/s^2}$

이로부터 공전 반지름은

$$r = \sqrt{\frac{GM_E}{g}} = \sqrt{\frac{(6{,}67 \times 10^{-11}\mathrm{N \cdot m^2/kg^2})(5.98 \times 10^{24}\mathrm{kg})}{9.00\,\mathrm{m/s^2}}} = 6.66 \times 10^6\,\mathrm{m}$$

케플러의 제3법칙 $T^2 = 4\pi^2 r^3 GM_E$ 로부터, 공전 주기는

$$T = 2\pi\sqrt{\frac{r^3}{GM_E}} = 2\pi\sqrt{\frac{(6.66 \times 10^6\,\mathrm{m})^3}{(6.67 \times 10^{-11}\mathrm{N \cdot m^2/kg^2})(5.98 \times 10^{24}\mathrm{kg})}} = 5.41 \times 10^3\ \mathrm{s}$$

$$\therefore\ T = (5.41\times10^3\ \text{s})\left(\frac{1\ \text{h}}{3\ 600\ \text{s}}\right) = 1.50\ \text{h} = 90.0\,\text{분}$$

12.

(a) 지구 정지 궤도 상에 있는 위성의 경우, 운동 방정식 $\Sigma F_r = ma_r$ 은

$\dfrac{GmM_E}{r^2} = \dfrac{mv^2}{r}$ 이고, 이로부터 $r^3 = \dfrac{GM_ET^2}{4\pi^2}$

따라서 위성 궤도의 반지름은

$$r = \left[\frac{(6.67\times10^{-11}\ \text{N}\cdot\text{m}^2/\text{kg}^2)(5.98\times10^{24}\ \text{kg})(86400\ \text{s})^2}{4\pi^2}\right]^{1/3}$$

$$= \boxed{4.23\times10^7\ \text{m}}$$

(b) 위성은 너무 멀리 떨어져 있어서 북극으로부터의 거리가 $d = \sqrt{(6.37\times10^6\ \text{m})^2 + (4.23\times10^7\ \text{m})^2} = 4.27\times10^7\ m$ 인데, 이는 위성의 궤도 반지름과 거의 같다. 라디오 신호가 전달되는 시간은

$$t = \frac{2d}{c} = \frac{2(4.27\times10^7\ \text{m})}{3.00\times10^8\ \text{m/s}} = \boxed{0.285\ \text{s}}$$

13. $T^2 = \left(\dfrac{4\pi^2}{GM_E}\right)r^3$ 이고, 평균 반지름을 구하면

$$r = \frac{r_{\min} + r_{\max}}{2} = \frac{6\ 670\,\text{km} + 385\ 000\,\text{km}}{2} = 1.96\times10^8\ \text{m}$$

따라서 $T = 2\pi\sqrt{\dfrac{r^3}{GM_E}} = 2\pi\sqrt{\dfrac{(1.96\times10^8\,\text{m})^3}{(6.67\times10^{-11}\text{N}\cdot\text{m}^2/\text{kg}^2)(5.98\times10^{24}\text{kg})}} = 8.63\times10^5\,\text{s}$

이때 이 여행에 걸리는 시간 $\Delta t = \dfrac{1}{2}T = \left(\dfrac{8.63\times10^5\,\text{s}}{2}\right)\left(\dfrac{1\,\text{일}}{8.64\times10^4\,\text{s}}\right) = 4.99\ \text{일}$

14. 목성이 이오(Io)에 작용하는 중력이 Io의 구심 가속도를 유발하므로,

$$\sum F_{\text{on Io}} = M_{\text{Io}}a:\quad \frac{GM_JM_{\text{Io}}}{r^2} = \frac{M_{\text{Io}}v^2}{r} = \frac{M_{\text{Io}}}{r}\left(\frac{2\pi r}{T}\right)^2 = \frac{4\pi^2 rM_{\text{Io}}}{T^2}$$

이다. Io의 질량을 약분하면 케플러의 제3법칙을 얻게 된다.

$$M_J = \frac{4\pi^2r^3}{GT^2} = \frac{4\pi^2(4.22\times10^8\text{m})^3}{(6.67\times10^{-11}\text{N}\cdot\text{m}^2/\text{kg}^2)(1.77\ \text{d})^2}\left(\frac{1\ \text{d}}{86\ 400\ \text{s}}\right)^2\left(\frac{\text{N}\cdot\text{s}^2}{\text{kg}\cdot\text{m}}\right)$$

이로부터 $M_J = 1.90\times10^{27}$ kg 이며, 이는 지구 질량의 약 316배이다.

15. 뉴턴의 제2법칙을 적용하면, 각각의 별에 대해 $F_g = ma_c$ 이므로

$$\frac{GMM}{(2r)^2} = \frac{Mv^2}{r} \quad \text{또는} \quad M = \frac{4v^2 r}{G}$$

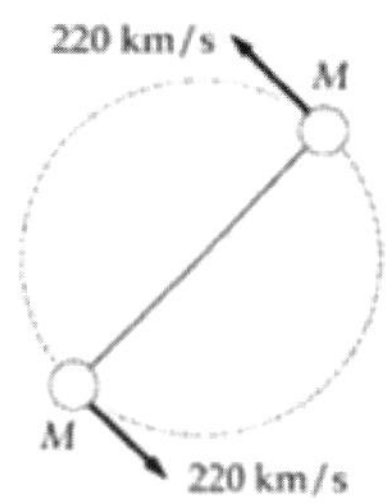

이다. 한 번의 완전한 주기에 대한 시간과 거리를 고려하여, r를 주기 T로 나타낼 수 있다. 한 궤도에서 이동한 거리는 별의 공통 궤도의 둘레이므로 $2\pi r = vT$이다다. 따라서,

$$M = \frac{4v^2 r}{G} = \frac{4v^2}{G}\left(\frac{vT}{2\pi}\right)$$

$$M = \frac{2v^3 T}{\pi G} = \frac{2\left(220\times10^3\ \mathrm{m/s}\right)^3 (14.4\ \mathrm{d})(86\,400\ \mathrm{s/d})}{\pi\left(6.67\times10^{-11}\ \mathrm{N\cdot m^2/kg^2}\right)}$$

$= 1.26\times10^{32}$ kg = 태양 질량의 63.3배

16. 케플러 제2법칙에서 각운동량 보존 법칙에 의해

$$r_p v_p = r_a v_a$$

$$\therefore \ \frac{v_p}{v_a} = \frac{r_a}{r_p} = \frac{2289\,\mathrm{km} + 6.37\times10^3\,\mathrm{km}}{459\,\mathrm{km} + 6.37\times10^3\,\mathrm{km}} = \frac{8659\,\mathrm{km}}{6829\,\mathrm{km}} = 1.27$$

17. 케플러의 제3법칙에 따르면 $T^2 = ka^3$ (a = 긴 반지름)이다. 태양을 공전하는 모든 물체의 경우, T와 a의 단위가 각각 년과 AU일 때, $k = 1.00$이다. 따라서 핼리 혜성의 경우,

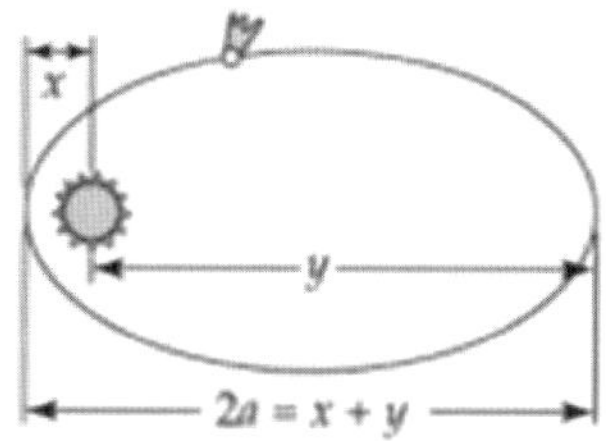

$$(75.6)^2 = (1.00)\left(\frac{0.570 + y}{2}\right)^3$$

이다. 혜성이 태양으로부터 가장 먼 거리는

$$y = 2(75.6)^{2/3} - 0.570 = 35.2\ \mathrm{AU} \quad (\text{명왕성 궤도 밖}).$$

11.4 행성과 위성의 운동에서 에너지 관계

18. 중력 퍼텐셜 에너지 $U = -G\dfrac{Mm}{r}$

반지름 R인 지표면에서의 중력 가속도 $g = \dfrac{GM}{R^2} = 9.80\ \mathrm{m/s^2}$

중력 퍼텐셜 에너지 변화량

$$\Delta U = -GMm\left(\frac{1}{3R} - \frac{1}{R}\right) = \frac{2}{3}mgR$$

$$= \frac{2}{3}(1000\,\mathrm{kg})(9.80\,\mathrm{m/s^2})(6.37\times10^6\,\mathrm{m}) = 4.17\times10^{10}\ \mathrm{J}$$

19.

(a) 밀도의 정의로부터

$$\rho = \frac{M_S}{\frac{4}{3}\pi r_E^2} = \frac{3(1.99\times10^{30}\ \text{kg})}{4\pi(6.37\times10^6\ \text{m})^3} = \boxed{1.84\times10^9\ \text{kg/m}^3}$$

(b) 질량 m인 물체의 표면에서 $mg = GM_s m/R_E^2$ 이므로

$$g = \frac{GM_S}{r_E^2} = \frac{(6.67\times10^{-11}\ \text{N}\cdot\text{m}^2/\text{kg}^2)(1.99\times10^{30}\ \text{kg})}{(6.37\times10^6\ \text{m})^2}$$

$$= \boxed{3.27\times10^6\ \text{m/s}^2}$$

(c) 무한대에서의 $U_g = 0$을 기준으로 하여, 백색 왜성 표면에서 물체-백색외성 계의 퍼텐셜 에너지는

$$U_g = -\frac{GM_S m}{r_E}$$

$$= -\frac{(6.67\times10^{-11}\ \text{N}\cdot\text{m}^2/\text{kg}^2)(1.99\times10^{30}\ \text{kg})(1.00\ \text{kg})}{6.37\times10^6\ \text{m}}$$

$$= \boxed{-2.08\times10^{13}\ \text{J}}$$

20.

(a) U

$$= -\frac{3(6.67\times10^{-11}\,\text{N}\cdot\text{m}^2/\text{kg}^2)(5.00\times10^{-3}\,\text{kg})^2}{0.300\,\text{m}}$$

$$= -1.67\times10^{-14}\,\text{J}$$

(b) 각 입자는 중간 지점에서 알짜 인력이 작용한다. 각 입자는 같은 가속도를 가지고 삼각형의 중심을 향해 운동한다. 이 입자들은 삼각형의 중심에서 순간적으로 충돌한다.

21. 만유인력이 구심력과 같다는 조건으로부터 속력을 구하자.

$$\frac{v_i^2}{R_E+h} = \frac{GM_E}{(R_E+h)^2}$$

$$v_i^2 = \frac{GM_E}{R_E+h}$$

따라서 운동 에너지를 계산하면,

$$K_i = \frac{1}{2}mv_i^2 = \frac{1}{2}\left(\frac{GM_E m}{R_E+h}\right) = \frac{1}{2}\left[\frac{(6.67\times10^{-11}\,\text{N}\cdot\text{m}^2/\text{kg}^2)(5.98\times10^{24}\,\text{kg})(500\,\text{kg})}{6.37\times10^6\,\text{m}+0.500\times10^6\,\text{m}}\right]$$

$$= 1.45\times10^{10}\,\text{J}$$

$$K_f = \frac{1}{2}(500\,\text{kg})(2.00\times10^3\,\text{m/s})^2 = 1.00\times10^9\,\text{J}$$

또한 퍼텐셜 에너지의 변화량은

$$\Delta U = GM_E m\left(\frac{1}{R_i} - \frac{1}{R_f}\right)$$

$$= (6.67\times10^{-11}\,\text{N}\cdot\text{m}^2/\text{kg}^2)(5.98\times10^{24}\,\text{kg})(500\,\text{kg})(-1.14\times10^{-8}\,\text{m}^{-1})$$

$$= -2.27\times10^9\,\text{J}$$

따라서 공기 마찰에 의하여 내부 에너지로 변환된 에너지는

$$E_{int} = K_i - K_f - \Delta U = (14.5 - 1.00 + 2.27)\times10^9\,\text{J} = 1.58\times10^{10}\ \text{J}$$

22.

(a) 공기 저항을 무시하고 발사에서 최대 높이까지 물체-지구 계의 에너지 보존은 다음과 같다.

$$\left(K + U_g\right)_i = \left(K + U_g\right)_f$$

$$\frac{1}{2}mv_i^2 - \frac{GmM_E}{R_E} = 0 - \frac{GmM_E}{R_E + h}$$

여기서 $\frac{1}{2}mv_{esc}^2 = \frac{GmM_E}{R_E}$ 이므로, 위의 식은

$$\frac{1}{2}v_i^2 - \frac{1}{2}v_{esc}^2 = -\frac{1}{2}v_{esc}^2\frac{R_E}{R_E + h}$$

$$v_{esc}^2 - v_i^2 = \frac{v_{esc}^2 R_E}{R_E + h}$$

$$\frac{1}{v_{esc}^2 - v_i^2} = \frac{R_E + h}{v_{esc}^2 R_E}$$

$$h = \frac{v_{esc}^2 R_E}{v_{esc}^2 - v_i^2} - R_E = \frac{v_{esc}^2 R_E - v_{esc}^2 R_E + v_i^2 R_E}{v_{esc}^2 - v_i^2}$$

$$h = \frac{R_E v_i^2}{v_{esc}^2 - v_i^2}$$

$$h = \frac{\left(6.37\times10^6\ \text{m}\right)\left(8.76\ \text{km/s}\right)^2}{\left(11.2\ \text{km/s}\right)^2 - \left(8.76\ \text{km/s}\right)^2} = \boxed{1.00\times10^7\ \text{m}}$$

(b) 유성의 낙하는 발사체의 상향 비행의 시간 역전 과정이므로, 동일한 에너지 식으로 설명할 수 있다. 따라서

$$
\begin{aligned}
v_i^2 &= v_{esc}^2\left(1-\frac{R_E}{R_E+h}\right) \\
&= v_{esc}^2\left(\frac{h}{R_E+h}\right) \\
&= \left(11.2\times10^3\ \mathrm{m/s}\right)^2\left(\frac{2.51\times10^7\ \mathrm{m}}{6.37\times10^6\ \mathrm{m}+2.51\times10^7\ \mathrm{m}}\right) \\
&= 1.00\times10^8\ \mathrm{m^2/s^2} \\
v_i &= \boxed{1.00\times10^4\ \mathrm{m/s}}
\end{aligned}
$$

23. 전체 에너지 $E=-\dfrac{GM_E m}{2r}$ 에서 인공위성 궤도를 $r=2R_E$에서 $r=3R_E$로 이동하는 데 필요한 일은

$$
\begin{aligned}
W=\Delta E &= -\frac{GM_E m}{2r_f}+\frac{GM_E m}{2r_i}=GM_E m\left[\frac{1}{4R_E}-\frac{1}{6R_E}\right] \\
&= \frac{GM_E m}{12R_E}
\end{aligned}
$$

24.

(a) 놓을 때부터 반지름 r까지의 물체-지구 계의 에너지 보존:

$$
\begin{aligned}
&\left(K+U_g\right)_{\text{altitude } h}=\left(K+U_g\right)_{\text{radius } r} \\
&0-\frac{GM_E m}{R_E+h}=\frac{1}{2}mv^2-\frac{GM_E m}{r} \\
&v=\left[2GM_E\left(\frac{1}{r}-\frac{1}{R_E+h}\right)\right]^{1/2}=-\frac{dr}{dt}
\end{aligned}
$$

(b) 낙하 시간은

$$
\begin{aligned}
\Delta t &= \int_{R_E}^{R_E+h}\left[2GM_E\left(\frac{1}{r}-\frac{1}{R_E+h}\right)\right]^{-1/2}dr \\
\Delta t &= \left(2\times6.67\times10^{-11}\times5.98\times10^{24}\right) \\
&\quad\times\int_{6.37\times10^6\ \mathrm{m}}^{6.87\times10^6\ \mathrm{m}}\left[\left(\frac{1}{r}-\frac{1}{6.87\times10^6\ \mathrm{m}}\right)\right]^{-1/2}dr
\end{aligned}
$$

이 식은 수학적 계산 프로그램을 이용하여 계산할 수 있다.

변수 치환을 $u=\dfrac{r}{10^6}$ 로 하면,

$$\Delta t=\left(7.977\times10^{14}\right)^{-1/2}\int_{6.37}^{6.87}\left(\frac{1}{10^6u}-\frac{1}{6.87\times10^6}\right)^{-1/2}10^6\,du$$

$$=3.541\times10^{-8}\frac{10^6}{\left(10^6\right)^{-1/2}}\int_{6.37}^{6.87}\left(\frac{1}{u}-\frac{1}{6.87}\right)^{-1/2}du$$

수학적 프로그램을 이용하여 적분하면 9.596이 되므로, 낙하 시간은

$$\Delta t=3.541\times10^{-8}\times10^{9}\times9.596=339.8=\boxed{340\text{ s}}$$

25.

(a) 탈출 속력 $v_{esc}=\sqrt{\dfrac{2M_sG}{R_s}}=\sqrt{\dfrac{2(1.99\times10^{30}\,\text{kg})(6.67\times10^{-11}\,\text{N}\cdot\text{m}^2/\text{kg}^2)}{1.50\times10^9\,\text{m}}}$

$=42.1\,\text{km/s}$

(b) $v=\sqrt{\dfrac{2M_sG}{x}}$, x: 태양으로부터 거리

$x=\dfrac{2M_sG}{v^2}$, 이때 $v=\dfrac{125\,000\text{ km}}{3\,600\text{ s}}=34.7\times10^3\text{ m/s}$

따라서 $x=\dfrac{2M_sG}{v^2}=\dfrac{2(1.99\times10^{30}\,\text{kg})(6.67\times10^{-11}\,\text{N}\cdot\text{m}^2/\text{kg}^2)}{(34.7\times10^3\text{m/s})^2}=2.20\times10^{11}\text{ m}$

이 거리에서 태양을 탈출하기에 충분하다.

26.

(a) 중력이 존재하지 않으므로, 위성의 존재는 행성이 로켓에 가하는 힘에 영향을 미치지 않는다.

(b) 가니메데, $U_1=-\dfrac{Gm_1m_2}{r}=-\dfrac{(6.67\times10^{-11}\,\text{N}\cdot\text{m}^2)m_2(1.495\times10^{23}\,\text{kg})}{(2.64\times10^6\,\text{m})}$

$=(-3.78\times10^6\text{m}^2/\text{s}^2)m_2$

또한, 목성, $U_2=-\dfrac{Gm_1m_2}{r}=-\dfrac{(6.67\times10^{-11}\,\text{N}\cdot\text{m}^2)m_2(1.90\times10^{27}\,\text{kg})}{(1.071\times10^9\,\text{m})^2}$

$=(-1.18\times10^8\,\text{m}^2/\text{s}^2)m_2$

따라서 $\dfrac{1}{2}m_2v_{esc}^2=[(3.78\times10^6+1.18\times10^8)\,\text{m}^2/\text{s}^2]m_2$

$v_{esc}=\sqrt{2(3.78\times10^6+1.18\times10^8)}=15.6\text{ km/s}$

27. 역학적 에너지 보존: $0-\dfrac{GM_Em}{r_{\max}}=\dfrac{1}{2}mv_i^2-\dfrac{GM_Em}{r_i}\rightarrow\dfrac{1}{r_{\max}}=-\dfrac{v_i^2}{2GM_E}+\dfrac{1}{r_i}$

여기서 $r_i=R_E+250\,\text{km}=6.37\times10^6\,\text{m}+250\times10^3\,\text{m}=6.62\times10^6\,\text{m}$

$v_i=6.00\,\text{km/s}=6.00\times10^3\,\text{m/s}$

$$\frac{1}{r_{max}} = -\frac{(6.00\times10^3\,\text{m/s})^2}{2(6.67\times10^{-11}\,\text{N}\cdot\text{m}^2/\text{kg}^2)(5.98\times10^{24}\,\text{kg})} + \frac{1}{6.62\times10^6\,\text{m}} = 1.06\times10^{-7}\,\text{m}^{-1}$$

$$r_{max} = 9.44\times10^6\,\text{m}$$

따라서 $h_{max} = r_{max} - R_E = 9.44\times10^6\,\text{m} - 6.37\times10^6\,\text{m} = 3.07\times10^6\,\text{m}$

(b) 만약 로켓이 적도의 발사장에서 발사되었다면, 지구의 자전 때문에 그 축을 중심으로 해서 동쪽의 속도 성분을 가지게 될 것이다. 따라서 남극에서 발사되는 것에 비해, 더 클 것이고 로켓은 지구에서 더 멀리 이동할 것이다.

28. 역학적 에너지 보존: $\frac{1}{2}mv^2 - \frac{GMm}{r_1} = -\frac{GMm}{r_2}$

$$v = \sqrt{2(6.67\times10^{-11}\,\text{N}\cdot\text{m}^2/\text{kg}^2)(8.90\times10^{22}\,\text{kg})\left(\frac{1}{1.82\times10^6\,\text{m}} - \frac{1}{1.89\times10^6\,\text{m}}\right)}$$

$$= 492\ \text{m/s}$$

29. $v = \sqrt{\frac{GM}{r}}$ 과 $v = \frac{2\pi r}{T}$ 를 사용하면, 궤도 반지름이 지구 반지름보다 작다는 것을 알 수 있다. 이는 우주선이 지하 궤도에 있어야 한다는 의미이므로, 이런 상황은 불가능하다.

추가문제

30.

질량 중심의 좌표를 원점으로 선택하면

$$0 = \frac{(Mr_2 - mr_1)}{M+m} \quad \text{이고} \quad Mr_2 = mr_1$$

(참고: 이는 알짜 돌림힘이 영(0)이어야 하고 둘은 각가속도를 느끼지 않는다는 것과 동일하다.) 각각의 질량에 대해 $F = ma$ 을 적용하면,

$$mr_1\omega_1^2 = \frac{MGm}{d^2} \quad \text{이고} \quad Mr_2\omega_2^2 = \frac{MGm}{d^2}$$

$\omega_1 = \omega_2 = \omega$ 와 함께, 이 두 식을 더하면

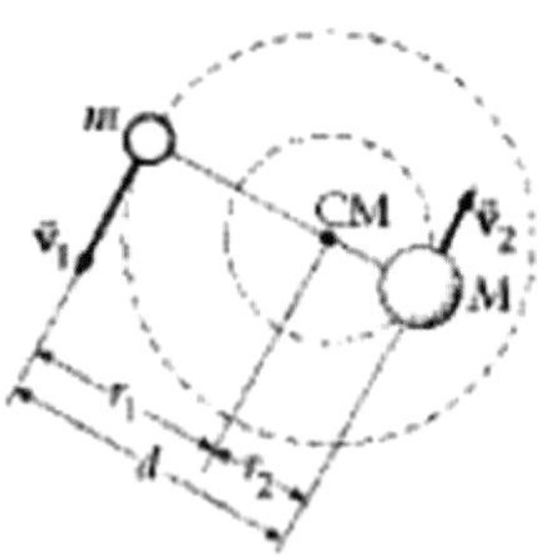

$$(r_1 + r_2)\omega^2 = \frac{(M+m)G}{d^2}$$

이다. $d = r_1 + r_2$ 와 $T = \frac{2\pi}{\omega}$ 를 사용하면

$$\boxed{T^2 = \frac{4\pi^2 d^3}{G(M+m)}}$$

31.

(a) 지구에 의한 자유 낙하 가속도는 아랫 방향이며, 크기는 다음과 같다.

$$g = \frac{GM_E}{r^2} = GM_E r^{-2}$$

이의 변화율은

$$\frac{dg}{dr} = GM_E(-2)r^{-3} = -2GM_E r^{-3}$$

이다. 음(-)의 부호는 높이가 증가할 때 g가 감소함을 의미한다. 지표면에서

$$\boxed{\frac{dg}{dr} = -\frac{2GM_E}{R_E^3}}$$

(b) 작은 차이의 경우,

$$\frac{|\Delta g|}{\Delta r} = \frac{|\Delta g|}{h} = \frac{2GM_E}{R_E^3}$$

이므로,

$$\boxed{|\Delta g| = \frac{2GM_E h}{R_E^3}}$$

(c)

$$|\Delta g| = \frac{2(6.67\times10^{-11}\ \text{N}\cdot\text{m}^2/\text{kg}^2)(5.98\times10^{24}\ \text{kg})(6.00\ \text{m})}{(6.37\times10^6\ \text{m})^3}$$

$$= \boxed{1.85\times10^{-5}\ \text{m/s}^2}$$

12장 진동

12.1 용수철에 매달린 물체의 운동

1.

(a) $F_s = -kx_i = -(130\,\text{N/m})(+0.13\,\text{m}) = -17\ \text{N}$ (방향은 왼쪽)

(b) 이때, $a = \dfrac{F_s}{m} = \dfrac{-17\,\text{N}}{0.60\,\text{kg}} = -28\ \text{m/s}^2$ (방향은 왼쪽)

12.2 분석 모형: 단조화 운동을 하고 있는 입자

2. 위치 $x = A\cos\omega t,\quad A = 0.050\ \text{m}$

속도와 가속도 $v = -A\omega\sin\omega t,\quad a = -\omega^2 A\cos\omega t,$

진동수와 각진동수 $f = 3600\,\text{rev/min} = 60\,\text{Hz},\quad \omega = 2\pi f = 120\pi\ \text{s}^{-1}$

(a) 최대 속력 $v_{\max} = \omega A = (120\pi)(0.0500)\text{m/s} = 18.8\ \text{m/s}$

(b) 최대 가속도 $a_{\max} = \omega^2 A = (120\pi)^2(0.0500)\,\text{m/s}^2 = 7.11\ \text{km/s}^2$

3.

(a) 충돌은 완전 탄성이므로 공은 4.00 m 높이까지 되튀어 오르고, 그 동작을 계속해서 반복한다. 따라서 이 운동은 주기적이다.

(b) 주기를 구하기 위해 $x = \dfrac{1}{2}gt^2$을 이용한다. 공이 바닥에 도달하는 시간은

$$t = \sqrt{\frac{2x}{g}} = \sqrt{\frac{2(4.00\ \text{m})}{9.80\ \text{m/s}^2}} = 0.904\ \text{s}$$

이며, 이는 주기의 반이다. 따라서 주기는

$T = 2(0.904\ \text{s}) = 1.81\ \text{s}$

(c) 운동은 단조화 운동이 아니다. 공에 작용하는 알짜힘은 일정한 $F = -mg$이다 (바닥에 접촉하는 순간은 제외). 이는 훅의 법칙 형태가 아니다.

4. $T = \dfrac{1}{f} = 2\pi\sqrt{\dfrac{m}{k}}$ 로부터

$$k = \frac{4\pi^2 m}{T^2} = \frac{4\pi^2(7.00\ \text{kg})}{(2.60\ \text{s})^2} = \boxed{40.9\ \text{N/m}}$$

5.

(a) 등가속도 운동학 식

$$x = x_i + v_{xi}t + \frac{1}{2}a_x t^2$$

$$= 0.270\,\text{m} + (0.140\ \text{m/s})(4.50\,\text{s}) + \frac{1}{2}(-0.320\,\text{m/s}^2)(4.50\,\text{s})^2$$

$$= -2.34\,\text{m}$$

(b) $v_x = v_{xi} + a_x t = 0.140\,\text{m/s} - (0.320\,\text{m/s}^2)(4.50\,\text{s}) = -1.30\,\text{m/s}$

(c) 단조화 운동 식

$x = A\cos(\omega t + \phi)$

$v = -A\omega\sin(\omega t + \phi)$

$a = -A\omega^2 x \quad \rightarrow \quad -0.320\,\text{m/s}^2 = -\omega^2(0.270\,\text{m}) \quad \omega = 1.09\,\text{rad/s}$

$t = 0$일 때, $0.270\,\text{m} = A\cos\phi$

$0.140\,\text{m/s} = -(1.09\ \text{rad/s})A\sin\phi$

$\frac{0.140}{0.270} = -(1.09\,\text{s}^{-1})\tan\phi \quad \rightarrow \quad \tan\phi = -0.476 \quad \rightarrow \quad \phi = -25.5°$

여기서 $0.270\,\text{m} = A\cos(-25.5°) \quad \rightarrow \quad A = 0.299\ \text{m}$

따라서 $t = 4.50\,\text{s}$ 일 때,

$x = (0.299\,\text{m})\cos[(1.09\,\text{rad/s})(4.50\,\text{s}) - 25.5°] = (0.299\,\text{m})\cos 255° = -0.0763\ \text{m}$

(d) $v = -(0.299\,\text{m})(1.09\,\text{rad/s})\sin 255° = 0.315\ \text{m/s}$

6. 문제에서 주어진 형태인

$$x(t) = x_i \cos \omega t + \left(\frac{v_i}{\omega}\right)\sin \omega t$$

로부터, 속도와 가속도는 다음과 같다.

$$v = \frac{dx}{dt} = -x_i\omega \sin \omega t + v_i \cos \omega t$$

$$a = \frac{dv}{dt} = -x_i\omega^2 \cos \omega t - v_i\omega \sin \omega t$$

$$= -\omega^2\left(x_i \cos \omega t + \left(\frac{v_i}{\omega}\right)\sin \omega t\right) = -\omega^2 x$$

(a) 가속도와 위치의 관계가 $a = -\omega^2 x$ 인 것은 단조화 운동을 의미한다. $t = 0$ 일 때, 이들 식은 $x = x_i$ 와 $v = v_i$ 가 되므로, 이들 식은 모든 필요로 하는 조건을 만족한다.

(b)

$$v^2 - ax = (-x_i\omega \sin \omega t + v_i \cos \omega t)^2$$
$$-(-x_i\omega^2 \cos \omega t - v_i \sin \omega t)\left(x_i \cos \omega t + \left(\frac{v_i}{\omega}\right) \sin \omega t\right)$$

$$v^2 - ax = x_i^2\omega^2 \sin^2 \omega t - 2x_i v_i \omega \sin \omega t \cos \omega t + v_i^2 \cos^2 \omega t$$
$$+x_i^2\omega^2 \cos^2 \omega t + x_i v_i \omega \cos \omega t \sin \omega t + x_i v_i \omega \sin \omega t \cos \omega t$$
$$+v_i^2 \sin^2 \omega t = x_i^2\omega^2 + v_i^2$$

따라서 이 식은 시간에 따라 일정하다. 한편으로는 원래 값인 $v_i^2 - a_i x_i$를 유지해야 한다. 반면, $v = 0$이고 $x = A$인 회귀점에서 계산하면, 이는 $A^2\omega^2 + 0^2 = A^2\omega^2$이다. 따라서 이 식은 증명되었다.

7.

(a) $x = (5.00\ \text{cm})\cos\left(2t + \frac{\pi}{6}\right)$ At $t = 0$,

$x = (5.00\ \text{cm})\cos\left(\frac{\pi}{6}\right) = \boxed{4.33\ \text{cm}}$

(b) $v = \frac{dx}{dt} = -(10.0\ \text{cm/s})\sin\left(2t + \frac{\pi}{6}\right)$ At $t = 0$, $v = \boxed{-5.00\ \text{cm/s}}$

(c) $a = \frac{dv}{dt} = -(20.0\ \text{cm/s}^2)\cos\left(2t + \frac{\pi}{6}\right)$ At $t = 0$, $a = \boxed{-17.3\ \text{cm/s}^2}$

(d) $T = \frac{2\pi}{\omega} = \frac{2\pi}{2} = \boxed{3.14\ \text{s}}$

(e) $A = \boxed{5.00\ \text{cm}}$

12.3 단조화 진동자의 에너지

8.

(a) 예. 주어진 정보로 진동 주기를 구할 수 있다.

(b) 운동 방정식 $kx - mg = 0$ → $k = \frac{mg}{x}$ 이때, $x = 18.3\,\text{cm}$

각진동수 $\omega = \sqrt{\frac{k}{m}} = \sqrt{\frac{g}{x}}$

따라서 주기는 $T = \frac{2\pi}{\omega} = 2\pi\sqrt{\frac{x}{g}} = 2\pi\sqrt{\frac{0.183\ \text{m}}{9.80\ \text{m/s}^2}} = 0.859\ \text{s}$

또한, 용수철 진자에서 주기를 구하는 과정에서 질량은 무관함을 알 수 있다.

9.

(a) 단조화 운동은 고립계로 에너지가 보존되므로

$$E = \frac{1}{2}kA^2 = \frac{1}{2}mv^2 + \frac{1}{2}kx^2$$

$$\frac{1}{2}mv^2 = \frac{1}{2}kA^2 - \frac{1}{2}kx^2 \qquad \rightarrow \qquad \frac{1}{2}mv^2 = \frac{1}{2}k(A^2 - x^2)$$

따라서 $x = \frac{1}{3}A$일 때

$$\frac{1}{2}mv^2 = \frac{1}{2}k\left[A^2 - \left(\frac{A}{3}\right)^2\right] = \frac{1}{2}kA^2\left(1 - \frac{1}{9}\right)$$

$$= \frac{1}{2}kA^2\frac{8}{9} = \frac{8}{9}E$$

(b) $x = \frac{1}{3}A$일 때, $\frac{1}{2}kx^2 = \frac{1}{2}k\left(\frac{A}{3}\right)^2 = \frac{1}{9}\left(\frac{1}{2}kA^2\right) = \frac{1}{9}E$

(c) $\frac{1}{2}kA^2 = \frac{1}{2}mv^2 + \frac{1}{2}kx^2 = \frac{1}{2}\left(\frac{1}{2}kx^2\right) + \frac{1}{2}kx^2 = \frac{3}{4}kx^2$

그러므로 $x = \pm\sqrt{\frac{2}{3}}A$

(d) 아니오. 계의 최대 퍼텐셜 에너지는 계의 전체 에너지와 같다. 계에서 전체 에너지는 항상 일정해야 하므로, 운동 에너지는 최대 퍼텐셜 에너지보다 결코 더 클 수 없다.

10.

(a) 최대 변위와 최대 변위의 반되는 지점 사이의 물체-용수철 계의 에너지가 보존된다. 이로부터

$$(K+U)_i = (K+U)_f$$

$$0 + \frac{1}{2}kA^2 = \frac{1}{2}mv^2 + \frac{1}{2}kx^2$$

$$\frac{1}{2}(6.50\ \text{N/m})(0.100\ \text{m})^2 = \frac{1}{2}m(0.300\ \text{m/s})^2 + \frac{1}{2}(6.50\ \text{N/m})(5.00\times10^{-2}\ \text{m})^2$$

$$32.5\ \text{mJ} = \frac{1}{2}m(0.300\ \text{m/s})^2 + 8.12\ \text{mJ}$$

그러므로, 질량은

$$m = \frac{2(24.4\ \text{mJ})}{9.0\times10^{-2}\ \text{m}^2/\text{s}^2} = \boxed{0.542\ \text{kg}}$$

(b)

$$\omega = \sqrt{\frac{k}{m}} = \sqrt{\frac{6.50\ \text{N/m}}{0.542\ \text{kg}}} = 3.46\ \text{rad/s}$$

이로부터, 주기는

$$T = \frac{2\pi}{\omega} = \frac{2\pi \text{ rad}}{3.46 \text{ rad/s}} = \boxed{1.81 \text{ s}}$$

(c) $a_{max} = A\omega^2 = (0.100 \text{ m})(3.46 \text{ rad/s})^2 = \boxed{1.20 \text{ m/s}^2}$

11.

$m = 200 \text{ g}, T = 0.250 \text{ s}, E = 2.00 \text{ J}; \ \omega = \frac{2\pi}{T} = \frac{2\pi}{0.250} = 25.1 \text{ rad/s}$

(a) $k = m\omega^2 = 0.200 \text{ kg}(25.1 \text{ rad/s})^2 = \boxed{126 \text{ N/m}}$

(b) $E = \frac{kA^2}{2} \Rightarrow A = \sqrt{\frac{2E}{k}} = \sqrt{\frac{2(2.00 \text{ J})}{126 \text{ N/m}}} = \boxed{0.178 \text{ m}}$

12.

(a) $E = \frac{1}{2}kA^2 = \frac{1}{2}(35.0 \text{ N/m})(4.00\times10^{-2} \text{ m})^2 = \boxed{28.0 \text{ mJ}}$

(b) $|v| = \omega\sqrt{A^2 - x^2} = \sqrt{\frac{k}{m}}\sqrt{A^2 - x^2}$

$$|v| = \sqrt{\frac{35.0 \text{ N/m}}{50.0\times10^{-3} \text{ kg}}}\sqrt{(4.00\times10^{-2} \text{ m})^2 - (1.00\times10^{-2} \text{ m})^2}$$

$$= \boxed{1.02 \text{ m/s}}$$

(c) $\frac{1}{2}mv^2 = \frac{1}{2}kA^2 - \frac{1}{2}kx^2$

$$= \frac{1}{2}(35.0 \text{ N/m})\left[(4.00\times10^{-2} \text{ m})^2 - (3.00\times10^{-2} \text{ m})^2\right]$$

$$= \boxed{12.2 \text{ mJ}}$$

(d) $\frac{1}{2}kx^2 = E - \frac{1}{2}mv^2 = 28.0 \text{ mJ} - 12.2 \text{ mJ} = \boxed{15.8 \text{ mJ}}$

13.

(a) $k = \frac{|F|}{|x|} = \frac{20.0 \text{ N}}{0.200 \text{ m}} = 100 \text{ N/m}$

(b) $\omega = \sqrt{\frac{k}{m}} = \sqrt{50.0} \text{ rad/s} \quad \rightarrow \quad f = \frac{\omega}{2\pi} = 1.13 \text{ Hz}$

(c) $v_{max} = \omega A = \sqrt{50.0}(0.200) = \boxed{1.41 \text{ m/s}}$

(d) 최대 속력은 물체가 평형 위치 $x = 0$을 통과할 때이다.

(e) $a_{max} = \omega^2 A = 50.0(0.200) = \boxed{10.0\ m/s^2}$

(f) 최대 가속도는 물체가 평형 위치로부터의 거리가 최대인 곳에서 운동 방향을 바꾸는 경우에 발생한다. 즉, $x = \pm A = \pm 0.200$ m.

(g) $E = \frac{1}{2}kA^2 = \frac{1}{2}(100\ N/m)(0.200\ m)^2 = \boxed{2.00\ J}$

(h) $|v| = \omega\sqrt{A^2 - x^2} = \left(\sqrt{50.0}\ rad/s\right)\sqrt{\frac{8}{9}(0.200)^2}\ m = \boxed{1.33\ m/s}$

(i) $|a| = \omega^2 x = \left(50.0\ rad^2/s^2\right)\left(\frac{0.200\ m}{3}\right) = \boxed{3.33\ m/s^2}$

14.

(a) $E = \frac{1}{2}kA^2$ 이므로, 진폭이 두 배가 되면 $E' = \frac{1}{2}k(2A)^2 = 4E$

따라서 전체 에너지는 4배 증가한다.

(b) $v_{max} = \sqrt{\frac{k}{m}}A$ 이므로, 진폭이 두 배가 되면 v_{max} 는 2배가 된다.

(c) $a_{max} = \frac{k}{m}A$ 이므로, 진폭이 두 배가 되면 a_{max} 역시 2배가 된다.

(d) $T = 2\pi\sqrt{\frac{m}{k}}$ 는 A 와 무관하므로, 주기는 변하지 않는다.

15. 진동자를 물체-용수철 계로 모형화하자. 에너지를 고려하면

$$v^2 + \omega^2 x^2 = \omega^2 A^2$$

이다. $v = v_{max}/2 = \omega A/2$ 이면

$$\left(\frac{\omega A}{2}\right)^2 + \omega^2 x^2 = \omega^2 A^2$$

이다. 이로부터

$$x^2 = \frac{3}{4}A^2 \quad \rightarrow \quad x = \frac{\sqrt{3}}{2}A = \pm 2.60\ \text{cm}$$

12.4 단진자
12.5 물리 진자

16. 주기 $T = 2\pi\sqrt{\frac{l}{g}}$

(a) $T = \left(\frac{3.00\ \text{분}}{120\text{회}}\right)\left(\frac{60.0\ s}{1.00\ \text{분}}\right) = 1.50\ s$

(b) $l = g\left(\dfrac{T^2}{4\pi^2}\right) = (9.80\,\mathrm{m/s^2})\left(\dfrac{(1.50\,\mathrm{s})^2}{4\pi^2}\right) = 0.559\ \mathrm{m}$

17. $f = 0.450\,\mathrm{Hz}$, $d = 0.350\,\mathrm{m}$, $m = 2.20\,\mathrm{kg}$

주기 $T = \dfrac{1}{f}$

$$T = 2\pi\sqrt{\frac{I}{mgd}} \quad \rightarrow \quad T^2 = \frac{4\pi^2 I}{mgd}$$

여기서 관성 모멘트를 구하면 다음과 같다.

$$I = T^2\frac{mgd}{4\pi^2} = \left(\frac{1}{f}\right)^2\frac{mgd}{4\pi^2} = \frac{(2.20\,\mathrm{kg})(9.80\,\mathrm{m/s^2})(0.350\,\mathrm{m})}{4\pi^2(0.450\,\mathrm{s^{-1}})^2}$$

$$= 0.944\ \mathrm{kg\cdot m^2}$$

18.

오른쪽 그림을 참고하면,

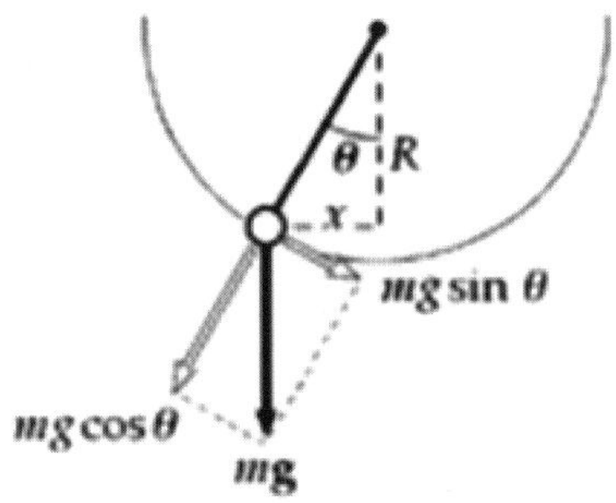

$$F = -mg\sin\theta, \qquad \tan\theta = \frac{x}{R}$$

이다. 작은 변위의 경우,

$\tan\theta \approx \sin\theta$ 이므로 $F = -\dfrac{mg}{R}x = -kx$

이다. 복원력은 평형 위치로부터의 변위에 비례하므로, 이 운동은 단조화 운동이다.

$F = -m\omega^2 x$ 와 비교하면

$$\boxed{\omega = \sqrt{\frac{k}{m}} = \sqrt{\frac{g}{R}}}$$

19.

(a) 평행축 정리로부터 $I = I_{CM} + md^2$ 이므로

$$T = 2\pi\sqrt{\frac{I}{mgd}} = \boxed{2\pi\sqrt{\frac{I_{CM} + md^2}{mgd}}}$$

(b) d가 매우 크면 $T \rightarrow 2\pi\sqrt{\dfrac{d}{g}}$ 이고, d가 매우 작으면 $T \rightarrow 2\pi\sqrt{\dfrac{I_{CM}}{mgd}}$ 이므로, 주기는 최솟값이 존재한다. 이를 구하기 위하여

$$\frac{dT}{dd} = 0 = \frac{d}{dd} 2\pi\left(I_{CM} + md^2\right)^{1/2}(mgd)^{-1/2}$$

$$= 2\pi\left(I_{CM} + md^2\right)^{1/2}\left(-\frac{1}{2}\right)(mgd)^{-3/2} mg$$

$$+ 2\pi(mgd)^{-1/2}\left(\frac{1}{2}\right)\left(I_{CM} + md^2\right)^{-1/2} 2md$$

$$= \frac{-\pi\left(I_{CM} + md^2\right)mg}{\left(I_{CM} + md^2\right)^{1/2}(mgd)^{3/2}} + \frac{2\pi\, md\, mgd}{\left(I_{CM} + md^2\right)^{1/2}(mgd)^{3/2}} = 0$$

이로부터

$$-I_{CM} - md^2 + 2md^2 = 0$$

$$\boxed{I_{CM} = md^2}.$$

20.

단조화 운동 모형을 사용하면,

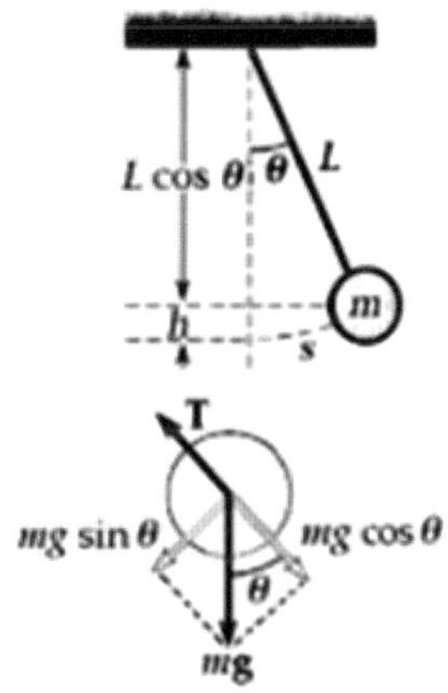

$$A = r\theta = (1.00\text{ m})\left[(15.0°)\frac{\pi}{180°}\right] = 0.262\text{ m}$$

$$\omega = \sqrt{\frac{g}{L}} = \sqrt{\frac{9.80\text{ m/s}^2}{1.00\text{ m}}} = 3.13\text{ rad/s}$$

(a) $v_{max} = A\omega = (0.262\text{ m})\left(3.13\text{ s}^{-1}\right)$

$$= \boxed{0.820\text{ m/s}}$$

(b) 단조화 운동의 경우, 최대 가속도는

$$a_{max} = A\omega^2 = (0.262\text{ m})\left(3.13\text{ s}^{-1}\right)^2$$

$$= 2.57\text{ m/s}^2$$

이다. 이는 최대 접선 가속도와 같으며, 이는 단진자의 양쪽 끝에서 발생한다. 이로부터 최대 각가속도는

$$a_t = r\alpha \rightarrow \alpha = \frac{a_t}{r} = \frac{2.57\text{ m/s}^2}{1.00\text{ m}} = \boxed{2.57\text{ rad/s}^2}$$

(c) 최대 복원력은 최대 가속도일 때이므로

$$F = ma_{max} = 0.25\text{ kg}\left(2.57\text{ m/s}^2\right) = \boxed{0.641\text{ N}}$$

(d) (a) 고립된 진자-지구 계에 에너지 보존 적용:

$$K_i + U_i = K_f + U_f \rightarrow mgh = \frac{1}{2}mv^2$$

그리고 $h = L(1 - \cos\theta)$ 이므로

$$v_{max} = \sqrt{2gh} = \sqrt{2gL(1-\cos\theta)}$$
$$= \sqrt{2(9.80 \text{ m/s}^2)(1.00 \text{ m})(1-\cos 15.0°)}$$
$$= \boxed{0.817 \text{ m/s}}$$

(b) 돌림힘 모형:

$$I\alpha = mgL\sin\theta$$

$$\alpha_{max} = \frac{mgL\sin\theta}{mL^2} = \frac{g}{L}\sin\theta_i = \left(\frac{9.80 \text{ m/s}^2}{1.00 \text{ m}}\right)\sin 15.0°$$
$$= \boxed{2.54 \text{ rad/s}^2}$$

(c) 뉴턴의 제2법칙:

$$F_{max} = mg\sin\theta_i = (0.250 \text{ kg})(9.80 \text{ m/s}^2)(\sin 15.0°)$$
$$= \boxed{0.634 \text{ N}}$$

(e) 답은 비슷하지만 정확히 같지는 않다. 에너지 보존과 뉴턴의 제2법칙으로부터 계산된 답이 더 정확하다. 이 진폭에서 진자의 운동은 거의 단조화 운동이다.

12.6 감쇠 진동

21.

$x = Ae^{-bt/2m}\cos(\omega t + \phi)$가

$$-kx - b\frac{dx}{dt} = m\frac{d^2x}{dt^2} \quad [1]$$

의 해임을 보이자.

이때 $\omega = \sqrt{\frac{k}{m} - \left(\frac{b}{2m}\right)^2}$ 이고 $b^2 < 4mk$이므로 ω는 실수이다. [2]

$x = Ae^{-bt/2m}\cos(\omega t + \phi)$라 하고 다음을 계산하자. [3]

$$\frac{dx}{dt} = Ae^{-bt/2m}\left(-\frac{b}{2m}\right)\cos(\omega t + \phi) - Ae^{-bt/2m}\omega\sin(\omega t + \phi) \quad \textbf{[4]}$$

$$\frac{d^2x}{dt^2} = -\frac{b}{2m}\left[Ae^{-bt/2m}\left(-\frac{b}{2m}\right)\cos(\omega t + \phi) - Ae^{-bt/2m}\omega\sin(\omega t + \phi)\right]$$
$$-\left[Ae^{-bt/2m}\left(-\frac{b}{2m}\right)\omega\sin(\omega t + \phi) + Ae^{-bt/2m}\omega^2\cos(\omega t + \phi)\right] \quad \textbf{[5]}$$

식 [3]과 [4]를 [1]의 좌변에 대입하고, 식 [5]를 [1]의 우변에 대입하면

$$-kAe^{-bt/2m}\cos(\omega t+\phi)+\frac{b^2}{2m}Ae^{-bt/2m}\cos(\omega t+\phi)$$
$$+b\omega Ae^{-bt/2m}\sin(\omega t+\phi)$$
$$=-\frac{b}{2}\left[Ae^{-bt/2m}\left(-\frac{b}{2m}\right)\cos(\omega t+\phi)-Ae^{-bt/2m}\omega\sin(\omega t+\phi)\right]$$
$$+\frac{b}{2}Ae^{-bt/2m}\omega\sin(\omega t+\phi)-m\omega^2Ae^{-bt/2m}\cos(\omega t+\phi)$$

이 된다. 이번에는 $Ae^{-bt/2m}\cos(\omega t+\phi)$와 $Ae^{-bt/2m}\sin(\omega t+\phi)$ 항의 계수를 각각 비교하면,

$$-k+\frac{b^2}{2m}=-\frac{b}{2}\left(-\frac{b}{2m}\right)-m\omega^2=\frac{b^2}{4m}-m\left(\frac{k}{m}-\frac{b^2}{4m^2}\right)=-k+\frac{b^2}{2m}$$

$$b\omega=+\frac{b}{2}(\omega)+\frac{b}{2}(\omega)=b\omega$$

이다. 이들 계수는 서로 같으므로, $x=Ae^{-bt/2m}\cos(\omega t+\phi)$가 식의 해이다.

22.

전체 에너지 $E=\frac{1}{2}mv^2+\frac{1}{2}kx^2$을

시간에 대해 미분하면

$$\frac{dE}{dt}=mv\frac{d^2x}{dt^2}+kxv$$

$$\therefore\ m\frac{d^2x}{dt^2}=-kx-bv$$

$$\frac{dE}{dt}=v(-kx-bv)+kvx$$

따라서 $\frac{dE}{dt}=-bv^2<0$ (음수)

결과적으로 감쇠 진동의 역학적 에너지는 항상 감소되는 것을 보여준다.

추가문제

23. 진동 계의 최대 가속$a_{\max}=A\omega^2=4\pi^2Af^2$이다. 두 물체 사이에 작용하는 마찰력은 이 비율로 물체 B를 가속할 수 있어야 한다. 따라서 물체 B가 미끄러지기 직전이라면,

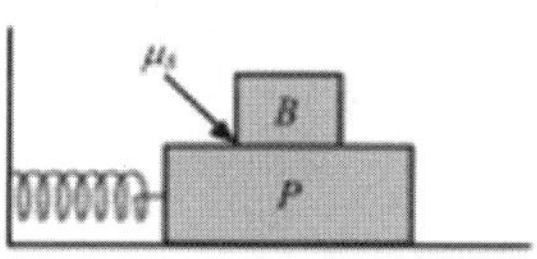

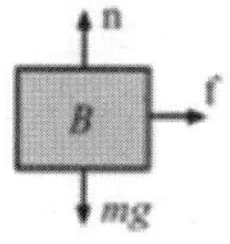

$$f = f_{max} = \mu_s n = \mu_s mg = m\left(4\pi^2 Af^2\right)$$

$$A = \frac{\mu_s g}{4\pi^2 f^2} = \frac{0.6(980\ \text{cm/s}^2)}{4\pi^2(1.5\ /\text{s})^2} = \boxed{6.62\ \text{cm}}$$

24. 회전 운동 방정식:

$$\tau = MgL\sin\theta + kxh\cos\theta = -I\frac{d^2\theta}{dt^2}$$

작은 각도 근사에서,

$\sin\theta \approx \theta$, $\cos\theta = 1, x \approx s = h\theta$ 이므로

$$\frac{d^2\theta}{dt^2} = -\left(\frac{MgL + kh^2}{I}\right)\theta = -\omega^2\theta$$

$$\therefore\ \omega = \sqrt{\frac{MgL + kh^2}{ML^2}} = 2\pi f$$

$$\therefore\ f = \frac{1}{2\pi L}\sqrt{gL + \frac{kh^2}{M}}$$

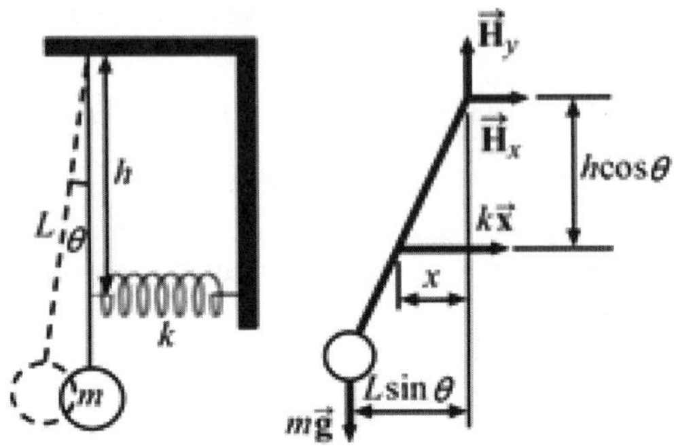

25.

(a) $x = A\cos(\omega t + \phi)\ \rightarrow v = -\omega A\sin(\omega t + \phi)$

$t = 0$ 일 때, $v = -\omega A\sin\theta = -v_{max}$ 이다.

이로부터 $\phi = 90°$ 이므로, $x = A\cos(\omega t + 90°)$ 이다. 따라서

$$x = A\cos(\omega t + \frac{\pi}{2})$$

주어진 값을 대입하면

$$\omega = \sqrt{\frac{k}{m}} = \sqrt{\frac{50\ \text{N/m}}{0.5\ \text{kg}}} = 10\ \text{s}^{-1}$$

$$v_{max} = \omega A \rightarrow 20\ \text{m/s} = \left(10\ \text{s}^{-1}\right)A \rightarrow A = 2\ \text{m}.$$

따라서, $x = 2\cos(10t + \frac{\pi}{2})$ 이며, 이때 x 와 t 의 단위는 각각 m와 s이다.

(b) $E = \frac{1}{2}kA^2 = \frac{1}{2}mv^2 + \frac{1}{2}kx^2$ 으로부터 $\frac{1}{2}kx^2 = 3\left(\frac{1}{2}mv^2\right)$ 이면,

$$\frac{1}{3}\left(\frac{1}{2}kx^2\right) + \frac{1}{2}kx^2 = \frac{1}{2}kA^2 \rightarrow \frac{4}{3}x^2 = A^2$$

이로부터

$$x = \pm\sqrt{\frac{3}{4}}A = \pm 0.866(2.00\ \text{m}) = \boxed{\pm 1.73\ \text{m}}$$

(c) 입자의 위치는 $x = 2\cos(10t + \frac{\pi}{2})$ 이다. 입자가 $x = 0$ 일 때의 시간은

$$10t+\frac{\pi}{2}=\frac{\pi}{2},\frac{3\pi}{2},\frac{5\pi}{2},\ldots\rightarrow\ 10t=0,\pi,2\pi,4\pi\ldots$$

이다. $t=0$일 때, 입자는 원점에 있지만 왼쪽으로 이동한다. 입자가 다음 번에 원점에 있을 때는 $10t=\pi$이며 이 때는 오른쪽으로 이동한다.

입자가 $x=1.00\ \text{m}$에 처음에 있을 때는 $10t+\frac{\pi}{2}=\frac{3\pi}{2}+\frac{\pi}{3}=\frac{11\pi}{6}$이므로

$$10t=\frac{4\pi}{3}$$

입자가 $x=10$에서 $x=1.00\ \text{m}$로 이동하는 데 걸리는 최소 시간은

$$10\Delta t=\frac{4\pi}{3}-\pi=\frac{\pi}{3}\rightarrow\Delta t=\frac{\pi}{30}=\boxed{0.105\ \text{s}=105\ \text{ms}}$$

(d) $$\omega=\sqrt{\frac{g}{L}}\rightarrow L=\frac{g}{\omega^2}=\frac{9.80\ \text{m/s}^2}{\left(10\ \text{s}^{-1}\right)^2}=\boxed{0.098\ 0\ \text{m}}$$

26.

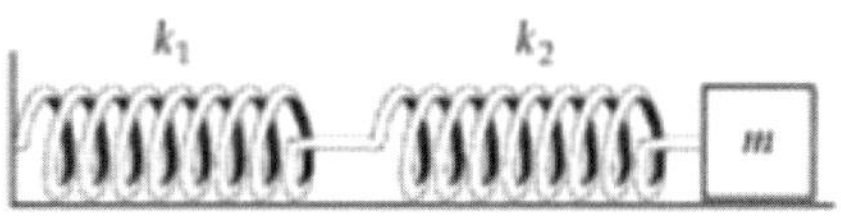

(a)

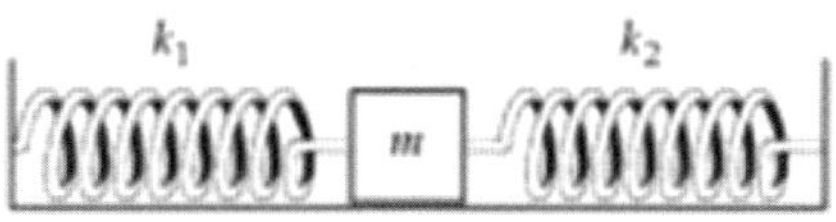

(b)

(a) 질량이 평형 위치로부터 거리 x만큼 변위되면, 용수철 1은 거리 x_1만큼 늘어나고 용수철 2는 x_2만큼 늘어난다.

뉴턴의 제3법칙에 의하면,

$$k_1x_1=k_2x_2$$

가 예상된다. 이와 $x=x_1+x_2$를 결합하면

$$x_1=\left[\frac{k_2}{k_1+k_2}\right]x.$$

각각의 용수철에 작용하는 힘은 다음과 같다.

$$F_1=\left[\frac{k_1k_2}{k_1+k_2}\right]x=ma$$

이는 $F=k_{eff}x=ma$의 형태이므로, 주기는

$$T=2\pi\sqrt{\frac{m}{k_{eff}}}=\boxed{2\pi\sqrt{\frac{m(k_1+k_2)}{k_1k_2}}}.$$

(b) 이 경우, 각각의 용수철은 거리 x만큼 변형되므로, 복원력은

$$F=-(k_1+k_2)x$$

이다. 따라서 주기는

$$T = \boxed{2\pi\sqrt{\frac{m}{k_1 + k_2}}}.$$

27.

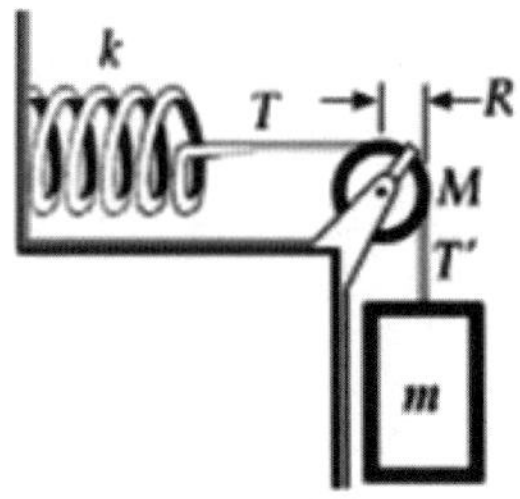

다음과 같이 운동 방정식을 쓸 수 있다.

용수철의 경우: $T - kx = 0$

매달린 물체의 경우: $mg - T' = ma = m\dfrac{d^2x}{dt^2}$

도르래의 경우: $R(T' - T) = I\dfrac{d^2\theta}{dt^2} = \dfrac{I}{R}\dfrac{d^2x}{dt^2}$

$I = \dfrac{1}{2}MR^2$ 이다.

이들 식을 조합하면

$$\left(m + \frac{1}{2}M\right)\frac{d^2x}{dt^2} + kx = mg$$

이의 해는 $x(t) = A\sin\omega t + \dfrac{mg}{k}$ 이고, 각진동수는 $\omega = \sqrt{\dfrac{k}{m + \frac{1}{2}M}} = \sqrt{\dfrac{2k}{2m + M}}$ 이다.

(a) k = 100 N/m이고 m = 0.200 kg인 경우,

$$\omega = \sqrt{\frac{200}{0.400 + M}}$$

이다. ω와 M의 단위는 각각 s^{-1}와 kg이다.

(b) 최대 각진동수는 $M = 0$이며, 이때 $f = 22.4\ \mathrm{s}^{-1}$ 이다.

(c) 각진동수는 도르래의 반지름과 무관하다. 따라서 $f = 22.4\ \mathrm{s}^{-1}$.

13장 역학적 파동

13.1 파동의 전파

1. 진행파의 파동 함수 형태는

$$y(x, t) = 6/[(x - x_0)^2 + 3]$$

인데, 이때 펄스의 중심은 $x_o = 4.50t$ 이므로,

$$\boxed{y = \frac{6}{\left[(x - 4.50t)^2 + 3\right]}}$$

2. 파동의 이동 거리는 $d = (7.80\,\text{km/s})t = (4.50\,\text{km/s})(t + 17.3\,\text{s})$ 이므로,

$$(7.80 - 4.50)(\text{km/s})t = (4.50\,\text{km/s})(17.3\,\text{s})$$

$$t = \frac{(4.50\,\text{km/s})(17.3\,\text{s})}{(7.80 - 4.50)\,\text{km/s}} = 23.6\ \text{s}$$

따라서 $d = (7.80\,\text{km/s})(23.6\,\text{s}) = 184\ \text{km}$

13.2 분석 모형: 진행파

3. (a) $y - t$ 그래프

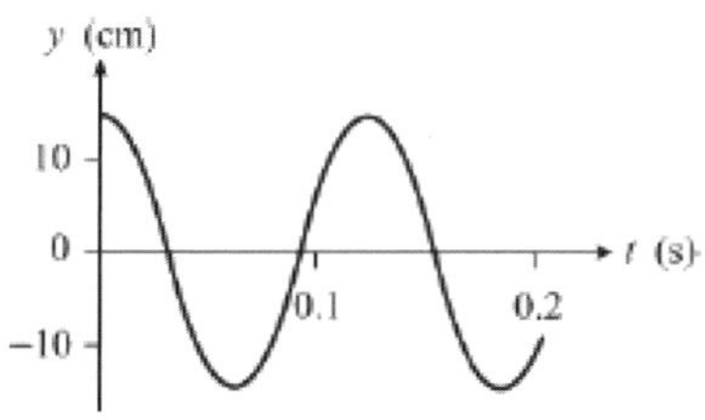

(b) $T = \dfrac{2\pi}{w} = \dfrac{2\pi}{50.3\,\text{s}^{-1}} = 0.125\,\text{s}$

(c) 이것은 교재의 예제에서 설명한 주기와 일치한다.

4.

(a) 파동 함수를 $y(x, t) = A\sin(kx + \omega t + \phi)$ 라고 하자. 주어진 조건은 다음과 같다.

$$y_i = y(0, 0) = A\sin\phi = 0.020\ 0\ \text{m}$$

$$v_i = v(0, 0) = \left.\frac{\partial y}{\partial t}\right|_{0,0} = A\omega\cos\phi = -2.00\ \text{m/s}.$$

$$\omega = \frac{2\pi}{T} = \frac{2\pi}{0.025\ 0\ \text{s}} = 80.0\pi\ \text{s}^{-1}.$$

항등식 $\sin^2\phi + \cos^2\phi = 1$과 y_i와 v_i에 대한 식을 사용하면

$$\frac{(A\sin\phi)^2}{A^2} + \frac{(A\omega\cos\phi)^2}{A^2\omega^2} = 1$$

$$(A\sin\phi)^2 + \frac{(A\omega\cos\phi)^2}{\omega^2} = A^2$$

$$A^2 = y_i^2 + \left(\frac{v_i}{\omega}\right)^2 = (0.020\ 0\ \text{m})^2 + \left(\frac{-2.00\ \text{m/s}}{80.0\pi\ \text{s}^{-1}}\right)^2$$

$$A = \boxed{0.021\ 5\ \text{m}}$$

(b) $$\frac{\omega y_i}{v_i} = \frac{\omega(A\sin\phi)}{\omega A\cos\phi} = \tan\phi \rightarrow \tan\phi = \frac{80.0\pi(0.020\ 0)}{-2.00} = -2.51$$

계산기에서 얻은 $\phi = \tan^{-1}(-2.51) = -1.19\ \text{rad}$은 음(-)의 sin과 양(+)의 cosine이 있는 제4분면에서의 각도이다. 단위 원을 생각해 보면, 음(-)의 tangent를 갖는 각도는 제2사분면 또는 제4분면에 있을 수 있다. 제2사분면에서 sine 양수이고 cosine은 음수이다. 제2사분면에서의 각도는

$$\phi = \pi - 1.10\ \text{rad} = 1.95\ \text{rad}$$

(c) $$v_{y,\,\max} = A\omega = (0.021\ 5\ \text{m})(80.0\pi/\text{s}) = \boxed{5.41\ \text{m/s}}$$

(d) $$\lambda = v_x T = (30.0\ \text{m/s})(0.025\ 0\ \text{s}) = 0.750\ \text{m}$$

$$k = \frac{2\pi}{\lambda} = \frac{2\pi}{0.750\ \text{m}} = 8.38\ \text{m}^{-1}, \qquad \omega = 80.0\pi\ \text{s}^{-1}$$

$$\boxed{y(x,\ t) = (0.021\ 5)\sin(8.38x + 80.0\pi t + 1.95)}$$

5.

(a) $$\omega = 2\pi f = 2\pi(5.00\ \text{s}^{-1}) = \boxed{31.4\ \text{rad/s}}$$

(b) $$\lambda = \frac{v}{f} = \frac{20.0\ \text{m/s}}{5.00\ \text{s}^{-1}} = 4.00\ \text{m}$$

$$k = \frac{2\pi}{\lambda} = \frac{2\pi}{4.00\ \text{m}} = \boxed{1.57\ \text{rad/m}}$$

(c) 파동 함수 $y(x,t) = A\sin(kx + \omega t + \phi)$에서, 진폭 $A = 120\ \text{cm}$이다.

$t = 0$일 때, $x = 0$, $y = 0$의 조건을 대입하면 $0 = (12.0\ \text{cm})\sin\phi \quad \rightarrow \quad \phi = 0$이다.

따라서,

$$y(x,t) = 0.120\sin(1.57x - 31.4t)$$

이다. 여기서 x와 y의 단위는 m이고, t의 단위는 s이다.

(d) 횡속도는 $\frac{\partial y}{\partial t} = -A\omega\cos(kx - \omega t)$이므로, 최대 횡속도는 크기는

$$A\omega = (12.0\ \text{cm})(31.4\ \text{rad/s}) = \boxed{3.77\ \text{m/s}}$$

(e) $a_y = \dfrac{\partial v_y}{\partial t} = \dfrac{\partial}{\partial t}\left[-A\omega\cos(kx-\omega t)\right] = -A\omega^2\sin(kx-\omega t)$

최대 횡가속도 크기는

$$A\omega^2 = (0.120\text{ m})(31.4\text{ s}^{-1})^2 = \boxed{118\text{ m/s}^2}$$

6.

(a)

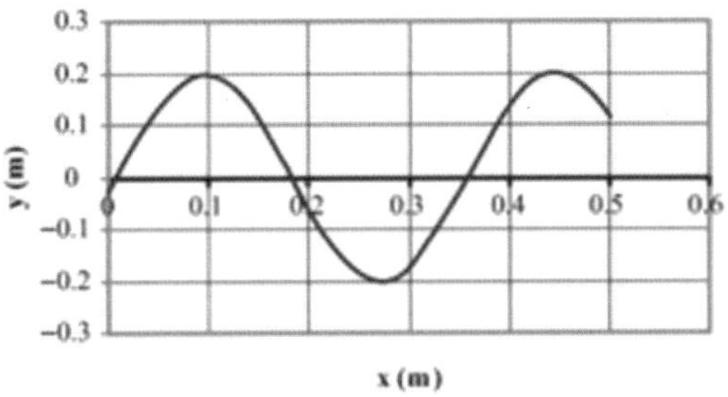

(b) $k = \dfrac{2\pi}{\lambda} = \dfrac{2\pi}{0.350\text{ m}} = \boxed{18.0\text{ rad/m}}$

(c) $T = \dfrac{1}{f} = \dfrac{1}{12.0/\text{s}} = \boxed{0.083\,3\text{ s}}$

(d) $\omega = 2\pi f = 2\pi 12.0/\text{s} = \boxed{75.4\text{ rad/s}}$

(e) $|v| = f\lambda = (12.0/\text{s})(0.350\text{ m}) = \boxed{4.20\text{ m/s}}$

(f) 파동 함수 $y(x,t) = A\sin(kx + \omega t + \phi) = (0.200)\sin(18.0x + 75.4t + \phi)$

$x = 0$과 $t = 0$일 때의 주어진 조건을 대입하면

$$-3.00\times 10^{-2}\text{ m} = (0.200\text{ m})\sin(+\phi)$$
$$\phi = -8.63° = -0.151\text{ rad}$$

(g) 따라서 파동 함수는

$$y(x,t) = (0.200)\sin(18.0x + 75.4t - 0.151)$$

여기서 x와 y의 단위는 m이고, t의 단위는 s이다.

7.

(a) 진행파의 파동 함수 $y(x,t) = A\sin(kx + \omega t + \phi)$로부터

$$A = y_{\max} = 8.00\text{ cm} = 0.080\,0\text{ m} \quad k = \frac{2\pi}{\lambda} = \frac{2\pi}{(0.800\text{ m})} = 2.50\pi\text{ m}^{-1}$$

$$\omega = 2\pi f = 2\pi(3.00) = 6.00\pi\text{ rad/s}$$

$t = 0$에서 $y(0,t) = 0 \quad \rightarrow \quad \phi = 0$

따라서 $y(x,t) = (0.080\,0)\sin(2.50\pi x + 6.00\pi t)$

(b) 일반적인 파동 함수 $y(x,t) = A\sin(kx + \omega t + \phi)$로부터

$x = 0.100$에서 $y(0,t) = 0 \quad \rightarrow \quad 0 = (0.080\,0)\sin(0.250\pi + \phi) \quad \rightarrow \quad \phi = -0.250\pi$

따라서 $y(x,t) = (0.080\,0)\sin(2.50\pi x + 6.00\pi t - 0.250\pi)$
여기서 x와 y의 단위는 m이고, t의 단위는 s이다.

8. $y(x,t) = A\sin(kx - \omega t + \phi) = (0.020\,0)\sin(2.11x - 3.62t)$ 로부터,

(a) $A = \boxed{2.00\text{ cm}}$

(b) $k = 2.11\text{ rad/m} \rightarrow \lambda = \dfrac{2\pi}{k} = \boxed{2.98\text{ m}}$

(c) $\omega = 3.62\text{ rad/s} \rightarrow f = \dfrac{\omega}{2\pi} = \boxed{0.576\text{ Hz}}$

(d) $v = f\lambda = \dfrac{\omega}{2\pi}\dfrac{2\pi}{k} = \dfrac{3.62}{2.11} = \boxed{1.72\text{ m/s}}$

9. 파동의 속력:

$$v = f\lambda = (4.00\text{ Hz})(60.0\text{ cm}) = 240\text{ cm/s} = \boxed{2.40\text{ m/s}}$$

10.

$$y = (0.120\text{ m})\sin\left(\frac{\pi}{8}x + 4\pi t\right)$$

(a) $v = \dfrac{\partial y}{\partial t}$: $v = (0.120)(4\pi)\cos\left(\dfrac{\pi}{8}x + 4\pi t\right)$

$$v(0.200\text{ s}, 1.60\text{ m}) = \boxed{-1.51\text{ m/s}}$$

(b) $a = \dfrac{\partial v}{\partial t}$: $a = (-0.120\text{ m})(4\pi)^2\sin\left(\dfrac{\pi}{8}x + 4\pi t\right)$

$$a(0.200\text{ s}, 1.60\text{ m}) = \boxed{0}$$

(c) $k = \dfrac{\pi}{8} = \dfrac{2\pi}{\lambda}$: $\lambda = \boxed{16.0\text{ m}}$

(d) $\omega = 4\pi = \dfrac{2\pi}{T}$: $T = \boxed{0.500\text{ s}}$

(e) $v = \dfrac{\lambda}{T} = \dfrac{16.0\text{ m}}{0.500\text{ s}} = \boxed{32.0\text{ m/s}}$

11.

$$f = \frac{40.0 \text{ vibrations}}{30.0 \text{ s}} = \frac{4}{3} \text{ Hz}$$

$$v = \frac{425 \text{ cm}}{10.0 \text{ s}} = 42.5 \text{ cm/s}$$

$$\lambda = \frac{v}{f} = \frac{42.5 \text{ cm/s}}{\frac{4}{3} \text{ Hz}} = 31.9 \text{ cm} = \boxed{0.319 \text{ m}}$$

13.3 줄에서 횡파의 속력

12. 전체 걸리는 시간 간격은 두 도선에서 걸리는 각각의 시간 간격을 합하면 된다. 각각의 도선에서

$$\Delta t = \frac{L}{v} = L\sqrt{\frac{\mu}{T}}$$

이다. 도선의 단면적을 A라고 하면, 한 도선의 질량은 $m = \rho AL = \mu L$이며 질량 $m = \mu L$로 나타낼 수 있다. 그러면

$$\mu = \rho A = \frac{\pi \rho d^2}{4}.$$

이므로, 도선을 지나는 시간 간격은 다음과 같다.

$$\Delta t = L\left(\frac{\pi \rho d^2}{4T}\right)^{1/2}$$

구리선의 경우,

$$\Delta t = (20.0 \text{ m})\left[\frac{(\pi)(8\,920 \text{ kg/m}^3)(1.00 \times 10^{-3} \text{ m})^2}{(4)(150 \text{ N})}\right]^{1/2} = 0.137 \text{ s}$$

철선의 경우,

$$\Delta t = (30.0 \text{ m})\left[\frac{(\pi)(7\,860 \text{ kg/m}^3)(1.00 \times 10^{-3} \text{ m})^2}{(4)(150 \text{ N})}\right]^{1/2} = 0.192 \text{ s}$$

따라서, 전체 시간 간격은 $0.137 + 0.192 = 0.329$ s

13.

$$v = \sqrt{\frac{T}{\mu}} = \sqrt{\frac{1\,350 \text{ kg}\cdot\text{m/s}^2}{5.00 \times 10^{-3} \text{ kg/m}}} = \boxed{520 \text{ m/s}}$$

14. 케이블을 왕복하는 거리는 4.00 m $+ 4.00$ m $\equiv 8.00$ m이다. 따라서 파동의 속력은

$$v=\frac{d_{\text{total}}}{t}=\frac{4(8.00\text{ m})}{0.800\text{ s}}=40.0\text{ m/s}=\sqrt{\frac{T}{\mu}}.$$

이다. 선질량 밀도는

$$\mu=\frac{0.200\text{ kg}}{4.00\text{ m}}=5.00\times10^{-2}\text{ kg/m}.$$

이므로, 장력은

$$T=\mu v^2=\left(5.00\times10^{-2}\text{ kg/m}\right)\left(40.0\text{ m/s}\right)^2=\boxed{80.0\text{ N}}.$$

15.

(a) $F=mg=(3.00\,\text{kg})(9.80\,\text{m/s}^2)=29.4\,\text{N}$

따라서 $v=\sqrt{\frac{F}{\mu}}$ 로부터 $\mu=\frac{F}{v^2}=\frac{29.4\,\text{N}}{(24.0\,\text{m/s})^2}=0.0510\text{ kg/m}$

(b) $m=2.00\,\text{kg}$일 때, $F=mg=(2.00\,\text{kg})(9.80\,\text{m/s}^2)=19.6\,\text{N}$

$$v=\sqrt{\frac{F}{\mu}}=\sqrt{\frac{19.6\,\text{N}}{0.0510\,\text{kg/m}}}=19.6\text{ m/s}$$

16. 두 파동의 속력을

$$v_1=\sqrt{T_1/\mu}\qquad\text{and}\qquad v_2=\sqrt{T_2/\mu}$$

이라고 하자. 선질량 밀도 μ는 일정하므로

$$T_2=\left(\frac{v_2}{v_1}\right)^2T_1=\left(\frac{30.0\text{ m/s}}{20.0\text{ m/s}}\right)^2(6.00\text{ N})=\boxed{13.5\text{ N}}$$

17. 줄의 장력은 $T=mg$이고, 여기서 g는 달의 중력 가속도로서 지구의 약 1/6이다. 주어진 데이터에서, 달의 중력 가속도는 얼마인가?

파동 속력은

$$v=\sqrt{\frac{T}{\mu}}=\sqrt{\frac{Mg}{m/L}}=\sqrt{\frac{MgL}{m}}=\frac{L}{t}\rightarrow\frac{MgL}{m}=\frac{L^2}{t^2}\rightarrow g=\frac{mL}{Mt^2}$$

$$g=\frac{mL}{Mt^2}=\frac{\left(4.00\times10^{-3}\text{ kg}\right)(1.60\text{ m})}{(3.00\text{ kg})\left(26.1\times10^{-3}\text{ s}\right)^2}=3.13\text{ m/s}^2$$

계산된 달의 중력 가속도는 알고 있는 값의 거의 두 배이다.

13.4 반사와 투과

18.

(a) 끝이 고정된 경우 반사 시 펄스가 반전된다. 따라서, 이들 파동이 만나면 상쇄되어 진폭이 영(0)이 된다.

(b) 끝이 자유로우면 반사 시 반전이 없다. 이들 파동이 만나면 진폭은 $2A = 2(0.150\ \mathrm{m}) = 0.300\ \mathrm{m}$ 이다.

13.5 줄에서 사인형 파동의 에너지 전달률

19. 처음 주어진 조건은 다음과 같다.

$$P_0 = \frac{1}{2}\mu\omega^2 A^2 v$$

$$P_0 = \frac{1}{2}\mu\omega^2 A^2 \sqrt{\frac{T}{\mu}}$$

$$P_0 = \frac{1}{2}\omega^2 A^2 \sqrt{T\mu}$$

두겹줄은 단위 길이당 질량이 두 배로 늘어난다. 장력을 일정하게 유지한다고 가정하면, 다음과 같이 $\sqrt{2}$ 배 더 큰 일률을 전달할 수 있다.

$$P = \tfrac{1}{2}\omega^2 A^2 \sqrt{T(2\mu)} = \sqrt{2}\left(\tfrac{1}{2}\omega^2 A^2 \sqrt{T\mu}\right) = \boxed{\sqrt{2}P_0}$$

20. 주어진 조건은 다음과 같다.

$\mu = 30.0\ \mathrm{g/m} = 30.0 \times 10^{-3}\ \mathrm{kg/m}$

$\lambda = 1.50\ \mathrm{m}$

$f = 50.0\ \mathrm{Hz}$: $\quad \omega = 2\pi f = 314\ \mathrm{s^{-1}}$

$2A = 0.150\ \mathrm{m}$: $\quad A = 7.50 \times 10^{-2}\ \mathrm{m}$

(a) $y = A \sin\left(\frac{2\pi}{\lambda}x - \omega t\right)$

$$\boxed{y = (0.075)\sin(4.19x - 314t)}$$

(b) $P = \frac{1}{2}\mu\omega^2 A^2 v = \frac{1}{2}(30.0 \times 10^{-3})(314)^2(7.50 \times 10^{-2})^2\left(\frac{314}{4.19}\right)\mathrm{W}$

$$\boxed{P = 625\ \mathrm{W}}$$

21. 주어진 조건은 다음과 같다.

$A = 5.00 \times 10^{-2}\ \mathrm{m} \qquad \mu = 4.00 \times 10^{-2}\ \mathrm{kg/m}$

$P = 300\ \mathrm{W} \qquad T = 100\ \mathrm{N}$

따라서 $v = \sqrt{\frac{T}{\mu}} = 50.0\ \mathrm{m/s}$ 이고, 이로부터 최대 진동수는

$P = \frac{1}{2}\mu\omega^2 A^2 v$:

$$\omega^2 = \frac{2P}{\mu A^2 v} = \frac{2(300\text{ W})}{(4.00\times10^{-2}\text{ kg/m})(5.00\times10^{-2}\text{ m})^2(50.0\text{ m/s})}$$

$\omega = 346\text{ rad/s}$

$f = \frac{\omega}{2\pi} = \boxed{55.1\text{ Hz}}$

22. 진행형 파동 함수 $y = (0.15)\sin(0.80x - 50t)$로부터 $k = 0.80\text{ rad/m}$, $\omega = 50\text{ rad/s}$, $A = 0.15\text{ m}$이다. 이로부터

(a) $v = f\lambda = \frac{\omega}{2\pi}\frac{2\pi}{k} = \frac{\omega}{k} = \frac{50.0}{0.800}\text{ m/s} = \boxed{62.5\text{ m/s}}$

(b) $\lambda = \frac{2\pi}{k} = \frac{2\pi}{0.800}\text{ m} = \boxed{7.85\text{ m}}$

(c) $f = \frac{50.0}{2\pi} = \boxed{7.96\text{ Hz}}$

(d) $P = \frac{1}{2}\mu\omega^2 A^2 v = \frac{1}{2}(12.0\times10^{-3})(50.0)^2(0.150)^2(62.5)\text{ W} = \boxed{21.1\text{ W}}$

13.6 음파

23. 음파는 반사 전 150m, 반사 후 150m를 이동해야 하므로, 되돌아오는 메아리를 듣게 되는 시간 간격은

$$t = \frac{d}{v} = \frac{300\text{ m}}{1\,533\text{ m/s}} = \boxed{0.196\text{ s}}$$

24.

(a) $v_{빛} \gg v_{음파}$이므로, 음파의 속력은 번개가 친 곳으로부터 관측자까지 일정하다고 가정할 수 있다. 따라서

$$d \approx (343\text{ m/s})(16.2\text{ s}) = \boxed{5.56\text{ km}}$$

(b) 아니요, 빛의 속력을 알 필요는 없다. 빛의 속력은 음속보다 훨씬 빠르므로, 빛이 관측자에게 도달하는 데 걸리는 시간 간격은 소리의 시간 간격에 비해 무시할 수 있다.

25.

(a) $A = \boxed{2.00\ \mu\text{m}}$

(b) $\lambda = \frac{2\pi}{15.7} = 0.400\text{ m} = \boxed{40.0\text{ cm}}$

(c) $v=\frac{\omega}{k}=\frac{858}{15.7}=\boxed{54.6\ \text{m/s}}$

(d) $s=2.00\cos\left[(15.7)(0.050\,0)-(858)\left(3.00\times10^{-3}\right)\right]=\boxed{-0.433\ \mu\text{m}}$

(e) $v_{\max}=A\omega=(2.00\ \mu\text{m})\left(858\ \text{s}^{-1}\right)=\boxed{1.72\ \text{mm/s}}$

26.

압력 변화를 $\Delta P=\Delta P_{\max}\sin(kx-\omega t)$라고 하자. k와 ω는 다음과 같다.

$$k=\frac{2\pi}{\lambda}=\frac{2\pi}{(0.100\ \text{m})}=62.8\ \text{m}^{-1}$$

$$\omega=\frac{2\pi v}{\lambda}=\frac{2\pi(343\ \text{m/s})}{(0.100\ \text{m})}=2.16\times10^{4}\ \text{s}^{-1}.$$

따라서

$$\boxed{\Delta P=0.200\sin\left[62.8x-2.16\times10^{4}t\right]}$$

여기서, ΔP의 단위는 Pa, x와 t의 단위는 각각 m와 s이다.

13.7 도플러 효과

27. 구급차의 속력을 v_d라고 하자.

구급차가 관측자에 다가올 때의 진동수는 $f'=\left(\frac{v}{v-v_d}\right)f=560\ \text{Hz}$.

구급차가 멀어질 때의 진동수는 $f''=\left(\frac{v}{v+v_d}\right)f=480\ \text{Hz}$.

이들 식으로부터

$$f'=\left(\frac{v}{v-v_d}\right)\left(\frac{v+v_d}{v}\right)f''$$

이고, 구급차의 속력은

$$v_d=\frac{v(f'-f'')}{f'+f''}=\frac{(343\ \text{m/s})(560\ \text{Hz}-480\ \text{Hz})}{(560\ \text{Hz}-480\ \text{Hz})}=26.4\ m/s$$

28.

(a) $f'=\left(\frac{v+v_0}{v-v_s}\right)f$로 B가 A로부터 듣기 때문에 B이다.

(b) 신호가 관측자를 향해 접근하므로 진동수는 증가한다. 즉, v_s의 부호는 양(+)이다.

(c) 관측자는 신호로부터 멀어지기 때문에 진동수는 감소한다. 즉, v_0는 음(−)이다.

(d) 소리의 속력은 바닷속에서 발생한다. 음속은 1 533 m/s.

(e) $f_0 = f\left(\frac{v+v_0}{v-v_s}\right) = (5.27\times10^3\,\text{Hz})\left[\frac{(1533\,\text{m/s})+(-3.00\,\text{m/s})}{(1533\,\text{m/s})-(11.0\,\text{m/s})}\right] = 5.30\times10^3\,\text{Hz}$

29.

(a) $f' = \frac{f(v+v_o)}{(v-v_s)}$

$$f' = 2\,500\frac{(343+25.0)}{(343-40.0)} = \boxed{3.04\text{ kHz}}$$

(b) $f' = 2\,500\left(\frac{343+(-25.0)}{343-(-40.0)}\right) = \boxed{2.08\text{ kHz}}$

(c) $f' = 2\,500\left(\frac{343+(-25.0)}{343-40.0}\right) = \boxed{2.62\text{ kHz}}$

$$f' = 2\,500\left(\frac{343+25.0}{343-(-40.0)}\right) = \boxed{2.40\text{ kHz}}$$

추가문제

30. $v = \sqrt{\frac{T}{\mu}}$, $T = mg$이므로

$$m = \frac{\mu v^2}{g}$$

따라서 $v = f\lambda = \frac{\omega}{k}$ 이므로, 이로부터

$$m = \frac{\mu}{g}\left(\frac{\omega}{k}\right)^2 = \frac{0.250\,\text{kg/m}}{9.80\,\text{m/s}^2}\left(\frac{18\pi\,\text{s}^{-1}}{0.750\pi\,\text{m}^{-1}}\right) = 14.7\,\text{kg}$$

31. 경사면에 마찰이 없다고 가정하고, 경사면 위쪽을 $+x$ 방향으로 하자. 그러면

$$\Sigma F_x = T - Mg\sin\theta = 0$$

또는 줄에 걸리는 장력은 $T = Mg\sin\theta$ 이다.
따라서 줄에서의 횡파 속력은

$$v = \sqrt{\frac{T}{\mu}} = \sqrt{\frac{Mg\sin\theta}{m/L}} = \sqrt{\frac{MgL\sin\theta}{m}}$$

이다. 주어진 길이의 줄을 따라 횡파가 진행하는 데 걸리는 시간 간격은

$$\Delta t = \frac{L}{v} = L\sqrt{\frac{m}{MgL\sin\theta}} = \boxed{\sqrt{\frac{mL}{Mg\sin\theta}}}$$

32.

(a) $P(x)=\frac{1}{2}\mu\omega^2 A^2 v=\frac{1}{2}\mu\omega^2 A_0^2 e^{-2bx}\left(\frac{\omega}{k}\right)=\boxed{\frac{\mu\omega^3}{2k}A_0^2 e^{-2bx}}$

(b) $P(0)=\boxed{\frac{\mu\omega^3}{2k}A_0^2}$

(c) $\frac{P(x)}{P(0)}=\boxed{e^{-2bx}}$

14장 중첩과 정상파

14.1 분석 모형: 파동의 간섭

1. 합성 파동함수 $y = y_1 + y_2 = 3.00 \cos(4.00x - 1.60t) + 4.00 \sin(5.00x - 2.00t)$

(a) $x = 1.00,\ t = 1.00$

$y = 3.00 \cos(2.40 \text{ rad}) + 4.00 \sin(+3.00 \text{ rad}) = \boxed{-1.65 \text{ cm}}$

(b) $x = 1.00,\ t = 0.500$

$y = 3.00 \cos(+3.20 \text{ rad}) + 4.00 \sin(+4.00 \text{ rad}) = \boxed{-6.02 \text{ cm}}$

(c) $x = 0.500,\ t = 0$

$y = 3.00 \cos(+2.00 \text{ rad}) + 4.00 \sin(+2.50 \text{ rad}) = \boxed{+1.15 \text{ cm}}$

2.

(a) $t = 2.00$ s

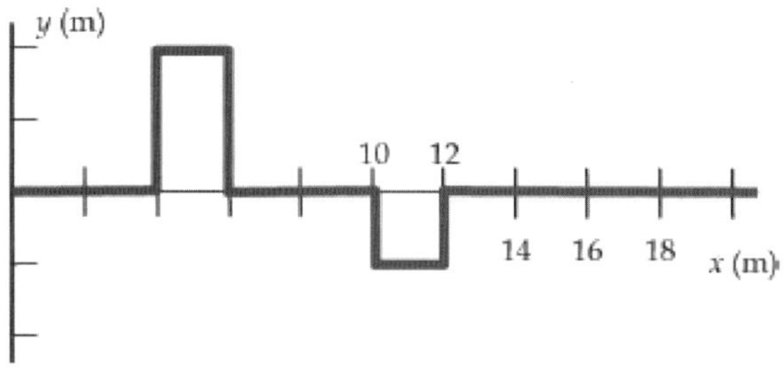

$t = 4.00$ s

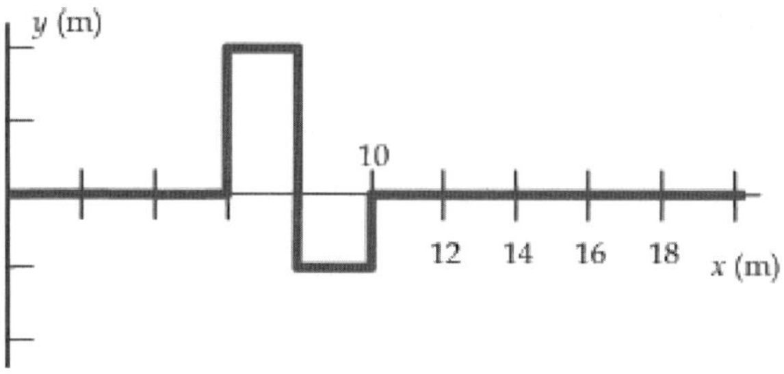

$t = 5.00$ s

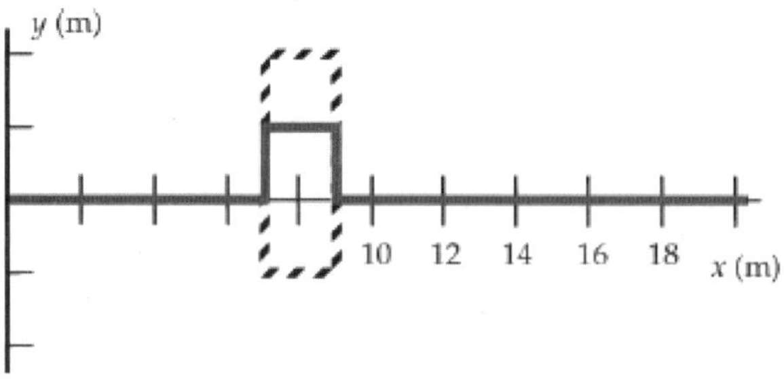

$t = 6.00\,\text{s}$

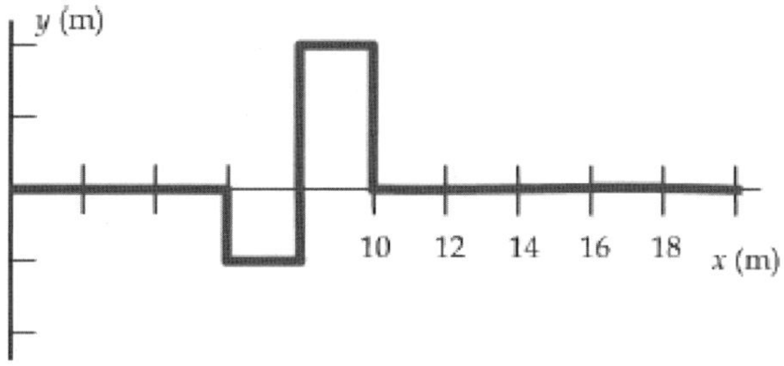

(b) $t = 2.00\,\text{s}$

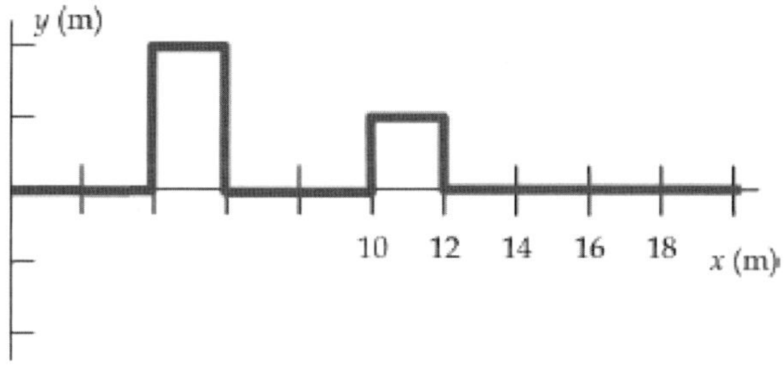

$t = 4.00\,\text{s}$

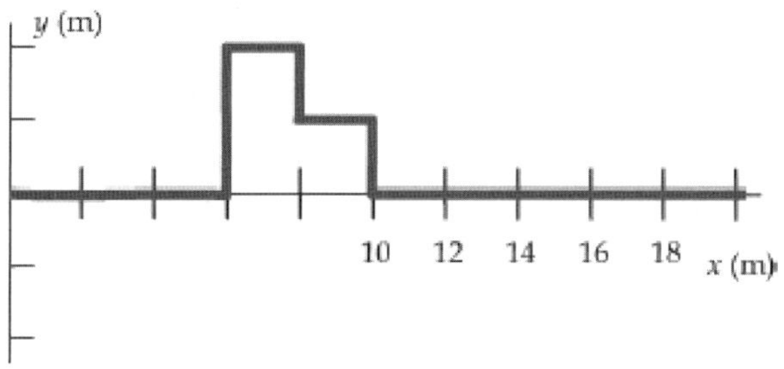

$t = 5.00\,\text{s}$

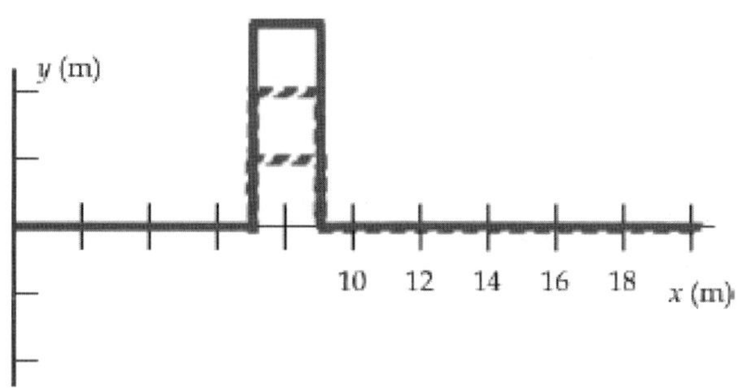

$t = 6.00\,\text{s}$

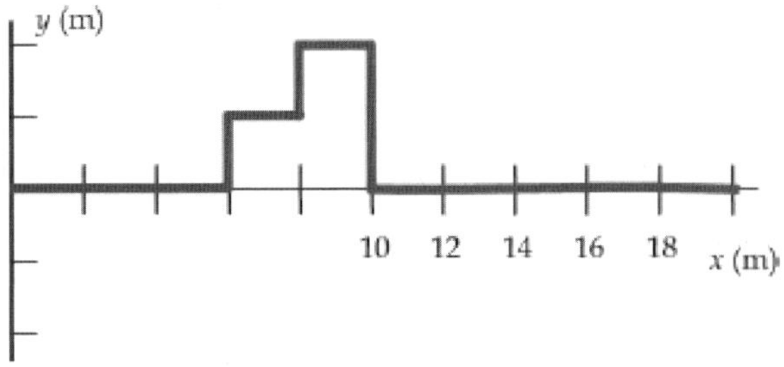

3.

(a) 두 파동의 경로차: $\Delta x = \sqrt{9.00\text{ m}^2 + 4.00\text{ m}^2} - 3.00\text{ m} = \sqrt{13\text{ m}^2} - 3.00\text{ m} = 0.606\text{ m}$

파장은

$$\lambda = \frac{v}{f} = \frac{343\text{ m/s}}{300\text{ Hz}} = 1.14\text{ m}$$

이므로, 두 파동의 위상차는

$$\Delta\phi = \frac{2\pi}{\lambda}\Delta x = \frac{2\pi}{1.14\text{ m}}(0.606\ m) = 3.33\ rad$$

(b) 상쇄 간섭을 위한 조건은

$$\frac{\Delta x}{\lambda} = 0.500 \rightarrow \lambda = \frac{\Delta x}{0.500} = 2\Delta x$$

이 때의 진동수는

$$f = \frac{v}{\lambda} = \frac{v}{2\Delta x} = \frac{343\text{ m/s}}{2(0.606\text{ m})} = \boxed{283\text{ Hz}}$$

4. 두 파동을 사인형 파동이라고 할 때, 이들의 합성파는

$$(4.00\text{ cm})\sin(kx - \omega t) + (4.00\text{ cm})\sin(kx - \omega t + 90.0°)$$
$$= 2\,(4.00\text{ cm})\sin(kx - \omega t + 45.0°)\cos 45.0°$$

따라서 진폭은 $(8.00\text{ cm})\cos 45.0° = 5.66\text{ cm}$.

5.

(a) $y_1 = f(x - vt)$ 이므로, 파동 1은 $+x$ 방향으로 진행한다.

$y_2 = f(x + vt)$ 이므로, 파동 2는 $-x$ 방향으로 진행한다.

(b) 상쇄되기 위해서는 $y_1 + y_2 = 0$ 이므로,

$$\frac{5}{(3x-4t)^2+2} = \frac{+5}{(3x+4t-6)^2+2}$$

$$(3x-4t)^2 = (3x+4t-6)^2$$
$$3x - 4t = \pm(3x+4t-6)$$

양의 근으로부터 $8t = 6$ 이므로, $t = 0.750\text{ s}$.

(c) 음의 근으로부터 $6x = 6$이므로, $x = 1.00$ m.

6. 시간에 따른 파동의 모습은 아래 그림과 같다.

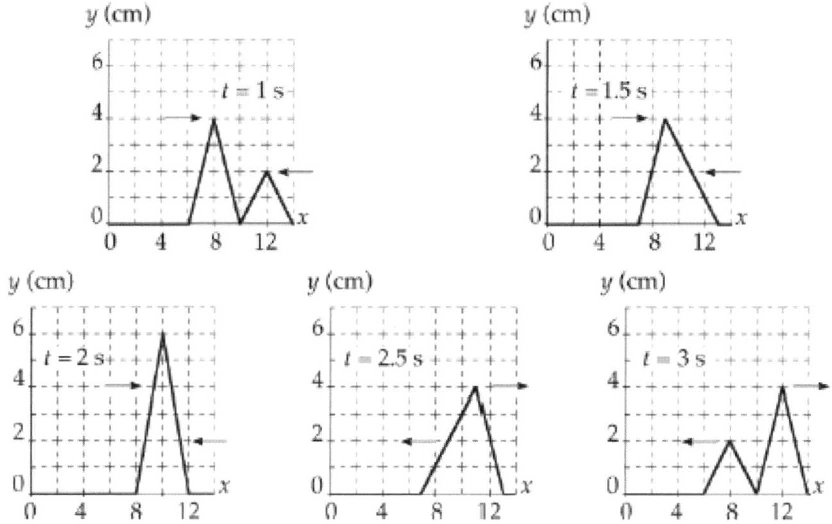

7. 벽에 가까운 쪽에서 반사된 파동은 28.0 m를 이동하는 반면, 먼 쪽 끝에서 반사된 파동은 66.0 m를 이동한다. 두 파동의 경로차는 다음과 같다.

$$\Delta r = 66.0\ \text{m} - 28.0\ \text{m} = 38.0\ \text{m}$$

$\lambda = \dfrac{v}{f}$ 이므로,

$$\frac{\Delta r}{\lambda} = \frac{(\Delta r)f}{v} = \frac{(38.0\ \text{m})(246\ \text{Hz})}{343\ \text{m/s}} = 27.254$$

$$\Delta r = 27.254\lambda$$

그러면 두 반사파 사이의 위상차는

$$\phi = (0.254)(1\ \text{cycle}) = (0.254)(2\pi\ \text{rad}) = \boxed{91.3°}$$

14.2 정상파

8.

합성파의 파동 함수:

$$y_1 = 3.00 \sin\left[\pi(x + 0.600t)\right]; \quad y_2 = 3.00 \sin\left[\pi(x - 0.600t)\right]$$

$$y = y_1 + y_2 = \left[3.00 \sin(\pi x)\cos(0.600\pi t) + 3.00 \sin(\pi x)\cos(0.600\pi t)\right]$$

$$y = (6.00\ \text{cm}) \sin(\pi x)\cos(0.600\pi t)$$

최대 y를 구하기 위해, $|\cos(0.600\pi t)| = 1$로 놓는다.

(a) At $x = 0.250$ cm, $|y_{max}| = |(6.00 \text{ cm}) \sin(0.250\pi)| = \boxed{4.24 \text{ cm}}$

(b) At $x = 0.500$ cm, $|y_{max}| = |(6.00 \text{ cm}) \sin(0.500\pi)| = \boxed{6.00 \text{ cm}}$

(c) At $x = 1.50$ cm, $|y_{max}| = |(6.00 \text{ cm}) \sin(1.50\pi)| = \boxed{6.00 \text{ cm}}$

(d) 배의 위치는 $\sin(\pi x) = \pm 1$일 때이다. 이는

$$\sin(\pi x) = \pm 1 \quad \rightarrow \quad \pi x = n\frac{\pi}{2}$$

또는 $x = \frac{n}{2}$이며, $n = 1, 3, 5, 7 \ldots$이다.

$$n = 1: \ x_1 = \frac{1}{2} = \boxed{0.500 \text{ cm}}$$

$$n = 3: \ x_2 = \frac{3}{2} = \boxed{1.50 \text{ cm}}$$

$$n = 5: \ x_3 = \frac{5}{2} = \boxed{2.50 \text{ cm}}$$

9. 파동 함수가 선형 파동 방정식의 해임을 보이자.

$y = 2A_0 \sin kx \cos \omega t$ 로부터

$$\frac{\partial y}{\partial x} = 2A_0 k \cos kx \cos \omega t, \qquad \frac{\partial y}{\partial t} = -2A_0 \omega \sin kx \sin \omega t$$

$$\frac{\partial^2 y}{\partial x^2} = -2A_0 k^2 \sin kx \cos \omega t, \qquad \frac{\partial^2 y}{\partial t^2} = -2A_0 \omega^2 \sin kx \cos \omega t$$

파동 방정식에 대입하면

$$-2A_0 k^2 \sin kx \cos \omega t = \left(\frac{1}{v^2}\right)(-2A_0 w^2 \sin kx \cos \omega t)$$

즉, $v = \frac{\omega}{k}$ 을 만족한다. 따라서 $v = \lambda f = \frac{\lambda}{2\pi} 2\pi f = \frac{\omega}{k}$ 이기 때문에 이 식은 사실이다.

10.

(a) 합성파 $y = 2A \sin\left(kx + \frac{\phi}{2}\right) \cos\left(\omega t - \frac{\phi}{2}\right)$ 로부터, 파동의 모양은 $\sin\left(kx + \frac{\phi}{2}\right)$에 의해 정해진다.

마디의 위치는 $kx + \frac{\phi}{2} = n\pi$, 또는 $x = \frac{n\pi}{k} - \frac{\phi}{2k}$ 이다.

인접 마디 사이의 거리는

$$\Delta x = \left[(n+1)\frac{\pi}{k} - \frac{\phi}{2k}\right] - \left[\frac{n\pi}{k} - \frac{\phi}{2k}\right]$$

$$\Delta x = \frac{\pi}{k} = \frac{\lambda}{2}$$

마디 사이의 거리는 여전히 반파장이다.

(b) 예. 마디의 위치는 $kx + \frac{\phi}{2} = n\pi$, 또는 $x = \frac{n\pi}{k} - \frac{\phi}{2k}$ 이다. 이는 각각의 마디가 $\phi = 0$ 인 경우와 비교해 볼 때, 진행파 사이의 위상차가 $\frac{\phi}{2k}$ 만큼 왼쪽으로 이동함을 의미한다.

11. 서로 마주보는 확성기는 이들 사이의 공간에 정상파를 만든다. 마디 사이의 거리는

$$d_{NN} = \frac{\lambda}{2} = \frac{v}{2f} = \frac{343 \text{ m/s}}{2(800 \text{ s}^{-1})} = 0.214 \text{ m}$$

이다. 확성기가 동위상으로 진동하면, 확성기 사이의 중간 위치는 다음의 거리에서 압력배가 된다.

$$\frac{1.25 \text{ m}}{2} = 0.625\ m$$

그러면 확성기로부터 파장의 1/4 떨어진 다음의 곳은 마디가 된다.

$$0.626 - \frac{0.214}{2} = 0.518 \text{ m}$$

그 다음부터는 각 확성기로부터 연속해서 반 파장 떨어진 곳이 다음과 같이 마디가 된다.

$$0.518 \text{ m} - 0.214 \text{ m} = \boxed{0.303 \text{ m}}$$

$$0.303 \text{ m} - 0.214 \text{ m} = \boxed{0.089\ 1 \text{ m}}$$

$$0.518 \text{ m} + 0.214 \text{ m} = \boxed{0.732 \text{ m}}$$

$$0.732 \text{ m} + 0.214 \text{ m} = \boxed{0.947 \text{ m}}$$

$$0.947 \text{ m} + 0.214 \text{ m} = \boxed{1.16 \text{ m}}$$

14.3 분석 모형: 경계 조건하의 파동

12.

(a) 파장: $L = 2\lambda \rightarrow \lambda = \frac{L}{2} = \frac{120 \text{cm}}{2} = 60.0 \text{cm} = 0.600 \text{ m}$

(b) 줄의 기본 진동수: $v = f\lambda = 72.0 \text{m/s} \rightarrow f_1 = \frac{v}{2L} = \frac{72.0 \text{m/s}}{2(1.20 \text{m})} = 30.0 \text{ Hz}$

13. 주어진 파동 함수를 정상파의 파동 함수와 비교하면

$$y = 0.002\ 00 \sin(\pi x)\cos(100\pi t) = 2A \sin kx \cos \omega t$$

로부터

$$k = \frac{2\pi}{\lambda} = \pi \text{ m}^{-1} \quad \rightarrow \quad \lambda = 2.00 \text{ m}$$

$$\omega = 2\pi f = 100\pi \text{ s}^{-1} \quad \rightarrow \quad f = 50.0 \text{ Hz}$$

(a) 인접한 마디 사이의 거리는 $d_{NN} = \dfrac{\lambda}{2} = 1.00 \text{ m}$ 이므로

철사줄에 생기는 고리의 수는 $\dfrac{L}{d_{NN}} = \dfrac{3.00 \text{ m}}{1.00 \text{ m}} = 3$개

(b) 파동의 속력은

$$v = \omega/k = 100\pi \text{ s}^{-1}/\pi \text{ m}^{-1} = 100 \text{ m/s}$$

이다. 가장 간단한 정상파 진동에서,

$$d_{NN} = 3.00 \text{ m} = \frac{\lambda_b}{2} \quad \rightarrow \quad \lambda_b = 6.00 \text{ m}$$

로부터

$$f_b = \frac{v_a}{\lambda_b} = \frac{100 \text{ m/s}}{6.00 \text{ m}} = \boxed{16.7 \text{ Hz}}$$

(c) $v_o = \sqrt{\dfrac{T_o}{\mu}}$ 에서 장력이 $T_c = 9T_0$로 증가하고 철사줄이 늘어나지 않는다고 하면,

속력은 다음과 같이 증가한다.

$$v_c = \sqrt{\frac{9T_0}{\mu}} = 3\sqrt{\frac{T_0}{\mu}} = 3v_0 = 3(100 \text{ m/s}) = 300 \text{ m/s}$$

따라서,

$$\lambda_c = \frac{v_c}{f_a} = \frac{300 \text{ m/s}}{50 \text{ Hz}} = 6.00 \text{ m}, \quad d_{NN} = \frac{\lambda_c}{2} = 3.00 \text{ m},$$

이므로, 줄에는 하나의 고리가 생긴다.

14.

(a) 정상파의 파장 $\lambda_n = \dfrac{2L}{n} \quad (n = 1, 2, 3, \cdots)$

기본 진동의 파장 $\lambda_1 = \dfrac{2L}{1} = 2(2.60 \text{ m}) = 5.20 \text{ m}$

(b) 줄의 진동수 $f_n = n\dfrac{v}{2L} = \dfrac{1}{2L}\sqrt{\dfrac{T}{\mu}}$ 에서 알 수 있듯이 줄에서 파동의 속력을 알 수 없다. 따라서 기본 진동수를 구할 수 없다.

15. 기본 모드에서 막대 위의 줄에 형성되는 정상파는 양쪽 끝이 마디이고, 그 중간이 배이다. 따라서,

$$\frac{\lambda}{2} = \frac{L}{\cos\theta} \quad \rightarrow \quad \lambda = \frac{2L}{\cos\theta}$$

기본 진동가 f 이므로, 이 줄에서의 파동 속력은

$$v = \lambda f = \frac{2Lf}{\cos\theta}$$

이다. 도르래 때문에, 줄에서의 장력은 $T = Mg$ 이다. 또한

$$v = \sqrt{\frac{T}{\mu}} = \sqrt{\frac{Mg}{m/AB}} = \sqrt{\frac{MgL}{m\cos\theta}}$$

이다. 따라서

$$\frac{2Lf}{\cos\theta} = \sqrt{\frac{MgL}{m\cos\theta}} \quad \rightarrow \quad \frac{4L^2f^2}{\cos^2\theta} = \frac{MgL}{m\cos\theta}$$

이다. 이로부터

$$\boxed{m = \frac{Mg\cos\theta}{4f^2L}}$$

16.

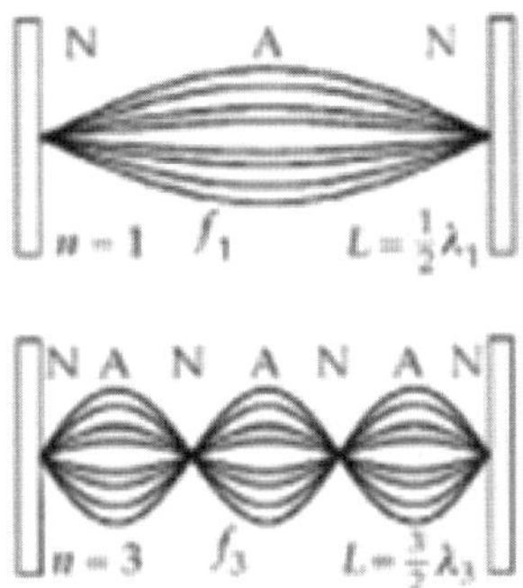

$$d_{NN} = 0.700\text{ m}$$

$$f\lambda = v$$

$$f(2L) = \sqrt{\frac{T}{u}} = \sqrt{\frac{T}{m/L}} = \sqrt{\frac{TL}{m}} \rightarrow T = 4f^2mL$$

(a) $T = 4f^2mL$

$$= 4(220\text{ Hz})^2(1.20\times10^{-3}\text{ kg})(0.700\text{ m})$$

$$= \boxed{163\text{ N}}$$

(b) 이 경우, 줄은 3차 조화 진동이다. 따라서,

$$f_3 = 3f_1 = 3(200\ \text{Hz}) = 660\ \text{Hz}$$

14.4 공기 관에서의 정상파

17.

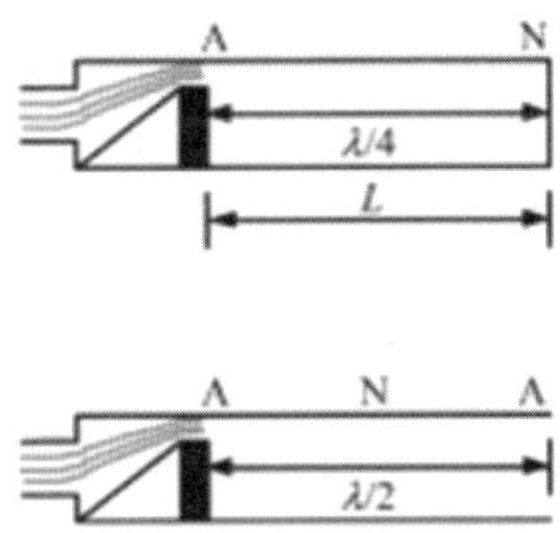

(a) 한 쪽이 닫힌 관의 경우, 오른쪽 그림에서와 같이 $\lambda = 4L$ 이다. 그리고 $v = f\lambda$ 이므로 $L = \dfrac{v}{4f}$ 이다. 따라서

$$L = \frac{343\text{ m/s}}{4(240\text{ s}^{-1})} = \boxed{0.357\text{ m}}$$

(b) 열린 관의 경우, 오른쪽 그림에서와 같이 $\lambda = 2L$ 이다. 따라서

$$L = \frac{v}{2f} = \frac{343\text{ m/s}}{2(240\text{ s}^{-1})} = \boxed{0.715\text{ m}}.$$

18. $\frac{\lambda}{2} = d_{AA} = \frac{L}{n} \quad \rightarrow \quad L = \frac{n\lambda}{2}, \qquad n = 1, 2, 3, \ldots.$

$\lambda = \frac{v}{f}$ 이므로, $L = n\left(\frac{v}{2f}\right), \qquad n = 1, 2, 3, \ldots.$

$v = 343\ \text{m/s}$ 이고 $f = 680\ \text{Hz}$ 이므로

$$L = n\left(\frac{343\ \text{m/s}}{2(680\ \text{Hz})}\right) = n(0.252\ \text{m}) \quad \text{for } n = 1, 2, 3, \ldots$$

따라서, 공명이 가능한 길이들은

$$L = \boxed{0.252\ \text{m}, 0.504\ \text{m}, 0.757\ \text{m}, \ldots, n(0.252)\ \text{m}}$$

19.

(a) 양쪽 끝이 모두 열려 있거나 닫혀 있는 관의 경우, 인접 공명 진동수 사이의 간격은 일정하다. 그러면 공명 진동수들은 650 Hz, 550 Hz, 450 Hz, 350 Hz, 25 Hz, 150 Hz, 50 Hz 이어야 한다. 이들은 기본 진동수 50.0 Hz의 홀수배이다.

(b) 그러면 관의 길이는

$$d_{NA} = \frac{\lambda}{4} = \frac{v}{4f} = \frac{343\ \text{m/s}}{4(50.0\ \text{s}^{-1})} = \boxed{1.72\ \text{m}}.$$

20. 닫힌 상자의 경우, 공명 진동수는 모든 면에서 마디가 되므로, 허용되는 파장은 $\lambda = \frac{2L}{n}$, $(n = 1,\ 2,\ 3, \ldots.)$이다. 즉,

$$L = \frac{n\lambda}{2} = \frac{nv}{2f} \qquad \rightarrow \qquad f = \frac{nv}{2L}$$

그러므로, $L = 0.860\ \text{m}$이고 $L' = 2.10\ \text{m}$일 때, 공명 진동수는

$L = 0.860\ \text{m}$ 이고 $n = 1 \sim 9$인 경우, $f_n = n(206\ \text{Hz})$

$L = 2.10\ \text{m}$ 이고 $n = 2 \sim 23$인 경우, $f_n = n(84.5\ \text{Hz})$

21.

(a) 파장은 $\lambda = \frac{v}{f} = \frac{343\ \text{m/s}}{261.6/\text{s}} = 1.31\ \text{m}$이므로, 가장 간단한 모드로 진동하는 열린 관의 길이는

$$d_{\text{A to A}} = \frac{1}{2}\lambda = \boxed{0.656\ \text{m}}$$

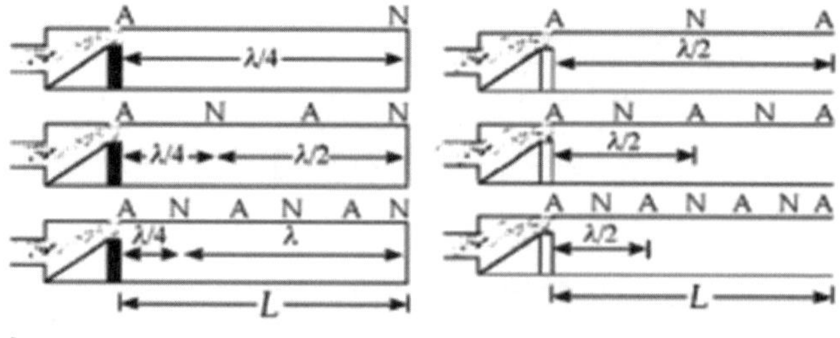

(b) 닫힌 관에서 가장 간당한 공명은 (NA)이고, 두 번째는 (NANA), 세 번째는 (NANANA)이고 길이는 파장의 5/4와 같다. 이때, 관의 길이는

$$5d_{\text{N to A}} = \frac{5\lambda}{4} = \frac{5}{4}(1.31\ \text{m}) = \boxed{1.64\ \text{m}}$$

22.

(a) 터널의 열린 끝은 배이므로, $d_{AA} = 2\ 000\ \text{m}/n$, $(n = 1,\ 2,\ 3.....)$이다. 그러면

$$\lambda = 2d_{AA} = 4\ 000\ \text{m}/n$$

이고,

$$f = \frac{v}{\lambda} = \frac{343\ \text{m/s}}{4\ 000\ \text{m}/n} = 0.085\ 8\ \text{Hz},\quad (n = 1,\ 2,\ 3...)$$

(b) 그것은 좋은 규칙이다. 모든 차량의 경적은 터널 내 공기의 밀집된 공명 진동수 중 여러 개 또는 많은 것을 생성하므로, 경적이 크게 증폭될 수 있다. 다른 운전자들은 겁을 먹고 위험한 행동을 하게 되거나 경적을 울릴 수도 있다.

23. 공기 온도를 T = 37.0°C = 310 K라고 가정하면, 관 내의 음속은 다음과 같다.

$$v = 331\ \text{m/s} + (0.600\ \text{m/s}\cdot{}^\circ\text{C})(37.0^\circ\text{C}) = 353\ \text{m/s}$$

기본 공진 모드에서 한쪽 끝이 닫힌 관에서 음파의 파장은 $\lambda = 4L$이다. 따라서, 울음소리를 내는 두루미의의 경우,

$$f = \frac{v}{\lambda} = \frac{353\ \text{m/s}}{4(1.50\ \text{m})} = 58.8\ \text{Hz}$$

24. 양쪽 끝이 열린 관에서의 정상파 진동수: $f_n = n\dfrac{v}{2L}$, $n = 1, 2, 3, \cdots$

$$f_n = n\frac{343\,\text{m/s}}{2(0.730\,\text{m})} = n(235\,\text{Hz}),\quad n = 1, 2, 3, \cdots$$

따라서 $n = 1$일 때 진동수 235 Hz는 양쪽 끝이 열린 관의 진동수와 일치한다.

또한, 한쪽 끝만 열린 관에서 형성되는 진동수: $f_n = n\dfrac{v}{4L}$, $n = 1, 3, 5, \cdots$

$$f_n = n\frac{343\,\text{m/s}}{4(0.730\,\text{m})} = n(117.5\,\text{Hz}),\ n = 1, 3, 5, \cdots$$

따라서 $n = 5$일 때 진동수 587 Hz는 한쪽 끝만 열린 관에서 일치한다.
따라서, 하나의 관에서 이들 두 진동수가 만들어지는 것은 불가능하다.

14.5 맥놀이: 시간적 간섭

25.

(a) 줄에서 발생 가능한 진동수는 (523 ± 2) Hz = 521 Hz 또는 525 Hz이다.

(b) 줄을 약간 조이면, 장력이 증가하여 파동의 속력과 진동수가 증가한다. 처음 진동수가 521 Hz이었다면, 맥놀이 진동수는 줄어들 것이다. 따라서 처음 진동수는 525 Hz임이 틀림없으며, 나중 진동수는 526 Hz가 된다.

(c) $f = \dfrac{v}{\lambda} = \dfrac{\sqrt{T/\mu}}{2L} = \dfrac{1}{2L}\sqrt{\dfrac{T}{\mu}}$ 로부터

$$\frac{f_2}{f_1} = \sqrt{\frac{T_2}{T_1}} \quad \rightarrow \quad T_2 = \left(\frac{f_2}{f_1}\right)^2 T_1$$

따라서, 변화를 주어야하는 장력 변화 백분율은

$$\frac{T_2 - T_1}{T_1} = \frac{T_2}{T_1} - 1 = T_2 = \left(\frac{f_2}{f_1}\right)^2 - 1$$

$$= \left(\frac{523}{526}\right)^2 - 1 = -0.011\,4 = -1.14\%$$

장력은 1.14% 줄여야 한다.

26. $f \propto v \propto \sqrt{T}$ 이므로, $f_{new} = 110\sqrt{\frac{540}{600}} = 104.4 \text{ Hz}$.

따라서 $\Delta f = 110 \text{ Hz} - 104.4 \text{ Hz} = 5.64 \text{ Hz}$ (또는 5.64회/s).

27. 음원이 벽을 향해 이동하므로,

$$v_s = +v_{student},\ v_0 = 0, \quad \text{and} \quad f' = f\frac{(v+v_o)}{(v-v_s)} = f\frac{v}{(v-v_{student})}.$$

벽은 정지 음원의 역할을 하는데, 진동수가 f' 인 파동을 반사하여 보낸다. 관측자가 음원을 향하여 이동하므로, $v_s = 0$, $v_o = +v_{student}$ 이다. 따라서

$$f'' = f'\frac{(v+v_o)}{(v-v_s)} = f'\frac{(v+v_s)}{v} = f\frac{v}{(v-v_{student})}\frac{(v+v_{student})}{v}$$

$$= f\frac{(v+v_{student})}{(v-v_{student})}$$

(a) 학생이 벽을 향해 걸어갈 때 f'' 은 f 보다 더 크다. 맥놀이 진동수는

$$f_b = |f'' - f| = f\frac{(v+v_{student})}{(v-v_{student})} - f = f\left[\frac{(v+v_{student})}{(v-v_{student})} - 1\right]$$

$$= f\frac{2v_{student}}{(v-v_{student})}$$

$$f_b = (256 \text{ Hz})\frac{2(1.33 \text{ m/s})}{(343 \text{ m/s} - 1.33 \text{ m/s})} = \boxed{1.99 \text{ Hz}}$$

(b) 학생이 벽으로부터 멀어지면, $v_{student}$ 의 부호가 바뀌고 f'' 은 f 보다 더 작다.

$$f_b = |f'' - f| = f - f\frac{(v-v_{student})}{(v+v_{student})} = f\left[1 - \frac{(v-v_{student})}{(v+v_{student})}\right]$$

$$= f\frac{2v_{student}}{(v+v_{student})}$$

$v_{student}$ 에 대하여 풀면

$$v_{student} = \frac{f_b v}{2f - f_b} = \frac{(5 \text{ Hz})(343 \text{ m/s})}{(2)(256 \text{ Hz}) - 5 \text{ Hz}} = \boxed{3.38 \text{ m/s}}$$

추가문제

28. 맥놀이 횟수 $f_{beat} = |f_1 - f_2|$ 으로부터

$$f_2 = f_1 - f_{beat} = 150 \text{ Hz} - 4 \text{ Hz} = 146 \text{ Hz}$$

29.

(a) $$\mu = \frac{5.50 \times 10^{-3} \text{ kg}}{0.860 \text{ m}} = 6.40 \times 10^{-3} \text{ kg/m}$$

$$v = \sqrt{\frac{T}{\mu}} = \sqrt{\frac{1.30 \text{ kg} \cdot \text{m/s}^2}{6.40 \times 10^{-3} \text{ kg/m}}} = \boxed{14.3 \text{ m/s}}$$

(b) 마디와 인접 배 사이의 거리는 $\lambda/4$ 이다. 아래는 마디이고 위 끝이 배이려면, 줄은 마디-배 쌍의 홀수배이어야 한다.

가장 간단한 모양은(꼭대기에서 바닥까지) AN이다. 이는 하나의 마디-배 쌍이다. 따라서

$$\frac{\lambda_1}{4} = L = \boxed{86.0 \text{ cm}}$$

그 다음의 가장 간단한 모양은 ANAN = AN+NA+AN = 세 개의 마디-배 쌍이므로,

$$3\frac{\lambda_3}{4} = L \quad \rightarrow \quad \frac{\lambda}{4} = \frac{\lambda_3}{3} = \boxed{28.7 \text{ cm}}$$

그 다음의 가장 간단한 모양은 ANANAN = AN+NA+AN+NA+AN = 다섯 개의 마디-배 쌍이므로,

$$5\frac{\lambda_5}{4} = L \quad \rightarrow \quad \frac{\lambda_5}{4} = \frac{L}{5} = \boxed{17.2 \text{ cm}}$$

(c) 마디와 배 사이의 거리는 $\lambda/4$ 이다. 이에 해당하는 진동수는

$$f_n = \frac{v}{4\left(\frac{\lambda_n}{4}\right)}: \quad \begin{cases} f_1 = \dfrac{v}{4\left(\frac{\lambda_1}{4}\right)} = \dfrac{14.3 \text{ m/s}}{4(0.860 \text{ m})} = \boxed{4.14 \text{ Hz}} \\ f_3 = \dfrac{v}{4\left(\frac{\lambda_3}{4}\right)} = \dfrac{14.3 \text{ m/s}}{4(0.287 \text{ m})} = \boxed{12.4 \text{ Hz}} \\ f_5 = \dfrac{v}{4\left(\frac{\lambda_5}{4}\right)} = \dfrac{14.3 \text{ m/s}}{4(0.172 \text{ m})} = \boxed{20.7 \text{ Hz}} \end{cases}$$

30. 다음과 같은 형태의 해를 구한다.

$$\begin{aligned} &5.00 \sin(2.00x - 10.0t) + 10.0 \cos(2.00x - 10.0t) \\ &= A \sin(2.00x - 10.0t + \phi) \\ &= A \sin(2.00x - 10.0t) \cos\phi + A \cos(2.00x - 10.0t) \sin\phi \end{aligned}$$

이로부터

$$5.00 = A\cos\phi \quad , \quad 10.0 = A\sin\phi,$$

따라서

$$(5.00)^2 + (10.0)^2 = A^2 \quad \rightarrow \quad A = 11.2,$$

$$\tan\phi = \frac{10.0}{5.00} = 2.00 \quad \rightarrow \quad \phi = 63.4°$$

(a) 앞에서와 같이, A와 ϕ의 값을 구할 수 있으므로, 합성 파동은 사인형이다.

(b) 앞에서 구한 바와 같이, $A = 11.2$, $\phi = 63.4°$ 이다.

31.

(a) 그림에서와 같이, 매달린 줄이 연직 방향과 이루는 각도를 θ라고 하자. 그러면

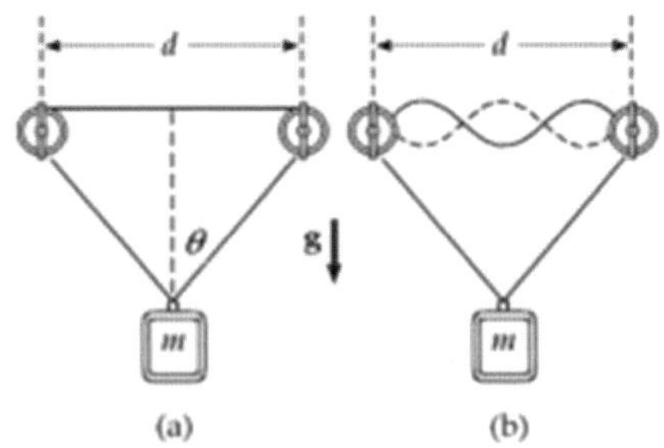

$$\sin\theta = \frac{d/2}{(L-d)/2} = \frac{d}{L-d}$$

$$\cos\theta = \sqrt{1-\sin^2\theta} = \left[1-\left(\frac{d}{L-d}\right)^2\right]^{\frac{1}{2}}$$

$$\cos\theta = \left[\frac{(L^2-2dL+d^2)-d^2}{(L-d)^2}\right]^{\frac{1}{2}}$$

$$\cos\theta = \frac{\sqrt{L^2-2dL}}{(L-d)}$$

질량을 고려하면,

$$\sum F_y = 0:\ \ 2T\cos\theta = mg \rightarrow T = \frac{mg}{2\cos\theta}$$

$$T = \boxed{\frac{mg(L-d)}{2\sqrt{L^2-2dL}}}.$$

(b) 줄에서 횡파의 속력은 $v = \sqrt{\frac{T}{\mu}}$ 이다.

그리고 3개의 고리가 있는 정상파 모양의 경우, $d = \frac{3}{2}\lambda$이다. 따라서 필요로하는 진동수는

$$f = \frac{v}{\lambda} = \boxed{\frac{3}{2d}\sqrt{\frac{mg(L-d)}{2\mu\sqrt{L^2-2dL}}}}.$$

32. 힘이 가해진 후 줄에서의 장력은 바람의 힘 $\vec{F}$와 질량의 무게 $M\vec{g}$의 벡터합이다. 따라서

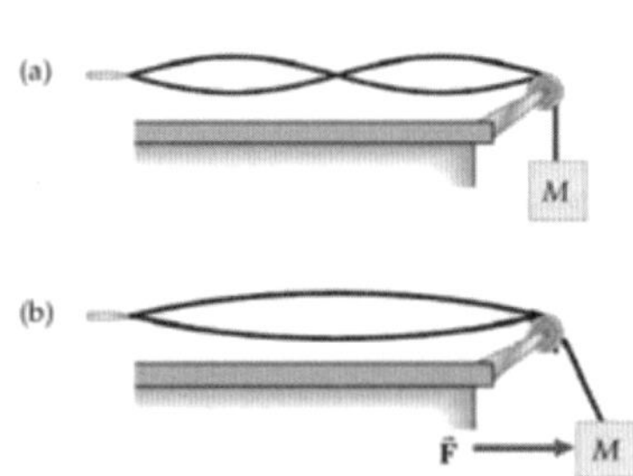

$$\vec{T}_{after} = \vec{F} + M\vec{g}$$

이고, 이들 힘은 다음과 같은 삼각형을 형성한다.

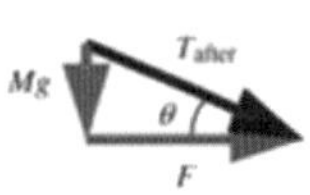

구동 진동수와 줄의 장력 사이의 관계는 다음과 같다.

$$f = \frac{n}{2L}\sqrt{\frac{T}{\mu}}$$

바람의 힘이 가해지기 전후에, 진동수 f, 줄의 선질량 밀도 μ, 줄의 길이 L은 일정하다. 따라서 줄의 장력 T는 하나의 변수 n의 함수이다.

$$f = \frac{n_1}{2L}\sqrt{\frac{T_1}{\mu}}, \quad f = \frac{n_2}{2L}\sqrt{\frac{T_2}{\mu}};$$

따라서

$$2Lf\sqrt{\mu} = n_1\sqrt{T_1} = n_2\sqrt{T_2}$$

이다. $n_1 = 2$와 $n_2 = 1$이므로

$$T_{after} = T_2 = T_1\left(\frac{n_1}{n_2}\right)^2 = Mg\left(\frac{n_1}{n_2}\right)^2 = Mg\left(\frac{2}{1}\right)^2 = 4Mg$$

이다. 직각삼각형으로부터

$$T_2^2 = F^2 + (Mg)^2$$

$$(4Mg)^2 = F^2 + (Mg)^2 \rightarrow F^2 = 16(Mg)^2 - (Mg)^2 = 15(Mg)^2$$

$$F = \boxed{\sqrt{15}Mg}$$

15장 유체 역학

15.1 압력

1. 의자의 다리에 작용하는 항력은 다리 하나당 $n=\dfrac{mg}{4}$

   따라서 다리 하나가 바닥에 작용하는 압력은

$$P=\frac{n}{A}=\frac{mg/4}{\pi r^2}=\frac{(95.0\,\mathrm{kg})(9.80\,\mathrm{m/s^2})}{4\pi(0.500\times10^{-2}\,\mathrm{m})^2}=2.96\times10^6\ \mathrm{Pa}$$

2.

(a) $$P=\frac{F}{A}=\frac{(50.0\ \mathrm{kg})(9.80\ \mathrm{m/s^2})}{\pi(0.500\times10^{-2}\ \mathrm{m})^2}=\boxed{6.24\times10^6\ \mathrm{N/m^2}}$$

(b) 이 압력은 힐이 바닥에 깔린 비닐을 손상시킬 수 있다.

3.

지구의 표면적은 $4\pi R^2$ 이다. 이 영역 안쪽으로 미는 힘은 다음과 같다.

$$F_g = P_0A = P_0(4\pi R^2)$$

이 힘은 공기의 무게 $F_g = mg = P_0(4\pi R^2)$ 이며, g 가 일정하다고 하면 공기 질량은

$$\begin{aligned} m &= \frac{P_0(4\pi R^2)}{g} \\ &= \frac{(1.013\times10^5\ \mathrm{N/m^2})\left[4\pi(6.37\times10^6\ \mathrm{m})^2\right]}{9.80\ \mathrm{m/s^2}} \\ &= \boxed{5.27\times10^{18}\ \mathrm{kg}} \end{aligned}$$

15.2 깊이에 따른 압력의 변화

4. 용수철이 훅의 법칙을 따른다고 가정하면, 용수철을 추가적으로 Δx 압축하는 데 피스톤에 가해지는 힘의 증가는

$$\Delta F = F - F_0 = (P - P_0)A = k(\Delta x)$$

   이다. 유체 표면 아래 깊이 h 에서의 게이지 압력은

$$P - P_0 = \rho gh$$

   이므로

$$\rho ghA = k(\Delta x)$$

   또는

$$h = k\frac{(\Delta x)}{\rho gA}$$

이다. $k = 1\ 250$ N/m, $A = \pi d^2/4$, $d = 1.20 \times 10^{-2}$ m 이고, 유체가 물이면, ($\rho = 1.00 \times 10^3$ kg/m^3), 용수철을 추가적으로 $\Delta x = 0.750 \times 10^{-2}$ m 압축하는데 필요한 깊이는

$$h = 8.46 \text{ m}$$

5. 양쪽 면에서 압력은 같으므로, $\dfrac{F_1}{A_1} = \dfrac{F_2}{A_2}$ 이다. 이 경우,

$$\frac{15\ 000 \text{ N}}{200 \text{ cm}^2} = \frac{\mathrm{F}_2}{3.00 \text{ cm}^2} \quad \rightarrow \quad F_2 = 225 \text{ N}$$

6. 물이 바닥에 가하는 압력은 $P_b = \rho g z = 1.96 \times 10^4$ Pa 이다.

(a) 따라서 물이 바닥에 가하는 힘은

$$F_b = P_b A = (1.96 \times 10^4 \text{ Pa})(30.0 \text{ m})(10.0 \text{ m}) = 5.88 \times 10^6 \text{ N} \quad (\text{아래쪽})$$

압력은 깊이에 따라 변한다. 높이가 dz 이고 길이가 L 인 띠에서, 힘은 $dF = PdA = PLdz = \rho g z L dz$ 이며, 전체에 대해 적분하면

$$F = \int_0^h \rho g z L dz = \frac{1}{2}\rho g L h^2 = \left(\frac{1}{2}\rho g h\right) L h = P_{average} A$$

(b) 양 끝 면에는,

$$F_b = P_{average} A = (9.80 \times 10^3 \text{ Pa})(20.0 \text{ m}^2) = 196 \text{ kN} \quad (\text{바깥쪽})$$

(c) 양 측면에는,

$$F_b = P_{average} A = (9.80 \times 10^3 \text{ Pa})(60.0 \text{ m}^2) = 588 \text{ kN} \quad (\text{바깥쪽})$$

7. $\Delta P = \rho_w g h$

$$\Delta V = \frac{-V\Delta P}{B} = \frac{-\rho_w g h V}{B} = -\frac{4\pi \rho_w g h r^3}{3B}$$

$$= -\frac{4\pi(1\,013 \text{ kg/m}^3)(9.80 \text{ m/s}^2)(1\,000 \text{ m})(1.50 \text{ m})^3}{3(14.0 \times 10^{10} \text{ Pa})}$$

$$= -1.02 \times 10^{-3} \text{ m}^3$$

따라서 $V = \dfrac{4}{3}\pi r^3 \rightarrow dV = 4\pi r^2 dr$, $r = 1.50$ m

그리고 $dV = \Delta V$ 라 하자.

$$-1.02 \times 10^{-3} \text{ m}^3 = 4\pi(1.50 \text{ m})^2 dr$$

$$\therefore dr = -3.60 \times 10^{-5} \text{ m}$$

그러므로 지름이 0.072 1 mm만큼 감소한다.

8. $F_g = (80.0 \text{ kg})(9.80 \text{ m/s}^2) = 784$ N

흡반이 학생을 간신히 지탱할 때, 천장의 수직력은 영(0)이고 흡반은 평형 상태에 있다.

$$F_g = F = PA = (1.013 \times 10^5 \text{ Pa})A$$

$$A = \frac{F_g}{P} = \frac{784 \text{ N}}{1.013 \times 10^5 \text{ Pa}} = \boxed{7.74 \times 10^{-3} \text{ m}^2}$$

9. 슈퍼맨이 빨대에 완벽한 진공 상태를 만들어낼 수 있다고 상상하자. 물 표면의 위치를 1, "$y_1 = 0$"이라고 하자. 그리고 빨대의 위쪽 끝의 위치를 2, "$y_2 =$ 빨대의 길이"라고 하자. 슈퍼맨이 마실 수 있는 빨대의 최대 길이는 얼마일까?
y_2에 대하여 풀면

$$P_1 + \rho g y_1 = P_2 + \rho g y_2$$

$$1.013 \times 10^5 \text{ Pa} + 0 = 0 + (10^3 \text{ kg/m}^3)(9.80 \text{ m/s}^2)y_2$$

$$y_2 = 10.3 \text{ m.}$$

슈퍼맨이 사용할 수 있는 가장 긴 빨대와 물을 마실 수 있는 길이가 12.0 m 미만이기 때문에, 이 상황은 불가능하다.

10. 유압 잭의 유체는 처음에 외부 공기와 동일한 압력을 작용한다. 이 압력 P_0는 피스톤에 영(0)의 알짜힘을 만든다. 평형 상태의 피스톤 2는 다음을 만족하게 된다.

$$500 \text{ lb} = (P - P_0)A = (P - P_0)\pi\left(\frac{1.50 \text{ in.}}{2}\right)^2$$

F_1은 레버 바(lever bar)기 피스톤 1에 작용하는 힘이라고 하면,

$$F_1 = (P - P_0)\pi\left(\frac{0.250 \text{ in.}}{2}\right)^2$$

이다. 피스톤의 무게, 미끄럼 마찰, 피스톤 1과 2의 약간의 높이 차이에 의한 유체 압력 P의 미세한 차이는 무시한다. 위의 두 식을 나누면,

$$\frac{F_1}{500 \text{ lb}} = \left(\frac{0.250 \text{ in.}}{1.50 \text{ in.}}\right)^2$$

$$F_1 = \frac{500 \text{ lb}}{36.0}$$

유압 리프트가 36이라는 이상적인 기계적 이점을 가지고 있다고 말한다. 이번에는 레버 바의 경우, 무게, 마찰을 무시하고, 평형 상태를 가정한다. 고정된 힌지(hinge)에 돌림힘 $\Sigma\tau = 0$으로부터.

$$F_1(2.00 \text{ in.}) - F(12.0 \text{ in.}) = 0 \quad \rightarrow \quad F = \frac{F_1}{6}$$

레버 바는 6의 이상적인 기계적 이점을 가지고 있다, 이를 대입하면

$$F = \frac{500 \text{ lb}}{36 \cdot 6} = \boxed{2.31 \text{ lb}}$$

15.3 압력의 측정

11.

(a) 밀도의 정의를 이용하면,

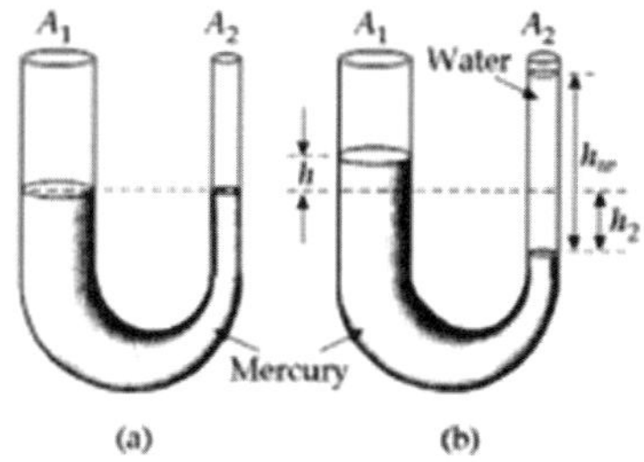

$$h_w = \frac{m_{\text{water}}}{A_2\rho_{\text{water}}} = \frac{100\text{ g}}{(5.00\text{ cm}^2)(1.00\text{ g/cm}^3)} = \boxed{20.0\text{ cm}}$$

(b) 오른쪽 그림(b)는 물을 넣었을 때의 상황을 나타낸다.

수은의 부피 (A_2h_2)가 오른쪽 관에서 물로 대체되었으며, 왼쪽 관에서의 추가된 수은의 부피는 A_1h이다. 수은의 전체 부피는 변하지 않았으므로,

$$A_2h_2 = A_1h \quad \text{or} \quad h_2 = \frac{A_1}{A_2}h \qquad \textbf{[1]}$$

오른쪽 관의 수은-물 경계면에서 절대 압력은 다음과 같이 쓸 수 있다.

$$P = P_0 + \rho_{water}gh_w$$

왼쪽 관의 같은 높이에서의 압력은 다음과 같다.

$$P = P_0 + \rho_{He}g(h + h_2) = P_0 + \rho_{water}gh_w$$

여기에 식 [1]을 적용하면, 다음과 같다.

$$\rho_{\text{Hg}}h\left[1 + \frac{A_1}{A_2}\right] = \rho_{\text{water}}h_w$$

$$h = \frac{\rho_{\text{water}}h_w}{\rho_{\text{Hg}}(1 + A_1/A_2)}.$$

따라서, 원래 위치로부터 올라간 수은의 높이는

$$h = \frac{(1.00\text{ g/cm}^3)(20.0\text{ cm})}{(13.6\text{ g/cm}^3)(1 + 10.0/5.00)}$$

$$\boxed{h = 0.490\text{ cm}}$$

12.

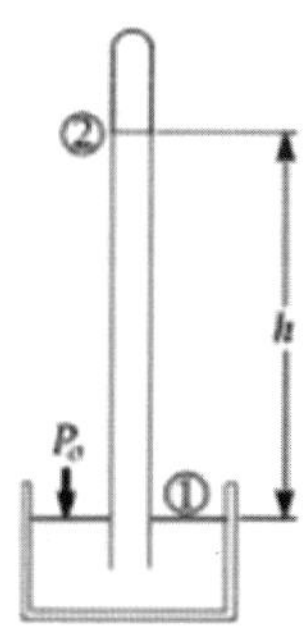

(a) $P_0 = \rho gh$

$$h = \frac{P_0}{\rho g} = \frac{1.013\times10^5\text{ Pa}}{(0.984\times10^3\text{ kg/m}^3)(9.80\text{ m/s}^2)} = \boxed{10.5\text{ m}}$$

(b) 아니요. 일부 알코올과 물이 증발하기 때문에 진공 상태가 좋지 않다. 알코올과 물의 평형 증기압은 수은의 증기압보다 높다.

13.

(a) 수영장 바닥에서의 압력은 $P = P_0 + \rho gh$ 이고, 수영장 바닥은 물의 무게를 지탱해야 한다. 즉,

$$PA - P_0A = m_{water}g = \rho Vg = \rho Ahg$$

이로부터, 다시 한번 $P = P_0 + \rho gh$ 을 확인할 수 있다.

$h = 1.50\text{ m}$ 에서의 절대 압력은

$$P = P_0 + \rho gh = 101.3\text{ kPa} + (1\,000\text{ kg/m}^3)(9.80\text{ m/s}^2)(1.50\text{ m})$$

$$= \boxed{116\text{ kPa}}$$

(b) 이번에도 수영장 바닥이 물과 사람의 무게를 지탱해야만 한다. 사람이 들어가기 전에 $P = 116\text{ kPa}$ 이고, 그 이후에는

$$\Delta P = Mg/A = (150\text{ kg})(9.80\text{ m/s}^2)/\pi(3.00\text{ m})^2 = \boxed{52.0\text{ Pa}}$$

14. 앞의 13번 문제 풀이 과정과 유사하다.

(a) $PA - P_0A = m_w g = \rho Vg = \rho Ahg$

$\therefore P = P_0 + \rho gh$

(b) $P_bA - P_0A = m_wg + Mg = \rho Vg + Mg = \rho Ahg + Mg$

$$P_b = P_0 + \rho hg + \frac{Mg}{A}$$

$$\Delta P = P_b - P = \frac{Mg}{A}$$

15.4 부력과 아르키메데스의 원리

15.

평형 상태에서, $\Sigma F = 0$ 또는 $F_{app} + mg = B$

여기서 B는 부력이고, F_{app}는 외력이다.

$B = \rho_{water} Vg$ 이고 $m = \rho_{ball} V$ 이므로

$$F_{app} = (\text{Vol})g(\rho_{water} - \rho_{ball}) = \frac{4}{3}\pi r^3 g(\rho_{water} - \rho_{ball}):$$

$$F_{app} = \frac{4}{3}\pi(1.90\times10^{-2}\text{ m})^3(9.80\text{ m/s}^2)(10^3\text{ kg/m}^3 - 84.0\text{ kg/m}^3)$$

$= 0.258\text{ N}$ (아래 방향)

16. 그림 P15.16의 왼쪽 그림에 힘의 평형 조건을 적용하면,

$$\Sigma F_y = 0 \rightarrow T_1 = F_g = m_{object}g = \rho_{object}gV_{object}$$

이고, 오른쪽 그림에서 힘의 평형 조건은

$$\Sigma F_y = 0 \rightarrow T_2 + B = F_g \rightarrow T_2 + B = T_1 \rightarrow T_1 - T_2 = B$$

이다. 여기서 부력은

$$B = m_{\text{water}}g = \rho_w V_{\text{object}}g$$

이다. 따라서 물체의 밀도는

$$\rho_{\text{object}} = \frac{m_{\text{object}}}{V_{\text{object}}} = \frac{T_1/g}{B/(\rho_w g)} = \frac{\rho_w T_1}{B}$$

$$\rho_{\text{object}} = \frac{\rho_w T_1}{T_1 - T_2} = \frac{(1\,000\ \text{kg/m}^3)(5.00\ \text{N})}{1.50\ \text{N}} = \boxed{3.33\times10^3\ \text{kg/m}^3}$$

17.

(a) $P_{top} = P_0 + \rho_{water}gh$ 로부터 시작하자.

$P_0 = 1.013\times10^5\ \text{N/m}^2$, $\rho_{\text{water}} = 1\ 000\ \text{kg/m}^3$, $h = 5.00\ \text{cm}$ 를 대입하면

$P_{top} = 1.017\,9\times10^5\ \text{N/m}^2$

$h = 17.0\ \text{cm}$ 를 대입하면

$P_{bot} = 1.029\,7\times10^5\ \text{N/m}^2$

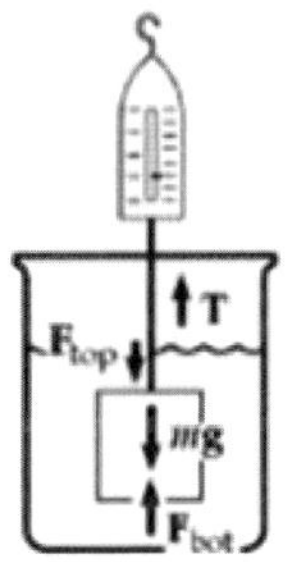

윗면과 아랫면의 넓이가

$$A = (0.100\ \text{m})^2 = 10^{-2}\ \text{m}^2$$

이므로,

$$F_{\text{top}} = P_{\text{top}}A = \boxed{1.017\,9\times10^3\ \text{N}}$$

$$F_{\text{bot}} = \boxed{1.029\,7\times10^3\ \text{N}}.$$

(b) 저울의 줄에 걸리는 장력이 나타내는 눈금은

$$T = Mg - B$$

이고, 여기서 B와 Mg는

$$B = \rho_w Vg = (10^3\ \text{kg/m}^3)(1.20\times10^{-3}\ \text{m}^3)(9.80\ \text{m/s}^2) = 11.8\ \text{N}$$

$$Mg = (10.0\ \text{kg})(9.80\ \text{m/s}^2) = 98.0\ \text{N}$$

이므로, 장력은

$$T = Mg - B = 98.0\ \text{N} - 11.8\ \text{N} = \boxed{86.2\ \text{N}}$$

(c) $F_{\text{bot}} - F_{\text{top}} = (1.0297 - 1.0179)\times10^3\ \text{N} = \boxed{11.8\ \text{N}}$

18.

(a) 정육면체 나무토막의 변 길이를 L이라고 하자. 떠 있을 때 물 표면으로부터의 거리를 h라고 하자. 부력이 나무토막의 무게를 지탱하므로

$$B = \rho_{\text{water}} V_{\text{object}}g = \rho_{\text{water}}L^2(L-h)g = \rho_{\text{wood}}L^3 g$$

h에 대하여 풀면,

$$h = L - L(\rho_{\text{wood}}/\rho_{\text{water}}) = L(1 - \rho_{\text{wood}}/\rho_{\text{water}})$$

$$h = (20.0\ \text{cm})(1 - 0.650) = \boxed{7.00\ \text{cm}}$$

(b) 부력이 나무토막과 납덩이의 무게를 지탱하므로

$$B = F_g + Mg, \qquad M = \text{납의 질량}$$

$$\rho_{\text{water}} L^3 g = \rho_{\text{wood}} L^3 g + Mg \rightarrow M = (\rho_{\text{water}} - \rho_{\text{wood}}) L^3$$

$$M = (1.00\ \text{kg/m}^3 - 0.650\ \text{kg/m}^3)(20.0\ \text{m})^3 = \boxed{2.80\ \text{kg}}$$

19.

(a) 글리세린의 부력은 물의 부력에 의해 지지되는 구의 무게를 지탱하므로,

$$B = \rho_{glycerin}(0.40\,V)g = \rho_{water}(V/2)g$$

$$\boxed{\rho_{\text{glycerin}} = \frac{\rho_{\text{water}}}{2(0.40)} = \frac{1\,000\ \text{kg/m}^3}{0.80} = 1\,250\ \text{kg/m}^3}$$

(b) 물의 부력은 구의 무게를 지탱하므로,

$$B = \rho_{water}(V/2)g = \rho_{sphere} Vg = F_g$$

$$\boxed{\rho_{\text{sphere}} = \frac{\rho_{\text{water}}}{2} = 500\ \text{kg/m}^3}$$

20.

(a) $B - T - F_g = 0$

$$B - 15.0\,\text{N} - 10.0\,\text{N} = 0 \quad \rightarrow \quad B = 25.0\ \text{N}$$

(b) 기름은 블록의 양쪽에서 수평 방향 안쪽으로 밀린다.

(c) 끈의 장력이 증가한다. 블록 아래의 물은 그 위에 있는 기름의 무게로 인해 더 높은 압력을 받고 있기 때문에, 블록을 이전보다 더 강하게 밀어 올린다.

(d) $P = \rho_{\text{oil}} gh$

$$F_{\text{oil}} = PA = \rho_{\text{oil}} ghA = \rho_{\text{oil}} g \Delta V$$

$$F_{\text{oil}} + B - T - F_g = 0 \quad \rightarrow \quad F_{\text{oil}} + 25.0\,\text{N} - 60.0\,\text{N} - 15.0\,\text{N} = 0$$

$$\therefore F_{\text{oil}} = 50.0\,\text{N}$$

따라서 $\dfrac{F_{\text{up}}}{B} = \dfrac{\rho_{\text{oil}} g \Delta V}{\rho_w g (V/4)}$

$$\rightarrow \quad \frac{\Delta V}{V} = \frac{F_{\text{up}}}{4B}\frac{\rho_w}{\rho_{\text{oil}}} = \frac{50.0\,\text{N}}{4(25.0\,\text{N})}\frac{1000\,\text{kg/m}^3}{800\,\text{kg/m}^3} = 0.625$$

그러므로 62.5%가 잠긴다.

15.5 유체 동역학
15.6 유선과 연속 방정식
15.7 베르누이 방정식

21. 베르누이 방정식으로부터

$$8.00\times10^4\ \text{N/m}^2+\frac{1}{2}(1\,000\ \text{kg/m}^3)v^2$$
$$=6.00\times10^4\ \text{N/m}^2+\frac{1}{2}(1\,000\ \text{kg/m}^3)16v^2$$

$$2.00\times10^4\ \text{N/m}^2=\frac{1}{2}(1\,000\ \text{kg/m}^3)15v^2$$
$$v=1.63\ \text{m/s}$$
$$\frac{dm}{dt}=\rho Av=(1\,000\ \text{kg/m}^3)\pi(5.00\times10^{-2}\ \text{m})^2(1.63\ \text{m/s})$$
$$=\boxed{12.8\ \text{kg/s}}$$

22. 꼭대기의 물 표면을 위치 1이라고 하자. 물통이 크기 때문에, 물의 수위는 매우 천천히 내려가므로 $v_1=0$이다. 구멍에서 나오는 물줄기 표면을 위치 2라고 하자. 두 위치 모두에서 압력은 1기압이다. 왜냐하면 뉴턴의 제3법칙에 따라 물은 공기가 밀어내는 것보다 더 강하거나 덜 강하게 밀 수 없기 때문이다. 따라서

$$P_1+\frac{1}{2}\rho v_1^2+\rho gy_1=P_2+\frac{1}{2}\rho v_2^2+\rho gy_2$$
$$P_a+0+\rho gh_0=P_a+\frac{1}{2}\rho v_2^2+\rho gh$$
$$v_2=\sqrt{2g(h_0-h)}$$

각 물방울이 물통을 떠나는 속도 v_2는 이제 포물체 운동에서 수평 방향의 처음 속도에 해당한다. 이의 낙하 시간은 등가속도 운동하는 입자 모형으로 구한다. 따라서

$$y=y_0+v_{y0}t+\frac{1}{2}a_yt^2$$

여기서 $y_0=h$, $y=0$, $v_{y0}=0$, $a_y=-g$이다.

이로부터

$$-h=0-\frac{1}{2}gt^2 \quad\rightarrow\quad t=\sqrt{\frac{2h}{g}}$$

등가속도 운동하는 입자 모형으로부터, 수평 변위는

$$x=x_0+v_{x0}t+\frac{1}{2}a_xt^2=0+\sqrt{2g(h_0-h)}\sqrt{\frac{2h}{g}}+0=\boxed{\sqrt{4h(h_0-h)}}$$

23.

(a) $A = \pi r^2 = \dfrac{\pi d^2}{4} = \pi(2.74\,\text{cm})^2/4$

$Av = \dfrac{25.0\,\text{L}}{1.50\,\text{min}}$ 이므로

$$v = \frac{25.0\,\text{L}/1.50\,\text{min}}{A} = \left(\frac{25.0\,\text{L}}{1.50\,\text{min}}\right)\left[\frac{4}{\pi(2.74)^2\,\text{cm}^2}\right]\left(\frac{1\,\text{min}}{60\,\text{s}}\right)\left(\frac{10^3\,\text{cm}^3}{1\,\text{L}}\right)$$

$= 0.471\ \text{m/s}$

(b) $\dfrac{A_2}{A_1} = \left(\dfrac{\pi d_2^2}{4}\right)\left(\dfrac{4}{\pi d_1^2}\right) = \left(\dfrac{d_2}{d_1}\right)^2 = \left(\dfrac{1}{3}\right)^2 = \dfrac{1}{9}$

$\therefore\ A_2 = \dfrac{A_1}{9}$

연속 방정식에 의해 $A_2 v_2 = A_1 v_1$

$$v_2 = \left(\frac{A_1}{A_2}\right)v_1 = 9(0.471\,\text{m/s}) = 4.24\ \text{m/s}$$

24. 수조 뚜껑이 없으므로 대기에 노출되어 있으므로, $P_1 = P_0$ 이다.

또한 $P_2 = P_0$ 이다. 공기가 물을 미는 것만큼 강하게 물은 공기를 민다.

흐름률 $= 2.50 \times 10^{-3}\ \text{m}^3/\text{min} = 4.17 \times 10^{-5}\ \text{m}^3/\text{s}$

(a) $A_1 \gg A_2$ 이므로 $v_1 \ll v_2$ 이다.

$v_1 = 0$ 으로 가정하면,

$$P_1 + \frac{\rho v_1^2}{2} + \rho g y_1 = P_2 + \frac{\rho v_2^2}{2} + \rho g y_2$$

$$v_2 = (2gy_1)^{1/2} = \left[2(9.80\ \text{m/s}^2)(16.0\ \text{m})\right]^{1/2} = \boxed{17.7\ \text{m/s}}$$

(b) 흐름률 $= A_2 v_2 = \left(\dfrac{\pi d^2}{4}\right)(17.7\ \text{m/s}) = 4.17 \times 10^{-5}\ \text{m}^3/\text{s}$

$$d = \boxed{1.73 \times 10^{-3}\ \text{m}} = 1.73\ \text{mm}$$

25.

(a) 해수면과 구멍 사이에

$$P_1 + \rho g y_1 + \frac{1}{2}\rho v_1^2 = P_2 + \rho g y_2 + \frac{1}{2}\rho v_2^2$$

$$1\,\text{atm} + (1\,030\,\text{kg/m}^3)(9.80\,\text{m/s}^2)(2.00\,\text{m}) + 0 = P_2 + 0 + 0$$

$\therefore\ P_2 = 1\,\text{atm} + 20.2\,\text{kPa}$

따라서 손에 작용하는 알짜힘은

$$F = PA = (20.2 \times 10^3\,\text{N/m}^2)\left(\frac{\pi}{4}\right)(1.20 \times 10^{-2}\,\text{m})^2$$

$= 2.28\ \text{N}$ (방향은 네덜란드 쪽)

(b) 베르누이 방정식에 의해

$$1\,\text{atm} + 0 + 20.2\,\text{kPa} = 1\,\text{atm} + \frac{1}{2}(1\,030\,\text{kg/m}^3)v_2^2 + 0$$

$$v_2 = 6.26\ \text{m/s}$$

따라서 부피 흐름률은

$$A_2v_2 = \frac{\pi}{4}(1.2\times10^{-2}\,\text{m})^2(6.26\,\text{m/s}) = 7.08\times10^{-4}\,\text{m}^3/\text{s}$$

1에이커(ac)의 땅을 파서 깊이 30.0 cm ($\approx$1 ft)를 채우려면

$$4\,047\ \text{m}^2 \times 0.300\ \text{m} = 1\,214\ \text{m}^3$$

$$\therefore\ \frac{1214\ \text{m}^3}{7.08\times10^{-4}\ \text{m}^3/\text{s}} = 1.71\times10^6\ \text{s} = 19.8\,\text{일}$$

26. 부피 흐름률 $\dfrac{\Delta V}{\Delta t} = \dfrac{125\,\text{cm}^3}{16.3\,\text{s}} = 7.67\,\text{cm}^3/\text{s} = Av_1$

$$v_1 = \frac{\Delta V/\Delta t}{A} = \frac{7.67\ \text{cm}^3/\text{s}}{\pi(0.960/2\ \text{cm})^2} = 10.6\ \text{cm/s}$$

따라서 $P_1 + \rho g y_1 + \frac{1}{2}\rho v_1^2 = P_2 + \rho g y_2 + \frac{1}{2}\rho v_2^2$에서

$$P_0 + (1\,000\,\text{kg/m}^3)(9.80\,\text{m/s}^2)(0.130\,\text{m}) + \frac{1}{2}(1\,000\,\text{kg/m}^3)(0.106\,\text{m/s})^2$$

$$= P_0 + 0 + \frac{1}{2}(1\,000\,\text{kg/m}^3)v_2^2$$

$$\therefore\ v_2 = \sqrt{2(9.80\,\text{m/s}^2)(0.130\,\text{m}) + (0.106\ \text{m/s})^2} = 1.60\ \text{m/s}$$

부피의 흐름률은 일정하므로

$$7.67\,\text{cm}^3/\text{s} = \pi\left(\frac{d}{2}\right)(160\ \text{cm/s}) \quad\rightarrow\quad d = 0.247\ \text{cm}$$

27.

(a) 부피 흐름률을 구하자.

먼저 연속 방정식으로부터 $A_1v_1 = A_2v_2 \quad\rightarrow\quad \pi(1.00\ \text{cm})^2v_1 = \pi(0.500\ \text{cm})^2v_2$

$$\therefore\ v_2 = 4v_1$$

여기서 흐름관을 생각하면

$$P_1 - P_2 = \Delta P = \frac{1}{2}\rho(4v_1)^2 + 0 - \frac{1}{2}\rho v_1^2$$

$$\Delta P = \frac{1}{2}(850\,\text{kg/m}^3)15v_1^2 \quad\rightarrow\quad v_1 = (0.0125\,\text{m/s})\sqrt{\Delta P}$$

따라서 부피 흐름률은 $A_1v_1 = \pi(0.01\,\text{m})^2(0.0125\,\text{m/s})\sqrt{\Delta P} = (3.93\times10^{-6}\,\text{m}^3/\text{s})\sqrt{\Delta P}$

(b) $\Delta P = 6.00\,\text{kPa}$일 때,

$$(3.93\times10^{-6}\,\text{m}^3/\text{s})\sqrt{6\,000\,\text{Pa}} = 0.305\ \text{L/s}$$

(c) $\Delta P = 12.0\,\text{kPa}$일 때, 부피 흐름률은 앞의 값의 $\sqrt{2}$ 배이다.

$$\sqrt{2}(0.305\,\text{L/s}) = 0.431\,\text{L/s}$$

추가문제

28.

(a) 평형 상태의 입자 모형.

(b) $B - F_b - F_{He} - F_g = 0$

(c) $\rho_{\text{air}} Vg - m_b g - \rho_{\text{He}} Vg - m_s g = 0$

$$m_s = (\rho_{\text{air}} - \rho_{\text{He}})V - m_b$$

$$= (\rho_{\text{air}} - \rho_{\text{He}})\frac{4}{3}\pi r^3 - m_b$$

(d) $m_s = \left[(1.20 - 0.179)\,\text{kg/m}^3\right]\left[\frac{4}{3}\pi(0.400\,\text{m})^3\right] - 0.250\,\text{kg} = 0.023\ 7\ \text{kg}$

(e) $m_s = m\frac{h}{l}$ 에서

$$h = l\frac{m_s}{m} = (2.00\,\text{m})\frac{0.023\ 7\ \text{kg}}{0.050\ 0\ \text{kg}} = 0.948\ \text{m}$$

29. $m = \rho V$는 구리 원통의 질량이라고 하자. 줄에서의 처음 장력은 $T_1 = mg = \rho Vg$이다. 물은 원통에 부력 $\rho_{water}\left(\frac{V}{2}\right)g$를 작용하여, 장력을 다음과 같이 감소시킨다.

$$T_2 = \rho Vg - \rho_{\text{water}}\left(\frac{V}{2}\right)g = \left(\rho - \frac{\rho_{\text{water}}}{2}\right)Vg$$

줄에서의 파동 속력은 $\sqrt{\frac{T_1}{\mu}}$ 에서 $\sqrt{\frac{T_2}{\mu}}$ 로 변하게 되어, 진동수는 다음과 같이 f_1에서 f_2로 변한다.

$$f_1 = \frac{v_1}{\lambda} = \sqrt{\frac{T_1}{\mu}}\frac{1}{\lambda} \quad \rightarrow \quad f_2 = \sqrt{\frac{T_2}{\mu}}\frac{1}{\lambda}$$

$\lambda = 2L$로 일정하다고 가정하면,

$$\frac{f_2}{f_1} = \sqrt{\frac{T_2}{T_1}} = \sqrt{\frac{\rho - \rho_{\text{water}}/2}{\rho}} = \sqrt{\frac{8.92\ \text{kg/m}^3 - (1.00\ \text{kg/m}^3)/2}{8.92\ \text{kg/m}^3}}$$

$$f_2 = (300\ \text{Hz})\sqrt{\frac{8.42}{8.92}} = \boxed{291\ \text{Hz}}$$

30.

(a) 돌림힘은 $\tau = \int d\tau = \int r\,dF$이다.

오른쪽 그림에서

$$\tau = \int_0^H y\left[\rho g(H-y)w\,dy\right] = \boxed{\frac{1}{6}\rho g w H^3}$$

(b) 전체 힘은 $\frac{1}{2}\rho g w H^2$이다. 이 힘이 돌림힘이 변하지 않는 높이 y_{eff}에 작용한다면,

$$\frac{1}{6}\rho g w H^3 = y_{eff}\left[\frac{1}{2}\rho g w H^2\right] \quad \rightarrow \quad y_{eff} = \frac{1}{3}H.$$

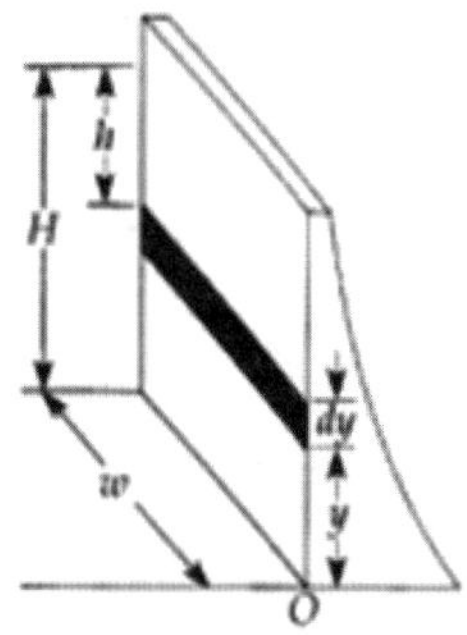

16장 온도와 기체 운동론

16.2 온도계와 온도 눈금

1. 압력과 온도는 선형의 관계가 있으므로 $P = A + BT_C$이다. 여기서 A와 B는 상수이고 T_C는 섭씨 온도를 의미한다. A와 B를 구하기 위하여 주어진 자료를 사용하면,

$$0.900\ \text{atm} = A + B(-78.5°\text{C}) \qquad [1]$$

$$1.635\ \text{atm} = A + B(78.0°\text{C}) \qquad [2]$$

위의 연립 방정식을 풀면

$$A = 1.27\ \text{atm},\ B = 4.70 \times 10^{-3}\ \text{atm}/℃$$

따라서

$$P = 1.27\ \text{atm} + \left(4.70 \times 10^{-3}\ \text{atm}/°\text{C}\right)T_C$$

(a) 절대 영도에서 기체의 압력은 영(0)이므로 ($P = 0$),

$$T_C = \frac{-1.27\ \text{atm}}{4.70 \times 10^{-3}\ \text{atm}/°\text{C}} = \boxed{-270°\text{C}}$$

(b) 물의 어는점에서 $T_C = 0$ 이므로,

$$P = 1.27\ \text{atm} + 0 = \boxed{1.27\ \text{atm}}$$

물의 끓는점에서 $T_C = 100℃$ 이므로,

$$P = 1.27\ \text{atm} + \left(4.65 \times 10^{-3}\ \text{atm}/°\text{C}\right)(100°\text{C}) = \boxed{1.74\ \text{atm}}$$

2.

(a) 화씨 온도 $T_F = \frac{9}{5}T_C + 32 = \frac{9}{5}(-78.5) + 32 = -109\ °\text{F}$

절대 온도 $T = T_C + 273.15 = (-78.5 + 273.15)\text{K} = 195\ \text{K}$

(b) 화씨 온도 $T_F = \frac{9}{5}T_C + 32 = \frac{9}{5}(37.0) + 32 = 98.6\ °\text{F}$

절대 온도 $T = T_C + 273.15 = (37.0 + 273.15)\text{K} = 310\ \text{K}$

16.3 고체와 액체의 열팽창

3.

$$\Delta L = \alpha L_i \Delta T = \left(11 \times 10^{-6}\ (°\text{C})^{-1}\right)(1\,300\ \text{km})[35°\text{C} - (-73°\text{C})] = \boxed{1.54\ \text{km}}$$

송유관을 롤러에 장착하고 직선 송유관 부분 부분에 Ω 모양의 고리를 배치하여 팽창을 보상할 수 있다. 강철의 길이가 변함에 따라 이들 고리가 구부러진다.

4. $\Delta x = [17\times10^{-16}(℃)^{-1}](28.0\,\text{cm})(46.5℃ - 18.0℃) = 1.36\times10^{-2}$ cm

$\Delta y = [17\times10^{-6}(℃)^{-1}](134\,\text{cm})(28.5℃) = 6.49\times10^{-2}$ cm

$$\Delta r = \sqrt{\Delta x^2 + \Delta y^2} = \sqrt{(0.136)^2 + (0.649)^2} = 0.663\ \text{mm}$$

$$\theta = \tan^{-1}\left(\frac{\Delta y}{\Delta x}\right) = \tan^{-1}\left(\frac{0.649\,\text{mm}}{0.136\,\text{mm}}\right) = 78.2^\circ$$

오른쪽 수평 아래쪽 78.2° 방향으로 $\Delta r = 0.663$ mm.

5.

황동 고리가 알루미늄 원통에 딱 맞게 되는 T를 구하자.

$$L_{Al}(1+\alpha_{Al}\Delta T) = L_{Brass}(1+\alpha_{Brass}\Delta T)$$

$$\Delta T = T - T_i = \frac{L_{Al} - L_{Brass}}{L_{Brass}\alpha_{Brass} - L_{Al}\alpha_{Al}}$$

$$\Delta T = \frac{10.02\ \text{cm} - 10.00\ \text{cm}}{(10.00\ \text{cm})\left(19.0\times10^{-6}\ (°\text{C})^{-1}\right) - (10.02\ \text{cm})\left(24.0\times10^{-6}\ (°\text{C})^{-1}\right)}$$

$$\Delta T = -396 = T - 20.0 \quad \to \quad T = -376°\text{C}$$

필요로 하는 온도 $T = -376℃$ 가 절대 영도 이하이므로, 이 상황은 불가능하다.

6.

(a) 온도 T_0 에서, 부피가 V_0 이고 질량이 $m = 20.0$ kg 인 납 시편의 밀도는

$$\rho_0 = \frac{m}{V_0} = 11.3\times10^3\ \text{kg/m}^3$$

온도가 $\Delta T - T - T_0$ 만큼 변하면, 질량 m 이 더 큰 부피 $V = V_0(1+\beta\Delta T)$ 를 갖게 되므로, 이의 밀도는

$$\rho = \frac{m}{V_0(1+\beta\Delta T)} = \frac{\rho_0}{(1+\beta\Delta T)}$$

가 된다. 이때 $\beta = 3\alpha$ 이고 $\alpha = 29\times10^{-6}(℃)^{-1}$ 이다.

온도가 0.00℃ 에서 90.0℃ 로 변하면, 밀도는

$$\rho = \frac{\rho_0}{(1+\beta\Delta T)} = \frac{11.3\times10^3\ \text{kg/m}^3}{1+3\left(29\times10^{-6}\ (°\text{C})^{-1}\right)(90.0\ °\text{C})}$$

$$= \boxed{11.2\times10^3\ \text{kg/m}^3}$$

(b) 온도 변화가 질량 변화를 초래하지 않으므로, 질량은 여전히 20.0 kg이다.

7. $\Delta L = L_i\alpha\Delta T$에서

$1.00\times10^{-2}\,\text{cm} = [1.30\times10^{-4}(℃)^{-1}](2.20\,\text{cm})(T - 20.0℃)$

$\therefore\ T = 55.0℃$

8.

(a) 넘쳐흐른 송진의 양은 원통과 송진의 부피 변화 차이와 같다. 즉,

$$\Delta V = V_i\beta_t\Delta T - V_{Al}\beta_{Al}\Delta T = (\beta_t - 3\alpha_{Al})V_i\Delta T$$
$$= \left[9.00\times10^{-4}(°C)^{-1} - 3\left(24.0\times10^{-6}(°C)^{-1}\right)\right]$$
$$\times(2\ 000\ cm^3)(60.0°C)$$

$$= 99.4\ cm^3 = 99.4\ mL$$

(b) 80.0℃에서 원통에 남아 있는 송진의 부피는 이 온도에서 알루미늄 원통의 부피와 같다. 따라서,

$$V_t = V_{Al} = V_{Ali} + \beta_{Al}V_{Ali}\Delta T = V_{Ali} + 3\alpha_{Al}V_{Ali}\Delta T$$
$$= V_{Ali}(1+3\alpha_{Al}\Delta T)$$
$$= (2\ 000\ cm^3)\left[1+3\left(24\times10^{-6}(°C)^{-1}\right)(60.0°C)\right]$$
$$= 2\ 008.64\ cm^3 = \boxed{2.01\ L}$$

(c) 온도를 20.0℃로 식힌 후, 원통 안의 송진의 부피를 구하면.

$$V = V_{ti} + \beta_t V_{ti}\Delta T = V_{ti}(1 + \beta_t\Delta T)$$

$$V = 2\ 008.64\ cm^3\left[1 + \left(9\times10^{-4}(°C)^{-1}\right)(-60.0°C)\right]$$
$$= 1\ 900.17\ cm^3$$

이고, 20.0℃에서 비어 있는 원통의 비율을 구하면,

$$\frac{2\ 000\ cm^3 - 1\ 900.17\ cm^3}{2\ 000\ cm^3} = 4.99\%$$

이다. 원통에서 송진 위쪽의 비어 있는 높이는

$$(4.99\%)(20.0\ cm) = \boxed{0.998\ cm}$$

9.

(a) $\Delta A = 2\alpha A_i\Delta T$: $\Delta A = 2\left(17.0\times10^{-6}(°C)^{-1}\right)(0.080\ 0\ m)^2(50.0°C)$

$$\Delta A = 1.09\times10^{-5}\ m^2 = \boxed{0.109\ cm^2}$$

(b) 구멍의 각 변의 길이가 늘어났으므로, 이는 구멍 넓이의 증가를 나타낸다.

16.4 이상 기체의 거시적 기술

10. 밥솥 내부의 압력은 수증기와 내부에 갇힌 공기의 압력으로 인해 발생한다. 수증기의 압력은

$$P_v = \frac{nRT}{V} = \left(\frac{9.00\ g}{18.0\ g/mol}\right)\left(\frac{8.314\ J}{mol\ K}\right)\left(\frac{773\ K}{2.00\times10^{-3}\ m^3}\right) = 1.61\ MPa$$

이다. 일정한 부피에서 공기의 압력은 처음 온도가 10℃ 라고 가정할 때,

$$\frac{P_{a2}}{P_{a1}}=\frac{T_2}{T_1} \quad \rightarrow \quad P_{a2}=P_{a1}\frac{T_2}{T_1}=(101\text{ kPa})\frac{773\text{ K}}{283\text{ K}}$$
$$=276\text{ kPa}=0.276\text{ MPa}$$

이다. 따라서 전체 압력은

$$P=P_v+P_{a2}=1.61\text{ MPa}+0.276\text{ MPa}=\boxed{1.89\text{ MPa}}$$

11.

(a) $PV=nRT$에서 $n=\frac{PV}{RT}$

따라서

$$m=nM=\frac{PVM}{RT}=\frac{(1.013\times10^5\text{Pa})(0.100\text{m})^3(28.9\times10^{-3}\text{kg/mol})}{(8.314\text{J/mol}\cdot\text{K})(300\text{K})}$$
$$=1.17\times10^{-3}\text{ kg}$$

(b) $F_g=mg=(1.17\times10^{-3}\text{kg})(9.80\text{m/s}^2)=11.5\text{ mN}$

(c) $F=PA=(1.013\times10^5\text{N/m}^2)(0.100\text{m})^2=1.01\text{ kN}$

(d) 분자들은 벽에 부딪히면서 매우 빠른 속력으로 이동한다.

12.

(a) $$n=\frac{PV}{RT}=\frac{(9.00\text{ atm})(1.013\times10^5\text{ Pa/atm})(8.00\times10^{-3}\text{ m}^3)}{(8.314\text{ N}\cdot\text{mol K})(293\text{ K})}$$
$$=\boxed{2.99\text{ mol}}$$

(b) $$N=nN_A=(2.99\text{ mol})(6.02\times10^{23}\text{ molecules/mol})$$
$$=\boxed{1.80\times10^{24}\text{ molecules}}$$

13.

(a) $PV=nRT$에서

$$n=\frac{PV}{RT}=\frac{(1.01\times10^5\text{N/m}^2)(1.00\text{m}^3)}{(8.314\text{J/mol}\cdot\text{K})(293\text{K})}=41.6\text{몰}$$

(b) $m=nM=(41.6\text{mol})(28.9\text{g/mol})=1.20\text{ kg}$

(c) 이 값은 20℃ 에서 1.20 kg/m^3의 표의 밀도와 일치한다.

14. 식 16.11의 $PV=Nk_BT$를 이용하면,

$$N=\frac{PV}{k_BT}=\frac{(1.00\times10^{-9}\text{ Pa})(1.00\text{ m}^3)}{(1.38\times10^{-23}\text{ J/K})(300\text{ K})}=\boxed{2.42\times10^{11}\text{ molecules}}$$

15. 분자량 $N_Am_0=4.00\text{g/mol}$로부터

$$m_0 = \frac{4.00\,\text{g/mol}}{6.02\times 10^{23}\,\text{분자/mol}} = 6.64\times 10^{-24}\,\text{g/mol}$$
$$= 6.64\times 10^{-27}\,\text{kg}$$

16. 처음 절대 압력($P_{i,\,abs}$)은

$$P_{i,\,abs} = P_{gi} + P_0$$

이다. 여기서 P_{gi}는 계기 압력이고 P_0는 외부 압력이다.

나중 절대 압력은

$$P_{f,\,abs} = P_{gf} + P_0$$

이다. 또한 $\dfrac{m_f}{m_i} = \dfrac{n_f}{n_i}$ 이므로, 온도와 부피가 일정한 경우

$$\frac{P_{f,\,abs}V}{P_{i,\,abs}V} = \frac{n_f RT}{n_i RT} = \frac{m_f}{m_i} \quad \rightarrow \quad m_f = m_i\left(\frac{P_{f,\,abs}}{P_{i,\,abs}}\right)$$

따라서 원통 안에 있는 기체의 질량은

$$m_f = m_i\left(\frac{P_{gf} + P_0}{P_{gi} + P_0}\right)$$

17.

$$P_0 V = n_1 R T_1 = \left(\frac{m_1}{M}\right) R T_1$$

$$P_0 V = n_2 R T_2 = \left(\frac{m_2}{M}\right) R T_2$$

$$\boxed{m_1 - m_2 = \frac{P_0 V M}{R}\left(\frac{1}{T_1} - \frac{1}{T_2}\right)}$$

18. 이산화탄소는 액화와는 거리가 멀기 때문에, 용액에서 나온 후에는 이상 기체처럼 행동한다. 이의 $M = 12.0\text{ g/mol} + 2(16.0\text{ g/mol}) = 44.0\text{ g/mol}$이다. 원통 내 기체의 양은

$$n = \frac{m_{\text{sample}}}{M} = \frac{6.50\text{ g}}{44.0\text{ g/mol}} = 0.148\text{ mol.}$$

이다. $PV = nRT$로부터

$$V = \frac{nRT}{P} = \frac{0.148\text{ mol}(8.314\text{ J/mol}\cdot\text{K})(273.15\text{ K} + 20°\text{C})}{1.013\times 10^5\text{ N/m}^2} \times\left(\frac{1\text{ N}\cdot\text{m}}{1\text{ J}}\right)\left(\frac{10^3\text{ L}}{1\text{ m}^3}\right)$$

$$= \boxed{3.55\text{ L}}$$

19. 이상 기체의 상태 방정식은 $PV = nRT$T이므로, N을 구하려면 몰수에 대해 풀어야 한다.

$$n = \frac{PV}{RT} = \frac{(1.01\times10^5\ \text{N/m}^2)[(10.0\ \text{m})(20.0\ \text{m})(30.0\ \text{m})]}{(8.314\ \text{J/mol}\cdot\text{K})(293\ \text{K})}$$
$$= 2.49\times10^5\ \text{mol}$$
$$N = nN_A = (2.49\times10^5\ \text{mol})(6.022\times10^{23}\ \text{molecules/mol})$$
$$= \boxed{1.50\times10^{29}\ \text{molecules}}$$

20.

$$PV = nRT:\quad \frac{m_f}{m_i} = \frac{n_f}{n_i} = \frac{P_fV_f}{RT_f}\frac{RT_i}{P_iV_i} = \frac{P_f}{P_i}$$

so $\quad m_f = m_i\left(\frac{P_f}{P_i}\right)$

$$|\Delta m| = m_i - m_f = m_i\left(\frac{P_i - P_f}{P_i}\right) = 12.0\ \text{kg}\left(\frac{41.0\ \text{atm} - 26.0\ \text{atm}}{41.0\ \text{atm}}\right)$$
$$= \boxed{4.39\ \text{kg}}$$

16.5 기체 운동론

21. 압력에 대한 운동론으로부터

$$P = \frac{2}{3}\frac{N}{V}K_{avg}$$

$$N = \frac{3}{2}\frac{PV}{\overline{K}} = \frac{3}{2}\frac{(1.20\times10^5\ \text{Pa})(4.00\times10^{-3}\ \text{m}^3)}{(3.60\times10^{-22}\ \text{J})}$$
$$= 2.00\times10^{24}\ \text{molecules}$$
$$n = \frac{N}{N_A} = \frac{2.00\times10^{24}\ \text{molecules}}{6.02\times10^{23}\ \text{molecules/mol}} = \boxed{3.32\ \text{mol}}$$

22. $p_{\text{rms}} = mv_{\text{rms}} = \frac{M}{N_A}\sqrt{\frac{3RT}{M}} = \frac{1}{N_A}\sqrt{3RTM} \qquad (v_{\text{rms}} = \sqrt{\frac{3RT}{M}})$

$$= \frac{1}{6.02\times10^{23}}\sqrt{3(8.314\,\text{J/mol}\cdot\text{K})(350\,\text{K})(32.0\times10^{-3}\,\text{kg})}$$
$$= 2.78\times10^{-23}\,\text{kg}\cdot\text{m/s}$$

23.

(a) $PV = nRT = \frac{1}{3}Nm_0v_{avg}^2$

$$K_{avg} = E_{\text{trans}} = N\left(\frac{m_0v_{avg}^2}{2}\right) = \frac{3}{2}PV = \frac{3}{2}(3.00\times1.013\times10^5\,\text{Pa})(5.00\times10^{-3}\,\text{m}^3)$$

$$= 2.28\,\text{kJ}$$

(b) $\frac{1}{2}m_0 v_{avg}^2 = \frac{3k_B T}{2} = \frac{3RT}{2N_A} = \frac{3(8.314\,\text{J/mol}\cdot\text{K})(300\,\text{K})}{2(6.02\times10^{23})}$

$$= 6.21\times10^{-21}\,\text{J}$$

24.

(a) 두 종류의 분자들은 같은 운동 에너지를 갖는다. 이는

$$\bar{K} = \frac{3}{2}k_B T = \frac{3}{2}(1.38\times10^{-23}\ \text{J/K})(423\ \text{K}) = \boxed{8.76\times10^{-21}\ \text{J}}$$

(b) rms 속력은 운동 에너지로부터 계산할 수 있다. 즉,

$$v_{\text{rms}} = \sqrt{\overline{v^2}} = \sqrt{\frac{2\bar{K}}{m_0}}$$

$$v_{\text{rms}} = \sqrt{\frac{1.75\times10^{-20}\ \text{J}}{m_0}} \qquad \textbf{[1]}$$

헬륨의 경우,

$$m_0 = \frac{4.00\ \text{g/mol}}{6.02\times10^{23}\ \text{molecules/mol}} = 6.64\times10^{-24}\ \text{g/molecule}$$

$$m_0 = 6.64\times10^{-27}\ \text{kg/molecule}$$

마찬가지로 아르곤의 경우,

$$m_0 = \frac{39.9\ \text{g/mol}}{6.02\times10^{23}\ \text{molecules/mol}}$$

$$= 6.63\times10^{-23}\ \text{g/molecule}$$

$$= 6.63\times10^{-26}\ \text{kg/molecule}$$

이를 식 [1]에 대입하면,

헬륨의 경우, $v_{rms} = 1.62\ \text{km/s}$

아르곤의 경우, $v_{rms} = 514\ \text{km/s}$

25.

(a) 이상 기체의 상태 방정식 $PV = nRT$에서

기체의 부피 $V = (7.00\ \text{L})\left(\frac{10^3\ \text{cm}^3}{1\ \text{L}}\right)\left(\frac{1\ \text{m}^3}{10^6\ \text{cm}^3}\right) = 7.00\times10^{-3}\ \text{m}^3$

$$\therefore\ T = \frac{PV}{nR} = \frac{(1.60\times10^6\,\text{Pa})(7.00\times10^{-3}\,\text{m}^3)}{(3.50\,\text{mol})(8.31\,\text{J/mol}\cdot\text{K})} = 385\,\text{K}$$

(b) 기체의 분자당 평균 운동 에너지

$$\overline{KE}_{\text{molecules}} = \frac{3}{2}k_B T = \frac{3}{2}(1.38\times10^{-23}\,\text{J/K})(385\,\text{K}) = 7.97\times10^{-21}\,\text{J}$$

(c) 기체의 분자 질량

26.

$$\bar{F} = Nm_0\frac{\Delta v}{\Delta t} = \frac{(5.00\times10^{23})[(4.65\times10^{-26}\ \text{kg})2(300\ \text{m/s})]}{1.00\ \text{s}} = 14.0\ \text{N}$$

따라서, 압력은

$$P = \frac{\bar{F}}{A} = \frac{14.0\ \text{N}}{8.00\times10^{-4}\ \text{m}^2} = \boxed{17.4\ \text{kPa}}$$

추가문제

27.

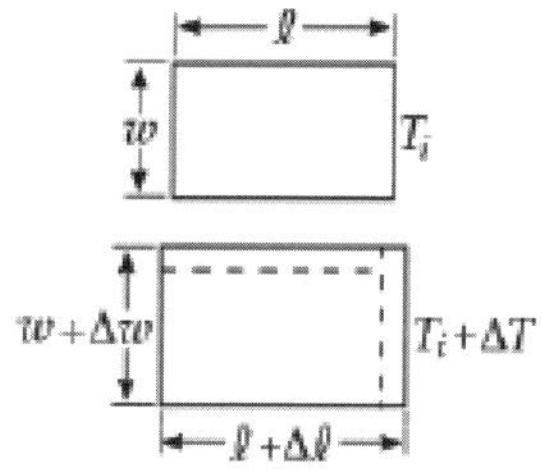

(a) $\Delta A = l\Delta w + w\Delta l + \Delta w\Delta l$ 에서

$\Delta w\Delta l = 0,\ \Delta w = w\alpha\Delta T,\ \Delta l = l\alpha\Delta T$

$\Delta A = lw\alpha\Delta T + lw\alpha\Delta T = 2lw\alpha\Delta T$

따라서 $A_i = lw$ 이므로, $\Delta A = 2\alpha A_i\Delta T$

(b) $\Delta w\Delta l \approx 0,\ \alpha\Delta T \approx 0$

$\alpha\Delta T \ll 1 \quad \rightarrow \quad \alpha\Delta T$가 1보다 매우 작은 것을 가정한다.

28. 잠수부 폐 속의 기체 압력은 이 깊이 50.0미터에서 물의 절대 압력과 같아야 한다. 즉,

$$P = P_0 + \rho gh = 1.00\ \text{atm} + (1.03\times10^3\ \text{kg/m}^3)(9.80\ \text{m/s}^2)(50.0\ \text{m})$$

또는

$$P = 1.00\ \text{atm} + 5.05\times10^5\ \text{Pa}\left(\frac{1.00\ \text{atm}}{1.013\times10^5\ \text{Pa}}\right) = 5.98\ \text{atm}$$

혼합 기체에서 산소의 부분 압력이 1.00기압이 되려면(또는 전체 압력의 1/5.98), 산소 분자는 전체 분자 수의 단지 1/5.98이어야 한다. 헬륨 4.98몰당 산소 1.00몰이 사용된다면, 이는 사실이다. 그러면 무게비는

$$\frac{(4.98\ \text{mol He})(4.003\ \text{g/mol He})g}{(1.00\ \text{mol O}_2)(2\times15.999\ \text{g/mol O}_2)g} = \boxed{0.623}$$

29.

(a) m을 기체의 질량이라고 하면, 몰수는 $n = \frac{m}{M}$이고 밀도는 $\rho = \frac{m}{V}$이다. 따라서

$$PV = nRT \quad \rightarrow \quad PV = \frac{m}{M}RT \quad \text{또는} \quad PM = \frac{m}{V}RT.$$

그러므로 $\rho = \frac{m}{V} = \frac{PM}{RT}$

(b) $$\rho = \frac{PM}{RT} = \frac{(1.013\times10^5\ \text{N/m}^2)(0.032\,0\ \text{kg/mol})}{(8.314\ \text{J/mol}\cdot\text{K})(293\ \text{K})} = \boxed{1.33\ \text{kg/m}^3}$$

17장 열적 과정에서의 에너지: 열역학 제1법칙

17.1 열과 내부 에너지

1. 스티로폼 상자에 들어 있는 질량 m의 물을 상상해 보자. 이 상자는 열에 의해 내부로 들어오거나 나가는 에너지 흐름이 없다고 가정한다. 물이 낙하함에 따라 물-지구 계의 중력 에너지는 물의 조직화된(아래로) 운동 에너지로 바뀌고, 다음에는 무질서한(튀는) 거시적 운동의 운동 에너지로 바뀌고, 마지막에는 무작위 분자 운동의 운동 에너지로 변한다. 이는 내부 에너지이다. 중력에서 내부 에너지로의 변환 효율은 100%이다. 열은 따뜻해지는 과정에 관여하지 않지만, 질량 m의 물을 난로 위에 놓고 열에 의해 에너지 mgy를 넣는 과정을 상상해 보자. 그러면 온도 변화는 다음과 같이 주어진다.

$$mgy = mc\Delta T$$

$$\Delta T = \frac{gy}{c} = \frac{(9.80\ \text{m/s}^2)(120\ \text{m})}{4\,186\ \text{J/kg}\cdot{}^\circ\text{C}}\left(\frac{1\ \text{J}}{1\ \text{kg}\cdot\text{m}^2/\text{s}^2}\right) = \boxed{0.281^\circ\text{C}}$$

2.

(a) $$Q = 540\ \text{Cal}\left(\frac{10^3\ \text{cal}}{1\ \text{Cal}}\right)\left(\frac{4.186\ \text{J}}{1\ \text{cal}}\right) = \boxed{2.26\times 10^6\ \text{J}}$$

(b) 그녀의 무게 mg을 높이 h의 한 계단 위로 올리는 데 하는 일은 $W_1 = mgh$이다. 따라서 N개의 계단을 오르는 데 한 전체 일은 $W = Nmgh$이고, $Q = Nmgh$이다. 따라서

$$N = \frac{Q}{mgh} = \frac{2.26\times 10^6\ \text{J}}{(55.0\ \text{kg})(9.80\ \text{m/s}^2)(0.150\ \text{m})}$$

$$= 2.80\times 10^4\ \text{계단}$$

(c) 도넛 에너지의 25%만이 역학적 에너지로 변환된다면,

$$N = \frac{0.25Q}{mgh} = 0.25\left(\frac{Q}{mgh}\right) = 0.25\,(2.80\times 10^4\ \text{계단}) = 6.99\times 10^3\ \text{계단}$$

17.2 비열

3. 비열에 관한 정의식 $Q = mc_{silver}\Delta T$로부터,

$$c_{\text{silver}} = \frac{Q}{m\Delta T}$$

$$c_{\text{silver}} = \frac{1.23\ \ 10^3\text{J}}{(0.525\ \text{kg})(10.0^\circ\text{C})} = \boxed{234\ \text{J/kg}\cdot{}^\circ\text{C}}$$

4. $Q_{\text{cold}} = -Q_{\text{hot}}$에서

$$m_{\text{Al}}c_{\text{Al}}(T_f - T_c) + m_c c_w(T_f - T_c) = -m_h c_w(T_f - T_h)$$

$$(m_{\text{Al}}c_{\text{Al}} + m_c c_w)T_f - (m_{\text{Al}}c_{\text{Al}} + m_c c_w)T_c = -m_h c_w T_f + m_h c_w T_h$$

$$\therefore\ T_f = \frac{(m_{Al}c_{Al} + m_c c_w)T_c + m_h c_w T_h}{m_{Al}c_{Al} + m_c c_w + m_h c_w}$$

5. 계는 열적으로 고립되어 있다. 따라서

$$Q_{water} + Q_{Al} + Q_{Cu} = 0$$

$$(0.250\ \text{kg})\left(4\,186\frac{\text{J}}{\text{kg}\ ^\circ\text{C}}\right)(T_f - 20.0^\circ\text{C})$$

$$+(0.400\ \text{kg})\left(900\frac{\text{J}}{\text{kg}\ ^\circ\text{C}}\right)(T_f - 26.0^\circ\text{C})$$

$$+(0.100\ \text{kg})\left(387\frac{\text{J}}{\text{kg}\ ^\circ\text{C}}\right)(T_f - 100^\circ\text{C}) = 0$$

$$1\,046.5T_f - 20\,930^\circ\text{C} + 360T_f - 9\,360^\circ\text{C} + 38.7T_f - 3\,870^\circ\text{C} = 0$$

$$1\,445.2T_f = 34\,160^\circ\text{C}$$

$$T_f = \boxed{23.6^\circ\text{C}}$$

6. $Q = mgh = mc\Delta T$에서

$$\Delta T = \frac{Q}{mc_w} = \frac{mgh}{mc_w} = \frac{(9.80\,\text{m/s}^2)(807\,\text{m})}{4186\,\text{J/kg}\cdot{}^\circ\text{C}} = 1.89^\circ\text{C}$$

따라서 나중 온도는 $T_f = T_i + \Delta T = 15.0^\circ\text{C} + 1.89^\circ\text{C} = 16.9^\circ\text{C}$

17.3 숨은열

7.

(a) 0°C에서 얼음 250 g을 녹이는 데 필요한 열이 물 600 g을 18°C에서 0°C로 냉각하는 데 필요한 열을 초과하므로, 계(물 + 얼음)의 나중 온도는 0°C이어야 한다.

(b) 계가 평형 온도 0°C에 도달하기 전에 녹은 얼음의 질량을 m이라고 하자. 그러면

$$Q_{cold} = -Q_{hot}$$

$$mL_f = -m_w c_w (0^\circ\text{C} - T_i)$$

$$m(3.33\times10^5\ \text{J/kg}) = -(0.600\ \text{kg})(4\,186\ \text{J/kg}\cdot{}^\circ\text{C})(0^\circ\text{C} - 18.0^\circ\text{C})$$

$m = 136$ g 이므로, 남아있는 얼음의 질량은

250 g − 136 g = 114 g

8.

(a) $nK = mc\Delta T$로부터

$$n\left[\frac{1}{2}(1\,500\,\text{kg})(25.0\,\text{m/s})^2\right] = (6.00\,\text{kg})(900\,\text{J/kg}^\circ\text{C})(660^\circ\text{C} - 20^\circ\text{C})$$

$$\therefore\ n=\frac{3.46\times10^6\,\mathrm{J}}{4.69\times10^5\,\mathrm{J}}=7.37$$

따라서 브레이크가 녹으려면 7번을 멈추어야 한다.

(b) 자동차가 정지하면서, 공기 저항으로 인해 자동차의 운동 에너지의 일부가 내부 에너지로 변환된다. 브레이크가 공기 온도 이상으로 올라가자마자, 브레이크는 열에 의해 에너지를 공기 중으로 전달하고, 높은 온도에 도달하면 더욱 빠르게 전달한다.

9. 필요한 공급 에너지는 다음과 같다.

$$\begin{aligned}Q_{needed}&=(\text{녹는 온도에 도달하기 위한 에너지})+(\text{녹이는 데 필요한 에너지})\\&\quad+(\text{끓는 온도에 도달하기 위한 에너지})+(\text{기화하는 데 필요한 에너지})\\&\quad+(110℃\text{에 도달하기 위한 에너지})\end{aligned}$$

따라서

$$\begin{aligned}Q_{\text{needed}}&=0.040\,0\ \text{kg}\big[(2\,090\ \text{J/kg}\cdot{}^\circ\text{C})(10.0^\circ\text{C})\\&\quad+(3.33\times10^5\ \text{J/kg})+(4\,186\ \text{J/kg}\cdot{}^\circ\text{C})(100^\circ\text{C})\\&\quad+(2.26\times10^6\ \text{J/kg})+(2\,010\ \text{J/kg}\cdot{}^\circ\text{C})(10.0^\circ\text{C})\big]\\Q_{\text{needed}}&=\boxed{1.22\times10^5\ \text{J}}\end{aligned}$$

17.4 열역학적 과정에서의 일

10. $P=\left(\frac{P_i}{V_i}\right)V$에서

(a) $W=-\int_i^f PdV=-\int_{V_i}^{3V_i}\left(\frac{P_i}{V_i}\right)VdV=-\frac{P_i}{2V_i}(9V_i^2-V_i^2)\ =-4P_iV_i$

(b) $PV=nRT$에서

$$\left[\left(\frac{P_i}{V_i}\right)V\right]V=nRT\quad\rightarrow\quad T=\left(\frac{P_i}{nRV_i}\right)V^2$$

즉, 온도는 부피의 제곱에 비례한다.

11. 등압의 경우, $W=-\int_{V_i}^{V_f}PdV=-P\Delta V=-P(V_f-V_i)$이다. 수치 해석 방법으로 (대기압 + 피스톤 무게에 의한 압력)으로부터 압력을 계산하는 대신, 이상 기체의 법칙을 사용하여 다음을 얻을 수 있다.

$$W=-P\left(\frac{nRT_h}{P}-\frac{nRT_c}{P}\right)=-nR(T_h-T_c)$$

따라서

$$W=-nR\Delta T=-(0.200\ \text{mol})(8.314\ \text{J/mol}\cdot\text{K})(280\ \text{K})=\boxed{-466\ \text{J}}.$$

12.

(a) $W = -\int PdV$

$$W = -(6.00\times10^6\ \text{Pa})(2.00\ \text{m}^3 - 1.00\ \text{m}^3) + \\ -(4.00\times10^6\ \text{Pa})(3.00\ \text{m}^3 - 2.00\ \text{m}^3) + \\ -(2.00\times10^6\ \text{Pa})(4.00\ \text{m}^3 - 3.00\ \text{m}^3)$$

$$W_{i\to f} = \boxed{-12.0\ \text{MJ}}$$

(b) $W_{f\to i} = \boxed{+12.0\ \text{MJ}}$

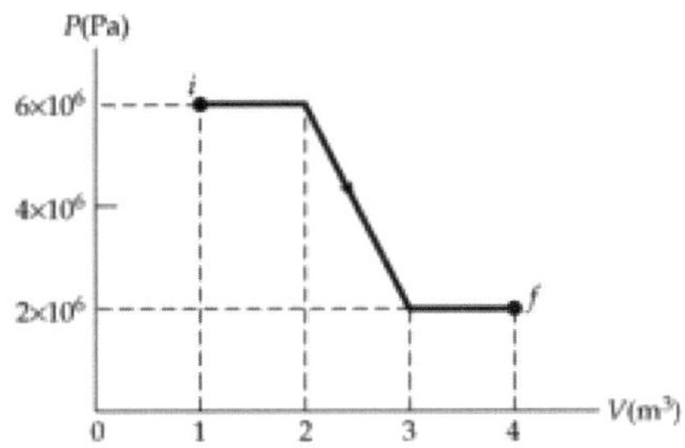

17.5 열역학 제1법칙

13. 열역학 제1법칙 $\Delta E_{\text{int}} = Q + W$에서

$$Q = \Delta E_{\text{int}} - W = -500\ \text{J} - 220\ \text{J} = -720\ \text{J}$$

부호가 음(-)인 것은 계로부터 환경으로 열이 전달된다.

14.

	Q	W	ΔE_{int}	
BC	−	0	−	($W_{BC} = 0$이므로 $Q = \Delta E_{int}$)
CA	−	+	−	($Q < 0$ 이므로 $Q = \Delta E_{int} < 0$이고 $W > 0$)
AB	+	−	+	($B\to C\to A$의 경우 $\Delta E_{int} < 0$ 이므로 $W < 0$, $\Delta E_{int} > 0$; 따라서 $Q > 0$)

17.6 열역학 제1법칙의 적용

15. (a) $W = -P\Delta V = -P(3\alpha V\Delta T)$

$$= -(1.013\times10^5\,\text{N/m}^2)\left[3(24.0\times10^{-6}\,℃^{-1})\left(\frac{1.00\,\text{kg}}{2.70\times10^3\,\text{kg/m}^3}\right)(18.0℃)\right]$$

$= -0.0486\,\mathrm{J}$

(b) $Q = mc\Delta T = (900\,\mathrm{J/kg\cdot ^\circ C})(1.00\,\mathrm{kg})(18.0^\circ\mathrm{C}) = 16.2\,\mathrm{kJ}$

(c) $\Delta E_{\mathrm{int}} = Q + W = 16.2\,\mathrm{kJ} - 48.6\,\mathrm{mJ} = 16.2\,\mathrm{kJ}$

16. 열역학 제1법칙으로부터, $\Delta E_{\mathrm{int}} = Q + W = 10.0\,\mathrm{J} + 12.0\,\mathrm{J} = 22.0\,\mathrm{J}$이다. 내부 에너지 변화는 양수인데, 이는 기체의 온도 증가와 일치한다. 그러나 문제의 조건에서 기체의 문제의 조건에서 온도는 감소하므로, 이 상황은 불가능하다.

17.

(a) 순환 과정의 각 단계마다 한 일은 PV 곡선의 해당 부분의 넓이에 음(-)의 부호를 붙인 것과 같다. 따라서

$$W = W_{AB} + W_{BC} + W_{CD} + W_{DA}$$
$$W = 0 - 3P_i(3V_i - V_i) + 0 - P_i(V_i - 3V_i) + 0$$
$$W = -4P_iV_i = -4nRT_i$$
$$W = -4(1.00\ \mathrm{mol})(8.314\ \mathrm{J/mol\cdot K})(273\ \mathrm{K}) = -9.08\ \mathrm{kJ}$$

(b) 계의 처음과 나중 온도는 같으므로,

$\Delta E_{int} = 0$이고 $Q = -W = 9.08\ \mathrm{kJ}$

18.

(a) $P_iV_i = P_fV_f = nRT = (2.00\ \mathrm{mol})(8.314\ \mathrm{J/K\cdot mol})(300\ \mathrm{K})$

$= 4.99\times 10^3\ \mathrm{J}$

$$V_i = \frac{nRT}{P_i} = \frac{4.99\times 10^3\ \mathrm{J}}{0.400\ \mathrm{atm}}\left(\frac{1.00\ \mathrm{atm}}{1.013\times 10^5\ \mathrm{Pa}}\right) = 0.123\ \mathrm{m^3}$$

$$V_f = \frac{nRT}{P_f} = \frac{4.99\times 10^3\ \mathrm{J}}{1.20\ \mathrm{atm}} = \frac{1}{3}V_i = \boxed{0.0410\ \mathrm{m^3}}$$

(b) $$W = -\int P\,dV = -nRT\ln\left(\frac{V_f}{V_i}\right) = -(4.99\times 10^3\ \mathrm{J})\ln\left(\frac{1}{3}\right) = \boxed{+5.48\ \mathrm{kJ}}$$

(c) $\Delta E_{\mathrm{int}} = 0 = Q + W$

$Q = \boxed{-5.48\ \mathrm{kJ}}$

17.7 이상 기체의 몰비열

19. $\Delta E_{\mathrm{int}} = \frac{3}{2}nR\Delta T = \frac{3}{2}(3.00\,\mathrm{mol})(8.314\,\mathrm{J/mol\cdot K})(200\,\mathrm{K}) = 74.8\ \mathrm{J}$

20. $n = 1.00$몰, $T_i = 300\ \mathrm{K}$.

(a) V는 일정하므로, $W = 0$

(b) $\Delta E_{int} = Q + W = 209\text{ J} + 0 = \boxed{209\text{ J}}$

(c) $\Delta E_{int} = nC_V \Delta T = n\left(\frac{3}{2}R\right)\Delta T$

따라서

$$\Delta T = \frac{2\Delta E_{int}}{3nR} = \frac{2(209\text{ J})}{3(1.00\text{ mol})(8.314\text{ J/mol}\cdot\text{K})} = 16.8\text{ K}$$

$$T = T_i + \Delta T = 300\text{ K} + 16.8\text{ K} = \boxed{317\text{ K}}$$

21. $Q = (nC_p\Delta T)_{등압} + (nC_V\Delta T)_{등적}$

등압 과정에서, V는 두 배가 되므로 T 역시 두 배가 되어 $2T_i$가 된다.

등적 과정에서, P는 세 배가 되므로 T는 $2T_i$에서 $6T_i$로 변한다.

$$Q = n\left(\frac{7}{2}R\right)(2T_i - T_i) + n\left(\frac{5}{2}R\right)(6T_i - 2T_i) = 13.5nRT_i = \boxed{13.5PV}$$

17.8 이상 기체의 단열 과정

22.

(a) 단열 과정에서 $P_i V_i^\gamma = P_f V_f^\gamma$이므로

$$P_f = P_i\left(\frac{V_i}{V_f}\right)^\gamma = (5.00\text{ atm})\left(\frac{12.0}{30.0}\right)^{1.40} = \boxed{1.39\text{ atm}}$$

(b) 처음 온도는

$$T_i = \frac{P_iV_i}{nR} = \frac{5.00(1.013\times10^5\text{ Pa})(12.0\times10^{-3}\text{ m}^3)}{(2.00\text{ mol})(8.314\text{ J/mol}\cdot\text{K})} = \boxed{366\text{ K}}$$

이다. 마찬가지 방법으로 나중 온도는

$$T_f = \frac{P_fV_f}{nR} = \frac{1.39(1.013\times10^5\text{ Pa})(30.0\times10^{-3}\text{ m}^3)}{(2.00\text{ mol})(8.314\text{ J/mol}\cdot\text{K})} = \boxed{253\text{ K}}$$

(c) 단열 과정이므로 $Q = 0$

(d) 어떤 과정이든 $\Delta E_{int} = nC_V\Delta T$이다.

그리고 이원자 이상 기체의 경우, $C_V = \dfrac{R}{\gamma - 1} = \dfrac{5}{2}R$이므로

$$\begin{aligned}\Delta E_{int} &= nC_V\Delta T \\ &= (2.00\text{ mol})\left[\frac{5}{2}(8.314\text{ J/mol}\cdot\text{K})\right](253\text{ K} - 366\text{ K}) \\ &= \boxed{-4.66\text{ kJ}}\end{aligned}$$

(e) $W = \Delta E_{int} - Q = -4.66\text{ kJ} - 0 = \boxed{-4.66\text{ kJ}}$

23.

(a) $P_i V_i^\gamma = P_f V_f^\gamma$이므로 $\dfrac{V_f}{V_i} = \left(\dfrac{P_f}{P_i}\right)^{1/\gamma} = \left(\dfrac{1.00}{20.0}\right)^{5/7} = 0.118$

(b) $\dfrac{T_f}{T_i} = \dfrac{P_f V_f}{P_i V_i} = \left(\dfrac{P_f}{P_i}\right)\left(\dfrac{V_f}{V_i}\right) = (20.0)(0.118) \qquad \dfrac{T_f}{T_i} = \boxed{2.35}$

(c) 단열 과정이므로 $Q = 0$

(d) $\gamma = 1.40 = \dfrac{C_P}{C_V} = \dfrac{R + C_V}{C_V}, \quad C_V = \dfrac{5}{2}R, \quad \Delta T = 2.35\,T_i - T_i = 1.35\,T_i$이므로

$$\begin{aligned}\Delta E_{\text{int}} &= nC_V \Delta T \\ &= (0.0160\ \text{mol})\left(\frac{5}{2}\right)(8.314\ \text{J/mol}\cdot\text{K})[1.35(300\ \text{K})] \\ &= \boxed{135\ \text{J}}\end{aligned}$$

(e) $W = -Q + \Delta E_{\text{int}} = 0 + 135\ \text{J} = \boxed{+135\ \text{J}}.$

24. $T_1 V_1^{\gamma-1} = T_2 V_2^{\gamma-1}$에서

$$T_2 = T_1\left(\frac{V_1}{V_2}\right)^{\gamma-1} = (300\,\text{K})\left(\frac{1}{2}\right)^{(1.40-1)} = 227\,\text{K}$$

17.9 몰비열과 에너지 등분배

25. 비열비 γ의 최댓값 $\gamma = 1 + \dfrac{R}{C_V} = 1.67$은 최솟값 $C_V = \dfrac{3}{2}R$일 때이다. 그러므로 새롭게 발견한 기체의 비열비 $\gamma = 1.75$의 주장은 올바른 것이 아니다.

26.

(a) $E_{\text{int}} = Nf\left(\dfrac{k_B T}{2}\right) = f\left(\dfrac{nRT}{2}\right)$

(b) $C_V = \dfrac{1}{n}\left(\dfrac{dE_{\text{int}}}{dT}\right) = \dfrac{1}{2}fR$

(c) $C_P = C_V + R = \dfrac{1}{2}(f+2)R$

(d) $\gamma = \dfrac{C_P}{C_V} = \dfrac{f+2}{f}$

17.10 열적 과정에서의 에너지 전달 메커니즘

27. 금 막대를 1 그리고 은 막대를 2라고 하자. 각각은 정상 상태에서 비고립계이다. 열에 의

한 에너지 전달이 정상 상태에 도달하면, 각각을 통과하는 흐름률은 동일하므로 이후 접합부는 일정한 온도를 유지할 수 있으며, 금을 통해 들어오는 열은 은을 통해 나가는 양과 같다. 따라서,

$$P_1 = P_2 \quad \text{또는} \quad \frac{k_1 A_1 \Delta T_1}{L_1} = \frac{k_2 A_2 \Delta T_2}{L_2}$$

이 경우 $L_1 = L_2$ 이고 $A_1 = A_2$ 이므로 $k_1 \Delta T_1 = k_2 \Delta T_2$

T_3를 접합부의 온도라고 하면,

$$k_1(80.0°C - T_3) = k_2(T_3 - 30.0°C)$$

이고, 이를 정리하면

$$T_3 = \frac{(80.0°C)k_1 + (30.0°C)k_2}{k_1 + k_2}$$

$$T_3 = \frac{(80.0°C)(314\ W/m \cdot °C) + (30.0°C)(427\ W/m \cdot °C)}{(314\ W/m \cdot °C) + (427\ W/m \cdot °C)} = \boxed{51.2°C}$$

28.

$$\begin{aligned} P &= \sigma A e T^4 \\ &= (5.669\,6 \times 10^{-8}\ W/m^2 \cdot K^4)\left[4\pi(6.96 \times 10^8\ m)^2\right](0.986)(5\,800\ K)^4 \\ &= \boxed{3.85 \times 10^{26}\ W} \end{aligned}$$

추가문제

29.

(a) 자유도가 6이므로 내부 에너지는

$$E_{int} = \frac{1}{2}k_B T + \frac{1}{2}k_B T + \frac{1}{2}k_B T + \frac{1}{2}k_B T + \frac{1}{2}k_B T + \frac{1}{2}k_B T = 3k_B T$$

따라서 몰비열은

$$\therefore \frac{E_{int}}{nT} = 3R$$

(b) 철의 비열: $3(8.314\,J/mol \cdot K) = \dfrac{3(8.314\,J)}{(55.845 \times 10^{-3}\,kg) \cdot K} = 447\ J/kg \cdot K$

이것은 0.3% 이내의 표에 나오는 값 448 J/kg·K에 일치하고 있다.

(c) 금의 비열: $3(8.314\,J/mol \cdot K) = \dfrac{3(8.314\,J)}{(197 \times 10^{-3}\,kg) \cdot K} = 127\ J/kg \cdot K$

이것은 2% 이내의 표에 나오는 값 129 J/kg·K에 일치하고 있다.

30. 1.00 kg의 눈을 녹이는 데 필요한 내부 에너지 증가는

$$\Delta E_{int} = (1.00\ kg)(3.33 \times 10^5\ J/kg) = 3.33 \times 10^5\ J$$

마찰력은

$$f = \mu n = \mu mg = 0.200(75.0\ \text{kg})(9.80\ \text{m/s}^2) = 147\ \text{N}$$

문제에 주어진 내용에 의하면, 스키 선수의 역학적 에너지 손실은 눈의 내부 에너지 증가와 같다고 가정하므로, 내부 에너지 증가는

$$\Delta E_{int} = f\Delta r = (147\ \text{N})\Delta r = 3.33\times 10^5\ \text{J}$$

이고, 따라서 눈을 녹이기 위해 가야 하는 거리는

$$\Delta r = 2.27\times 10^3\ \text{m}$$

31.

$$\frac{L\rho A dx}{dt} = kA\left(\frac{\Delta T}{x}\right)$$

$$L\rho \int_{4.00}^{8.00} x dx = k\Delta T \int_{0}^{\Delta t} dt$$

$$L\rho \frac{x^2}{2}\bigg|_{4.00}^{8.00} = k\Delta T \Delta t$$

$$(3.33\times 10^5\ \text{J/kg})(917\ \text{kg/m}^3)\left(\frac{(0.080\,0\ \text{m})^2 - (0.040\,0\ \text{m})^2}{2}\right) = (2.00\ \text{W/m}\cdot{}^\circ\text{C})(10.0^\circ\text{C})\Delta t$$

$$\Delta t = 3.66\times 10^4\ \text{s} = \boxed{10.2\ \text{h}}$$

18장 열기관, 엔트로피 및 열역학 제2법칙

18.1 열기관과 열역학 제2법칙

1.

(a) 열기관에서의 열효율은

$$W = \frac{|Q_h|}{4} \text{ 이므로 } e = \frac{1}{4} = 0.25, \text{ 또는 } 25\%$$

(b) 에너지 보존으로부터

$$|Q_c| = |Q_h| - W\text{이고, } W = \frac{|Q_h|}{4} \text{ 이므로}$$

$$|Q_c| = \frac{3|Q_h|}{4} \quad \text{또는} \quad \frac{|Q_c|}{|Q_h|} = \frac{3}{4}$$

2. 질량이 Δm_{Hg} 인 수은을 녹이는 데 필요한 에너지는 $|Q_c| = m_{Hg}L_f$ 이다. 질량이 Δm_{Al} 인 알루미늄을 응고시킬 때 흡수하는 에너지는 $|Q_h| = m_{Al}L_f$ 이다. 효율은

$$e = 1 - \frac{|Q_c|}{|Q_h|} = 1 - \frac{\Delta m_{Hg}L_{Hg}}{\Delta m_{Al}L_{Al}} = 1 - \frac{(15.0\text{ g})(1.18\times10^4\text{ J/kg})}{(1.00\text{ g})(3.97\times10^5\text{ J/kg})}$$

$$= 0.554 = \boxed{55.4\%}$$

3.

(a) 다음의 식

$$e = \frac{W_{eng}}{|Q_h|} = 1 - \frac{|Q_c|}{|Q_h|} \quad \rightarrow \quad \frac{|Q_c|}{|Q_h|} = 1 - e \quad \rightarrow \quad |Q_h| = \frac{|Q_c|}{1-e}$$

로부터, $|Q_c| = 8\ 000\ \text{J}$이므로

$$|Q_h| = \frac{|Q_c|}{1-e} = \frac{8\ 000\text{ J}}{1-0.250} = \boxed{10.7\text{ kJ}}$$

(b) 한 순환 과정에서 한 일은

$$W_{eng} = |Q_h| - |Q_c| = 2\ 667\text{ J}$$

이다. 출력의 정의 $P = \frac{W_{eng}}{\Delta t}$ 로부터

$$\Delta t = \frac{W_{eng}}{P} = \frac{2\ 667\text{ J}}{5\ 000\text{ J/s}} = \boxed{0.533\text{ s}}$$

18.2 가역 및 비가역 과정
18.3 카르노 기관

4. $e_{c,s} = 1 - \frac{T_c}{T_h} = 1 - \frac{(273\text{ K} + 20.0℃)}{(273\text{ K} + 350℃)} = 0.530$

$e_{c,w} = 1 - \frac{283}{623} = 0.546$

따라서 $0.320\left(\frac{0.546}{0.530}\right) = 0.330 = 33.0\%$

5. 사용 가능한 일률을 구하기 위하여, 최대 가능한 효율에 대한 카르노 식과 효율의 정의를 사용한다. 기관은 발전소의 증기 터빈이며,

$T_c = 430℃ = 703\text{K}$ 그리고 $T_h = 1\ 870℃ = 2\ 143\text{K}$

(a) $e_C = \frac{\Delta T}{T_h} = \frac{1\,440\text{ K}}{2\,143\text{ K}} = 0.672 = \boxed{67.2\%}$

(b) $e = \frac{W_{eng}}{|Q_h|} = 0.420$ 그리고 1초 작동하면 $|Q_h| = 1.40 \times 10^5$ J이므로

$$W_{eng} = 0.420|Q_h| = 5.88 \times 10^4\text{ J}$$

이고 일률은

$$P = \frac{W_{eng}}{\Delta t} = \frac{5.88 \times 10^4\text{ J}}{1\text{ s}} = \boxed{58.8\text{ kW}}$$

6.

(a) $T_c = 20.0℃ + 273 = 293\text{ K}$

$e = 1 - \frac{T_c}{T_h} = 0.650 \quad \rightarrow \quad \frac{T_c}{T_h} = 0.350 \quad \rightarrow \quad T_h = \frac{T_c}{0.350}$

따라서 $T_h = \frac{293\text{ K}}{0.35} = 837\text{K}$ 또는 $T_h = 837 - 273 = 564℃$

(b) 아니오. 실제 기관은 비가역 상태에서 작동되기 때문에 실제 효율은 카르노 효율보다 항상 작을 것이다.

7.

$T_h = 523\text{ K}$ 에서의 등온 팽창

$T_c = 323\text{ K}$ 에서의 등온 압축

기체는 팽창하는 동안 1 200 J을 흡수한다.

(a) 카르노 순환 과정의 경우, $e_c = 1 - \frac{T_c}{T_h}$

모든 기관의 경우, $e = \frac{W_{eng}}{|Q_h|} = 1 - \left|\frac{Q_c}{Q_h}\right|$

따라서, 카르노 기관의 경우, $e_c = 1 - \frac{T_c}{T_h} = 1 - \left| \frac{Q_c}{Q_h} \right|$

그러므로

$$|Q_c| = |Q_h|\left(\frac{T_c}{T_h}\right) = (1\ 200\ \text{J})\left(\frac{323\ \text{K}}{523\ \text{K}}\right) = \boxed{741\ \text{J}}$$

(b) 기체가 한 알짜일은

$$W_{\text{eng}} = |Q_h| - |Q_c| = (1\ 200\ \text{J} - 741\ \text{J}) = \boxed{459\ \text{J}}$$

18.4 열펌프와 냉동기

8.

$$(\text{COP})_{\text{heat pump}} = \frac{|Q_c| + W}{W} = \frac{T_h}{\Delta T} = \frac{295\ \text{K}}{25\ \text{K}} = \boxed{11.8}$$

9.

(a) $e_c = 1 - \frac{T_c}{T_h} = 1 - \frac{350\ \text{K}}{500\ \text{K}} = 0.300$

(b) $\frac{de_c}{dT_h} = 0 - T_c(-1)T_h^{-2} = \frac{T_c}{T_h^2} = \frac{350\ \text{K}}{(500\ \text{K})^2} = 1.40 \times 10^{-3}\ \text{K}^{-1}$

(c) $\frac{de_c}{dT_c} = 0 - \frac{1}{T_h} = -\frac{1}{500\ \text{K}} = -2.00 \times 10^{-3}\ \text{K}^{-1}$

(d) 아니오. (c)에서의 미분은 T_h에만 의존한다.

10.

$$(\text{COP})_{\text{냉동기}} = \frac{T_c}{\Delta T} = \frac{270\ \text{K}}{30\ \text{K}} = 9.00$$

11. 카르노 기관의 역으로 작동하는 냉동기의 COP = $|Q_c|/W$를 계산하자. 카르노 기관의 경우,

$$\left.\begin{aligned} |Q_h| &= |Q_c| + W \\ e &= \frac{W}{|Q_h|} = \frac{W}{|Q_c| + W} \end{aligned}\right\} \rightarrow \frac{1}{e} = \frac{|Q_c| + W}{W} = \frac{|Q_c|}{W} + 1$$

로부터

$$\text{COP} = \frac{|Q_c|}{W} = \frac{1}{e} - 1$$

이므로

$$\text{COP} = \frac{1}{e} - 1 = \frac{1}{0.350} - 1 = 1.86$$

12.

(a) 한 순환 과정의 경우, $\Delta E_{int} = 0$이고

$$W = |Q_h| - |Q_c| = |Q_c|\left[\frac{|(Q_h)|}{|Q_c|} - 1\right]$$

교재에서 가역적인 카르노 기관의 경우 $\frac{T_c}{T_h} = \frac{|Q_c|}{|Q_h|}$이므로, $W = \frac{T_h - T_c}{T_c}|Q_c|$

(b) 냉동기 성능 계수의 정의는 $\text{COP} = \frac{|Q_c|}{W}$이다. 앞의 (a)에서의 결과를 사용하면

$\text{COP} = \frac{T_c}{T_h - T_c}$ 이 된다.

13. $\text{COP}(\text{냉동기}) = \frac{|Q_c|}{W}$

(a) $|Q_c| = 120$ J이고 COP = 5.00이므로, $W = 24.0$ J

(b) $|Q_h| = |Q_c| + W = 120\text{ J} + 24\text{ J} = \boxed{144\text{ J}}$

14.

(a) $W = Q_h - Q_c = 625\text{ kJ} - 550\text{ kJ} = 75.0\text{ kJ}$

(b) $\text{COP} = \frac{Q_c}{W} = \frac{Q_c}{Q_h - Q_c} = \frac{550\text{ kJ}}{625\text{ kJ} - 550\text{ kJ}} = 7.33$

15. $(\text{COP})_{\text{카르노 냉동기}} = \frac{T_c}{\Delta T} = \frac{4.00\text{ K}}{289\text{ K}} = 0.013\ 8 = \frac{|Q_c|}{W}$

따라서 1 J의 에너지를 열의 형태로 제거하는 데 필요한 일은 $W = 72.2$ J

18.6 엔트로피
18.7 엔트로피와 열역학 제2법칙

16. 저장고의 엔트로피 변화는 $\Delta S = Q_r / T$이고, 여기서 Q_r은 저장고가 흡수($Q_r > 0$) 또는 방출($Q_r < 0$)하는 에너지이고 T는 저장고의 절대 온도이다.

(a) 고온 저장고의 경우,

$$\Delta S_h = \frac{-2.50\times 10^3\text{ J}}{725\text{ K}} = \boxed{-3.45\text{ J/K}}$$

(b) 저온 저장고의 경우,

$$\Delta S_c = \frac{+2.50\times 10^3\text{ J}}{310\text{ K}} = \boxed{+8.06\text{ J/K}}$$

(c) 우주의 경우,

$$\Delta S_U = \Delta S_h + \Delta S_c = -3.45\ \text{J/K} + 8.06\ \text{J/K} = \boxed{+4.61\ \text{J/K}}$$

17.

$$\Delta S = \int_i^f \frac{dQ}{T} = \int_{T_i}^{T_f} \frac{mcdT}{T} = mc\ln\left(\frac{T_f}{T_i}\right)$$

$$\Delta S = (250\ \text{g})(1.00\ \text{cal/g}\cdot{}^\circ\text{C})\ln\left(\frac{353\ \text{K}}{293\ \text{K}}\right) = 46.6\ \text{cal/K} = \boxed{195\ \text{J/K}}$$

18.

(a)

결과	가능한 조합	경우의 수
모두 앞면	HHHH	1
3H, 1T	THHH, HTHH, HHTH, HHHT	4
2H, 2T	TTHH, THTH, THHT, HTTH, HTHT, HHTT	6
1H, 3T	HTTT, THTT, TTHT, TTTH	4
모두 뒷면	TTTT	1

(b) 표에 따르면, 던졌을 때 가장 가능성이 높은 결과는 앞면 2개와 뒷면 2개이다.

(c) 가장 질서 있는 상태는 가능성이 가장 낮은 거시 상태이다. 따라서 표에 따르면 이것은 모두 앞면이거나 모두 뒷면이다.

(d) 가장 무질서한 것이 가장 가능성이 높은 거시 상태이다. 따라서 이것은 앞면이 2개이고 뒷면이 2개이다.

19. 먼저 꺼낸 구슬은 다시 넣으므로, 빨간 구슬(R)을 꺼낼 확률은 녹색 구슬(G)을 꺼낼 확률과 같다.

(a)

거시 상태	미시 상태	경우의 수
모두 빨강	RRR	1
2R, 1G	RRG, RGR, GRR	3
1R, 2G	RGG, GRG, GGR	3
모두 녹색	GGG	1

(b)

거시 상태	미시 상태	경우의 수
모두 빨강	RRRRR	1
4R, 1G	RRRRG, RRRGR, RRGRR, RGRRR, GRRRR	5
3R, 2G	RRRGG, RRGRG, RGRRG, GRRRG, RRGGR, RGRGR, GRRGR, RGGRR, GRGRR, GGRRR	10
2R, 3G	GGGRR, GGRGR, GRGGR, RGGGR, GGRRG, GRGRG, RGGRG, GRRGG, RGRGG, RRGGG	10
1R, 4G	RGGGG, GRGGG, GGRGG, GGGRG, GGGGGR	5
모두 녹색	GGGGG	1

20. $\Delta S = mc_{\text{ice}}\int_{261\text{ K}}^{273\text{ K}}\frac{dT}{T} = mc_{\text{ice}}\ln T|_{261\text{ K}}^{273\text{ K}}$

$$= (0.0279\text{ kg})(2090\text{ J/kg}\cdot{}^\circ\text{C})\ln\left(\frac{273\text{ K}}{261\text{ K}}\right) = 2.62\text{ J/K}$$

$$\Delta S = \frac{Q}{T} = \frac{mL_f}{T} = \frac{(0.0279\text{ kg})(3.33\times10^5\text{ J/kg})}{273\text{ K}} = 34.0\text{ J/K}$$

$$\Delta S = mc_{\text{liquid}}\ln\left(\frac{T_f}{T_i}\right) = (0.0279\text{ kg})(4186\text{ J/kg}\cdot{}^\circ\text{C})\ln\left(\frac{373\text{ K}}{273\text{ K}}\right) = 36.5\text{ J/K}$$

$$\Delta S = \frac{mL_v}{T} + mc_{\text{steam}}\ln\left(\frac{T_f}{T_i}\right)$$

$$= \frac{(0.0279\text{ kg})(2.26\times10^6\text{ J/kg})}{373\text{ K}} + (0.0279\text{ kg})(2010\text{ J/kg}\cdot{}^\circ\text{C})\ln\left(\frac{388\text{ K}}{373\text{ K}}\right)$$

$$= 169\text{ J/K} + 2.21\text{ J/K}$$

따라서 ΔS

21. 녹는 과정의 경우,

$$\Delta S = \frac{\Delta Q}{T} = \frac{-(0.500\text{ kg})(3.33\times10^5\text{ J/kg})}{273\text{ K}} = \boxed{-610\text{ J/K}}$$

22.
(a) 12를 얻는 방법은 한 가지이다; 6+6.
(b) 7을 얻는 방법은 여섯 가지이다; 6+1, 5+2, 4+3, 3+4, 2+5, 1+6.

18.8 비가역 과정에서의 엔트로피 변화

23. 각각의 기체는 마치 다른 기체가 없는 것처럼, 용기의 다른 절반 부분으로 팽창한다. 따라서 각각의 기체는 부피가 두 배로 증가하는 자유 팽창하는 과정으로 간주하자. 식 18.12으로부터, 엔트로피 변화는 단일 기체의 두 배이다.

$$\Delta S = 2\left[nR\ln\left(\frac{V_f}{V_i}\right)\right]$$
$$= 2\left[(0.044\ 0)(8.314\ \text{J/mol}\cdot\text{K})(\ln 2)\right]$$
$$= \boxed{0.507\ \text{J/K}}$$

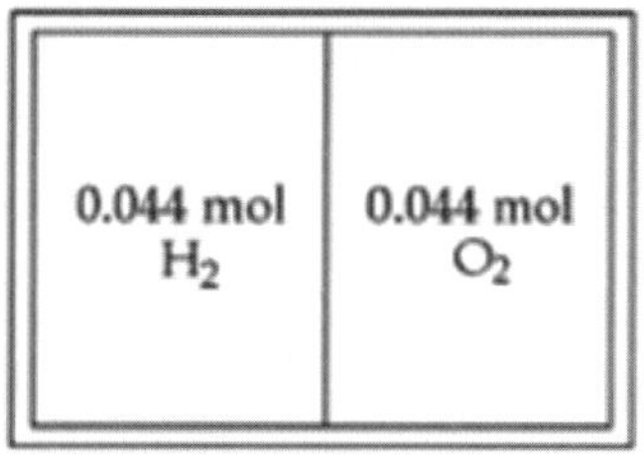

24.

$$\Delta S = \frac{Q_2}{T_2} - \frac{Q_1}{T_1} = \left(\frac{1\ 000\ \text{J}}{290\ \text{K}} - \frac{1\ 000\ \text{J}}{5\ 800\ \text{K}}\right) = \boxed{3.28\ \text{J/K}}$$

25. 자동차는 출발했을 때와 동일한 열역학적 상태가 되므로 엔트로피 변화는 전혀 없다. 자동차의 처음 운동 에너지는 열에 의해 주변 공기로 전달되어 공기의 내부 에너지에 추가된다. 이의 엔트로피의 변화는

$$\Delta S = \frac{\frac{1}{2}mv^2}{T} = \frac{\frac{1}{2}(1\ 500\ \text{kg})(20.0\ \text{m/s})^2}{293\ \text{K}} = \boxed{1.02\ \text{kJ/K}}$$

26. 여기 앉아서 글을 쓰면서, 나는 음식에 들어 있는 질서 있는 분자의 화학 에너지를 열에 의해 내 몸에서 실온 환경으로 나가는 내부 에너지로 변환한다. 에너지 전달률은 나의 신진대사율과 같으므로,

$$2\ 500\ \text{kcal/d} = \left(\frac{2\ 500\times 10^3\ \text{cal}}{86\ 400\ \text{s}}\right)\left(\frac{4.186\ \text{J}}{1\ \text{cal}}\right) = 120\ \text{W}$$

이다. 다음과 같이 환경의 엔트로피가 증가할 때, 내 몸은 정상 상태에 있으므로 엔트로피는 거의 변하지 않는다.

$$\frac{\Delta S}{\Delta t} = \frac{Q/T}{\Delta t} = \frac{Q/\Delta t}{T} = \frac{120\ \text{W}}{293\ \text{K}} = 0.4\ \text{W/K} \sim \boxed{1\ \text{W/K}}$$

강력한 가전제품이나 자동차를 사용할 때, 엔트로피 생산에 대한 나의 개인적인 기여도는 신진대사만을 기준으로 한 위의 추정치보다 훨씬 크다.

추가문제

27.

냉장고와 마찬가지로 에어컨의 목적은 차가운 저장고에서 열에 의해 에너지를 제거하는 것입니다. 이의 이상적인 COP는 다음과 같다.

$$\text{COP}_{\text{Carnot}} = \frac{T_c}{T_h - T_c} = \frac{280\ \text{K}}{20.0\ \text{K}} = 14.0.$$

(a) 이의 실제 COP는 다음과 같다.

$$0.400(14.0) = 5.60 = \frac{|Q_c|}{|Q_h| - |Q_c|} = \frac{|Q_c/\Delta t|}{|Q_h/\Delta t| - |Q_c/\Delta t|}$$

$$5.60\left|\frac{Q_h}{\Delta t}\right| - 5.60\left|\frac{Q_c}{\Delta t}\right| = \left|\frac{Q_c}{\Delta t}\right|$$

$$5.60(10.0\text{ kW}) = 6.60\left|\frac{Q_c}{\Delta t}\right| \quad \text{and} \quad \left|\frac{Q_c}{\Delta t}\right| = \boxed{8.48\text{ kW}}$$

(b) $|Q_h| = W_{eng} + |Q_c|$:

$$\frac{W_{eng}}{\Delta t} = \left|\frac{Q_h}{\Delta t}\right| - \left|\frac{Q_c}{\Delta t}\right| = 10.0\text{ kW} - 8.48\text{ kW} = \boxed{1.52\text{ kW}}$$

(c) 에어컨은 순환 과정으로 작동하므로, 작동 유체의 엔트로피는 변하지 않는다. 고온 저장고의 엔트로피 변화는 다음과 같다.

$$\frac{|Q_h|}{T_h} = \frac{(10.0\times10^3\text{ J/s})(3\,600\text{ s})}{300\text{ K}} = 1.20\times10^5\text{ J/K}$$

저온 저장고의 엔트로피 변화는 다음과 같다.

$$\Delta S = -\frac{|Q_c|}{T_c} = -\frac{(8.48\times10^3\text{ J/s})(3\,600\text{ s})}{280\text{ K}}$$
$$= -1.09\times10^5\text{ J/K}$$

알짜 엔트로피 변화는 다음과 같이 양수이다.

$$+1.20\times10^5\text{ J/K} - 1.09\times10^5\text{ J/K} = \boxed{1.09\times10^4\text{ J/K}}$$

(d) 새로운 이상적인 COP는 다음과 같다.

$$\text{COP}_{\text{Carnot}} = \frac{T_c}{T_h - T_c} = \frac{280\text{ K}}{25\text{ K}} = 11.2.$$

실제 COP는 0.400(11.2) = 4.48이라고 가정한다. 원래의 5.60에 비하면, 이는 4.48/5.60 = 0.800이므로 20.0% 감소한다.

28.

(a) water: $T_{\text{water}} = 35.0°\text{F} \rightarrow \frac{5}{9}(35.0-32.0)°\text{C}$

$\rightarrow (1.67+273.15)\text{ K} = 274.82\text{ K}$

body: $T_{\text{body}} = 98.6°\text{F} \rightarrow \frac{5}{9}(98.6-32.0)°\text{C}$

$\rightarrow (37.0+273.15)\text{ K} = 310.15\text{ K}$

$$\Delta S_{\text{cold water}} = \int \frac{dQ}{T} = m_w c \times \int_{T_{\text{water}}}^{T_{\text{body}}} \frac{dT}{T} = m_w c \times \ln\left(\frac{T_{\text{body}}}{T_{\text{water}}}\right)$$

$$\Delta S_{\text{body}} = -\frac{|Q|}{T_{\text{body}}} = -\frac{m_w c\left(T_{\text{body}} - T_{\text{water}}\right)}{T_{\text{body}}}$$

$$\Delta S_{\text{system}} = \Delta S_{\text{cold water}} + \Delta S_{\text{body}}$$

$$= (0.454\text{ kg})(4\ 186\text{ J/kg}\cdot\text{K}) \times \ln\left(\frac{310.15}{274.82}\right)$$

$$-(0.454\text{ kg})(4\ 186\text{ J/kg}\cdot\text{K})\frac{(310.15-274.82)}{310.15} = \boxed{13.4\text{ J/K}}$$

(b) $Q_{\text{hot}} = -Q_{\text{cold}}$

$$m_w \not{c}\left(T_F - T_{\text{water}}\right) = -m_{\text{Ath}} \not{c}\left(T_F - T_{\text{body}}\right)$$

$$m_w\left(T_F - T_{\text{water}}\right) = -m_{\text{Ath}}\left(T_F - T_{\text{body}}\right)$$

$$m_w T_F - m_w T_{\text{water}} = -m_{\text{Ath}} T_F + m_{\text{Ath}} T_{\text{body}}$$

$$\left(m_w + m_{\text{Ath}}\right) T_F = m_w T_{\text{water}} + m_{\text{Ath}} T_{\text{body}}$$

$$T_F = \frac{m_w T_{\text{water}} + m_{\text{Ath}} T_{\text{body}}}{m_w + m_{\text{Ath}}}$$

$$= \frac{(0.454\text{ kg})(274.82\text{ K}) + (70.0\text{ kg})(310.15\text{ K})}{0.454\text{ kg} + 70.0\text{ kg}}$$

$$= 309.92\text{ K} = \boxed{310\text{ K}}$$

(c) $\Delta S = \Delta S'_{\text{ice water}} + \Delta S'_{\text{body}}$

$$= m_w c \times \ln\left(\frac{T_F}{T_{\text{water}}}\right) + m_{\text{Ath}} c \times \ln\left(\frac{T_F}{T_{\text{body}}}\right)$$

$$= (0.454\text{ kg})(4\ 186\text{ J/kg}\cdot\text{K})\ln\left(\frac{309.92}{274.82}\right)$$

$$+(70.0\text{ kg})(4\ 186\text{ J/kg}\cdot\text{K})\ln\left(\frac{309.92}{310.15}\right)$$

$$= \boxed{11.1\text{ J/K}}$$

(d) 1%보다 작다.

29. 물이 떨어질 때 중력 퍼텐셜 에너지가 운동 에너지로 변환되는 과정은 가역적이다. 그러나 이후의 내부 에너지로의 변환은 그렇지 않다. 우리는 20.0°C보다 아주 약간 높은 온도의 스토브로부터 물로 열에 의한 에너지(mgy 만큼)를 추가하여 동일한 나중 상태에 도달하는 것을 상상해 보자. 그러면

$$\frac{\Delta S}{\Delta t} = \int \frac{dQ_r/\Delta t}{T} = \frac{Q/\Delta t}{T} = \frac{mgy/\Delta t}{T}$$

$$= \frac{(5\,000 \text{ m}^3/\text{s})(1\,000 \text{ kg/m}^3)(9.80 \text{ m/s}^2)(50.0 \text{ m})}{293 \text{ K}}$$

$$= \boxed{8.36 \times 10^6 \text{ J/K} \cdot \text{s}}$$

19장 전기력과 전기장

19.2 전하의 성질

1.

(a) 전자 1개를 잃은 후의 전하량은

$$0-1(-1.60\times10^{-19}\ \text{C}) = +1.60\times10^{-19}\ \text{C}$$

이고, 중성 상태인 수소 원자의 질량은 1.007 9 u 이다. 전자 1개를 잃으면 질량이 다음과 같이 무시할 만큼 줄어든다.

$$1.007\,9(1.660\times10^{-27}\ \text{kg}) - 9.11\times10^{-31}\ \text{kg} = \boxed{1.67\times10^{-27}\ \text{kg}}$$

(b) 비슷한 논리로, 전하량은 $+1.60\times10^{-19}$ C 이고, 질량은

$$22.99(1.66\times10^{-27}\ \text{kg}) - 9.11\times10^{-31}\ \text{kg} = \boxed{3.82\times10^{-26}\ \text{kg}}$$

(c) 전자 1개를 얻으면, Cl^{-1}의 전하량은 -1.60×10^{-19} C 이고, 질량은

$$35.453(1.66\times10^{-27}\ \text{kg}) + 9.11\times10^{-31}\ \text{kg} = \boxed{5.89\times10^{-26}\ \text{kg}}$$

(d) 전자 2개를 잃으면, Ca^{++}의 전하량은 $-2(-1.60\times10^{-19}\ \text{C}) = +3.20\times10^{-19}$ C 이고, 질량은

$$40.078(1.66\times10^{-27}\ \text{kg}) - 2(9.11\times10^{-31}\ \text{kg}) = \boxed{6.65\times10^{-26}\ \text{kg}}$$

(e) 전자 3개를 얻으면, N^{3-} 의 전하량은 $3(-1.60\times10^{-19}\ \text{C}) = -4.80\times10^{-19}$ C 이고, 질량은

$$14.007(1.66\times10^{-27}\ \text{kg}) + 3(9.11\times10^{-31}\ \text{kg}) = \boxed{2.33\times10^{-26}\ \text{kg}}$$

(f) 전자 4개를 잃으면, N^{4+} 의 전하량은 $4(1.60\times10^{-19}\ \text{C}) = +6.40\times10^{-19}$ C 이고, 질량은

$$14.007(1.66\times10^{-27}\ \text{kg}) - 4(9.11\times10^{-31}\ \text{kg}) = \boxed{2.32\times10^{-26}\ \text{kg}}$$

(g) 질소 핵을 7번 이온화된 질소 원자로 생각한다. 전하량은 $7(1.60\times10^{-19}\ \text{C}) = +1.12\times10^{-18}$ C 이고, 질량은

$$14.007(1.66\times10^{-27}\ \text{kg}) - 7(9.11\times10^{-31}\ \text{kg}) = \boxed{2.32\times10^{-26}\ \text{kg}}$$

(h) 전자 1개를 얻으면, 전하량은 -1.60×10^{-19} C 이고, 질량은

$$\left[2(1.007\,9) + 15.999\right]1.66\times10^{-27}\ \text{kg} + 9.11\times10^{-31}\ \text{kg} = \boxed{2.99\times10^{-26}\ \text{kg}}$$

19.4 쿨롱의 법칙

2. 쿨롱의 법칙으로부터

$$F = k_e \frac{q_1 q_2}{r^2} = (8.99 \times 10^9\ \mathrm{N \cdot m^2/C^2}) \frac{(+40\ \mathrm{C})(-40\ \mathrm{C})}{(2000\ \mathrm{m})^2} = -3.60 \times 10^6\ \mathrm{N}\ \ (\text{인력})$$

위쪽 전하는 아래쪽 전하에 의해 아래쪽 방향으로 힘을 받을 것이다.

3.

(a) 힘은 인력이다. 쿨롱의 법칙에서 거리 r은 구 중심 사이의 거리이다. 이 힘의 크기는 다음과 같다.

$$\begin{aligned} F &= \frac{k_e q_1 q_2}{r^2} \\ &= (8.99 \times 10^9\ \mathrm{N \cdot m^2 / C^2}) \frac{(12.0 \times 10^{-9}\ \mathrm{C})(18.0 \times 10^{-9}\ \mathrm{C})}{(0.300\ \mathrm{m})^2} \\ &= \boxed{2.16 \times 10^{-5}\ \mathrm{N}} \end{aligned}$$

(b) 알짜 전하량 -6.00 × 10^{-19} C은 두 구에 균등하게 분배되어, 각각 -3.00 × 10^{-19} C이 될 것이다. 힘은 척력이며 그 크기는 다음과 같다.

$$\begin{aligned} F &= \frac{k_e q_1 q_2}{r^2} \\ &= (8.99 \times 10^9\ \mathrm{N \cdot m^2 / C^2}) \frac{(3.00 \times 10^{-9}\ \mathrm{C})(3.00 \times 10^{-9}\ \mathrm{C})}{(0.300\ \mathrm{m})^2} \\ &= \boxed{8.99 \times 10^{-7}\ \mathrm{N}} \end{aligned}$$

4.

(a) 쿨롱의 법칙에 의해 $F = k_e \frac{q_1 q_2}{r^2}$ 이므로

$$\begin{aligned} F &= \frac{(8.99 \times 10^9\ \mathrm{N \cdot m^2/C^2})(7.50 \times 10^{-9}\ \mathrm{C})(4.20 \times 10^{-9}\ \mathrm{C})}{(1.80\ \mathrm{m})^2} \\ &= 8.74 \times 10^{-8}\ \mathrm{N} \end{aligned}$$

(b) 두 전하가 모두 양전하로 대전되어 있으므로 척력이 발생한다.

5. 2.00 μC 이 7.00 μC 에 작용하는 힘은

$$\begin{aligned} \vec{\mathbf{F}}_1 &= k_e \frac{q_1 q_2}{r^2} \hat{\mathbf{r}} \\ &= \frac{(8.99 \times 10^9\ \mathrm{N \cdot m^2/C^2})(7.00 \times 10^{-6}\ \mathrm{C})(2.00 \times 10^{-6}\ \mathrm{C})}{(0.500\ \mathrm{m})^2} \\ &\qquad \times (\cos 60° \hat{\mathbf{i}} + \sin 60° \hat{\mathbf{j}}) \\ \vec{\mathbf{F}}_1 &= (0.252\ \hat{\mathbf{i}} + 0.436\ \hat{\mathbf{j}})\ \mathrm{N} \end{aligned}$$

이다. 마찬가지로, $-4.00\ \mu$C 이 7.00 μC 에 작용하는 힘은

$$\mathbf{F}_2 = k_e \frac{q_1 q_3}{r^2}\hat{\mathbf{r}}$$

$$= -\frac{(8.99\times 10^9\ \mathrm{N\cdot m^2/C^2})(7.00\times 10^{-6}\ \mathrm{C})(-4.00\times 10^{-6}\ \mathrm{C})}{(0.500\ \mathrm{m})^2} \times(\cos 60°\hat{\mathbf{i}} - \sin 60°\hat{\mathbf{j}})$$

$$\vec{\mathbf{F}}_2 = (0.503\hat{\mathbf{i}} - 0.872\,\hat{\mathbf{j}})\ \mathrm{N}$$

이다. 따라서 7.00 μC 에 작용하는 전체 힘은

$$\vec{\mathbf{F}} = \vec{\mathbf{F}}_1 + \vec{\mathbf{F}}_2 = (0.755\,\hat{\mathbf{i}} - 0.436\,\hat{\mathbf{j}})\ \mathrm{N}$$

이다. 또한 전체 힘을 다음과 같이 나타낼 수 있다.

크기 : 0.872 N

방향 : 330 °

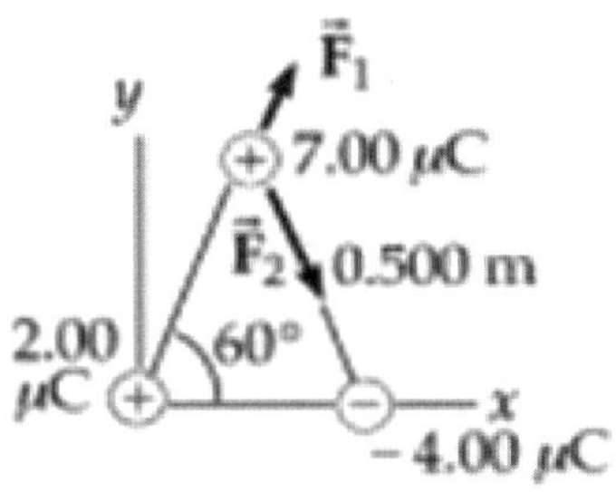

6.

q_1, q_2사이에 작용하는 힘은 척력이며

$$F_1 = k_e \frac{q_1 q_2}{r_{12}^2}$$

$$= (8.99\times 10^9\ \mathrm{N\cdot m^2/C^2})\frac{(6.00\times 10^{-6}\ \mathrm{C})(1.50\times 10^{-6}\ \mathrm{C})}{(3.00\times 10^{-2}\ \mathrm{m})^2}$$

$$= 89.9\ \mathrm{N}$$

q_1, q_3 사이에 작용하는 힘은 인력이며

$$F_2 = k_e \frac{q_1 q_3}{r_{13}^2}$$

$$= (8.99\times 10^9\ \mathrm{N\cdot m^2/C^2})\frac{(6.00\times 10^{-6}\ \mathrm{C})(2.00\times 10^{-6}\ \mathrm{C})}{(5.00\times 10^{-2}\ \mathrm{m})^2}$$

$$= 43.2\ \mathrm{N}$$

q_2, q_3 사이에 작용하는 힘은 인력이며

$$F_3 = k_e \frac{q_2 q_3}{r_{23}^2}$$

$$= (8.99\times 10^9\ \mathrm{N\cdot m^2/C^2})\frac{(1.50\times 10^{-6}\ \mathrm{C})(2.00\times 10^{-6}\ \mathrm{C})}{(2.00\times 10^{-2}\ \mathrm{m})^2}$$

$$= 67.4\ \mathrm{N}$$

(a) q_1에 작용하는 합력은 $F = F_1 - F_2 = 46.7\ \mathrm{N}$ (방향은 왼쪽)

(b) q_2에 작용하는 합력은 $F = F_1 + F_3 = 157\ \mathrm{N}$ (방향은 오른쪽)

(c) q_3에 작용하는 합력은 $F = F_2 + F_3 = 111\ \text{N}$ (방향은 왼쪽)

19.5 전기장

7.

평형 상태에서 전기력과 중력이 같으므로, $\vec{\mathrm{F}}_e = -\vec{\mathrm{F}}_g \quad \rightarrow \quad q\vec{\mathrm{E}} = -mg(-\hat{\mathrm{j}})$

따라서 $\vec{\mathrm{E}} = \dfrac{mg}{q}\hat{\mathrm{j}}$

(a) 전자에 대하여 구하면

$$\vec{\mathrm{E}} = \frac{mg}{q}\hat{\mathrm{j}} = \frac{(9.11\times10^{-31}\ \mathrm{kg})(9.80\ \mathrm{m/s^2})}{-1.60\times10^{-19}\ \mathrm{C}}\hat{\mathrm{j}}$$
$$= -(5.58\times10^{-11}\ \mathrm{N/C})\hat{\mathrm{j}}$$

(b) 양성자는 전자의 1836배의 질량을 가지고 있으므로,

$$\vec{\mathrm{E}} = \frac{mg}{q}\hat{\mathrm{j}} = \frac{(1.67\times10^{-27}\ \mathrm{kg})(9.80\ \mathrm{m/s^2})}{-1.60\times10^{-19}\ \mathrm{C}}\hat{\mathrm{j}}$$
$$= (1.02\times10^{-7}\ \mathrm{N/C})\hat{\mathrm{j}}$$

8.

(a) 크기 $|E| = k_e \displaystyle\int \frac{dq}{x^2} = k_e \int \frac{\lambda_0 dx}{x^2}$ 이므로

$$E = k_e\lambda_0 \int_{x_0}^{\infty} \frac{dx}{x^2} = k_e\lambda_0\left(-\frac{1}{x}\right)\Bigg|_{x_0}^{\infty} = \boxed{\frac{k_e\lambda_0}{x_0}}$$

(b) 양전하이므로, 전기장은 원천으로부터 나간다. 따라서 왼쪽 방향이다.

9.

(a) $d = \sqrt{1^2 + (0.5)^2} = 1.12\ \mathrm{m}$

$$E = k_e\frac{q}{r^2} = \frac{(8.99\times10^9\ \mathrm{N\cdot m^2/C^2})(2.00\times10^{-6}\ \mathrm{C})}{(1.12\ \mathrm{m})^2} = 14\ 400\ \mathrm{N/C}$$

성분, $E_x = 0$, $\quad E_y = 2(14\ 400)\sin 26.6° = 1.29\times10^4\ \mathrm{N/C}$

이다. 따라서, 전기장은

$$\vec{\mathrm{E}} = 1.29\times10^4\,\hat{\mathrm{j}}\ \mathrm{N/C}$$

(b) $\vec{\mathrm{F}} = q\vec{\mathrm{E}} = (-3.00\times10^{-6}\ \mathrm{C})(1.29\times10^4\,\hat{\mathrm{j}}\ \mathrm{N/C}) = -3.86\times10^{-2}\,\hat{\mathrm{j}}\ \mathrm{N}$

10.

(a) $\vec{\mathbf{E}}_1 = \frac{k_e|q_1|}{r_1^2}(-\hat{\mathbf{j}})$

$$= \frac{(8.99\times10^9\ \mathrm{N\cdot m^2/C^2})(3.00\times10^{-9}\ \mathrm{C})}{(0.100\ \mathrm{m})^2}(-\hat{\mathbf{j}})$$

$$= -(2.70\times10^3\ \mathrm{N/C})\hat{\mathbf{j}}$$

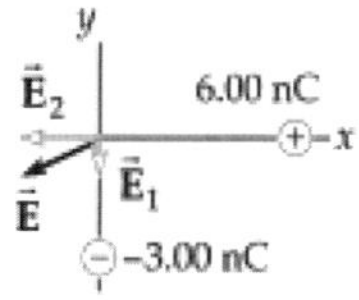

ANS. FIG. P19.10

$\vec{\mathbf{E}}_2 = \frac{k_e|q_2|}{r_2^2}(-\hat{\mathbf{i}})$

$$= \frac{(8.99\times10^9\ \mathrm{N\cdot m^2/C^2})(6.00\times10^{-9}\ \mathrm{C})}{(0.300\ \mathrm{m})^2}(-\hat{\mathbf{i}})$$

$$= -(5.99\times10^2\ \mathrm{N/C})\hat{\mathbf{i}}$$

$$\vec{\mathbf{E}} = \vec{\mathbf{E}}_2 + \vec{\mathbf{E}}_1 = \boxed{-(5.99\times10^2\ \mathrm{N/C})\hat{\mathbf{i}} - (2.70\times10^3\ \mathrm{N/C})\hat{\mathbf{j}}}$$

(b) $\vec{\mathbf{F}} = q\vec{\mathbf{E}} = (5.00\times10^{-9}\ \mathrm{C})(-599\hat{\mathbf{i}} - 2\,700\hat{\mathbf{j}})\ \mathrm{N/C}$

$$\vec{\mathbf{F}} = (-3.00\times10^{-6}\hat{\mathbf{i}} - 13.5\times10^{-6}\hat{\mathbf{j}})\ \mathrm{N} = \boxed{(-3.00\hat{\mathbf{i}} - 13.5\hat{\mathbf{j}})\ \mu\mathrm{N}}$$

11. $E = \frac{kq}{(x-a)^2} - \frac{kq}{[x-(-a)]^2} = \frac{kq(4ax)}{(x^2-a^2)^2}$

여기서 $x \gg a$이면

$$E = \frac{4akq}{x^3}$$

12. 첫 번째 전하는 원점에서 오른쪽으로 향하는 $\frac{k_e Q}{a^2}$의 전기장을 형성한다. 두 전하는 모두 x축 상에 있으므로, 전제 전기장은 수직 방향의 전기장은 형성할 수 없지만, x축에서는 왼쪽 또는 오른쪽의 전기장을 형성할 수 있다. 원점에서 전체 전기장이 오른쪽을 향한다면, q는 음전하이어야 한다. 즉,

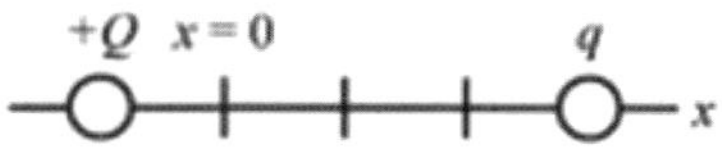

$$\frac{k_e Q}{a^2}\hat{\mathbf{i}} + \frac{k_e q}{(3a)^2}(-\hat{\mathbf{i}}) = \frac{2k_e Q}{a^2}\hat{\mathbf{i}} \ \rightarrow\ q = -9Q$$

다른 가능성은, 원점에서 전체 전기장이 왼쪽을 향한다면,

$$\frac{k_e Q}{a^2}\hat{\mathbf{i}} + \frac{k_e q}{9a^2}(-\hat{\mathbf{i}}) = \frac{2k_e Q}{a^2}(-\hat{\mathbf{i}}) \ \rightarrow\ q = +27Q$$

이다.

원점에서의 전기장은 미지 전하량이 $-9Q$이면 원점에서의 전기장은 오른쪽일 수 있고, 또는 미지 전하량이 $+27Q$이면 전기장은 왼쪽일 수 있다.

13.

(a) 예제 19.5에서 막대에 의해 형성된 전기장의 크기는 다음과 같다.

$$|E| = \frac{k_e \lambda \ell}{d(\ell + d)} = \frac{k_e (Q/\ell)\ell}{d(\ell + d)} = \frac{k_e Q}{d(\ell + d)}$$

$$= \frac{(8.99 \times 10^9\ \text{N} \cdot \text{m}^2/\text{C}^2)(22.0 \times 10^{-6}\ \text{C})}{(0.290\ \text{m})(0.140\ \text{m} + 0.290\ \text{m})}$$

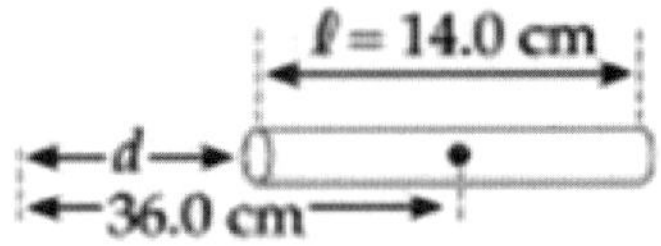

$$E = \boxed{1.59 \times 10^6\ \text{N/C}}$$

(b) 전하는 음전하이므로, 전기장은 원천 전하를 향하는 오른쪽이다.

14.

(a) 다른 세 전하에 의한 전기장

$$\vec{\mathbf{E}} = \frac{k_e q_1}{r_1^2}\hat{\mathbf{r}}_1 + \frac{k_e q_2}{r_2^2}\hat{\mathbf{r}}_2 + \frac{k_e q_3}{r_3^2}\hat{\mathbf{r}}_3$$

$$\vec{\mathbf{E}} = \frac{k_e(2q)}{a^2}\hat{\mathbf{i}} + \frac{k_e(3q)}{2a^2}\left(\hat{\mathbf{i}}\cos 45.0° + \hat{\mathbf{j}}\sin 45.0°\right) + \frac{k_e(4q)}{a^2}\hat{\mathbf{j}}$$

$$\vec{\mathbf{E}} = \frac{k_e q}{a^2}\left[\left(2 + \frac{3}{2}\cos 45.0°\right)\hat{\mathbf{i}} + \left(\frac{3}{2}\sin 45.0° + 4\right)\hat{\mathbf{j}}\right] = \frac{k_e q}{a^2}\left(3.06\hat{\mathbf{i}} + 5.06\hat{\mathbf{j}}\right)$$

따라서

전기장의 크기는 $E = 5.91\dfrac{k_e q}{a^2}$

방향은 양의 수평 방향으로부터 위쪽으로 58.8°

(b) 전체 전기력은 $\vec{\mathrm{F}} = q\vec{\mathrm{E}}$

19.6 전기력선

15.

(a) 전기장은 다음 그림에서와 같이 일반적인 형태를 갖는다.

(b) 중심에서의 전기장은 영(0)이며, (대칭성에 의해) 세 전하가 개별적으로 상쇄되는 전기장의 형성을 볼 수 있다. 삼각형의 중심 외에, 두 번째 그림은 $E = 0$인 삼각형 변의 중심 부근에서의 전기력선 모습이다. 그러나 이를 수학적으로 구하는 것은 어렵다.

(c) 점 P에서의 전기장은 아래에 있는 두 점전하에 의한 전기장 더하여 구한다. 즉, $\vec{\mathrm{E}} = \vec{\mathrm{E}}_1 + \vec{\mathrm{E}}_2$. 옆의 그림을 참조하면, 전체 전기장은

$$\vec{\mathbf{E}} = \vec{\mathbf{E}}_1 + \vec{\mathbf{E}}_2 = k_e\frac{q}{a^2}\left[\left(\cos 60°\hat{\mathbf{i}} + \sin 60°\hat{\mathbf{j}}\right) + \left(-\cos 60°\hat{\mathbf{i}} + \sin 60°\hat{\mathbf{j}}\right)\right]$$

$$= k_e\frac{q}{a^2}\left[2\left(\sin 60°\hat{\mathbf{j}}\right)\right] = \boxed{1.73 k_e \frac{q}{a^2}\hat{\mathbf{j}}}$$

전기장의 크기는 $E = 1.73\dfrac{k_e q}{a^2}$

(d) 전기장 방향은 양의 y방향

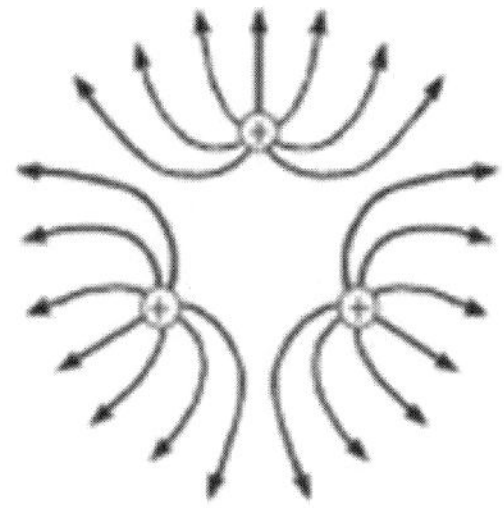

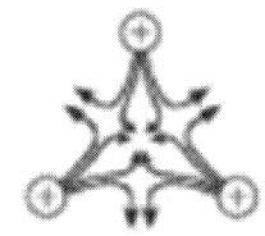

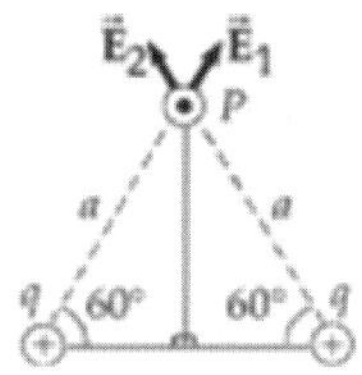

16. 균일 막대 전하에 의한 전기력선 모습.

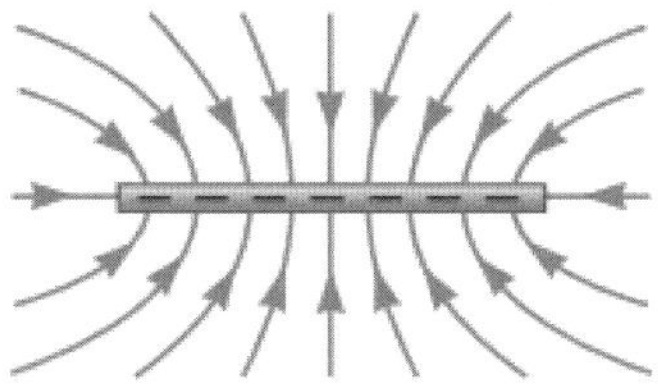

19.7 균일한 전기장 내에서 대전 입자의 운동

17.

(a) $a = \dfrac{qE}{m} = \dfrac{(1.602\times10^{-19}\ \text{C})(640\ \text{N/C})}{1.67\times10^{-27}\ \text{kg}} = \boxed{6.14\times10^{10}\ \text{m/s}^2}$

(b) $v_f = v_i + at$ 로부터

$$1.20\times10^{6}\ \text{m/s} = (6.14\times10^{10}\ \text{m/s}^2)t$$

$$\boxed{t = 1.95\times10^{-5}\ \text{s}}.$$

(c) $x_f = x_i + \dfrac{1}{2}(v_i + v_f)t$ 로부터

$$x_f = \frac{1}{2}(1.20\times10^{6}\ \text{m/s})(1.95\times10^{-5}\ \text{s}) = \boxed{11.7\ \text{m}}$$

(d) $K = \dfrac{1}{2}mv^2 = \dfrac{1}{2}(1.67\times10^{-27}\ \text{kg})(1.20\times10^{6}\ \text{m/s})^2 = \boxed{1.20\times10^{-15}\ \text{J}}$

18.

(a) $|a| = \dfrac{qE}{m} = \dfrac{(1.602\times10^{-19}\ \text{C})(6.00\times10^{5}\ \text{N/C})}{1.67\times10^{-27}\ \text{kg}} = 5.76\times10^{13}\ \text{m/s},$

따라서 $\vec{a} = -5.76\times10^{13}\,\vec{i}\ \text{m/s}^2$

(b) $v_f^2 = v_i^2 + 2a(x_f - x_i)$

$0 = v_i^2 + 2(-5.76\times10^{13}\text{ m/s}^2)(0.070\,0\text{ m})$

$\vec{\mathbf{v}}_i = \boxed{2.84\times10^6\hat{\mathbf{i}}\text{ m/s}}$

(c) $v_f = v_i + at$

$0 = 2.84\times10^6\text{ m/s} + (-5.76\times10^{13}\text{ m/s}^2)t \quad\rightarrow\quad t = \boxed{4.93\times10^{-8}\text{ s}}$

19. $\vec{\mathrm{E}}$는 y방향이므로, $a_x = 0$이고 $x = v_{xi}t$이다.

(a) $t = \dfrac{x}{v_{xi}} = \dfrac{0.050\,0\text{ m}}{4.50\times10^5\text{ s}} = 1.11\times10^{-7}\text{ s} = \boxed{111\text{ ns}}$

(b) $a_y = \dfrac{qE}{m} = \dfrac{(1.602\times10^{-19}\text{ C})(9.60\times10^3\text{ N/C})}{1.67\times10^{-27}\text{ kg}} = 9.21\times10^{11}\text{ m/s}^2$

$y_f - y_i = v_{yi}t + \dfrac{1}{2}a_y t^2$:

$y_f = \dfrac{1}{2}(9.21\times10^{11}\text{ m/s}^2)(1.11\times10^{-7}\text{ s})^2$

$= 5.68\times10^{-3}\text{ m} = 5.68\text{ mm}$

(c) $v_x = 4.50\times10^5\text{ m/s}$

$v_{yf} = v_{yi} + a_y t = (9.21\times10^{11}\text{ m/s}^2)(1.11\times10^{-7}\text{ s}) = 1.02\times10^5\text{ m/s}$

$\vec{\mathbf{v}} = \boxed{(450\hat{\mathbf{i}} + 102\hat{\mathbf{j}})\text{ km/s}}$

19.8 전기선속

20.

$\Phi_E = EA\cos\theta = (2.00\times10^4\text{ N/C})(18.0\text{ m}^2)\cos 10.0° = \boxed{355\text{ kN}\cdot\text{m}^2/\text{C}}$

21. 전기장과 표면의 법선 사이의 각을 θ라 할 때,

$\Phi_E = \vec{\mathrm{E}}\cdot\vec{\mathrm{A}} = EA\cos\theta$

(a) $\Phi_E = (6.20\times10^5\text{ N/C})(3.20\text{ m}^2)\cos 0° = 1.98\times10^6\text{ N}\cdot\text{m}^2/\text{C}$

(b) $\theta = 90° \quad\rightarrow\quad \cos\theta = 0$이므로 $\Phi_E = 0$

19.9 가우스의 법칙

22. 전기선속

$$\Phi_E = \frac{q_{in}}{\epsilon_0} = \frac{(1.00\times10^{-9}\,\text{C} - 3.00\times10^{-9}\,\text{C})}{8.85\times10^{-12}\,\text{C}^2/\text{N}\cdot\text{m}^2} = -226\ \text{N}\cdot\text{m}^2/\text{C}$$

23.

(a) $E = \frac{k_e Q}{r^2}$: $8.90\times10^2\,\text{N/C} = \frac{(8.99\times10^9\ \text{N}\cdot\text{m}^2/\text{C}^2)Q}{(0.750\ \text{m})^2}$

$\vec{E}$가 중심을 향하므로, Q는 음전하이다. 따라서

$$Q = -5.57\times10^{-8}\ \text{C} = -55.7\ \text{nC}$$

(b) 음전하는 구형 껍질과 동심원을 이루는 구형 대칭 전하 분포를 갖는다.

24. 표면을 통과하는 전기선속은 $\Phi_E = \frac{q_{In}}{\epsilon_0}$이므로,

$$\Phi_{S_1} = \frac{-2Q+Q}{\epsilon_0} = -\frac{Q}{\epsilon_0},$$

$$\Phi_{S_2} = \frac{+Q-Q}{\epsilon_0} = 0,$$

$$\Phi_{S_3} = \frac{-2Q+Q-Q}{\epsilon_0} = -\frac{2Q}{\epsilon_0},$$

$$\Phi_{S_4} = \frac{0}{\epsilon_0} = 0$$

19.10 다양한 형태의 전하 분포에 대한 가우스 법칙의 적용

25.

$$E = \frac{\sigma}{2\epsilon_0}$$

$$= \frac{9.00\times10^{-6}\ \text{C/m}^2}{2(8.85\times10^{-12}\ \text{C}^2/\text{N}\cdot\text{m}^2)}$$

$= 508\ \text{kN/C}$, 위쪽

26.

(a) $(\Phi_E)_{\text{left face}} = EA\cos\theta = (20.0\ \text{N/C})(1.00\ \text{m}^2)\cos 0° = 20.0\ \text{N}\cdot\text{m}^2/\text{C}$

$(\Phi_E)_{\text{right face}} = (35.0\ \text{N/C})(1.00\ \text{m}^2)\cos 180° = -35.0\ \text{N}\cdot\text{m}^2/\text{C}$

$(\Phi_E)_{\text{top face}} = (25.0\ \text{N/C})(1.00\ \text{m}^2)\cos 180° = -25.0\ \text{N}\cdot\text{m}^2/\text{C}$

$(\Phi_E)_{\text{bottom face}} = (15.0\ \text{N/C})(1.00\ \text{m}^2)\cos 0° = 15.0\ \text{N}\cdot\text{m}^2/\text{C}$

$(\Phi_E)_{\text{front face}} = (20.0\ \text{N/C})(1.00\ \text{m}^2)\cos 0° = 20.0\ \text{N}\cdot\text{m}^2/\text{C}$

$(\Phi_E)_{\text{back face}} = (20.0\ \text{N/C})(1.00\ \text{m}^2)\cos 0° = 20.0\ \text{N}\cdot\text{m}^2/\text{C}$

따라서 전체 전기선속은

$\Phi_E = (20 - 35 - 25 + 15 + 20 + 20) = 15.0\ \text{N}\cdot\text{m}^2/\text{C}$

(b) $q_{\text{in}} = \epsilon_0 \Phi_E = (8.85 \times 10^{-12}\ \text{C}^2/\text{N}\cdot\text{m}^2)(15.0\ \text{N}\cdot\text{m}^2/\text{C}) = 1.33 \times 10^{-10}\ \text{C}$

(c) 아니다. 면에서 전기장은 균일하지 않을 것이다.

27. ρ가 양수이면 전기장은 지름 방향으로 나가야 한다. 대전된 막대 내부에서 길이가 L이고 반지름이 r인 원통을 가우스면으로 선택하자. 이의 부피는 $\pi r^2 L$이고 가우스면 내부 전하량은 $\rho\pi r^2 L$이다. 전하 분포가 길기 때문에, 전기선속이 원통 끝의 원형 단면을 통과하지 않는다. 즉, $\vec{\text{E}} \cdot d\vec{\text{A}} = EdA\cos 90.0° = 0$ 이다. 곡면은 $\vec{\text{E}} \cdot d\vec{\text{A}} = EdA\cos 0°$ 이고, 이 곡면의 모든 위치에서 E는 크기가 같다.

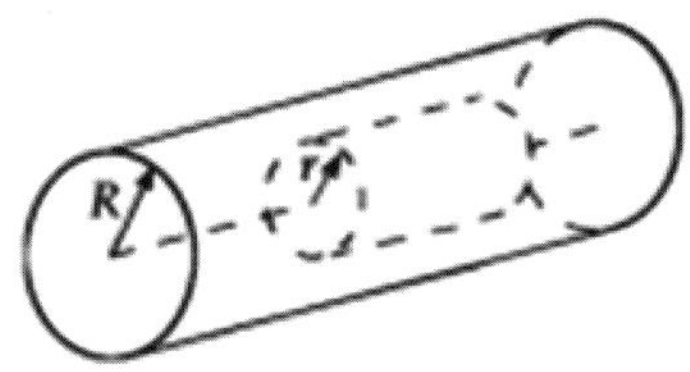

가우스 법칙으로부터

$$E\oint dA = \frac{\rho\pi r^2 L}{\epsilon_0}$$

원통의 옆면 넓이는 $2\pi rL$이므로

$$E(2\pi r)L = \frac{\rho\pi r^2 L}{\epsilon_0}$$

이다. 따라서

$$\vec{\text{E}} = \frac{\rho r}{2\epsilon_0},$$ 원통축으로부터 지름 방향으로 나가는 방향

19.11 정전기적 평형 상태의 도체

28.

$$\oint EdA = E(2\pi rl) = \frac{q_{\text{in}}}{\epsilon_0} \quad E = \frac{q_{\text{in}}/l}{2\pi\epsilon_0 r} = \frac{\lambda}{2\pi\epsilon_0 r}$$

(a) $r = 3.00\ \text{cm}$일 때, $\vec{\text{E}} = 0$

(b) $r = 10.0\ \text{cm}$일 때,

$$\vec{\text{E}} = \frac{30.0 \times 10^{-9}\ \text{C}}{2\pi(8.85 \times 10^{-12}\ \text{C}^2/\text{N}\times\text{m}^2)(0.100\ \text{m})} = 5\,390\ \text{N/C},$$ 바깥쪽 방향

(c) $r = 100\ \text{cm}$일 때,

$$\vec{\text{E}} = \frac{30.0 \times 10^{-9}\ \text{C}}{2\pi(8.85 \times 10^{-12}\ \text{C}^2/\text{N}\times\text{m}^2)(1.00\ \text{m})} = 539\ \text{N/C},$$ 바깥쪽 방향

29.

(a) 내부 표면: 금속 내에서 임의의 길이 ℓ인 원통형 가우스면을 고려하자. 전도성 껍질 내부의 E는 영(0)이므로, 가우스면 내의 전체 전하량은 영(0)이어야 한다. 즉,

$$\oint \vec{\mathbf{E}} \cdot d\vec{\mathbf{A}} = \frac{q_{in}}{\epsilon_0} \quad \rightarrow \quad 0 = \frac{(\lambda + \lambda_{inner})\ell}{\epsilon_0}$$

그러므로 $\lambda_{inner} = -\lambda$

(b) 외부 표면: 금속 외부에서 임의의 길이 ℓ인 원통형 가우스면을 고려하자. 가우스면 내의 알짜 전하량은 다음과 같다.

$$q_{wire} + q_{cylinder} = q_{wire} + (q_{inner\ surface} + q_{outer\ surface})$$

$$\lambda\ell + 2\lambda\ell = \lambda\ell + (-\lambda\ell + \lambda_{outer}\ell) \quad \rightarrow \quad \lambda_{outer} = \boxed{3\lambda}$$

(c) 가우스의 법칙:

$$\oint \vec{\mathbf{E}} \cdot d\vec{\mathbf{A}} = \frac{q_{in}}{\epsilon_0}$$

$$E2\pi r\ell = \frac{3\lambda\ell}{\epsilon_0} \quad \rightarrow \quad E = 2\frac{3\lambda}{4\pi\epsilon_0 r}$$

$$= 6k_e\frac{\lambda}{r},$$ 지름 방향으로 나가는 방향

추가문제

30. 공이 정지해 있기 위해서는 힘의 평형을 만족한다; $\sum\vec{\mathrm{F}} = \vec{\mathrm{T}} + q\vec{\mathrm{E}} + \vec{\mathrm{F}}_g$.

$E_x = 3.00 \times 10^5\ \mathrm{N/C}$, $E_y = 5.00 \times 10^5\ \mathrm{N/C}$이므로

$$\sum F_x = qE_x - T\sin 37.0° = 0 \qquad (1)$$

$$\sum F_y = qE_y - T\cos 37.0° - mg = 0 \qquad (2)$$

(a) 식 (1)을 풀면 $T = \frac{qE_x}{\sin 37.0°}$, 이를 이용하여 식 (2)를 풀면,

$$q = \frac{mg}{E_y + \frac{E_x}{\tan 37.0°}} = \frac{(1.00 \times 10^{-3}\ \mathrm{kg})(9.80\ \mathrm{m/s^2})}{5.00 \times 10^5\ \mathrm{N/C} + (\frac{3.00 \times 10^5\ \mathrm{N/C}}{\tan 37.0°})} = 1.09 \times 10^{-8}\ \mathrm{C}$$

(b) 식 (1)에 (a)에서 구한 q를 대입하면,

$$T = \frac{qE_x}{\sin 37.0°} = \frac{(1.09 \times 10^{-8}\ \mathrm{C})(3.00 \times 10^5\ \mathrm{N/C})}{\sin 37.0°} = 5.44 \times 10^{-3}\ \mathrm{N}$$

31. 옆의 자유 물체 도형으로부터

$$\sum F_y = 0: \qquad T\cos 15.0° = 1.96 \times 10^{-2}\ \mathrm{N}$$

따라서 $T = 2.03 \times 10^{-2}\ \mathrm{N}$.

$\sum F_x = 0$ 으로부터, $qE = T\sin 15.0°$

또는

$$q = \frac{T\sin 15.0°}{E} = \frac{(2.03\times 10^{-2}\ \text{N})\sin 15.0°}{1.00\times 10^{3}\ \text{N/C}}$$

$$= 5.25\times 10^{-6}\ \text{C} = \boxed{5.25\ \mu\text{C}}$$

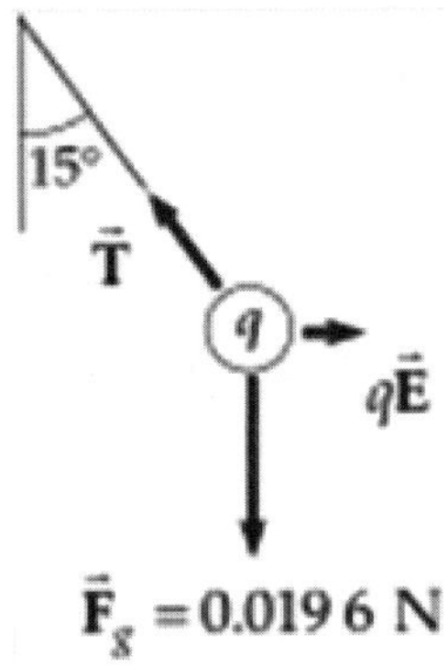

32. $E = \dfrac{k_e Q x}{(x^2+a^2)^{3/2}}$ 에서

$$\frac{dE}{dx} = k_e Q\left[\frac{1}{(x^2+a^2)^{3/2}} - \frac{3x^2}{(x^2+a^2)^{5/2}}\right] = 0$$

따라서 $x^2 + a^2 - 3x^2 = 0 \quad \rightarrow \quad x = \dfrac{a}{\sqrt{2}}$

이므로, 따라서

$$E = \frac{k_e Q a}{\sqrt{2}\left(\frac{3}{2}a^2\right)^{3/2}} = \frac{2k_e Q}{3\sqrt{3}\,a^2} = \frac{Q}{6\sqrt{3}\,\pi\epsilon_0 a^2}$$

20장 전위와 전기용량

20.1 전위와 전위차

1. 전기장이 균일하므로,

$$V_B - V_A = -\int_A^B \vec{\mathbf{E}}\cdot d\vec{\mathbf{s}} = -\int_A^C \vec{\mathbf{E}}\cdot d\vec{\mathbf{s}} - \int_C^B \vec{\mathbf{E}}\cdot d\vec{\mathbf{s}}$$

$$V_B - V_A = (-E\cos 180°)\int_{-0.300}^{0.500} dy - (E\cos 90.0°)\int_{-0.200}^{0.400} dx$$

$$V_B - V_A = (325\ \mathrm{V/m})(0.800\ \mathrm{m}) = \boxed{+260\ \mathrm{V}}$$

2. $\Delta V = V_f - V_i = -500\ \mathrm{V} - 9.00\ \mathrm{V} = -14.0\ \mathrm{V}$

$Q = -N_A e = -(6.02\times 10^{23})(1.60\times 10^{-19}\ \mathrm{C}) = -9.63\times 10^4\ \mathrm{C}$

따라서 $W = Q\Delta V = (-9.63\times 10^4\ \mathrm{C})(-14.0\ \mathrm{J/C}) = 1.35\ \mathrm{MJ}$

20.2 균일한 전기장 내에서의 전위차

3. 전하의 이동 경로를 (0,0)에서 (20.0 cm,0), 그리고 (20.0 cm, 50.0cm)로 하자. 그러면
$\Delta U = -$(한 일)이므로
$\Delta U = -$[(0,0)에서 (20.0 cm,0)까지 한 일)] $-$ [(20.0 cm,0)에서 (20.0 cm,50.0 cm)까지 한 일)]
이다. 위 식에서 마지막 항은 힘이 변위와 수직하기 때문에 0이다.
따라서

$$\Delta U = -(qE_x)\Delta x = -(12.0\times 10^{-6}\ \mathrm{C})(250\ \mathrm{V/m})(0.200\ \mathrm{m}) = \boxed{-6.00\times 10^{-4}\ \mathrm{J}}$$

(b) $$\Delta V = \frac{\Delta U}{q} = -\frac{6.00\times 10^{-4}\ \mathrm{J}}{12.0\times 10^{-6}\ \mathrm{C}} = -50.0\ \mathrm{J/C} = \boxed{-50.0\ \mathrm{V}}$$

4. 처음 있던 위치에서의 전위를 0이라 하면, d만큼 떨어진 곳에서 전위는 $V = -Ed$이고, 길이 L인 막대의 전체 전위는

$$U_e = -\lambda LEd$$

(a) 역학적 에너지 보존으로부터

$$K_i + U_i = K_f + U_f \quad\rightarrow\quad 0+0 = \frac{1}{2}m_{\mathrm{rod}}v^2 - qV \quad\rightarrow\quad 0 = \frac{1}{2}\mu L v^2 - \lambda LEd$$

이다. 이로부터

$$v = \sqrt{\frac{2\lambda Ed}{\mu}} = \sqrt{\frac{2(40.0\times 10^{-6}\ \mathrm{C/m})(100\ \mathrm{N/C})(2.00\ \mathrm{m})}{(0.100\ \mathrm{kg/m})}} = 0.400\ \mathrm{m/s}$$

(b) 전기장이 일정하여 막대의 각 부분이 받는 힘은 같으므로, 같은 속력이 된다.

20.3 점전하에 의한 전위와 전기적 위치 에너지

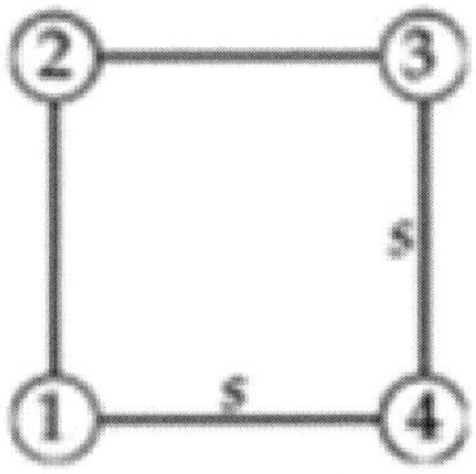

5. 필요한 일은 모든 전하 쌍의 위치 에너지의 합과 같다. 빈 공간의 주어진 위치에 q_4를 배치하는 데에는 에너지가 필요하지 않다. q_3를 멀리서 q_4에 가까이 가져오면, 계의 위치 에너지는 $q_3 V_4$로 표현할 수 있는데, 여기서 V_4는 전하 q_4가 q_3에 형성한 전위이다. q_2를 계에 가져오면, 이는 다른 두 전하와 상호 작용하게 되어, 전체 위치 에너지에 $q_2 V_3$와 $q_2 V_4$의 두 항이 추가된다. 마지막으로 네 번째 전하 q_1을 계에 가져오면, 세 개의 다른 전하와 상호 작용하여, 세 개의 에너지 항이 추가된다. 따라서 에너지의 완전한 식은 다음과 같다.

$$U = U_1 + U_2 + U_3 + U_4$$
$$U = 0 + U_{12} + (U_{13} + U_{23}) + (U_{14} + U_{24} + U_{34})$$
$$U = 0 + \frac{k_e Q^2}{s} + \frac{k_e Q^2}{s}\left(\frac{1}{\sqrt{2}} + 1\right) + \frac{k_e Q^2}{s}\left(1 + \frac{1}{\sqrt{2}} + 1\right)$$
$$U = \frac{k_e Q^2}{s}\left(4 + \frac{2}{\sqrt{2}}\right) = \boxed{5.41\frac{k_e Q^2}{s}}$$

$\left(4 + \frac{2}{\sqrt{2}}\right)$를 자세히 보면, 4는 변이 4개, 2는 대각선이 2개에서 왔음을 알 수 있다.

6. 삼각형의 중심으로부터 꼭짓점까지의 거리를 r이라고 하면,

$$r\cos 30° = \frac{d}{2} \qquad \rightarrow \qquad r = \frac{d}{2\cos 30°}$$

이다. 따라서 중심에서의 전위는

$$V = k_e\left(\frac{Q}{d/(2\cos 30°)} + \frac{Q}{d/(2\cos 30°)} + \frac{2Q}{d/(2\cos 30°)}\right)$$
$$= 4\left(2\cos 30° \, k_e \frac{Q}{d}\right) = 6.93 k_e \frac{Q}{d}$$

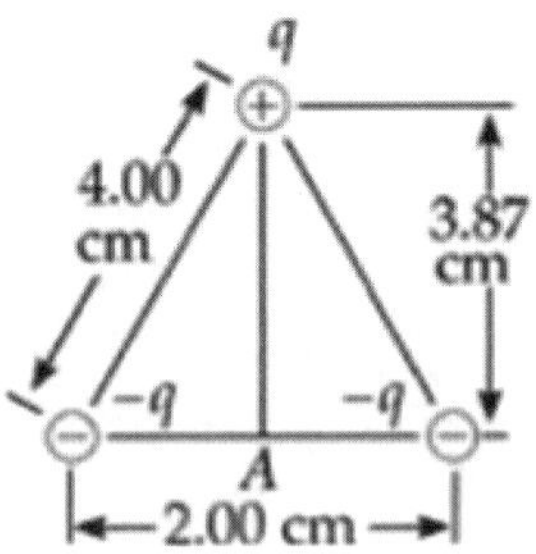

7. 밑변의 두 전하와 점 A까지의 거리는 $d/2 = 0.010\,0\ \text{cm}$이고, 위쪽 전하로부터 A까지의 거리는

$$\sqrt{(2d)^2 - \left(\frac{d}{2}\right)^2} = \frac{\sqrt{15}}{2}d$$

이다. 따라서 점 A에서의 전위는

$$V = \sum_i k_e \frac{q_i}{r_i}$$

$$= k_e\left(\frac{-q}{d/2} + \frac{-q}{d/2} + \frac{q}{d\sqrt{15}/2}\right) = k_e \frac{q}{d}\left(-4 + \frac{2}{\sqrt{15}}\right)$$

$$V = \left(8.99\times10^{9}\ \mathrm{N\cdot m^2/C^2}\right)\left(\frac{7.00\times10^{-6}\ \mathrm{C}}{0.020\ 0\ \mathrm{m}}\right)\left(-4 + \frac{2}{\sqrt{15}}\right)$$

$$= \boxed{-1.10\times10^{7}\ \mathrm{V}}$$

8.

(a) 각 전하로부터 정사각형의 중심까지의 거리는 $a/\sqrt{2}$ 이므로, 전위는

$$V = k_e \sum \frac{q}{r} = 4k_e\left(\frac{Q}{a/\sqrt{2}}\right) = 4\sqrt{2}\,k_e \frac{Q}{a}$$

(b) $W = q\Delta V = q\left(4\sqrt{2}\,k_e \frac{Q}{a} - 0\right) = 4\sqrt{2}\,k_e \frac{qQ}{a}$

20.4 전위로부터 전기장의 계산

9. $E_x = -\dfrac{\Delta V}{\Delta x} = -(\text{기울기})$

$x = 0 \sim 1$ cm 구간; $E_x = -\dfrac{20\ \mathrm{V} - 0}{1\ \mathrm{cm}} = -20\ \mathrm{V/m}$

$x = 1 \sim 3$ cm 구간: $E_x = -\dfrac{0}{2\ \mathrm{cm}} = 0\ \mathrm{V/m}$

$x = 3 \sim 4$ cm 구간; $E_x = -\dfrac{0 - 20\ \mathrm{V}}{1\ \mathrm{cm}} = +20\ \mathrm{V/m}$

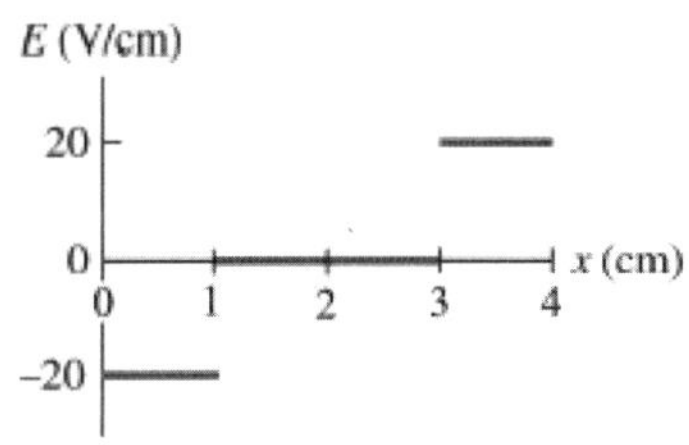

10. 전위가 $V = 5x - 3x^2y + 2yz^2$ 이다. 여기서 x, y의 단위는 미터이고 V의 단위는 볼트이다. 이 때,

(a) 전기장 성분은

$$E_x = -\frac{\partial V}{\partial x} = -5 + 6xy$$

$$E_y = -\frac{\partial V}{\partial y} = +3x^2 - 2z^2$$

$$E_z = -\frac{\partial V}{\partial z} = -4yz$$

따라서 전기장은

$$\vec{\mathbf{E}} = (-5 + 6xy)\hat{\mathbf{i}} + (3x^2 - 2z^2)\hat{\mathbf{j}} - 4yz\hat{\mathbf{k}}$$

(b) $(1.00,\ 0,\ -2.00)$ m 에서 전기장은

$$E_x = -5 + 6(1.00)(0) = -5.00$$
$$E_y = 3(1.00)^2 - 2(-2.00)^2 = -5.00$$
$$E_z = -4(0)(-2.00) = 0$$

이고, 이로부터 전기장 크기는

$$E = \sqrt{E_x^2 + E_y^2 + E_z^2} = \sqrt{(-5.00)^2 + (-5.00)^2 + 0^2} = \boxed{7.07\ \text{N/C}}$$

11.

(a) $r < R$의 경우, $V = \dfrac{k_e Q}{R}$ 이므로

$$E_r = -\frac{dV}{dr} = \boxed{0}$$

(b) $r \geq R$의 경우, $V = \dfrac{k_e Q}{r}$ 이므로

$$E_r = -\frac{dV}{dr} = -\left(-\frac{k_e Q}{r^2}\right) = \boxed{\frac{k_e Q}{r^2}}$$

20.5 연속적인 전하 분포에 의한 전위

12. 두 지점 사이의 전위차;

$$\Delta V = V_{2R} - V_0 = \frac{k_e Q}{\sqrt{R^2 + (2R)^2}} - \frac{k_e Q}{R} = \frac{k_e Q}{R}\left(\frac{1}{\sqrt{5}} - 1\right) = \boxed{-0.553\frac{k_e Q}{R}}$$

13.

(a) 선전하 밀도 λ는 C/m의 단위를 가지므로, $\alpha = \lambda/x$ 는 C/m²의 단위를 가져야 한다. 즉,

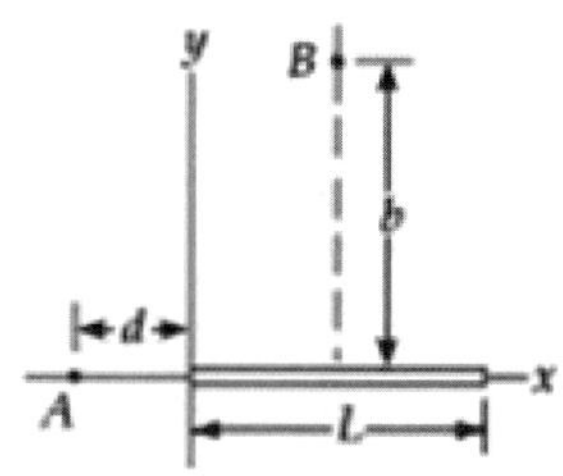

$$[\alpha] = \left[\frac{\lambda}{x}\right] = \frac{\text{C}}{\text{m}} \cdot \left(\frac{1}{\text{m}}\right) = \boxed{\frac{\text{C}}{\text{m}^2}}$$

(b) 위치 x에서 길이가 dx인 막대의 작은 부분을 고려하자. 이 부분의 전하량은 $\lambda dx = (\alpha x)dx$이다. A로부터의 거리는 $d + x$이므로, 이의 A에서의 전위는

$$dV = k_e \frac{dq}{r} = k_e \frac{\alpha x\, dx}{d + x}$$

이다. 무한히 멀리 떨어져 있을 때 $V = 0$에 대한 A에서의 전위를 구하면,

$$V = \int_{\text{all } q} dV = \int_0^L \frac{k_e \alpha x}{d + x} dx.$$

적분을 하기 위하여, 변수를 치환하자; $u = d + x$, $du = dx$.
그러면,

$$V=\int_d^{d+L}\frac{k_e\alpha(u-d)}{u}du=k_e\alpha\int_d^{d+L}du-k_e\alpha d\int_d^{d+L}\left(\frac{1}{u}\right)du$$

$$V=k_e\alpha u\Big|_d^{d+L}-k_e\alpha d\ln u\Big|_d^{d+L}$$
$$=k_e\alpha(d+L-d)-k_e\alpha d[\ln(d+L)-\ln d]$$

$$V=\boxed{k_e\alpha\left[L-d\ln\left(1+\frac{L}{d}\right)\right]}$$

14. $V=\int\frac{k_e\,dq}{r}=k_e\int\frac{\alpha x\,dx}{\sqrt{b^2+(L/2-x)^2}}$,　　$z=\frac{L}{2}-x \;\rightarrow\; x=\frac{L}{2}-z,\; dx=-dz$

따라서 변수를 치환하여 대입하면,

$$V=k_e\alpha\int\frac{(L/2-z)(-dz)}{\sqrt{b^2+z^2}}$$
$$=-\frac{k_e\alpha L}{2}\int\frac{dz}{\sqrt{b^2+z^2}}+k_e\alpha\int\frac{z\,dz}{\sqrt{b^2+z^2}}$$
$$=-\frac{k_e\alpha L}{2}\left[\ln\left(z+\sqrt{z^2+b^2}\right)+k_e\alpha\sqrt{z^2+b^2}\right]_{L/2}^{-L/2}$$
$$=-\frac{k_e\alpha L}{2}\left[\ln\frac{\sqrt{b^2+(L^2/4)}-L/2}{\sqrt{b^2+(L^2/4)}+L/2}\right]$$

20.6 대전된 도체에 의한 전위

15. 식 $V=\frac{k_e q}{r}$ 에 주어진 값을 대입하면,

$$7.50\times10^3\ \mathrm{V}=\frac{(8.99\times10^9\ \mathrm{N\cdot m^2/C^2})q}{0.300\ \mathrm{m}}$$

이로부터 얻은 $q=2.50\times10^{-7}$ C을 대입하면

$$N=\frac{2.50\times10^{-7}\ \mathrm{C}}{1.60\times10^{-19}\ C/e^-}=1.56\times10^{12}\text{ 개의 전자}$$

16. 표면과 외부에서는 전하 구는 중심에 대전되어 있는 입자처럼 행동하여, 장과 전위를 모두 형성한다.

(a) 전하가 움직이지 않는 도체 내부에서는 전기장이 0이고 전위가 균일하며, 표면과 동일하여 $E=0$ 이다.

$$V=\frac{k_e q}{R}=\frac{(8.99\times10^9\ \mathrm{N\cdot m^2/C^2})(26.0\times10^{-6}\ \mathrm{C})}{0.140\ \mathrm{m}}=\boxed{1.67\ \mathrm{MV}}$$

(b) $$E=\frac{k_e q}{r^2}=\frac{(8.99\times10^9\ \mathrm{N\cdot m^2/C^2})(26.0\times10^{-6}\ \mathrm{C})}{(0.200\ \mathrm{m})^2}$$

$=5.84$ MN/C (나가는 방향)

$$V = \frac{k_e q}{R} = \frac{(8.99\times10^9\ \mathrm{N\cdot m^2/C^2})(26.0\times10^{-6}\ \mathrm{C})}{0.200\ \mathrm{m}} = \boxed{1.17\ \mathrm{MV}}$$

(c) $$E = \frac{k_e q}{R^2} = \frac{(8.99\times10^9\ \mathrm{N\cdot m^2/C^2})(26.0\times10^{-6}\ \mathrm{C})}{(0.140\ \mathrm{m})^2}$$

$= 11.9\ \mathrm{MN/C}$ (나가는 방향)

$$V = \frac{k_e q}{R} = 1.67\ \mathrm{MV}$$

20.7 전기용량

17. 정지 상태의 힘의 평형 조건;

줄에 걸리는 장력을 T라고 하면,

$$\sum F_y = 0:\quad T\cos\theta - mg = 0$$

$$\sum F_x = 0:\quad T\sin\theta - Eq = 0$$

이다. 이 두 식을 나누면, $\tan\theta = \frac{Eq}{mg}$ 이므로

$$E = \frac{mg}{q}\tan\theta$$

이고 전위차는

$$\Delta V = Ed = \boxed{\frac{mgd\tan\theta}{q}}$$

18.

(a) $C = \frac{Q}{\Delta V} = \frac{10.0\times10^{-6}\ \mathrm{C}}{10.0\ \mathrm{V}} = 1.00\times10^{-6}\ \mathrm{F} = 1.00\ \mu\mathrm{F}$

(b) $\Delta V = \frac{Q}{C} = \frac{100\times10^{-6}\ \mathrm{C}}{1.00\times10^{-6}\ \mathrm{F}} = 100\ \mathrm{V}$

19.

(a) $C = \frac{\kappa\epsilon_0 A}{d} = \frac{(1.00)(8.85\times10^{-12}\ \mathrm{C^2/N\cdot m^2})(2.30\times10^{-4}\ \mathrm{m^2})}{1.50\times10^{-3}\ \mathrm{m}}$

$= 1.36\times10^{-12} = 1.36\ \mathrm{pF}$

(b) $Q = CV = (1.36\ \mathrm{pF})(12.0\ \mathrm{V}) = 16.3\ \mathrm{pC}$

(c) $E = \frac{V}{d} = \frac{12.0\ \mathrm{V}}{1.50\times10^{-3}\ \mathrm{m}} = 8.00\times10^3\ \mathrm{V/m}$

20.8 축전기의 연결

20.

(a) 병렬 연결 축전기의 경우 각각을 더하면 되므로, 등가 전기용량은

$$C_{eq} = C_1 + C_2 = 5.00\ \mu\text{F} + 12.0\ \mu\text{F} = \boxed{17.0\ \mu\text{F}}$$

(b) 각각의 축전기 양단의 전위차는 전지의 전압과 같으므로

$$\Delta V = \boxed{9.00\ \text{V}}$$

(c) $Q_5 = C\Delta V = (5.00\ \mu\text{F})(9.00\ \text{V}) = \boxed{45.0\ \mu\text{C}}$

$Q_{12} = C\Delta V = (12.0\ \mu\text{F})(9.00\ \text{V}) = \boxed{108\ \mu\text{C}}$

21.

(a) 회로의 왼쪽 위 두 개의 축전기의 전기용량을 합하면

$$\frac{1}{(1/15.0\ \mu\text{F}) + (1/3.00\ \mu\text{F})} = 2.50\ \mu\text{F}$$

이고, 이를 아래쪽 축전기의 전기용량과 합치면

$$2.50\ \mu\text{F} + 6.00\ \mu\text{F} = 8.50\ \mu\text{F}$$

마지막으로 왼쪽의 축전기와 직렬 연결된 회로로 보고 전기용량을 합하면

$$\frac{1}{(1/8.50\ \mu\text{F}) + (1/20.0\ \mu\text{F})} = 5.96\ \mu\text{F}$$

(b) 하나의 축전기라고 생각하고 충전된 전하량을 계산하면

$$Q = C\Delta V = (5.96\ \mu\text{F})(15.0\ \text{V}) = 89.5\ \mu\text{C} = Q_{20} = Q_{8.5}$$

오른쪽 두 번째 그림처럼 2개의 직렬 연결된 축전기로 생각하면, 두 축전기에 충전된 전하량은 같으므로 각각의 전위차는

$$\Delta V_{ac} = \frac{Q}{C} = \frac{89.5\ \mu\text{C}}{8.50\ \mu\text{F}} = 10.5\ \text{V},$$

$$\Delta V_{cb} = \frac{Q}{C} = \frac{89.5\ \mu\text{C}}{20.0\ \mu\text{F}} = 4.47\ \text{V}$$

이때 왼쪽의 축전기는 원래 병렬 연결된 두 축전기를 합한 것이므로 다시 나누면

$$Q_{2.5 = C_{2.5}}\Delta V = (2.50\ \mu\text{F})(10.5\ \text{V}) = 26.3\ \mu\text{C},$$

$$Q_6 = C_6\Delta V = (6.00\ \mu\text{F})(10.5\ \text{V}) = 63.2\ \mu\text{C}$$

이때 $2.5\ \mu\text{F}$ 부분은 원래 두 축전기가 직렬 연결된 회로이다. 직렬 연결된 축전기는 충전된 전하량이 같으므로

$$Q_{15} = Q_3 = 26.3\ \mu\text{F}$$

22. $C_p = C_1 + C_2$이고 $\dfrac{1}{C_s} = \dfrac{1}{C_1} + \dfrac{1}{C_2}$이다.

두 식의 연립 방정식을 풀어 C_1 값을 구하면

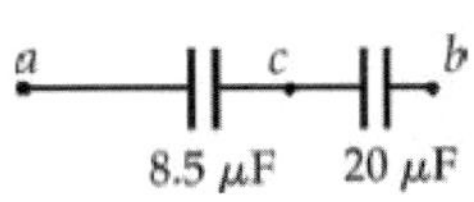

$$C_1^2 - C_1 C_p + C_p C_s = 0$$

$$\rightarrow \quad C_1 = \frac{C_p \pm \sqrt{C_p^2 - 4C_p C_s}}{2} = \frac{1}{2}C_p \pm \sqrt{\frac{1}{4}C_p^2 - C_p C_s}$$

$$C_1 = \frac{1}{2}(9.00\text{ pF}) + \sqrt{\frac{1}{4}(9.00\text{ pF})^2 - (9.00\text{ pF})(2.00\text{ pF})} = 6.00\text{ pF}$$

$$C_2 = C_p - C_1 = 9.00\text{ pF} - 6.00\text{ pF} = 3.00\text{ pF}$$

(루트 앞을 음수로 취하면 C_1, C_2 값이 반대로 나온다.)

23.

$$nC = \underbrace{\frac{100}{\frac{1}{C}+\frac{1}{C}+\frac{1}{C}+\cdots}}_{n\text{ capacitors}} = \frac{100}{n/C}$$

$nC = \dfrac{100C}{n}$ 이므로, $n^2 = 200 \quad \rightarrow \quad n = 10.$

20.9 충전된 축전기에 저장된 에너지

24.

(a) $U_E = \dfrac{1}{2}C(\Delta V)^2 = \dfrac{1}{2}(3.00\ \mu\text{F})(12.0\text{ V})^2 = 216\ \mu\text{J}$

(b) $U_E = \dfrac{1}{2}C(\Delta V)^2 = \dfrac{1}{2}(3.00\ \mu\text{F})(6.00\text{ V})^2 = 54.0\ \mu\text{J}$

25.

(a) $Q = C\Delta V = (150\times10^{-12}\text{ F})(10\times10^3\text{ V}) = 1.50\times10^{-6}\text{ C} = \boxed{1.50\ \mu\text{C}}$

(b) $U = \dfrac{1}{2}C(\Delta V)^2$

$$\Delta V = \sqrt{\frac{2U}{C}} = \sqrt{\frac{2(250\times10^{-6}\text{ J})}{150\times10^{-12}\text{ F}}} = 1.83\times10^3\text{ V} = \boxed{1.83\text{ kV}}$$

26.

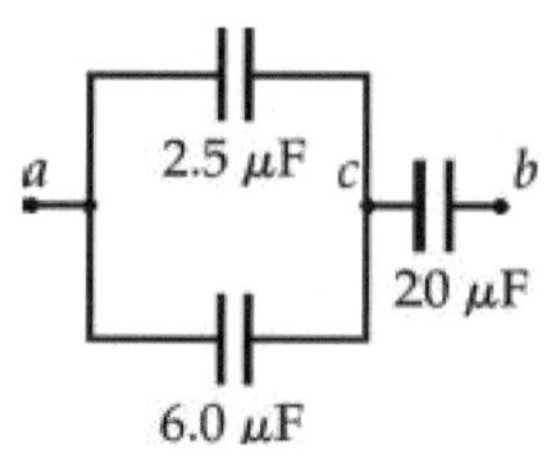

(a) $U_E = \dfrac{1}{2}C(\Delta V)^2 + \dfrac{1}{2}C(\Delta V)^2 = C(\Delta V)^2$

$= (10.0\times10^{-6}\ \mu\text{F})(50.0\text{ V})^2 = 2.50\times10^{-2}\text{ J}$

(b) $d \rightarrow 2d$ 이므로 $C' = \dfrac{1}{2}C$, $Q_{\text{initial}} = Q_{\text{final}}$

$$C(\Delta V) + C(\Delta V) = C(\Delta V') + \frac{1}{2}C(\Delta V')$$

$$2C(\Delta V) = \frac{3}{2}C(\Delta V')$$

$$\therefore \ \Delta V' = \frac{4}{3}\Delta V = \frac{4}{3}(50.0\ \mathrm{V}) = 66.7\ \mathrm{V}$$

(c) $U_E' = \frac{1}{2}C(\Delta V')^2 + \frac{1}{2}\left(\frac{1}{2}C\right)(\Delta V')^2$

$$= \frac{3}{4}C(\Delta V')^2 = \frac{3}{4}C\left(\frac{4}{3}\Delta V\right)^2$$

$$\therefore \ U_E' = \frac{4}{3}C(\Delta V)^2 = \frac{4}{3}U_E$$

$$= \frac{4}{3}(2.50\times 10^{-2}\ \mathrm{J}) = 3.33\times 10^{-2}\ \mathrm{J}$$

(d) 판을 두 배로 떨어뜨려 놓는 데 외부에서 양수의 일을 한다. 이 부분이 에너지 값의 차이를 의미한다.

20.10 유전체가 있는 축전기

27. 처음 전기용량 $C_i = \epsilon_0 \frac{A}{d} = \frac{Q}{(\Delta V)_i}$

(a) 담그기 전과 후의 전하량은 같으므로,

$$Q = C_i(\Delta V)_i = \frac{\epsilon_0 A(\Delta V)_i}{d}$$

$$Q = \frac{(8.85\times 10^{-12}\ \mathrm{C^2/N\cdot m^2})(25.0\times 10^{-4}\ \mathrm{m^2})(250\ \mathrm{V})}{1.50\times 10^{-2}\ \mathrm{m}}$$

$$= \boxed{369\ \mathrm{pC}}$$

(b) 나중의 경우,

$$C_f = \frac{\kappa\epsilon_0 A}{d} = \frac{Q}{(\Delta V)_f}:$$

$$C_f = \frac{(80)(8.85\times 10^{-12}\ \mathrm{C^2/N\cdot m^2})(25.0\times 10^{-4}\ \mathrm{m^2})}{1.50\times 10^{-2}\ \mathrm{m}}$$

$$= \boxed{1.20\times 10^{-10}\ \mathrm{F}}$$

이다. 그리고 표 20.1로부터 증류수의 경우 $\kappa = 80$이므로

$$(\Delta V)_f = \frac{Q}{C_f} = \frac{C_i(\Delta V)_i}{C_f} = \frac{(\epsilon_0 A/d)}{(\kappa\epsilon_0 A/d)}(\Delta V)_i = \frac{(\Delta V)_i}{\kappa} = \frac{250\ \mathrm{V}}{80}$$

$$= \boxed{3.10\ \mathrm{V}}$$

(c) 처음과 나중의 전기 위치 에너지는

$$U_i = \frac{1}{2}C_i(\Delta V)_i^2 = \frac{\epsilon_0 A(\Delta V)_i^2}{2d}.$$

$$U_f = \frac{1}{2}C_f(\Delta V)_f^2 = \frac{1}{2}\left(\frac{\kappa\epsilon_0 A}{d}\right)\left(\frac{(\Delta V)_i}{\kappa}\right)^2 = \frac{\epsilon_0 A(\Delta V)_i^2}{2d\kappa},$$

이므로,

$$\begin{aligned}\Delta U &= U_f - U_i \\ &= \frac{\epsilon_0 A(\Delta V)_i^2}{2d\kappa} - \frac{\epsilon_0 A(\Delta V)_i^2}{2d} \\ &= \frac{\epsilon_0 A(\Delta V)_i^2}{2d}\left(\frac{1}{\kappa}-1\right) = \frac{\epsilon_0 A(\Delta V)_i^2(1-\kappa)}{2d\kappa}\end{aligned}$$

$$\Delta U = \frac{(8.85\times10^{-12}\ \mathrm{C^2/N\cdot m^2})(25.0\times10^{-4}\ \mathrm{m^2})(250\ \mathrm{V})^2(1-80)}{2(1.50\times10^{-2}\ \mathrm{m})(80)}$$

$$= -4.55\times10^{-8}\ \mathrm{J} = \boxed{-45.5\ \mathrm{nJ}}$$

28.

(a) $C = \dfrac{\kappa\epsilon_0 A}{d}$

$$= \frac{2.10(8.85\times10^{-12}\,\mathrm{C^2/N\cdot m^2})(1.75\times10^{-4}\,\mathrm{m^2})}{4.00\times10^{-5}\,\mathrm{m}}$$

$$= 8.13\times10^{-11}\ \mathrm{F} = 81.3\ \mathrm{pF}$$

(b) $\Delta V_{\max} = E_{\max} d$

$$= (60.0\times10^6\ \mathrm{V/m})(4.00\times10^{-5}\ \mathrm{m})$$

$$= 2.40\ \mathrm{kV}$$

29.

(a) $\dfrac{C_f}{C_i} = \dfrac{\kappa\epsilon_0 A/d}{\epsilon_0 A/d} = \kappa$

따라서 유전 상수는

$$\kappa = \frac{C_f}{C_i} = \frac{Q_0/(\Delta V)_f}{Q_0/(\Delta V)_i} = \frac{(\Delta V)_i}{(\Delta V)_f} = \frac{85.0\ \mathrm{V}}{25.0\ \mathrm{V}} = 3.40$$

(b) 나일론

(c) 전압은 25.0 V에서 85.0 V 사이에 있을 것이다.

추가문제

30.

(a) $C_i = \kappa C_f$이므로 $U_{E,i} = \dfrac{Q^2}{2C_i}$, $U_{E,f} = \dfrac{Q^2}{2C_f} = \kappa U_{E,i}$

또한, $Q = C(\Delta V)$이므로

$$W = U_{E,f} - U_{E,i} = (\kappa - 1)U_{E,i} = \frac{1}{2}C_i(\Delta V_i)^2(\kappa - 1)$$

$$= \frac{1}{2}(2.00\times10^{-9}\text{ F})(100\text{ V})^2(5.00-1.00) = 4.00\times10^{-5}\text{ J} = 40.0\ \mu\text{J}$$

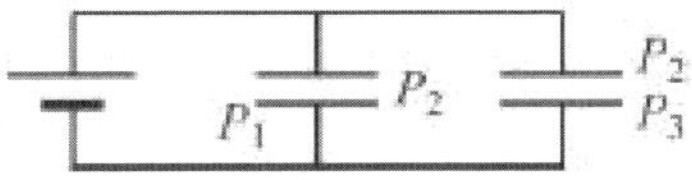

(b) $C_i = \kappa C_f$, $Q = C(\Delta V)$를 이용하면 $\Delta V_f = \kappa \Delta V_i = 5.00(100\text{ V}) = 500\text{ V}$

31.

(a) P_1, P_3가 P_2와 마주하고 있으므로 오른쪽 그림과 같이 나타낼 수 있다.

$$C = \frac{\kappa\epsilon_0 A}{d}$$

$$= \frac{1(8.85\times10^{-12}\text{ C}^2/\text{N}\cdot\text{m}^2)(7.50\times10^{-4}\text{ m}^2)}{1.19\times10^{-3}\text{ m}}$$

$$= 5.58\text{ pF}$$

전기용량이 둘 다 같게 계산될 것이므로, 전체 전기용량은

$$5.58\text{ pF} + 5.58\text{ pF} = 11.2\text{ pF}$$

(b) $Q = C\Delta V = (11.2\times10^{-12}\text{ F})(12\text{ V}) = 134\text{ pC}$

(c) P_3도 P_2처럼 양쪽 표면에 충전되고, 3개의 축전기가 병렬 연결된 회로가 되므로

$$C = 3(5.58\text{ pF}) = 16.7\text{ pF}$$

(d) $Q = C\Delta V = (5.58\times10^{-12}\text{ F})(12\text{ V}) = 66.9\text{ pC}$

32. 중앙의 판을 크기가 같은 두 개의 작은 판으로 나누어 떨어뜨린다고 상상해 보자. 이는 병렬로 연결된 두 개의 축전기이며, 같은 ΔV를 공유하고 전체 전하량 Q를 갖는다. 위쪽 축전기의 전기용량은 $C_1 = \dfrac{\epsilon_0 A}{d}$이고, 아래쪽 전기용량은 $C_2 = \dfrac{\epsilon_0 A}{2d}$이다. 전하는 접지로부터 각 축전기의 바깥쪽 판으로 흐른다. 따라서,

$$Q_1 + Q_2 = Q \quad \text{그리고} \quad \Delta V_1 = \Delta V_2 = \Delta V$$

이다. 따라서

$$\frac{Q_1}{C_1} = \frac{Q_2}{C_2} = \frac{Q_1 d}{\epsilon_0 A} = \frac{Q_2 2d}{\epsilon_0 A} \quad\rightarrow\quad Q_1 = 2Q_2 \quad\rightarrow\quad 2Q_2 + Q_2 = Q.$$

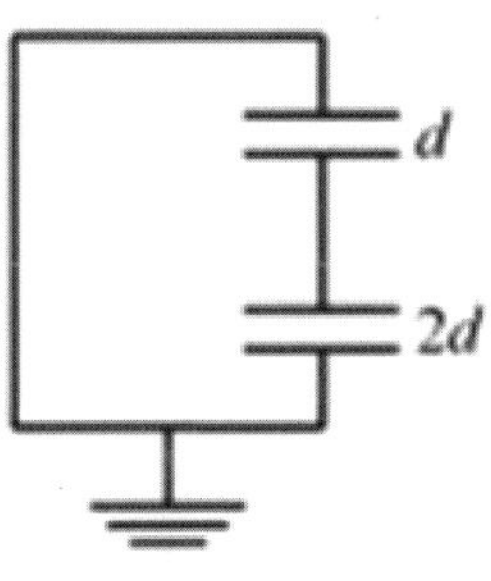

(a) $Q_2 = \dfrac{Q}{3}$, 아래쪽 판의 전하량은 $-\dfrac{Q}{3}$.

$Q_1 = \dfrac{2Q}{3}$, 위쪽 판의 전하량은 $-\dfrac{2Q}{3}$.

(b) $\Delta V = \dfrac{Q_1}{C_1} = \boxed{\dfrac{2Qd}{3\epsilon_0 A}}$

21장 전류와 직류 회로

21.1 전류

1.

$$I=\frac{\Delta Q}{\Delta t} \quad\rightarrow\quad \Delta Q=I\Delta t=(30.0\times10^{-6}\ \text{A})(40.0\ \text{s})=1.20\times10^{-3}\ \text{C}$$

$$N=\frac{Q}{e}=\frac{1.20\times10^{-3}\ \text{C}}{1.60\times10^{-19}\text{C/전자}}=7.50\times10^{15}\ \text{개의 전자}$$

2. $I=nqAv_d$를 사용한다. 여기서 n은 단위 부피당 전하 운반자 수이고, 이는 단위 부피당 원자의 수와 동일하다. 앞의 관계식에서 원자당 1개의 자유 전자가 기여한다고 가정한다. 몰질량이 27인 알루미늄의 경우, 아보가드로 원자 수인 N_A는 27.0 g의 질량을 가지고 있음을 알고 있다. 따라서 원자당 질량은

$$m=\frac{27.0\ \text{g}}{N_A}=\frac{27.0\ \text{g}}{6.02\times10^{23}}$$

$$=4.49\times10^{-23}\ \text{g/원자}$$

따라서,

$$n=\frac{\rho}{m}=\frac{\text{알루미늄 밀도}}{\text{원자당 질량}}=\frac{2.70\ \text{g/cm}^3}{4.49\times10^{-23}\ \text{g/원자}}$$

$$n=6.02\times10^{22}\ \text{원자/cm}^3=6.02\times10^{28}\ \text{원자/m}^3$$

그러므로,

$$v_d=\frac{I}{nqA}=\frac{5.00\ \text{A}}{(6.02\times10^{28}\ \text{m}^{-3})(1.60\times10^{-19}\ \text{C})(4.00\times10^{-6}\ \text{m}^2)}$$

$$=1.30\times10^{-4}\ \text{m/s}$$

$$v_d=\boxed{0.130\ \text{mm/s}}.$$

3. $q=\int dq=\int Idt$

$$=\int_0^{1/240}(100)\sin(120\pi t)dt=\frac{-100}{120\pi}\left[\cos\left(\frac{\pi}{2}\right)-\cos 0\right]=\frac{100}{120\pi}=0.265\ \text{C}$$

4.

$$q=4t^3+5t+6$$

$$A=(2.00\ \text{cm}^2)\left(\frac{1.00\ \text{m}}{100\ \text{cm}}\right)^2=2.00\times10^{-4}\ \text{m}^2$$

(a) $I(1.00\ \text{s})=\left.\frac{dq}{dt}\right|_{t=1.00\ \text{s}}=\left.(12t^2+5)\right|_{t=1.00\ \text{s}}=\boxed{17.0\ \text{A}}$

(b) $J = \frac{I}{A} = \frac{17.0\ \text{A}}{2.00 \times 10^{-4}\ \text{m}^2} = \boxed{85.0\ \text{kA/m}^2}$

21.2 저항과 옴의 법칙

5.

$$I = \frac{\Delta V}{R} = \frac{120\ \text{V}}{240\ \Omega} = 0.500\ \text{A} = \boxed{500\ \text{mA}}$$

6.

(a) $\rho = \rho_0\left[1 + \alpha(T - T_0)\right]$

$$\rho = (2.82 \times 10^{-8}\ \Omega\cdot\text{m})\left[1 + (3.9 \times 10^{-3}\ {}^\circ\text{C}^{-1})(30.0^\circ\text{C})\right]$$
$$= 3.15 \times 10^{-8}\ \Omega\cdot\text{m} = \boxed{31.5\text{n}\Omega\cdot\text{m}}$$

(b) 식 21.17로부터 $I = \frac{E}{\rho}A$ 이므로, 전류 밀도는

$$J = \frac{I}{A} = \frac{EA/\rho}{A} = \frac{E}{\rho} = \frac{0.200\ \text{V/m}}{3.15 \times 10^{-8}\ \Omega\cdot\text{m}}$$
$$= 6.35 \times 10^{6}\ \text{A/m}^2 = \boxed{6.35\ \text{MA/m}^2}$$

(c) $I = JA = J\left(\frac{\pi d^2}{4}\right) = (6.35 \times 10^{6}\ \text{A/m}^2)\left[\frac{\pi(1.00 \times 10^{-4}\ \text{m})^2}{4}\right]$

$= \boxed{49.9\ \text{mA}}$

(d) $n = \dfrac{6.02 \times 10^{23}\ 전자}{[26.98\ \text{g}/(2.70 \times 10^{6}\ \text{g/m}^3)]} = 6.02 \times 10^{28}\ 전자/m^3$

$$v_d = \frac{J}{ne} = \frac{6.35 \times 10^{6}\ A/m^2}{(6.02 \times 10^{28}\ 전자/\text{m}^3)(1.60 \times 10^{-19}\ \text{C})} = 658\ \mu m/s$$

(e) $\Delta V = E\ell = (0.200\ \text{V/m})(2.00\ \text{m}) = \boxed{0.400\ \text{V}}$

7. $R = \dfrac{\Delta V}{I} = \dfrac{120\ \text{V}}{13.5\ \text{A}} = 8.89\ \Omega$

8. 알루미늄의 경우,

저항의 온도 기울기; $\alpha_E = 3.90 \times 10^{-3}\ ℃^{-1}$ (표 21.1)

평균 선팽창 계수; $\alpha = 24.0 \times 10^{-6}\ ℃^{-1}$ (표 16.1)

$$R=\frac{\rho\ell}{A}=\frac{\rho_0(1+\alpha_E\Delta T)\ell(1+\alpha\Delta T)}{A(1+\alpha\Delta T)^2}=R_0\frac{(1+\alpha_E\Delta T)}{(1+\alpha\Delta T)}$$

$$=(1.23\ \Omega)\left[\frac{1+\left(3.90\times10^{-3}\ (°\mathrm{C})^{-1}\right)(120°\mathrm{C}-20.0°\mathrm{C})}{1+\left(24.0\times10^{-6}\ (°\mathrm{C})^{-1}\right)(120°\mathrm{C}-20.0°\mathrm{C})}\right]=\boxed{1.71\ \Omega}$$

9.

(a) $m=\rho_m V=\rho_m A l \quad \rightarrow \quad A=\dfrac{m}{\rho_m l} \quad (\rho_m$: 밀도)

저항은 $\quad R=\dfrac{\rho l}{A}=\dfrac{\rho l}{m/(\rho_m l)}=\dfrac{\rho\rho_m l^2}{m}$

이므로, 따라서

$$l=\sqrt{\frac{mR}{\rho\rho_m}}$$

(b) 부피는 $V=\dfrac{m}{\rho_m}$ 이므로

$$\frac{1}{4}\pi d^2 l=\frac{m}{\rho_m}$$

따라서 $d=\sqrt{\dfrac{4}{\pi}}\left(\dfrac{m}{\rho_m l}\right)^{1/2}=\sqrt{\dfrac{4}{\pi}}\left(\dfrac{m}{\rho_m}\sqrt{\dfrac{\rho\rho_m}{mR}}\right)^{1/2}$

$$=\sqrt{\frac{4}{\pi}}\left(\frac{\rho m}{\rho_m R}\right)^{1/4}$$

21.4 전기 회로에서 에너지와 전력

10. 전력 $P=I\Delta V=(0.200\times10^{-3}\ \mathrm{A})(75.0\times10^{-3}\ \mathrm{V})$

$$=15.0\times10^{-6}\ \mathrm{W}=15.0\ \mu\mathrm{W}$$

11.

$$P=0.800(1\,500\ \mathrm{hp})(746\ \mathrm{W/hp})=8.95\times10^5\ \mathrm{W}$$

전력 $P=I\Delta V$로부터

$$I=\frac{P}{\Delta V}=\frac{8.95\times10^5\ \mathrm{W}}{2\,000\ \mathrm{V}}=\boxed{448\ \mathrm{A}}$$

12.

$$P=I(\Delta V)=(1.70\ \mathrm{A})(110\ \mathrm{V})=187\ \mathrm{W}$$

24시간 동안 사용한 에너지 = $(0.187\ \mathrm{kW})(24.0\ \mathrm{h})=4.49\ \mathrm{kWh}$

따라서, 하루의 비용= $\dfrac{4.49\ \text{kWh}}{일}\left(\dfrac{100원}{\text{kWh}}\right) = 449원/일$

13.

$$\frac{P}{P_0} = \frac{(\Delta V)^2/R}{(\Delta V_0)^2/R} = \left(\frac{\Delta V}{\Delta V_0}\right)^2 = \left(\frac{140}{120}\right)^2 = 1.361$$

$$\Delta\% = \left(\frac{P-P_0}{P_0}\right)(100\%) = \left(\frac{P}{P_0}-1\right)(100\%) = (1.361-1)100\% = \boxed{36.1\%}$$

14. $P\Delta t = 11\ \text{J/s}(100\ \text{h})\left(\dfrac{3600\ \text{s}}{1\ \text{h}}\right) = 3.96\times10^6\ \text{J}$

$$비용 = 3.96\times10^6\left(\frac{100원}{\text{kWh}}\right)\left(\frac{\text{k}}{1000}\right)\left(\frac{\text{W}\cdot\text{s}}{\text{J}}\right)\left(\frac{\text{h}}{3600\ \text{s}}\right) = 110원$$

그리고 $P\Delta t = 40\ \text{W}(100\ \text{h})\left(\dfrac{3600\ \text{s}}{1\ \text{h}}\right) = 1.44\times10^7\ \text{J}$

$$비용 = 1.44\times10^7\ \text{J}\left(\frac{100원}{3.6\times10^6\ \text{J}}\right) = 400원$$

따라서 $400원 - 110원 = 290원$

15.

(a) $P = I\Delta V$

$$I = \frac{P}{\Delta V} = \frac{8.00\times10^3\ \text{W}}{12.0\ \text{V}} = \boxed{667\ \text{A}}$$

(b) $$\Delta t = \frac{\Delta U}{P} = \frac{2.00\times10^7\ \text{J}}{8.00\times10^3\ \text{W}} = 2.50\times10^3\ \text{s}$$

$$\Delta x = v\Delta t = (20.0\ \text{m/s})(2.50\times10^3\ \text{s}) = \boxed{50.0\ \text{km}}$$

21.5 기전력원

16.

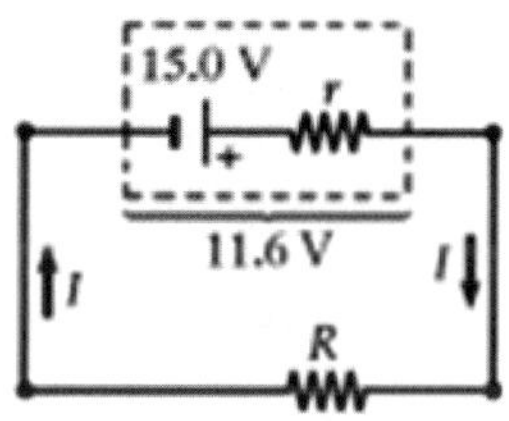

(a) 줄의 법칙 $P = I\Delta V$와 저항의 정의 $\Delta V = IR$로부터

$$R = \frac{(\Delta V)^2}{P} = \frac{(11.6\ \text{V})^2}{20.0\ \text{W}} = \boxed{6.73\ \Omega}$$

(b) 전기의 기전력은 저항 양단의 전압 강하와 같아야 한다.
$\varepsilon = IR + Ir$과 $I = \Delta V/R$로부터

$$r = \frac{(\varepsilon - IR)}{I} = \frac{(\varepsilon - \Delta V)R}{\Delta V}$$

$$= \frac{(15.0\ \text{V} - 11.6\ \text{V})(6.73\ \Omega)}{11.6\ \text{V}} = \boxed{1.97\ \Omega}$$

17.

(a) 전체 저항 $R=\dfrac{V}{I}=\dfrac{3.00\ \text{V}}{0.600\ \text{A}}=5.00\ \Omega$

전구의 저항 $R_{전구}=R-r_{전지}=5.00\ \Omega-0.408\ \Omega=4.59\ \Omega$

(b) $\dfrac{P_{전지}}{P_{전체}}=\dfrac{(0.408\ \Omega)I^2}{(5.00\ \Omega)I^2}=0.0816=8.16\%$

21.6 저항기의 직렬 연결과 병렬 연결

18.

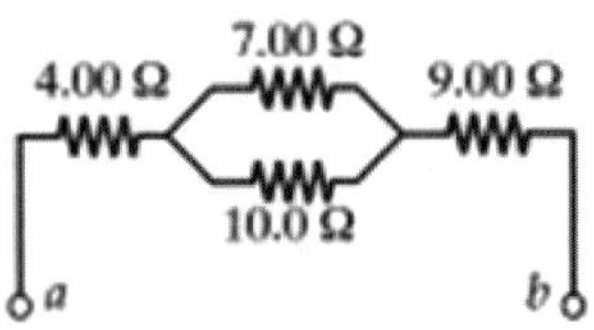

(a) $R_p=\dfrac{1}{(1/7.00\ \Omega)+(1/10.0\ \Omega)}=4.12\ \Omega$

$R_s=R_1+R_2+R_3=4.00+4.12+9.00$

$=\boxed{17.1\ \Omega}$

(b) $\Delta V=IR$

$34.0\ \text{V}=I(17.1\ \Omega)$

$I=1.99\ \text{A}$ (4.00 Ω과 9.00 Ω의 경우)

$\Delta V=IR$로부터

$(1.99\ \text{A})(4.12\ \Omega)=8.18\ \text{V}$

$8.18\ \text{V}=I(7.00\ \Omega)$

$I=1.17\ \text{A}$ (7.00 Ω의 경우)

$8.18\ \text{V}=I(10.0\ \Omega)$로부터

$I=0.818\ \text{A}$ (10.0 Ω의 경우)

19.

(a) 내부 저항은 무시하므로

$I_A=\dfrac{\varepsilon}{R},\quad I_B=I_C=\dfrac{\varepsilon}{2R}$

(b) B와 C에 흐르는 전류, 저항, 걸리는 전압 모두 같으므로, 각 전구의 밝기는 같다.

(c) A에 흐르는 전류가 2배 더 크고 A는 전압을 전지의 기전력 그대로 얻는 반면, B와 C는 $\varepsilon/2$로 나눠 가지게 되므로 A의 밝기가 4배 더 밝다.

20. 오른쪽에 있는 주어진 그림을 옆으로 돌리고 도선의 길이를 바꾸면, 이는 그림 (a)와 동일하다는 것을 알 수 있다. 20.0 Ω과 5.00 Ω 저항기는 직렬이므로, 첫 번째 등가 회로는 그림 (b)와 같다. 또한 10.0 Ω, 5.00 Ω, 25.0 Ω 저항기는 병렬이므로, 이의 등가 저항을 다음과 같이 구할 수 있다.

$$\frac{1}{R_{eq}}=\frac{1}{10.0\ \Omega}+\frac{1}{5.00\ \Omega}+\frac{1}{25.0\ \Omega}\rightarrow R_{eq}=2.94\ \Omega$$

이는 그림 (c)에 보인 바와 같고, 또 다시 이의 등가 회로는 그림 (d)와 같다. 이로부터 회로의 전체 저항은 12.94 Ω임을 알 수 있다.

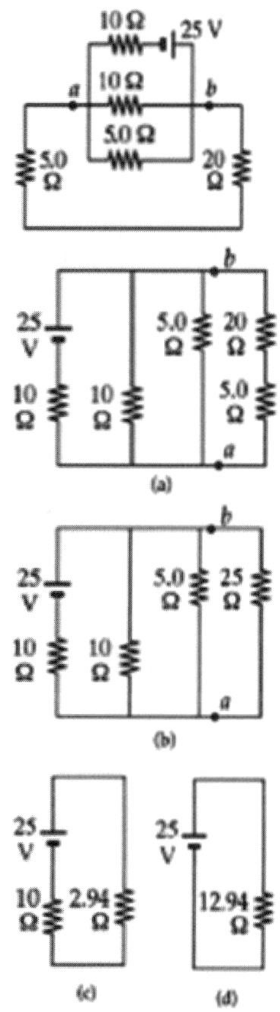

(a) 이번에는, 앞의 회로 저항에 $I = \Delta V / R$과 $\Delta V = IR$을 적용하여 과정을 역으로 해보자. 전체 저항 12.94 Ω이 25.0 V 양단에 걸려 있으므로 전지와 저항을 지나는 전류는

$$I = \frac{\Delta V}{R} = \frac{25.0\ \text{V}}{12.94\ \Omega} = 1.93\ \text{A}$$

그림 (c)에서 1.93 A는 2.94 Ω의 등가 저항을 통과하여 다음과 같은 전위차를 만든다.

$$\Delta V = IR = (1.93\ \text{A})(2.94\ \Omega) = 5.68\ \text{V}$$

(b) 이 전위차는 10 Ω과 5.00 Ω 저항기의 전위차 ΔV_{ab}와 같음을 알 수 있다. 따라서

$$\Delta V_{ab} = 5.68\ \text{V}$$

20.0 Ω 저항기를 통과하는 전류는 25.0 Ω의 선 ab를 통과하는 전류이기도 하므로

$$I = \frac{\Delta V_{ab}}{R_{ab}} = \frac{5.68\ \text{V}}{25.0\ \Omega} = 0.227\ \text{A} = \boxed{227\ \text{mA}}$$

21.

스위치가 열려 있으면 직렬 연결이므로

$$R_1 + R_2 + R_3 = \frac{6\ \text{V}}{10^{-3}\ \text{A}} = 6\ \text{k}\Omega$$

스위치가 a 방향으로 닫히면 R_2가 병렬 연결이 되므로,

$$R_1 + \frac{1}{2}R_2 + R_3 = \frac{6\ \text{V}}{1.2 \times 10^{-3}\ \text{A}} = 5\ \text{k}\Omega$$

스위치가 b 방향으로 닫히면 R_3가 없어지는 회로가 되므로

$$R_1 + R_2 = \frac{6\ \text{V}}{2 \times 10^{-3}\ \text{A}} = 3\ \text{k}\Omega$$

연립하여 풀면, (a) $R_1 = 1.00\ \text{k}\Omega$ (b) $R_2 = 2.00\ \text{k}\Omega$ (c) $R_3 = 3.00\ \text{k}\Omega$.

22. 각 저항기에서의 전류를 구하기 위해, 전지에서 본 저항을 구한다. 주어진 회로는 옆의 그림 (a)와 같이 된다. 왜냐하면

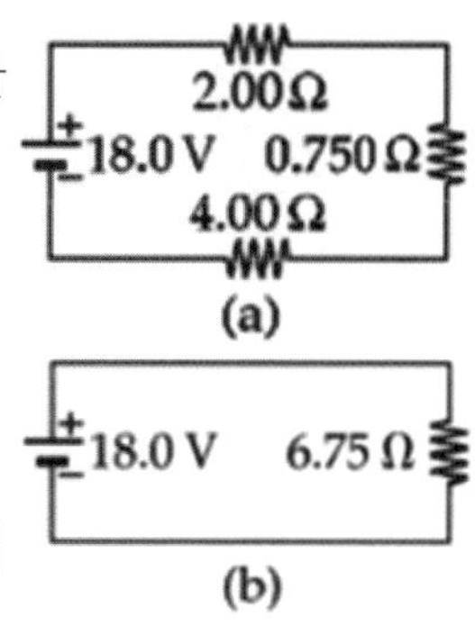

$$\frac{1}{(1/1.00\ \Omega) + (1/3.00\ \Omega)} = 0.750\ \Omega$$

이기 때문이다. 그림 (b)에서

$$I = 18.0\ \text{V}/6.75\ \Omega = 2.67\ \text{A}$$

이다. 이는 그림 (a)에서의 전류와 같으므로, 2.00 Ω과 4.00 Ω 저항기에 전달된 전력은

$$P_2 = I\Delta V = I^2R = (2.67\ \text{A})^2(2.00\ \Omega) = \boxed{14.2\ \text{W}}$$

$$P_4 = I^2R = (2.67\ \text{A})^2(4.00\ \Omega) = \boxed{28.4\ \text{W}}.$$

이다. 그림 (a)에서 0.7500 Ω 양단의 전압과, 원래의 3.00 Ω과 1.00 Ω 저항기 양단의 전압은

$$\Delta V = IR = (2.67\ \text{A})(0.750\ \Omega) = 2.00\ \text{V}$$

이다. 그러면 3.00 Ω 저항기의 경우,

$$I = \frac{\Delta V}{R} = \frac{2.00\ \text{V}}{3.00\ \Omega}$$

이다. 그리고 전력은

$$P_3 = I\Delta V = \left(\frac{2.00\ \text{V}}{3.00\ \Omega}\right)(2.00\ \text{V}) = \boxed{1.33\ \text{W}}$$

이고, 1.00 Ω 저항기의 경우,

$$I = \frac{2.00\ \text{V}}{1.00\ \Omega}, \quad P_1 = \left(\frac{2.00\ \text{V}}{1.00\ \Omega}\right)(2.00\ \text{V}) = \boxed{4.00\ \text{W}}$$

이다.

21.7 키르히호프의 법칙

23.

(a) 위쪽 고리의 경우,

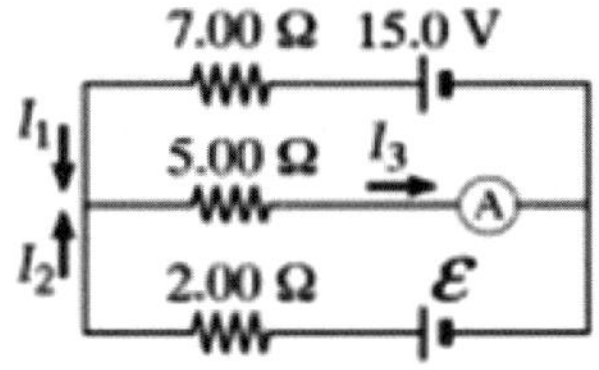

$$+15.0\ \text{V} - (7.00\ \Omega)I_1 - (2.00\ \text{A})(5.00\ \Omega) = 0$$

$$5.00 = 7.00I_1$$

이로부터 $I_1 = 0.714\ \text{A}$.

(b) 중앙 왼쪽의 접합부에서,

$$I_3 = I_1 + I_2 = 2.00\ \text{A}$$

$$0.714 + I_2 = 2.00$$

이다. 이로부터 $I_2 = 1.29\ \text{A}$.

(c) 아래 고리의 경우,

$$+\mathcal{E} - (2.00\ \Omega)(1.29\ \text{A}) - (5.00\ \Omega)(2.00\ \text{A}) = 0 \rightarrow \boxed{\mathcal{E} = 12.6\ \text{V}}$$

24.

(a) 아니다. 회로를 더 이상 단순화할 수 없으며, 키르히호프의 규칙을 사용하여 회로를 분석해야 한다.

(b) $I_1 = I_2 + I_3$

$$24.0\ \text{V} - (2.00 + 4.0)I_1 - (3.00)I_3 = 0$$

$$I_3 = 8.00 - 2.00I_1$$

$$12.0\ \text{V} + (3.00)I_3 - (1.00 + 5.00)I_2 = 0$$

$$I_2 = \frac{12.0\ + 3.00(8.00 - 2.00I_1)}{6.00}$$

$$I_2 = 6.00 - 1.00I_1$$

이들 세 식으로부터

(b) $I_1 = 3.50$ A

(c) $I_2 = 2.50$ A

(d) $I_3 = 1.00$ A

25. 오른쪽 그림 (a)에서 갈래에서의 전류를 표시한다. 그 다음, 그림 (b)에서와 같이 두 개의 병렬 저항기를 조합한 등가 회로를 만든다.

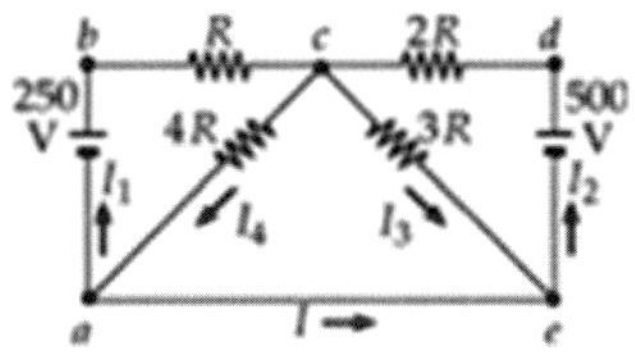

(a)

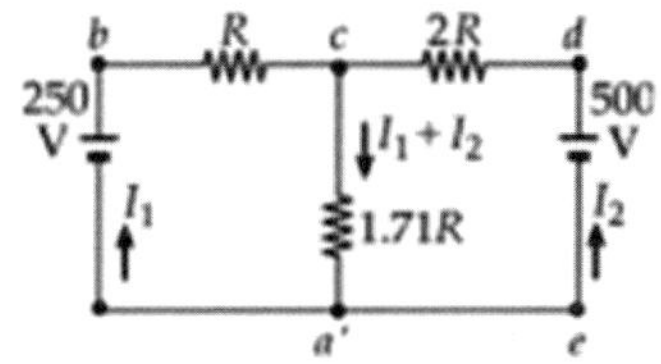

(b)

그림 (b)에서 두 고리에 키르히호프 법칙을 적용한다.

$$(2.71R)I_1 + (1.71R)I_2 = 250\ \text{V}$$

$$(1.71R)I_1 + (3.71R)I_2 = 500\ \text{V}$$

$R = 1\,000$ Ω이고, 연립 방정식을 풀면

$$I_1 = 10.0\ \text{mA}$$

$$I_2 = 130.0\ \text{mA}$$

이다. 그림 (b)로부터

$$V_c - V_a = (I_1 + I_2)(1.71R) = 240\ \text{V}$$

이다. 따라서 그림 (a)로부터

$$I_4 = \frac{V_c - V_a}{4R} = \frac{240\ \text{V}}{4\,000\ \Omega} = 60.0\ \text{mA}$$

아더, 마지막으로, 그림 (a)에서 점 a에 키르히호프 제1법칙을 적용하면

$$I = I_4 - I_1 = 60.0\ \text{mA} - 10.0\ \text{mA} = +50.0\ \text{mA}$$

또는 $I = 50.0$ mA (점 a에서 e로 흐름).

21.8 RC 회로

26.

(a) 시간 상수는

$$RC = (1.00\times10^{6}\ \Omega)(5.00\times10^{-6}\ \text{F}) = \boxed{5.00\ \text{s}}$$

(b) 오랜 시간이 지나면, 축전기에는 30 V가 될 때까지 충전된다.

$$Q = C\mathcal{E} = (5.00\times10^{-6}\ \text{C})(30.0\ \text{V}) = \boxed{150\ \mu\text{C}}$$

(c) $I(t) = \dfrac{\mathcal{E}}{R}e^{-t/RC} = \left(\dfrac{30.0\ \text{V}}{1.00\times10^{6}\ \Omega}\right)\exp\left[\dfrac{-10.0\ \text{s}}{(1.00\times10^{6}\ \Omega)(5.00\times10^{-6}\ \text{F})}\right]$

$= \boxed{4.06\ \mu\text{A}}$

27.

(a) 회로의 시간 상수는

$\tau = RC = (100\ \Omega)(20.0\times10^{-6}\ \text{F}) = 2.00\times10^{-3}\ \text{s} = 2.00\ \text{ms}$

(b) $Q_{\max} = C\varepsilon = (20.0\times10^{-6}\ \text{F})(9.00\ \text{V}) = 1.80\times10^{-4}\ \text{C}$

(c) $q(t) = Q_{\max}(1-e^{-t/RC})$, $t = RC$

$\therefore q(t) = Q_{\max}(1-e^{-1})$

$= (1.80\times10^{-4}\ \text{C})(1-e^{-1}) = 1.14\times10^{-4}\ \text{C}$

28.

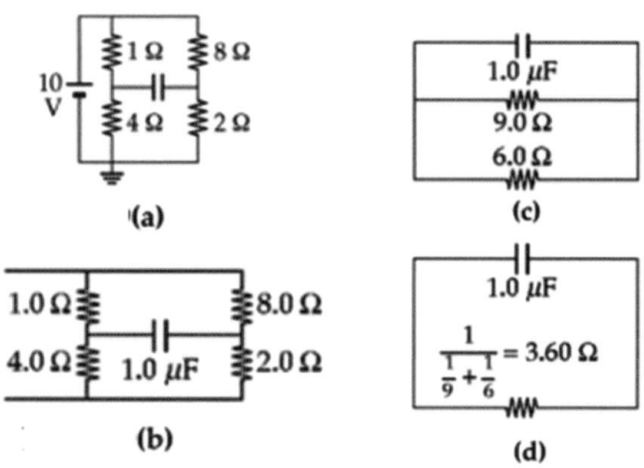

(a) 왼쪽 접합부의 전위를 V_L, 오른쪽 접합부의 전위를 V_R이라고 하자. "오랜" 시간 후에 축전기는 완전히 충전된다.

$$I_L = \frac{10.0\ \text{V}}{5.00\ \Omega} = 2.00\ \text{A}$$

$$V_L = 10.0\ \text{V} - (2.00\ \text{A})(1.00\ \Omega) = 8.00\ \text{V}$$

$$I_R = \frac{10.0\ \text{V}}{10.0\ \Omega} = 1.00\ \text{A}$$

$$V_R = (10.0\ \text{V}) - (8.00\ \Omega)(1.00\ \text{A}) = 2.00\ \text{V}$$

따라서

$$\Delta V = V_L - V_R = 8.00 - 2.00 = \boxed{6.00\ \text{V}}$$

(b) 전지를 제거한 열린 회로(그림 (b))를 가정하자. 이의 등가 회로는 그림 (c)와 (d)가 된다. 그림 (d)에서 축전기는 3.60 Ω의 등가 저항을 통해 방전되는 것을 볼 수 있다.

$q = Qe^{-t/RC}$와 $\Delta V = \Delta V_i e^{-t/RC}$ 로부터

$\ln(\Delta V_i/\Delta V) = t/RC$

이므로

$$t = RC\ln\left(\frac{V_i}{V}\right)$$

$$= (3.60\ \Omega)(1.00\times10^{-6}\ \text{F})\ln\left(\frac{V_i}{0.100V_i}\right)$$

$$= (3.60\times10^{-6}\ \text{s})\ln 10$$

$$= \boxed{8.29\ \mu\text{s}}$$

추가문제

29. a와 b 사이의 등가 저항을 구하기 위해 회로를 단순하게 그려서 보면 다음과 같다.

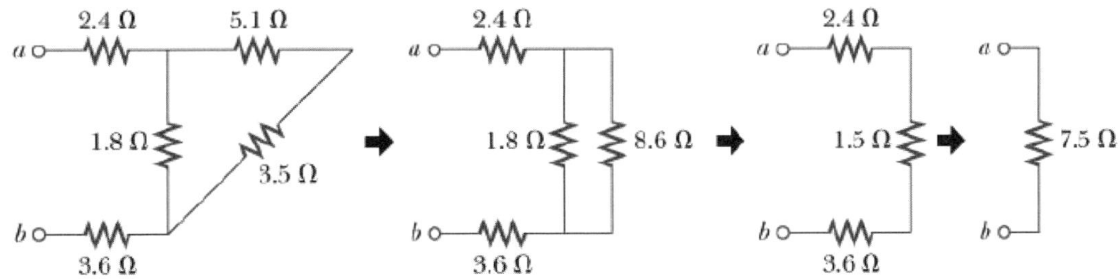

따라서 실제 등가 저항 $R_{eq} = 7.49\ \Omega$이 된다.

30.

(a) $q = C\Delta V\left(1 - e^{-t/RC}\right)$

$$q = \left(1.00 \times 10^{-6}\ \text{F}\right)(10.0\ \text{V})\left[1 - e^{-10.0\ \text{s}/\left[\left(2.00\times 10^{6}\ \Omega\right)\left(1.00\times 10^{-6}\ \text{F}\right)\right]}\right]$$

$$= \boxed{9.93\ \mu\text{C}}$$

(b) $I = \dfrac{dq}{dt} = \left(\dfrac{\Delta V}{R}\right)e^{-t/RC}$

$$I = \left(\frac{10.0\ \text{V}}{2.00 \times 10^{6}\ \Omega}\right)e^{-5.00} = 3.37 \times 10^{-8}\ \text{A} = \boxed{33.7\ \text{nA}}$$

(c) $\dfrac{dU}{dt} = \dfrac{d}{dt}\left(\dfrac{1}{2}\dfrac{q^2}{C}\right) = \left(\dfrac{q}{C}\right)\dfrac{dq}{dt} = \left(\dfrac{q}{C}\right)I$

$$\frac{dU}{dt} = \left(\frac{9.93 \times 10^{-6}\ \text{C}}{1.00 \times 10^{-6}\ \text{C/V}}\right)\left(3.37 \times 10^{-8}\ \text{A}\right) = 3.34 \times 10^{-7}\ \text{W} = \boxed{334\ \text{nW}}$$

(d) $P_{\text{battery}} = I\mathcal{E} = \left(3.37 \times 10^{-8}\ \text{A}\right)(10.0\ \text{V}) = 3.37 \times 10^{-7}\ \text{W} = \boxed{337\ \text{nW}}$

전지의 일률은 저항기와 축전기에 전달된 일률의 합이므로 다음과 같이 계산할 수도 있다.

$$I^2R + dU/dt = (33.7 \times 10^{-9}\ \text{A})^2(2.00 \times 10^{6}\ \Omega) + 334\ \text{nW}$$
$$= 337\ \text{nW}$$

31. 처음에 저장된 에너지는 $U_{E,i} = \dfrac{1}{2}Q\Delta V_i = \dfrac{1}{2}\dfrac{Q^2}{C}$이다.

(a) 스위치가 닫혀 있을 때, 저장되어 있던 Q의 전하량이 나뉘어져 충전되며, 전체 전기용량은 $4C$로 볼 수 있다.

그러므로, $\Delta V_f = \dfrac{Q}{4C}$

(b) 전기용량이 C인 축전기의 전하량은 $C\Delta V_f = \frac{Q}{4C}C = \frac{Q}{4}$,

전기용량이 $3C$인 축전기의 전하량은 $3C\Delta V_f = \frac{Q}{4C}3C = \frac{3Q}{4}$

(c) 전기용량이 C인 축전기의 저장되는 에너지는

$$\frac{1}{2}C(\Delta V_f)^2 = \frac{1}{2}C\left(\frac{Q}{4C}\right)^2 = \frac{Q^2}{32C},$$

전기용량이 $3C$인 축전기의 저장되는 에너지는

$$\frac{1}{2}(3C)(\Delta V_f)^2 = \frac{1}{2}(3C)\left(\frac{Q}{4C}\right)^2 = \frac{3Q^2}{32C}$$

(d) 저장되는 전체 에너지는

$\frac{Q^2}{32C} + \frac{3Q^2}{32C} = \frac{Q^2}{8C}$이므로,

$$\frac{Q^2}{2C} = \frac{Q^2}{8C} + \Delta E_{int} \quad \rightarrow \quad \Delta E_{int} = \frac{3Q^2}{8C}$$

22장 자기력과 자기장

22.2 자기장

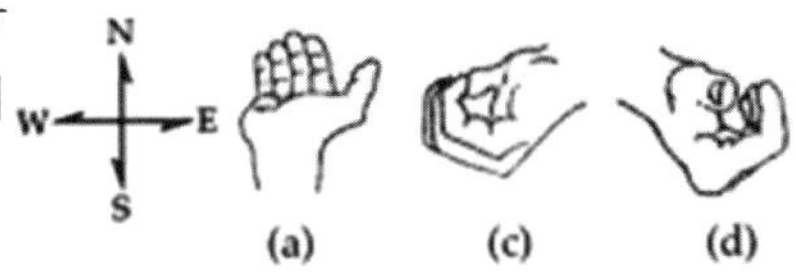

1.적도에서, 지구 자기장은 수평으로 북쪽이다. 전자는 음전하이므로 힘 $\vec{F}_B = q\vec{v}\times\vec{B}$는 $\vec{v}\times\vec{B}$와 반대 방향이다. 옆의 그림은 내려다본 모습이다.

(a) 아래쪽 × 북쪽 = 동쪽, 그러므로 힘은 서쪽을 향함.

(b) 북쪽 × 북쪽 = $\sin 0^\circ$ = 0, 그러므로 휘지 않음.

(c) 서쪽 × 북쪽 = 아래쪽, 그러므로 힘은 위쪽을 향함.

(d) 남동쪽 × 북쪽 = 위쪽, 그러므로 힘은 아래쪽을 향함.

2. 오른손 법칙을 역으로 사용하는데 이때 엄지를 힘의 방향, 나머지 손가락을 속도의 방향으로 만들면 자기장의 방향은 손가락이 굽혀지는 방향이다.

(a) 종이면 안쪽으로 들어가는 방향

(b) 오른쪽 방향

(c) 아래쪽 방향

3. (a) $F = qvB\sin\theta$

$$= (1.60\times10^{-19}\ \mathrm{C})(5.02\times10^{6}\ \mathrm{m/s})(0.180\ \mathrm{T})\sin 60.0^\circ$$

$$= 1.25\times10^{-13}\ \mathrm{N}$$

(b) $F = ma$에서

$$a = \frac{F}{m} = \frac{1.25\times10^{-13}\ \mathrm{N}}{1.67\times10^{-27}\ \mathrm{kg}} = 7.50\times10^{13}\ \mathrm{m/s^2}$$

4.

$$\vec{\mathbf{F}}_B = q\vec{\mathbf{v}}\times\vec{\mathbf{B}}$$

$$\vec{\mathbf{v}}\times\vec{\mathbf{B}} = \begin{vmatrix} \hat{\mathbf{i}} & \hat{\mathbf{j}} & \hat{\mathbf{k}} \\ +2 & -4 & +1 \\ +1 & +2 & -3 \end{vmatrix} = (12-2)\hat{\mathbf{i}} + (1+6)\hat{\mathbf{j}} + (4+4)\hat{\mathbf{k}} = 10\hat{\mathbf{i}} + 7\hat{\mathbf{j}} + 8\hat{\mathbf{k}}$$

$$\left|\vec{\mathbf{v}}\times\vec{\mathbf{B}}\right| = \sqrt{10^2+7^2+8^2} = 14.6\ \mathrm{T\cdot m/s}$$

$$\left|\vec{\mathbf{F}}_B\right| = q\left|\vec{\mathbf{v}}\times\vec{\mathbf{B}}\right| = \left(1.60\times10^{-19}\ \mathrm{C}\right)\left(14.6\ \mathrm{T\cdot m/s}\right) = \boxed{2.34\times10^{-18}\,\mathrm{N}}$$

22.3 균일한 자기장 내에서 대전 입자의 운동

5.

(a) 자기력이 구심력 역할을 하므로, $qvB = \dfrac{mv^2}{R} \quad \rightarrow \quad qRB = mv$.

각운동량은 $L = mvR = qR^2B$이다.

따라서

$$R = \sqrt{\frac{L}{qB}} = \sqrt{\frac{4.00\times10^{-25}\ \text{J}\cdot\text{s}}{(1.60\times10^{-19}\ \text{C})(1.00\times10^{-3}\ \text{T})}} = 0.050\,0\ \text{m}$$
$$= \boxed{5.00\ \text{cm}}$$

(b) $v = \dfrac{L}{mR} = \dfrac{4.00\times10^{-25}\ \text{J}\cdot\text{s}}{(9.11\times10^{-31}\ \text{kg})(0.050\,0\ \text{m})} = \boxed{8.78\times10^{6}\ \text{m/s}}$.

6. $evB\sin90^\circ = \dfrac{mv^2}{r} \quad \rightarrow \quad v = \dfrac{eBr}{m}$

$$K = \frac{1}{2}m_e v_{1i}^2 + 0 = \frac{1}{2}m_e v_{1f}^2 + \frac{1}{2}m_e v_{2f}^2$$

$$K = \frac{1}{2}m_e\left(\frac{e^2B^2r_1^2}{m_e^2}\right) + \frac{1}{2}\left(\frac{e^2B^2r_2^2}{m_e^2}\right) = \frac{e^2B^2}{2m_e}\left(r_1^2 + r_2^2\right)$$

22.4 자기장 내에서 운동하는 대전 입자 운동의 적용

7.

속도 선택기에서

$$v = \frac{E}{B} = \frac{2\,500\ \text{V/m}}{0.035\,0\ \text{T}} = 7.14\times10^4\ \text{m/s}$$

편향실에서

$$r = \frac{mv}{qB} = \frac{(2.18\times10^{-26}\ \text{kg})(7.14\times10^4\ \text{m/s})}{(1.60\times10^{-19}\ \text{C})(0.035\,0\ \text{T})} = \boxed{0.278\ \text{m}}$$

8. $F_B = F_e$이므로, $qvB = qE$.

여기서 $v = \sqrt{\dfrac{2K}{m}}$ 인데, K는 전자의 운동 에너지이다.

이로부터

$$E = vB = \sqrt{\frac{2K}{m}}B = \sqrt{\frac{2(750\ \text{eV})(1.60\times10^{-19}\ \text{J/eV})}{9.11\times10^{-31}\ \text{kg}}}(0.015\,0\ \text{T})$$
$$= \boxed{244\ \text{kV/m}}$$

9.

(a) $F_B = qvB = \dfrac{mv^2}{R}$

$$\omega = \frac{v}{R} = \frac{qBR}{mR} = \frac{qB}{m} = \frac{\left(1.60\times10^{-19}\ \mathrm{C}\right)(0.450\ \mathrm{T})}{1.67\times10^{-27}\ \mathrm{kg}} = \boxed{4.31\times10^{7}\ \mathrm{rad/s}}$$

(b) $$v = \frac{qBR}{m} = \frac{\left(1.60\times10^{-19}\ \mathrm{C}\right)(0.450\ \mathrm{T})(1.20\ \mathrm{m})}{1.67\times10^{-27}\ \mathrm{kg}} = \boxed{5.17\times10^{7}\ \mathrm{m/s}}$$

22.5 전류가 흐르는 도체에 작용하는 자기력

10.

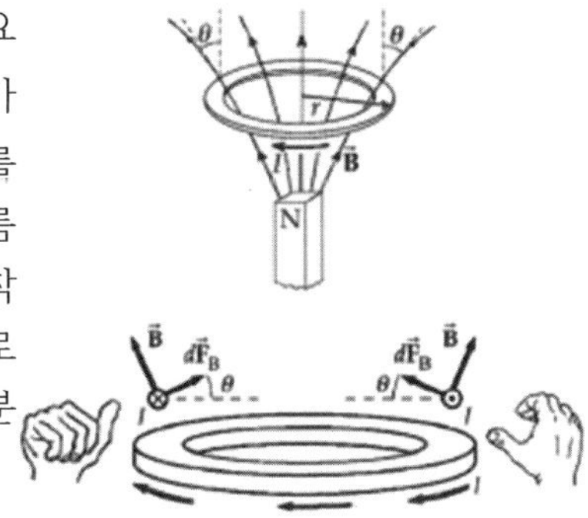

(a) 자기장은 고리의 모든 선 요소 $d\vec{s}$에 수직이므로, 각 요소에 대한 자기력 $d\vec{F} = Id\vec{s}\times\vec{B}$는 크기가 $I\,|\,d\vec{s}\times\vec{B}\,| = Ids\,B$이고, 방향은 지름 방향 안쪽 위를 향한다. 이 방향은 지름선 위쪽으로의 각도가 θ이다. 지름 방향으로 안쪽을 향하는 성분 $Ids\,B\cos\theta$는 고리를 압착하는 경향이 있지만, 고리의 반대쪽에 있는 힘이 쌍으로 상쇄되기 때문에, 이 성분은 모두 상쇄된다. 위쪽 성분 $Ids\,B\sin\theta$를 모두 더하면 $I(2\pi r)B\sin\theta$가 된다.

크기 : $I(2\pi r)\ell B\sin\theta$

(b) 방향 : 위쪽, 자석에서 멀어짐

11. 자기력 $\vec{F}_B = I\vec{\ell}\times\vec{B} = (2.40\ \mathrm{A})(0.750\ \mathrm{m})\,\vec{i}\times(1.60\ \mathrm{T})\vec{k} = (-2.88\vec{j})\ \mathrm{N}$

12.

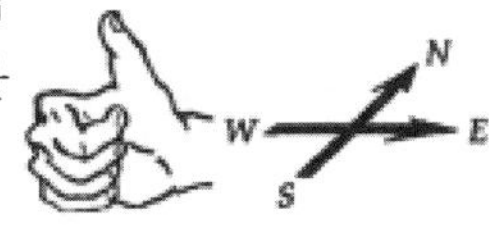

(a) 도선을 들어올리려면 자기력이 위쪽이어야 한다. 전류 방향이 남쪽이면, 옆 그림의 오른손 법칙에서 알 수 있듯이, 위쪽으로 힘을 생성하기 위해 자기장이 동쪽이어야 한다.

(b) 중력과 자기력의 크기가 같아야 하므로

$mg = ILB\sin\theta$

따라서

$$\frac{m}{L}g = IB\sin\theta \quad\rightarrow\quad B = \frac{m}{L}\frac{g}{I\sin\theta}$$

$$B = \frac{m}{L}\frac{g}{I\sin\theta} = \left(\frac{0.500\times10^{-3}\ \mathrm{kg}}{1.00\times10^{-2}\ \mathrm{m}}\right)\left(\frac{9.80\ \mathrm{m/s^2}}{(2.00\ \mathrm{A})\sin 90.0^\circ}\right) = \boxed{0.245\ \mathrm{T}}$$

22.6 균일한 자기장 내에서 전류 고리가 받는 돌림힘

13. 최대 돌림힘 $\tau_{max} = (0.500\ \mathrm{T})(25.0 \times 10^{-3}\ \mathrm{A})\left[\pi(5.00 \times 10^{-2}\ \mathrm{m})^2\right](50.0)\sin 90.0°$

$$= 4.91 \times 10^{-3}\ \mathrm{N \cdot m}$$

14.

(a) $2\pi r = 2.00\ \mathrm{m}$

$\rightarrow\ r = 0.318\ \mathrm{m}$

$$\mu = IA = (17.0 \times 10^{-3}\ \mathrm{A})\left[\pi(0.318)^2\ \mathrm{m}^2\right] = \boxed{5.41\ \mathrm{mA \cdot m^2}}$$

(b) $\vec{\tau} = \vec{\mu} \times \vec{B}$

$$\tau = (5.41 \times 10^{-3}\ \mathrm{A \cdot m^2})(0.800\ \mathrm{T}) = \boxed{4.33\ \mathrm{mN \cdot m}}$$

22.7 비오-사바르 법칙

15. 도선 ①의 경우, 이 부분은 자기장 기여가 없다.

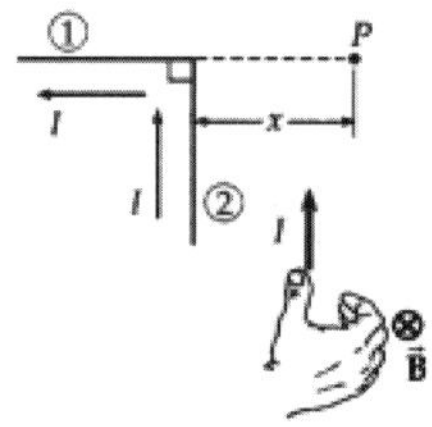

도선 ②는 반 무한대이므로, 자기장 크기는

$$B = \frac{1}{2}\left(\frac{\mu_0 I}{2\pi x}\right) = \frac{\mu_0 I}{4\pi x}$$

이고, 방향은 종이면으로 들어가는 방향이다.

16. $B = \dfrac{\mu_0 I}{2\pi r} = \dfrac{(4\pi \times 10^{-7}\ \mathrm{T \cdot m/A})(2.00\ \mathrm{A})}{2\pi(0.250\ \mathrm{m})} = 1.60 \times 10^{-6}\ \mathrm{T}$

17.

(a) $\tan 30° = \dfrac{a}{L/2}$, $a = 0.2887L$

$$B = \frac{\mu_0 I}{4\pi a}(\cos\theta_1 - \cos\theta_2) = \frac{\mu_0 I}{4\pi(0.2887L)}(\cos 30° - \cos 150°)$$

$$= \frac{\mu_0 I(1.732)}{4\pi(0.2887L)} = \frac{1.50\mu_0 I}{\pi L}$$

따라서 $3\left(\dfrac{1.50\mu_0 I}{\pi L}\right) = \dfrac{4.50\mu_0 I}{\pi L}$

(b) $\dfrac{\mu_0 I(1.732)}{4\pi(a/2)} = \dfrac{2\mu_0 I(1.732)}{4\pi a}$

$$\therefore\ 2\left(\frac{2\mu_0 I(1.732)}{4\pi a}\right) = \frac{4\mu_0 I(1.732)}{4\pi(0.2887L)} = \frac{6\mu_0 I}{\pi L}$$

따라서 중심에서보다 더 강하다.

18.

(a) 먼저, 유한 길이의 도선으로 인한 자기장을 결정할 필요가 있다. 옆의 그림 (a)에서처럼 P에서 거리 r에 위치한 길이 요소 $d\vec{s}$에 흐르는 전류로 인한 P 지점의 자기장 방향은 $d\vec{s}\times\vec{r}$로서, 이는 종이면으로부터 나오는 방향이다. 실제로, 모든 전류 요소 $Id\vec{s}$가 종이면에 있기 때문에, 모두 P 지점에서 종이면으로부터 나오는 자기장을 형성한다. 따라서 P 지점에서 자기장은 종이면으로부터 나오는 방향이며, 이제는 자기장의 크기만 찾으면 된다. 원점을 O에 두고 P 지점을 $+y$ 방향에 놓고, $\hat{\mathbf{k}}$는 종이면으로부터 나오는 방향의 단위 벡터라고 하자. 비오-사바르 법칙에서의 벡터곱

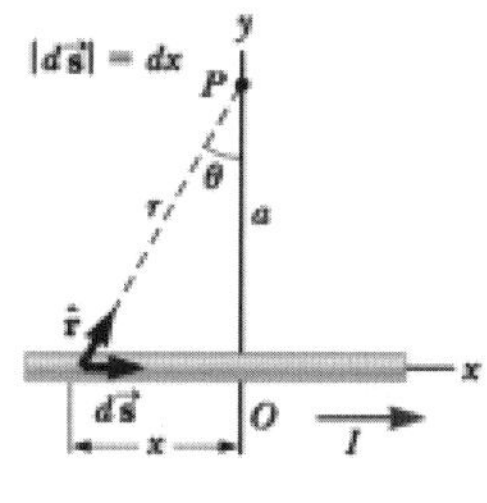

(a)

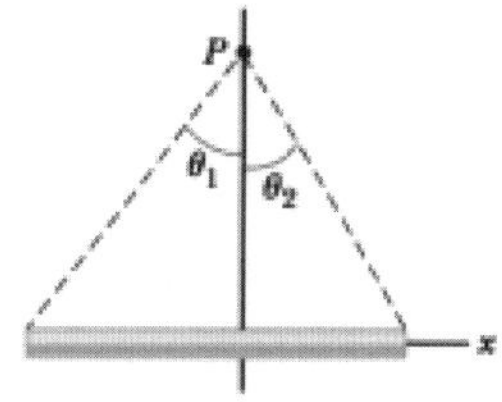

(b)

$$d\vec{\mathbf{s}}\times\hat{\mathbf{r}}=|d\vec{\mathbf{s}}\times\hat{\mathbf{r}}|\hat{\mathbf{k}}=\left[dx\sin\left(\frac{\pi}{2}-\theta\right)\right]\hat{\mathbf{k}}=(dx\cos\theta)\hat{\mathbf{k}}$$

을 자기장에 대입하면

$$d\vec{\mathbf{B}}=dB\hat{\mathbf{k}}=\frac{\mu_0 I}{4\pi}\frac{dx\cos\theta}{r^2}\hat{\mathbf{k}} \qquad [1]$$

이고, 그림 (a)에서 r는

$$r=\frac{a}{\cos\theta} \qquad [2]$$

이다. $\tan\theta=-x/a$로부터

$$x=-a\tan\theta$$

이므로

$$dx=-a\sec^2\theta d\theta=-\frac{ad\theta}{\cos^2\theta} \qquad [3]$$

이다. 이를 식 [2]와 [3]에 대입하면, 자기장 크기는

$$dB=-\frac{\mu_0 I}{4\pi}\left(\frac{ad\theta}{\cos^2\theta}\right)\left(\frac{\cos^2\theta}{a^2}\right)\cos\theta=-\frac{\mu_0 I}{4\pi a}\cos\theta d\theta \qquad [4]$$

이다. 식 [4]를 그림 (b)에서의 도선 전체에 대해 적분하면

$$B=-\frac{\mu_0 I}{4\pi a}\int_{\theta_1}^{\theta_2}\cos\theta d\theta=\frac{\mu_0 I}{4\pi a}(\sin\theta_1-\sin\theta_2) \qquad [5]$$

이다. 그림 P22.18의 경우, $\theta_1=45.0°$, $\theta_2=-45.0°$, $a=\ell/2$이다. 그림 (c)에서와 같이, 각 변은 종이면 안으로 들어가는 자기장을 만든다. 네 변이 모두 자기장을 형성하므로

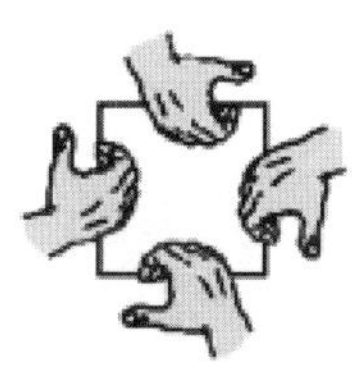
(c)

$$B_{center} = 4B = 4\frac{\mu_0 I}{4\pi a}(\sin\theta_1 - \sin\theta_2)$$

$$= \frac{\mu_0 I}{\pi \ell/2}[\sin 45.0° - \sin(-45.0°)]$$

$$= \frac{2\mu_0 I}{\pi \ell}\left[\frac{2}{\sqrt{2}}\right] = \frac{2\sqrt{2}\mu_0 I}{\pi \ell}$$

$$B = \frac{2\sqrt{2}(4\pi \times 10^{-7}\ \mathrm{T\cdot m/A})(10.0\ \mathrm{A})}{\pi(0.400\ \mathrm{m})}$$

$= 2\sqrt{2}\times 10^{-5}$ T $= 28.3$ μT (종이면 안으로 들어가는 방향)

(b) 단일 원형 고리의 경우, $4\ell = 2\pi R$이므로

$$B = \frac{\mu_0 I}{2R} = \frac{\mu_0 \pi I}{4\ell} = \frac{(4\pi \times 10^{-7}\ \mathrm{T\cdot m/A})\pi(10.0\ \mathrm{A})}{4(0.400\ \mathrm{m})}$$

$= 24.7$ μT (종이면 안으로 들어가는 방향)

22.8 두 평행 도체 사이의 자기력

19. 긴 직선 도선의 오른쪽에 전류 I_1은 종이면 안으로 들어가는 자기장을 만든다. 대칭성에 의해, 직사각형의 위쪽과 아래쪽 변에 작용하는 자기력은 서로 상쇄되는 것을 알 수 있다. 직사각형의 수직 변에 작용하는 알짜힘은 다음과 같다 (식 22.24 참조):

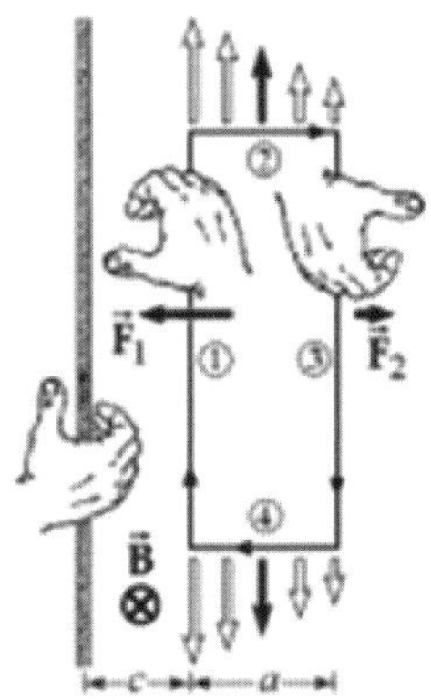

$$\vec{F} = \vec{F}_1 + \vec{F}_2 = \frac{\mu_0 I_1 I_2 \ell}{2\pi}\left(\frac{1}{c+a} - \frac{1}{c}\right)\hat{i} = \frac{\mu_0 I_1 I_2 \ell}{2\pi}\left[\frac{-a}{c(c+a)}\right]\hat{i}$$

$$\vec{F} = \frac{(4\pi \times 10^{-7}\ \mathrm{N/A^2})(5.00\ \mathrm{A})(10.0\ \mathrm{A})(0.450\ \mathrm{m})}{2\pi} \times \left(\frac{-0.150\ \mathrm{m}}{(0.100\ \mathrm{m})(0.250\ \mathrm{m})}\right)\hat{i}$$

$$\vec{F} = (-2.70 \times 10^{-5}\hat{i})\ \mathrm{N} = (-27.0 \times 10^{-6}\hat{i})\ \mathrm{N} = \boxed{-27.0\hat{i}\ \mu\mathrm{N}}$$

20. 두 도선 모두 x방향으로 전류를 흐른다고 하자. 첫 번째 도선은 $y = 0$에서, 두 번째 도선은 $y = 10.0$ cm에서 흐른다.

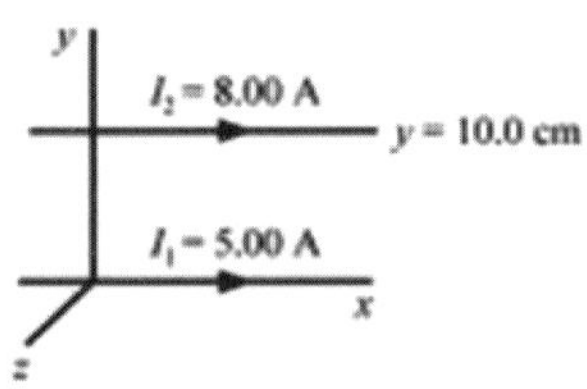

(a) $$\vec{B} = \frac{\mu_0 I}{2\pi r}\hat{k} = \frac{(4\pi \times 10^{-7}\ \mathrm{T\cdot m/A})(5.00\ \mathrm{A})}{2\pi(0.100\ \mathrm{m})}\hat{k}$$

$\vec{B} = 1.00\times 10^{-5}$ T (종이면으로부터 나오는 방향)

(b) $\vec{\mathbf{F}}_B = I_2\vec{\ell}\times\vec{\mathbf{B}} = (8.00\ \mathrm{A})\left[(1.00\ \mathrm{m})\hat{\mathbf{i}}\times\left(1.00\times10^{-5}\ \mathrm{T}\right)\hat{\mathbf{k}}\right]$

$= \left(8.00\times10^{-5}\ \mathrm{N}\right)\left(-\hat{\mathbf{j}}\right)$

$\vec{\mathrm{F}}_{\mathrm{B}} = 8.00\times10^{-5}\ \mathrm{N}\,(-\,\hat{\mathbf{j}})$ (첫 번째 도선쪽 방향)

(c) $\vec{\mathbf{B}} = \frac{\mu_0 I}{2\pi r}\left(-\hat{\mathbf{k}}\right) = \frac{\left(4\pi\times10^{-7}\ \mathrm{T\cdot m/A}\right)(8.00\ \mathrm{A})}{2\pi(0.100\ \mathrm{m})}\left(-\hat{\mathbf{k}}\right)$

$\vec{\mathrm{B}} = 1.60\times10^{-5}\ \mathrm{T}$ (종이면 안쪽으로 들어가는 방향)

(d) $\vec{\mathbf{F}}_B = I_1\vec{\ell}\times\vec{\mathbf{B}} = (5.00\ \mathrm{A})\left[(1.00\ \mathrm{m})\hat{\mathbf{i}}\times\left(1.60\times10^{-5}\ \mathrm{T}\right)\left(-\hat{\mathbf{k}}\right)\right]$

$\vec{\mathrm{F}}_{\mathrm{B}} = 8.00\times10^{-5}\ \mathrm{N}\,(+\,\hat{\mathbf{j}})$ (두 번째 도선쪽 방향)

21.

(a) $\frac{F}{l} = \frac{(4\pi\times10^{-7}\ \mathrm{T\cdot m/A})(3.00\ \mathrm{A})^2}{2\pi(6.00\times10^{-2}\ \mathrm{m})} = 3.00\times10^{-5}\ \mathrm{N/m}$

(b) 같은 방향으로 전류가 흐르므로 인력이다.

22.9 앙페르의 법칙

22.

(a) 암페어 법칙으로부터, 점 a에서의 자기장은 $B_a = \frac{\mu_0 I_a}{2\pi r_a}$이며, 여기서 I_a는 반지름 r_a인 원을 통과하는 알짜 전류이다. 이 경우, $I_a = 1.00\ \mathrm{A}$는 종이면으로부터 나오는 방향(안쪽 도체에서의 전류)이므로,

$$B_a = \frac{\left(4\pi\times10^{-7}\ \mathrm{T\cdot m/A}\right)(1.00\ \mathrm{A})}{2\pi\left(1.00\times10^{-3}\ \mathrm{m}\right)}$$

$\vec{\mathrm{B}}_a = 200\ \mu\mathrm{T}$ (종이면 위쪽 방향)

(b) 마찬가지로, 점 b에서 $B_b = \frac{\mu_0 I_b}{2\pi r_b}$이며, 여기서 I_b는 반지름 r_b인 원을 통과하는 알짜 전류이다. 종이면으로부터 나오는 방향을 양(+)의 방향으로 하면, $I_b = 1.00\ \mathrm{A} - 3.00\ \mathrm{A} = -2.00\ \mathrm{A}$이다. 그러므로,

$$B_b = \frac{\left(4\pi\times10^{-7}\ \mathrm{T\cdot m/A}\right)(2.00\ \mathrm{A})}{2\pi\left(3.00\times10^{-3}\ \mathrm{m}\right)}$$

$\vec{\mathrm{B}}_a = 133\ \mu\mathrm{T}$ (종이면 아래쪽 방향)

23. $\oint\vec{\mathrm{B}}\cdot d\vec{\ell} = \mu_0 I$로부터

$$I = \frac{2\pi rB}{\mu_0} = \frac{2\pi\left(1.00\times10^{-3}\ \mathrm{m}\right)(0.100\ \mathrm{T})}{4\pi\times10^{-7}\ \mathrm{T\cdot m/A}} = \boxed{500\ \mathrm{A}}.$$

24.

암페어의 법칙에 따르면, 중심에서 거리 r에 있는 도선 위치에서의 자기장은 반지름 r 내에 있는 다른 99개 도선으로 인한 것이다.

$$\oint \vec{\mathbf{B}} \cdot d\vec{\mathbf{s}} = \mu_0 I:$$

$$B \cdot 2\pi r = \mu_0 \left[99I \left(\frac{\pi r^2}{\pi R^2} \right) \right] \quad \rightarrow \quad B = \frac{\mu_0 (99I)}{2\pi r} \left(\frac{r^2}{R^2} \right) = \frac{\mu_0 (99I)}{2\pi R} \left(\frac{r}{R} \right)$$

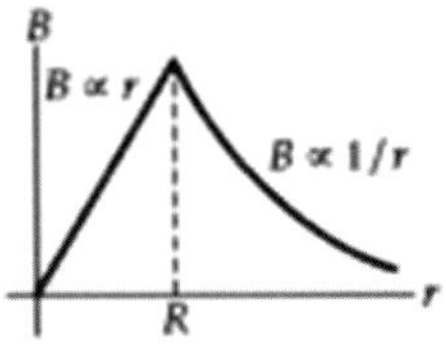

오른쪽 그래프에 표시된 대로, 자기장은 r에 비례한다. 이 자기장은 반지름 r의 원의 접선을 가리키고 묶음 다발 중심 방향으로 도선에 힘 $\vec{F} = I\vec{\ell} \times \vec{B}$를 작용한다. 단위 길이당 힘의 크기는 다음과 같다.

$$\frac{F}{\ell} = IB\sin\theta = I \left[\frac{\mu_0 (99) I}{2\pi R} \left(\frac{r}{R} \right) \right] \sin 90° = \frac{\mu_0 (99) I^2}{2\pi R} \left(\frac{r}{R} \right)$$

$$= \frac{(4\pi \times 10^{-7}\ \mathrm{T \cdot m/A})(99)(2.00\ \mathrm{A})^2}{2\pi (0.500 \times 10^{-2}\ \mathrm{m})} (0.400) = 6.34 \times 10^{-3}\ \mathrm{N/m}$$

(a) $\boxed{6.34 \times 10^{-3}\ \mathrm{N/m}}$

(b) 그림을 참조하면, 자기장은 시계 방향이므로, 도선 위치에서 자기장은 아래쪽을 향하고 힘은 묶음 다발 중심을 향해 안쪽으로 향한다.

(c) $B \propto r$이므로, B는 묶음 다발 바깥쪽에서 가장 크다. 각 도선은 동일한 전류를 전달하므로, F는 바깥쪽 표면에서 가장 크다.

25. $I = \int J dA$를 이용하여 앙페르의 법칙을 사용하면,

$$\oint B ds = \mu_0 \int J dA$$

(a) $2\pi r_1 B = \mu_0 \int_0^{r_1} br(2\pi r dr) = \mu_0 2\pi b \left[\frac{r_1^3}{3} - 0 \right]$

$\rightarrow\ B = \frac{1}{3}(\mu_0 b r_1^2)$

(b) $2\pi r_2 B = \mu_0 \int_0^{R} br(2\pi r dr)$

$\rightarrow\ B = \frac{\mu_0 b R^3}{3 r_2}$

22.10 솔레노이드의 자기장

26. $B = \mu_0 n I = \mu_0 \left(\frac{N}{L} \right) I$

$$\rightarrow\ N = \frac{BL}{\mu_0 I} = \frac{(9.00\ \mathrm{T})(0.500\ \mathrm{m})}{(4\pi \times 10^{-7}\ \mathrm{T \cdot m/A})(75.0\ \mathrm{A})} = 4.77 \times 10^4\ 회$$

27.

(a) 솔레노이드의 축을 $y = -\ell$에서 $y = 0$까지 y축을 따라 놓자. $y = x$ 위치에서의 자기장

을 결정한다. 이 지점은 $-\ell < x < 0$이면 솔레노이드 내부에 있고, $x < -\ell$ 또는 $x > 0$이면 외부에 있다. 솔레노이드는 두께가 dy인 원형 고리들로 구성되어 있다고 생각한다. 이제 I는 각각의 원형 고리에 흐르는 전류를 나타내는 기호이고, 단위 길이당 감은 수는 $\left(\frac{N}{\ell}\right)$이다. 따라서 $\left(\frac{N}{\ell}\right)dy$는 원형 고리의 감은 수이고, 이 고리에서의 전류는 $I_{ring} = I\left(\frac{N}{\ell}\right)dy$이다. 고리 한 개에 의해 형성되는 자기장은 다음과 같다.

$$B_{\text{ring}} = \frac{\mu_0 I_{\text{ring}} a^2}{2\left[(x-y)^2 + a^2\right]^{3/2}}$$

여기서 $x - y$는 위치 y에서 고리 중심으로부터 자기장 지점까지의 거리이다(y는 음수이므로 $x - y = x + |y|$ 임에 유의). 각 고리는 y축을 따라 같은 방향으로 자기장을 생성하므로, 솔레노이드의 전체 자기장은

$$B = \sum_{\text{all rings}} B_{\text{ring}} = \sum \frac{\mu_0 I_{\text{ring}} a^2}{2\left[(x-y)^2 + a^2\right]^{3/2}} \to \int_{-\ell}^{0} \frac{\mu_0 I (N/\ell) a^2 dy}{2\left[(x-y)^2 + a^2\right]^{3/2}}$$

$$= \frac{\mu_0 I N a^2}{2\ell} \int_{-\ell}^{0} \frac{dy}{\left[(x-y)^2 + a^2\right]^{3/2}}$$

이다. 적분을 위해 변수를 치환하면,

$$u = x - y \quad \to \quad dy = -du$$

그러면

$$B = -\frac{\mu_0 I N a^2}{2\ell} \int_{x+\ell}^{x} \frac{du}{\left(u^2 + a^2\right)^{3/2}}$$

이고, 부록에 있는 적분표를 사용하면

$$B = -\frac{\mu_0 I N a^2}{2\ell} \frac{u}{a^2\sqrt{u^2 + a^2}}\Bigg|_{x+\ell}^{x} = -\frac{\mu_0 I N}{2\ell}\left[\frac{x}{\sqrt{x^2 + a^2}} - \frac{x+\ell}{\sqrt{(x+\ell)^2 + a^2}}\right]$$

$$= \boxed{\frac{\mu_0 I N}{2\ell}\left[\frac{x+\ell}{\sqrt{(x+\ell)^2 + a^2}} - \frac{x}{\sqrt{x^2 + a^2}}\right]}$$

(b) ℓ이 a보다 훨씬 크고 $x = 0$이면,

$$B \cong \frac{\mu_0 I N}{2\ell}\left[\frac{\ell}{\sqrt{\ell^2}} + 0\right] = \frac{\mu_0 I N}{2\ell}$$

이는 솔레노이드 내부 깊숙한 곳에서의 자기장의 반이다. 반대편 끝에서의 자기장은 $x = -\ell$을 대입하면 된다.

28. 솔레노이드 중심에서의 자기장은 $B = \mu_0 \frac{N}{\ell} I$이므로

$$I = \frac{B}{\mu_0 n} = \frac{(1.00\times10^{-4}\ \mathrm{T})(0.400\ \mathrm{m})}{(4\pi\times10^{-7}\ \mathrm{T\cdot m/A})(1\,000)} = \boxed{31.8\ \mathrm{mA}}$$

추가문제

29. 우리는 판을 종이면으로부터 나오는 전류 $J_s d\vec{s}$의 필라멘트들로 구성되어 있다고 볼 수 있다. 비오-사바르 법칙에 따르면, 임의 지점에서의 자기장 방향은 $d\vec{s}\times\hat{r}$이며, $\hat{r}$ 방향은 전류 필라멘트에서 고려하는 지점을 향하는 단위 벡터이다. 판 오른쪽의 임의의 지점 P에서의 자기장을 알아보자. P를 지나는 면에 수직인 선을 그리자. 동일한 수직선을 따라 있고 법선과 P로부터 같은 거리에 있는 두 필라멘트가 P에 기여하는 자기장을 고려하자. 위쪽 필라멘트는 $+z$ 및 $+x$ 자기장 성분을 만들지만, 아래쪽 필라멘트 $+z$ 및 $-x$ 자기장 성분을 만든다. 두 필라멘트에 의한 자기장은 $+z$ 방향을 향한다. 비슷한 추론에 의해, 판 왼쪽의 모든 지점에시의 자기장은 $-z$ 방향을 향한다. 이와 동일한 내용이 판 내의 모든 지점에 적용된다. 또한 동일한 추론에 따르면, 같은 수직선에 있는 필라멘트 쌍의 경우, 두 필라멘트 사이의 중간 지점에서 자기장은 영(0)이다. 따라서 판 내에 수평 자기장 성분은 없다. 그러므로 각 전류 필라멘트는 판에 평행하고 전류 방향에 수직인 전체 자기장에 기여한다. 이들은 판 오른쪽 위 직선 방향과 왼쪽 아래 직선 방향으로 자기력선을 형성한다.

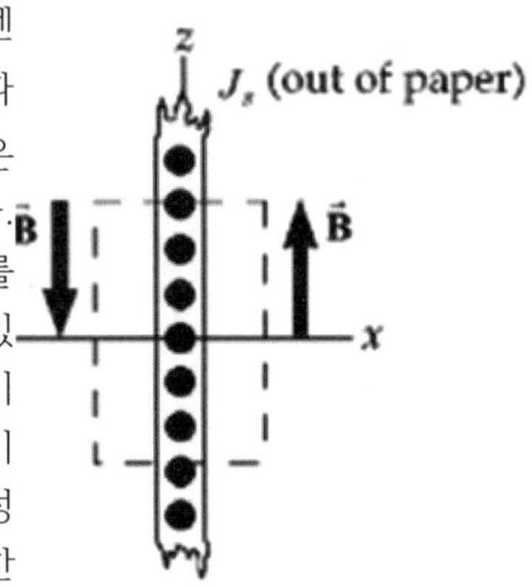

제안된 직사각형에 암페어 법칙을 적용하면

$$\oint \vec{B}\cdot d\vec{s} = \mu_0 I:\quad B\cdot 2\ell + 0 = \mu_0 J_s \ell$$

이다. 그러므로 자기장은 공간에서 균일하며 크기는

$$\boxed{B = \frac{\mu_0 J_s}{2}}$$

30. 자기장의 크기는 $B = \dfrac{\mu_0 I R^2}{2(x^2+R^2)^{3/2}}$

여기서 $I = \dfrac{q}{2\pi/\omega}$이므로

$$B = \frac{\mu_0 \omega R^2 q}{4\pi(x^2+R^2)^{3/2}}$$

$$= \frac{\mu_0(20.0\ \mathrm{rad/s})(0.100\ \mathrm{m})^2(10.0\times10^{-6}\ \mathrm{C})}{4\pi\left[(0.0500\ \mathrm{m})^2+(0.100\ \mathrm{m})^2\right]^{3/2}}$$

$$= 1.43\times10^{-10}\ \mathrm{T} = 143\ \mathrm{pT}$$

31.

(a) $F_B = \frac{\mu_0 I^2 \ell}{2\pi a}$

$$F_B = \frac{(4\pi\times10^{-7}\ \mathrm{T\cdot m/A})(140\ \mathrm{A})^2[(2\pi)(0.100\ \mathrm{m})]}{2\pi(1.00\times10^{-3}\ \mathrm{m})}$$

$= 2.46\ \mathrm{N}$ (위쪽)

(b)

$$a_{\text{loop}} = \frac{2.46\ \mathrm{N} - m_{\text{loop}}g}{m_{\text{loop}}}$$

$= 107\ \mathrm{m/s^2}$ (위쪽)

23장 패러데이의 법칙, 유도 계수 및 교류 회로

23.1 패러데이의 유도 법칙

1.

$$|\varepsilon| = \left|\frac{\Delta\Phi_B}{\Delta t}\right| = N\left(\frac{dB}{dt}\right)A = N\left[\frac{d}{dt}\left(0.010\,0t + 0.040\,0t^2\right)\right]A$$

$$|\varepsilon| = N\left(0.010\,0 + 0.080\,0t\right)A,$$

여기서, $|\varepsilon|$ 의 단위는 볼트(V), A와 t의 단위는 각각 m^2와 s이다.

$$|\varepsilon| = 30.0\left[0.010\,0 + 0.080\,0(5.00)\right]\left[\pi(0.040\,0)^2\right]$$
$$= 6.18\times10^{-2} = \boxed{61.8\ \text{mV}}$$

2. N번 감은 경우, 유도 전압은

$$\varepsilon = -N\frac{d\left(\vec{\mathbf{B}}\cdot\vec{\mathbf{A}}\right)}{dt} = -N\left(\frac{0 - B_iA\cos\theta}{\Delta t}\right)$$
$$= \frac{+200(1.60\ \text{T})\left(0.200\ \text{m}^2\right)\cos0°}{20.0\times10^{-3}\ \text{s}} = 3\,200\ \text{V}$$
$$I = \frac{\varepsilon}{R} = \frac{3\,200\ \text{V}}{20.0\ \Omega} = \boxed{160\ \text{A}}$$

3. $$|\varepsilon| = \left|\frac{\Delta\Phi_B}{\Delta t}\right| = \left|\frac{\Delta(\vec{B}\cdot\vec{A})}{\Delta t}\right| = A\frac{\Delta B}{\Delta t}\cos0$$
$$= [\pi(0.120\ \text{m})^2](0.050\,0\text{T/s})$$
$$= 2.26\ \text{mV}$$

4.

$$|\varepsilon| = \frac{d(BA)}{dt} = \frac{1}{2}\frac{d}{dt}(\mu_0 nI)A = \frac{1}{2}\mu_0 n\frac{dI}{dt}\pi r_2^2 = \frac{1}{2}\mu_0 n\pi r_2^2\frac{\Delta I}{\Delta t}$$

(a) $$I_{\text{ring}} = \frac{\varepsilon}{R} = \frac{\frac{1}{2}(4\pi\times10^{-7}\ \text{T}\cdot\text{m/A})(1\,000)\left[\pi(0.030\,0\ \text{m})^2\right](270\ \text{A/s})}{3.00\times10^{-4}\ \Omega}$$

$= 1.60$ A (왼쪽 끝에서 볼 때 시계 반대 방향)

(b) $$B_{\text{ring}} = \frac{\mu_0 I}{2r_1} = \frac{\left(4\pi\times10^{-7}\ \text{T}\cdot\text{m/A}\right)(1.60\ \text{A})}{2(0.050\,0\ \text{m})}$$
$$= 2.01\times10^{-5}\ \text{T} = \boxed{20.1\ \mu\text{T}}$$

(c) 솔레노이드의 자기장은 증가하는 자기장을 억제하기 위하여 고리를 통과해서 오른쪽을 향한다. 그러므로 B_{ring}은 왼쪽을 향한다.

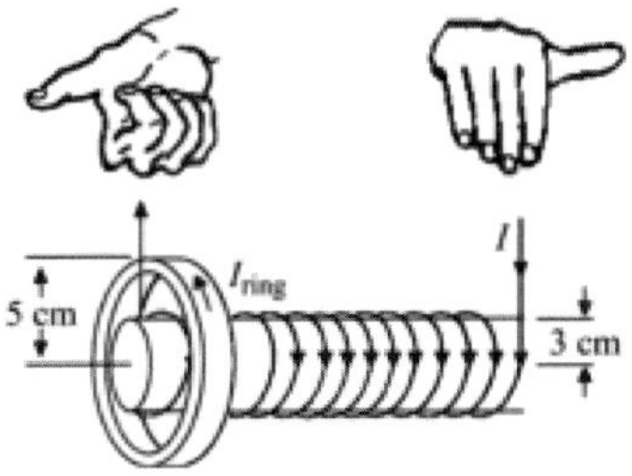

5. $\varepsilon = -N\dfrac{d\Phi_B}{dt} = -N\dfrac{d(BA\cos\theta)}{dt} = -NA\cos\theta\left(\dfrac{dB}{dt}\right)$

$$\rightarrow \quad |\varepsilon| = NA\ \left|\ \cos\theta\left(\frac{\Delta B}{\Delta t}\right)\right|$$

$$= \frac{80.0\times10^{-3}\ \text{V}}{50(\cos30.0°)\left(\dfrac{600\times10^{-6}\ \text{T} - 200\times10^{-6}\ \text{T}}{0.400\times10^{-6}\ \text{s}}\right)} = 1.85\ \text{m}^2$$

따라서 도선의 전체 길이는

$$L = N(4d) = 4N\sqrt{A} = (4)(50)\sqrt{1.85\ \text{m}^2} = 272\ \text{m}$$

23.2 운동 기전력
23.3 렌츠의 법칙

6.
회전 날개의 각속력은

$$\omega = (2.00\ \text{rev/s})(2\pi\ \text{rad/rev}) = 4.00\pi\ \text{rad/s}$$

이다. 따라서 운동 기전력은

$$\varepsilon = \frac{1}{2}B\omega\ell^2 = \frac{1}{2}(50.0\times10^{-6}\ \text{T})(4.00\pi\ \text{rad/s})(3.00\ \text{m})^2 = \boxed{2.83\ \text{mV}}$$

7.
(a) 등속력일 때, 미끄러지는 막대에 작용하는 알짜힘은 영(0)이다. 또는

$$\left|\vec{\mathbf{F}}_{app}\right| = I\left|\vec{\mathbf{L}}\times\vec{\mathbf{B}}\right|$$

이때, 막대에서의 전류는 $I = \varepsilon/R$이고 운동 기전력은 $\varepsilon = B\ell v$이다.
따라서, 뉴턴의 제2법칙은

$$-\frac{B^2\ell^2u}{R} = -\frac{B^2\ell^2}{R}\frac{dx}{dt} = m\frac{du}{dt}$$

$$mdu = -\frac{B^2\ell^2}{R}dx$$

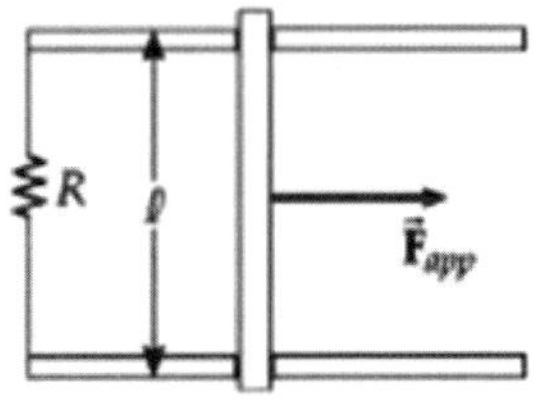

이다. 처음에서 나중 지점까지 직접 적분하면,

$$\int_v^0 m\,du = \int_0^{x_{max}} -\frac{B^2\ell^2}{R}dx$$

$$m(0-v) = -\frac{B^2\ell^2}{R}(x_{max}-0)$$

$$x_{max} = \frac{mvR}{B^2\ell^2}$$

$$F_B = \frac{B\ell v}{R}(\ell B) = \frac{B^2\ell^2 v}{R} = \frac{(2.50\text{ T})^2(1.20\text{ m})^2(2.00\text{ m/s})}{6.00\ \Omega}$$

$$= 3.00\text{ N}$$

외력은 오른쪽으로 3.00 N이다.

(b) $$P = I^2R = \frac{B^2\ell^2v^2}{R} = 6.00\text{ W}$$

또는 $P = Fv = 6.00$ W.

8. v는 막대의 처음 속력, u는 임의의 시간에서의 속력을 나타낸다고 하자. 막대에 유도된 운동 기전력은 $\varepsilon = B\ell u$이고, 유도 전류는 $I = \dfrac{\varepsilon}{R} = \dfrac{B\ell u}{R}$이다. 막대에 작용하는 자기력은 뒤쪽이며, $F = -I\ell B = -\dfrac{B^2\ell^2 u}{R} = m\dfrac{du}{dt}$이다.

(방법 1): 시간의 함수로 u를 구하기 위해, 변수를 다음과 같이 분리한다.

$$-\frac{B^2\ell^2}{Rm}dt = \frac{du}{u}$$

$$\int_0^t -\frac{B^2\ell^2}{Rm}dt = \int_v^u \frac{du}{u}$$

$$-\frac{B^2\ell^2}{Rm}(t-0) = \ln u - \ln v = \ln\frac{u}{v}$$

$$e^{-B^2\ell^2t/Rm} = \frac{u}{v}$$

$$u = ve^{-B^2\ell^2t/Rm} = \frac{dx}{dt}$$

이다. 미끄러진 거리는

$$\int_0^{x_{max}} dx = \int_0^\infty ve^{-B^2\ell^2t/Rm}dt = v\left(-\frac{Rm}{B^2\ell^2}\right)\int_0^\infty e^{-B^2\ell^2t/Rm}\left(-\frac{-B^2\ell^2dt}{Rm}\right)$$

$$x_{max} - 0 = -\frac{Rmv}{B^2\ell^2}\left[e^{-\infty} - e^{-0}\right] = \boxed{\frac{Rmv}{B^2\ell^2}}$$

(방법 2): 뉴턴의 제2법칙은

$$-\frac{B^2\ell^2 u}{R} = -\frac{B^2\ell^2}{R}\frac{dx}{dt} = m\frac{du}{dt}$$

$$mdu = -\frac{B^2\ell^2}{R}dx$$

이다. 처음에서 나중 지점까지 직접 적분하면,

$$\int_v^0 m\,du = \int_0^{x_{max}} -\frac{B^2\ell^2}{R}dx$$

$$m(0-v) = -\frac{B^2\ell^2}{R}(x_{max}-0)$$

$$x_{max} = \frac{mvR}{B^2\ell^2}$$

9. 운동 기전력을 최대화하려면, 자동차가 동쪽이나 서쪽으로 이동해야 한다. 북쪽 자기장의 성분 만이 이동 안테나에서 기전력을 생성한다. 따라서 최대 운동 기전력은

$$\varepsilon_{max} = B\ell v\cos\theta$$

이다. 자동차의 속력

$$v = \frac{\varepsilon_{max}}{B\ell\cos\theta}$$

에 주어진 값을 대입하면

$$v = \frac{4.50\times10^{-3}\text{ V}}{(50.0\times10^{-6}\text{ T})(1.20\text{ m})\cos 65.0°} = 177\text{ m/s}$$

이것은 약 640 km/h에 해당하며, 자동차가 구불구불한 도로에서 운전할 수 있는 속력보다 훨씬 빠르고 일반적인 자동차가 일반적으로 운전할 수 있는 속력보다 훨씬 빠르다.

10. (a) $\varepsilon = Blv$

$= (1.20\times10^{-6}\text{ T})(14.0\text{ m})(70.0\text{ m/s})$

$= 1.18\times10^{-3}\text{ V} = 11.8\text{ mV}$

(b) 조종사의 왼쪽에 있는 날개 끝은 양(+)이다.

(c) 달라지지 않는다.

(d) 전등을 켤 수 없다.

만약 전구를 포함하는 있는 회로에 날개를 연결하려고 하면, 측면을 따라 여분의 절연 전선을 실행해야 한다. 균일한 장 내에서 한번 감은 코일에서 생성된 전체 기전력은 영(0)이다.

11.

(a) 자기장에 들어가는 (N개의 도선으로 구성된) 코일의 변에 작용하는 힘은

$$F = N(ILB) = N(IwB)$$

이다. 코일의 유도 기전력은

$$|\varepsilon| = N\frac{d\Phi_B}{dt} = N\frac{d(Bwx)}{dt} = NBwv$$

이므로 전류는 시계 반대 방향으로

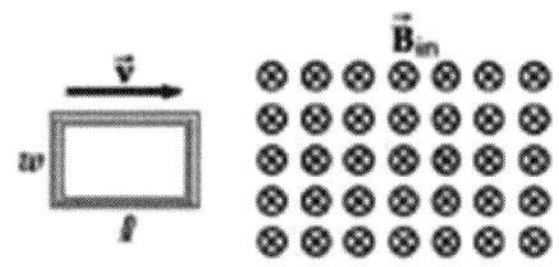

$$I = \frac{|\varepsilon|}{R} = \frac{NBwv}{R}$$

이다. 따라서 코일의 앞쪽 변에 작용하는 힘은 다음과 같다.

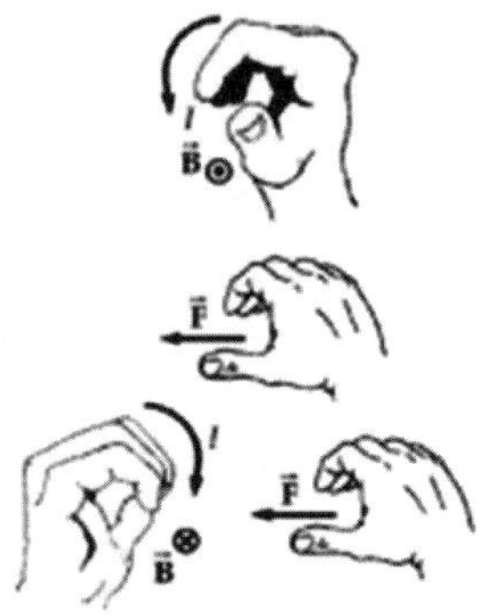

$$F = N\left(\frac{NBwv}{R}\right)wB$$

$$= \frac{N^2B^2w^2v}{R} \quad \text{(왼쪽)}$$

(b) 코일이 완전히 자기장 내에 있으면,

$\Phi_B = NBA =$ 일정 ,

따라서

$\varepsilon = 0, \; I = 0, \; F = 0$

(c) 코일이 자기장을 벗어나기 시작하면, 자속이 Bwv의 비율로 감소하므로, 전류의 크기는 (a)에서와 동일하지만, 이제 전류는 시계 방향이다. 따라서 코일의 뒤쪽에 가해지는 힘은 다음과 같다.

$$F = \frac{N^2B^2w^2v}{R} \quad \text{(또 왼쪽)}$$

12.

(a) $\varepsilon = Blv = \left[(50.0\times10^{-6}\ \mathrm{T})\sin 53.0°\right](2.00\ \mathrm{m})(0.500\ \mathrm{m/s})$

$= 3.99\times10^{-5}\ \mathrm{V} = 39.9\ \mu\mathrm{V}$

(b) 서쪽 끝이 양(+)이다.

13.

(a) $\vec{\mathrm{B}}_{\mathrm{ext}} = B_{\mathrm{ext}}\hat{\mathrm{i}}$는 감소한다. 따라서 유도 자기장은 $\vec{\mathrm{B}}_{\mathrm{induced}} = B_{\mathrm{induced}}\hat{\mathrm{i}}$ (오른쪽)이고 저항기에서의 전류는 a에서 b로, 오른쪽으로 향한다.

(b) $\vec{\mathrm{B}}_{\mathrm{ext}} = B_{\mathrm{ext}}(-\hat{\mathrm{i}})$는 증가한다. 따라서 유도 자기장 $\vec{\mathrm{B}}_{\mathrm{induced}} = B_{\mathrm{induced}}(+\hat{\mathrm{i}})$은 오른쪽으로 향하고, 저항기에서의 전류는 a에서 b로, 종이면으로부터 나오는 방향이다.

(c) $\vec{\mathrm{B}}_{\mathrm{ext}} = B_{\mathrm{ext}}(-\hat{\mathrm{k}})$는 종이면으로 들어가고 B_{ext}는 감소한다. 따라서 유도 자기장은 종이면으로 들어가는 $\vec{\mathrm{B}}_{\mathrm{induced}} = B_{\mathrm{induced}}(-\hat{\mathrm{k}})$이고, 저항기에서의 전류는 a에서 b로, 오른쪽으로 향한다.

23.4 유도 기전력과 전기장

14. 지점 P_2는 균일한 자기장 영역 내부에 있다. 자기장의 변화율(초당 테슬라)은

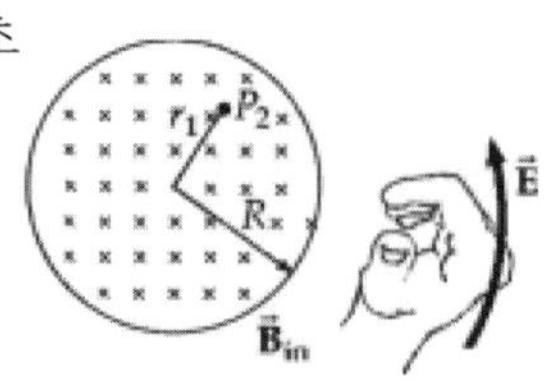

$$\frac{dB}{dt} = \frac{d}{dt}\left(0.030\ 0t^2 + 1.40\right) = 0.060\ 0t$$

이다. 여기서 t의 단위는 초이다.

$t = 3.00$ s에서, 자기장은 다음과 같이 증가한다.

$$\frac{dB}{dt} = 0.060\ 0(3.00) = 0.180\ \text{T/s}$$

자속은 종이면 안쪽으로 증가한다. 따라서 오른손 법칙(그림 참조)에 따라 유도 전기력선은 시계 반대 방향이다. P_2 지점의 전기장은 이를 통과하는 전기력선에 접한다.

(a) 이 상황은 예제 23.5와 유사하다.

$$\oint \vec{\mathbf{E}} \cdot d\vec{\ell} = -\frac{d\Phi_B}{dt}$$

$$E2\pi r = -\frac{d\Phi_B}{dt} = -\frac{d\left(B\pi R^2\right)}{dt} = -\pi R^2 \frac{dB}{dt}$$

$$E = -\frac{R^2}{2r}(0.060\ 0t)$$

$r = r_2 = 0.020\ 0$ m의 경우,

$$|E| = \frac{R^2}{2r}(0.060\ 0t)$$

$$= \frac{(0.025\ 0\ \text{m})^2}{2(0.020\ 0\ \text{m})}[0.060\ 0(3.00)] = \boxed{2.81 \times 10^{-3}\ \text{N/C}}$$

(b) 전기장은 P_2 지점을 지나는 전기력선에 접하고 시계 반대 방향이다.

15.

(a) $\oint \vec{\mathrm{E}} \cdot d\vec{\ell} = \left|\frac{d\Phi_B}{dt}\right| = \left|\frac{d(BA)}{dt}\right| = \left|\frac{d[\mu_0 nI(\pi r^2)]}{dt}\right|$

$$\rightarrow \quad 2\pi rE = \mu_0 n(\pi r^2)\frac{dI}{dt} = \mu_0 n(\pi r^2)(5.00)(100\pi)\cos 100\pi t$$

$$\rightarrow \quad E = \frac{\mu_0 n(\pi r^2)(5.00)(100\pi)(\cos 100\pi t)}{2\pi r} = 250\mu_0 n\pi r\cos 100\pi t$$

$$= 250(4\pi \times 10^{-7})(1.00 \times 10^3)\pi(0.0200)\cos 100\pi t = (9.87 \times 10^{-3})\cos 100\pi t$$

E의 단위는 V/m, t의 단위는 s이다.

(b) 전류가 시계 반대 방향으로 증가하면, 전기장은 이를 억제하기 위해 유도되므로 시계 방향으로 유도된다.

23.5 유도 계수

16.

$$|\mathcal{E}| = L\frac{\Delta I}{\Delta t} = \left(3.00 \times 10^{-3}\ \text{H}\right)\left(\frac{1.50\ \text{A} - 0.200\ \text{A}}{0.200\ \text{s}}\right) = 1.95 \times 10^{-2}\ \text{V}$$

$$= \boxed{19.5\ \text{mV}}$$

17. $\varepsilon_L = -L\frac{dI}{dt}$

$$= (-2.00\ \text{H})\left(\frac{0 - 0.500\ \text{A}}{1.00 \times 10^{-2}\ \text{s}}\right) = 100\ \text{V}$$

18. $|\varepsilon| = L\left|\frac{dI}{dt}\right|$ 로부터

$$L = \frac{\varepsilon}{(\Delta I/\Delta t)} = \frac{24.0 \times 10^{-3}\ \text{V}}{10.0\ \text{A/s}} = 2.40 \times 10^{-3}\ \text{H}$$

$L = \frac{N\Phi_B}{I}$ 로부터

$$\Phi_B = \frac{LI}{N} = \frac{(2.40 \times 10^{-3}\ \text{H})(4.00\ \text{A})}{500}$$
$$= \boxed{19.2\ \mu\text{T} \cdot \text{m}^2}$$

19.

$$|\varepsilon| = L\frac{dI}{dt} = \left|(90.0 \times 10^{-3})\frac{d}{dt}(1.00t^2 - 6.00t)\right| = (90.0)|(2.00t - 6.00)|$$

여기서 ε의 단위는 mV, t의 단위는 s이다.

(a) At $t = 1.00$ s, $\varepsilon = \boxed{360\ \text{mV}}$

(b) At $t = 4.00$ s, $\varepsilon = \boxed{180\ \text{mV}}$

(c) $\varepsilon = (90.0)(2t - 6) = 0$ when $\boxed{t = 3.00\ \text{s}}$

20. $\varepsilon = \varepsilon_0 e^{-kt} = -L\frac{di}{dt} \rightarrow di = -\frac{\varepsilon_0}{L}e^{-kt}dt$

$i \to 0$, $t \to \infty$ 일 때, $i = \frac{\varepsilon_0}{Lk}e^{-kt} = \frac{dq}{dt}$

$$Q = \int i\,dt = \int_0^\infty \frac{\varepsilon_0}{Lk}e^{-kt} = -\frac{\varepsilon_0}{Lk^2} \rightarrow |Q| = \frac{\varepsilon_0}{Lk^2}$$

23.6 *RL* 회로

21.

(a) $\tau = RC = \frac{L}{R}$

$$R = \sqrt{\frac{L}{C}}$$
$$= \sqrt{\frac{3.00\ \text{H}}{3.00 \times 10^{-6}\ \text{F}}}$$
$$= 1.00 \times 10^3\ \Omega = 1.00\ \text{k}\Omega$$

(b) $\tau = RC = (1.00 \times 10^{3}\ \Omega)(3.00 \times 10^{-6}\ \mathrm{F})$

$= 3.00 \times 10^{-3}\ \mathrm{s} = 3.00\ \mathrm{ms}$

22. $\tau = \dfrac{L}{R}$로 놓으면,

$$I = I_i e^{-t/\tau} : \frac{dI}{dt} = I_i e^{-t/\tau}\left(-\frac{1}{\tau}\right)$$

$$I_i R\, e^{-t/\tau} + L\left(I_i e^{-t/\tau}\right)\left(-\frac{1}{\tau}\right) = 0$$

이면, $IR + L\dfrac{dI}{dt} = 0$

이다. $\tau = \dfrac{L}{R}$이기 때문에 일치하게 된다.

23.

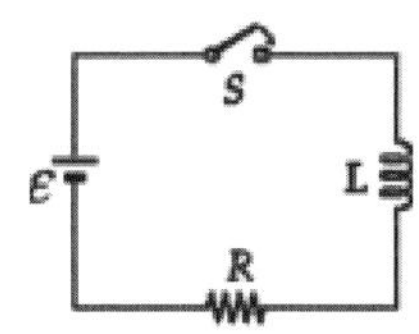

(a) $\tau = \dfrac{L}{R} = \dfrac{8.00 \times 10^{-3}\ \mathrm{H}}{4.00\ \Omega} = 2.00 \times 10^{-3}\ \mathrm{s} = \boxed{2.00\ \mathrm{ms}}$

(b) $I = \dfrac{\varepsilon}{R}\left(1 - e^{-t/\tau}\right) = \left(\dfrac{6.00\ \mathrm{V}}{4.00\ \Omega}\right)\left(1 - e^{-0.250/2.00}\right) = \boxed{0.176\ \mathrm{A}}$

(c) $I_{\max} = \dfrac{\varepsilon}{R} = \dfrac{6.00\ \mathrm{V}}{4.00\ \Omega} = \boxed{1.50\ \mathrm{A}}$

(d) $0.800 = 1 - e^{-t/2.00\ \mathrm{ms}} \rightarrow t = -(2.00\ \mathrm{ms})\ln(0.200) = \boxed{3.22\ \mathrm{ms}}$

24.

$$I = \frac{\varepsilon}{R}\left(1 - e^{-t/\tau}\right) = \frac{120}{9.00}\left[1 - e^{-0.200/(7.00/9.00)}\right]$$

$= 3.02\ \mathrm{A}$

$\Delta V_R = IR = (3.02\ \mathrm{A})(9.00\ \Omega) = 27.2\ \mathrm{V}$

$\Delta V_L = \varepsilon - \Delta V_R = 120\ \mathrm{V} - 27.2\ \mathrm{V} = \boxed{92.8\ \mathrm{V}}$

25. 그림에 표시한 전류에 키르히호프의 법칙을 적용하면,

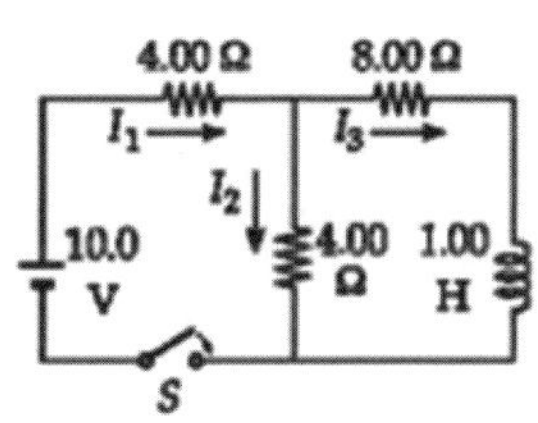

$I_1 = I_2 + I_3$ **[1]**

$\varepsilon - RI_1 - RI_2 = 0$ **[2]**

$\varepsilon - RI_1 - 2RI_3 - L\dfrac{dI_3}{dt} = 0$ **[3]**

식 [1]과 [2]로부터

$$\varepsilon - RI_1 - R(I_1 - I_3) = 0$$
$$\varepsilon - RI_1 - RI_1 + RI_3 = 0$$
$$I_1 = \frac{1}{2}I_3 + \frac{\varepsilon}{2R}$$

그러면 식 [3]은

$$\varepsilon - R\left(\frac{1}{2}I_3 + \frac{\varepsilon}{2R}\right) - 2RI_3 - L\frac{dI_3}{dt} = 0$$
$$L\frac{dI_3}{dt} + 2.5RI_3 = \frac{\varepsilon}{2}$$
$$\frac{\varepsilon}{2} - 2.5RI_3 - L\frac{dI_3}{dt} = 0$$

이 된다. 이 식은 일반적인 형태

$$\varepsilon - IR - L\frac{dI}{dt} = 0$$

이며, 이의 해는

$$I = \frac{\varepsilon}{R}\left(1 - e^{-Rt/L}\right)$$

이다. 따라서,

(a) $I_3(t) = \left(\frac{\varepsilon/2}{2.5R}\right)\left[1 - e^{-2.5Rt/L}\right] = \boxed{\frac{\varepsilon}{5R}\left(1 - e^{-5Rt/2L}\right)}$

(b) $I_1 = \frac{1}{2}I_3 + \frac{\varepsilon}{2R} = \frac{1}{2}\left[\frac{\varepsilon}{5R}\left(1 - e^{-5Rt/2L}\right)\right] + \frac{\varepsilon}{2R}$

$$I_1 = \frac{\varepsilon}{10R}\left(1 - e^{-5Rt/2L}\right) + \frac{5\varepsilon}{10R} = \boxed{\frac{\varepsilon}{10R}\left(6 - e^{-5Rt/2L}\right)}$$

26.

(a) $L = \frac{\mu_0 N^2 A}{\ell} = \frac{\mu_0 N^2 \pi r^2}{\ell}$

$$= \frac{\mu_0 (510^2)\pi(8.00\times10^{-3}\ \mathrm{m})^2}{0.140\ \mathrm{m}}$$
$$= 4.69\times10^{-4}\ \mathrm{H} = 0.469\ \mathrm{mH}$$

(b) $\tau = \frac{L}{R}$

$$= \frac{4.69\times10^{-4}\ \mathrm{H}}{2.50\ \Omega}$$
$$= 1.88\times10^{-4}\ \mathrm{s} = 0.188\ \mathrm{ms}$$

27.

(a) $t = 0$에서

$$\frac{di}{dt} = \frac{R}{L} I_i e^0 = \frac{\varepsilon}{L} = \frac{100\ \text{V}}{15.0\ \text{H}} = 6.67\ \text{A/s}$$

(b) $t = 1.50$ s에서

$$\frac{di}{dt} = \frac{\varepsilon}{L} e^{-t/\tau} = (6.67\ \text{A/s})e^{-1.50/0.500}$$

$$= (6.67\ \text{A/s})e^{-3.00} = 0.332\ \text{A/s}$$

23.7 자기장 내의 에너지

28.

$$L = \mu_0 \frac{N^2 A}{\ell} = \mu_0 \frac{(68.0)^2 \left[\pi\left(0.600 \times 10^{-2}\,\text{m}\right)^2\right]}{0.080\,0\ \text{m}} = 8.21\ \mu\text{H}$$

$$U = \frac{1}{2} L I^2 = \frac{1}{2}\left(8.21 \times 10^{-6}\ \text{H}\right)(0.770\ \text{A})^2 = \boxed{2.44\ \mu\text{J}}$$

29. $i = I_i(1 - e^{-t/\tau}) = \frac{\varepsilon}{R}(1 - e^{-t/\tau})$

(a) $t \to \infty$ 일 때,

$$I_i = \frac{\varepsilon}{R} = \frac{24.0\ \text{V}}{8.00\ \Omega} = 3.00\ \text{A},$$

$$U_B = \frac{1}{2} L I_i^2 = \frac{1}{2}(4.00\ \text{H})(3.00\ \text{A})^2 = 18.0\ \text{J}$$

(b) $i = I_i(1 - e^{-1}) = (3.00\ \text{A})(1 - 0.368) = 1.90\ \text{A}$,

$$U_B = \frac{1}{2} L i^2 = \frac{1}{2}(4.00\ \text{H})(1.90\ \text{A})^2 = 7.19\ \text{J}$$

23.8 교류 전원
23.9 교류 회로에서의 저항기

30.

(a) $\Delta V_{R,\text{rms}} = I_{\text{rms}} R = (8.00\ \text{A})(12.0\ \Omega) = \boxed{96.0\ \text{V}}$

(b) $\Delta V_{R,\max} = \sqrt{2}\left(\Delta V_{R,\text{rms}}\right) = \sqrt{2}\,(96.0\ \text{V}) = \boxed{136\ \text{V}}$

(c) $I_{\max} = \sqrt{2} I_{\text{rms}} = \sqrt{2}\,(8.00\ \text{A}) = \boxed{11.3\ \text{A}}$

(d) $P_{\text{av}} = I_{\text{rms}}^2 R = (8.00\ \text{A})^2\,(12.0\ \Omega) = \boxed{768\ \text{W}}$

31.

(a) $\Delta V_{R,\max} = \sqrt{2}(\Delta V_{R,\text{rms}}) = \sqrt{2}(120\text{ V}) = 170\text{ V}$

(b) $P_{\text{avg}} = I_{\text{rms}}^2 R = \dfrac{\Delta V_{\text{rms}}^2}{R}$

따라서

$$R = \frac{\Delta V_{\text{rms}}^2}{P_{\text{avg}}} = \frac{(120\text{ V})^2}{60.0\text{ W}} = 2.40\times10^2\ \Omega$$

(c) $P_{\text{avg}} = \dfrac{(\Delta V_{\text{rms}})^2}{R}$에서 $R = \dfrac{(\Delta V_{\text{rms}})^2}{P_{\text{avg}}}$이기 때문에 100 W 전구는 60.0 W 전구보다 저항이 더 작다.

32. 각각의 계기는 rms 값을 읽는다.

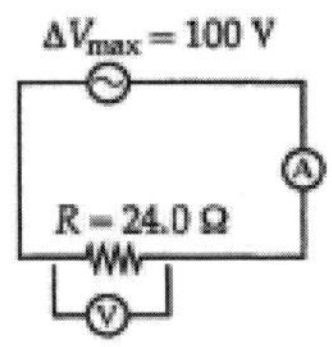

(a) $I_{\text{rms}} = \dfrac{\Delta V_{\text{rms}}}{R} = \dfrac{\left(\Delta V_{\max}/\sqrt{2}\right)}{R} = \dfrac{\left(100\text{ V}/\sqrt{2}\right)}{24.0\ \Omega} = \boxed{2.95\text{ A}}$

(b) 저항기 양단의 전압은 전원 장치 양단의 전압과 같다.

$$\Delta V_{\text{rms}} = \frac{\Delta V_{\max}}{\sqrt{2}} = \frac{100\text{ V}}{\sqrt{2}} = \boxed{70.7\text{ V}}$$

33. $i = \dfrac{\Delta V}{R} = \left(\dfrac{\Delta V_{\max}}{R}\right)\sin\omega t$

$\rightarrow \quad 0.600\dfrac{\Delta V_{\max}}{R} = \dfrac{\Delta V_{\max}}{R}\sin(\omega t)$

$\rightarrow \quad \omega t = \sin^{-1}0.600$

$\rightarrow \quad (0.007\,00\text{ s})\omega = \sin^{-1}(0.600) = 0.644\text{ rad}$

$\rightarrow \quad \omega = 91.9\text{ rad/s} = 2\pi f$

따라서

$$f = 14.6\text{ Hz}$$

34.

모든 전구는 전압원과 병렬로 연결되어 있으므로, 각 전구에 대해 $\Delta V_{\text{rms}} = 120\text{ V}$이다. 또한 전류는 $I_{\text{rms}} = P_{\text{avg}}/\Delta V_{\text{rms}}$이고 저항은 $R = \Delta V_{\text{rms}}/I_{\text{rms}}$이다.

(a) 150 W 전구의 경우, $I_{\text{rms}} = \dfrac{150\text{ W}}{120\text{ V}} = 1.25\text{ A}$

100 W 전구의 경우, $I_{\text{rms}} = \dfrac{100\text{ W}}{120\text{ V}} = 0.833\text{ A}$

각 150 W 전구의 rms 전류는 1.25 A이고, 100 W 전구의 rms 전류는 0.833 A이다.

(b) 전구 1과 2: $R_1 = R_2 = \dfrac{120\text{ V}}{1.25\text{ A}} = 96.0\ \Omega$

전구 3: $R_3 = \dfrac{120\text{ V}}{0.833\text{ A}} = 144\ \Omega$

(c) 모든 전구는 병렬이므로,

$$\frac{1}{R_{eq}} = \frac{1}{R_1} + \frac{1}{R_2} + \frac{1}{R_3} = \frac{1}{96.0\ \Omega} + \frac{1}{96.0\ \Omega} + \frac{1}{144\ \Omega}$$

$$R_{eq} = \boxed{36.0\ \Omega}$$

23.10 교류 회로에서의 인덕터

35.

(a) $X_L = \omega L = \frac{\Delta V_{max}}{I_{max}}$

$$L = \frac{\Delta V_{max}}{\omega I_{max}} = \frac{100\ \text{V}}{2\pi(50.0\ \text{Hz})(7.50\ \text{A})} = \boxed{0.0424\ \text{H}}$$

(b) $I_{max} = \frac{\Delta V_{max}}{X_L} = \frac{\Delta V_{max}}{\omega L}$ 로부터, 전류가 각진동수에 반비례함을 알 수 있다.

$$\frac{I_{max}}{I'_{max}} = \frac{\omega'}{\omega}$$

$$\omega' = \omega\frac{I_{max}}{I'_{max}} = [2\pi(50.0\ \text{Hz})]\frac{7.50\ \text{A}}{2.50\ \text{A}} = \boxed{942\ \text{rad/s}}$$

36. 인덕터에서 전류는 전압보다 90° 지연된다.

$$i_L(t) = \frac{\Delta V_{max}}{\omega L}\sin\left(\omega t - \frac{\pi}{2}\right)$$

$$= \frac{(80.0\ \text{V})}{(65.0\pi\ \text{rad/s})(70.0\times10^{-3}\ \text{H})}\sin\left[(65.0\pi\ \text{s}^{-1})(0.015\ 5\ \text{s}) - \pi/2\right]$$

$$= \boxed{5.60\ \text{A}}$$

37. 인덕터에서 $t=0$, $i_L = I_{max}\sin(\omega t)$일 때, $U_B = \frac{1}{2}L\,i_L^2$

$$I_{rms} = \frac{\Delta V_{rms}}{X_L} = \frac{\Delta V_{rms}}{\omega L}$$

$$= \frac{120\ \text{V}}{[2\pi(60.0)\ \text{s}^{-1}](0.020\ 0\ \text{H})} = 15.9\ \text{A}$$

$$I_{max} = \sqrt{2}\,I_{rms} = \sqrt{2}(15.9\ \text{A}) = 22.5\ \text{A}$$

$$i_L = I_{max}\sin(\omega t) = (22.5\ \text{A})\sin\left[2\pi(60.0)\text{s}^{-1}\left(\frac{1}{180}\text{s}\right)\right]$$

$$= (22.5\ \text{A})\sin 120° = 19.5\ \text{A}$$

따라서

$$U_B = \frac{1}{2}Li_L^2 = \frac{1}{2}(0.020\ 0\ \text{H})(19.5\ \text{A})^2 = 3.80\ \text{J}$$

38. 주어진 $\Delta v = 120\sin(30.0\pi t)$에서, Δv와 t의 단위는 각각 볼트와 초이고, $L = 0.500$ H 이다.

(a) $\omega = 30.0\pi$ rad/s 이므로,

$$f = \frac{\omega}{2\pi} = \frac{30\pi \text{ rad/s}}{2\pi} = \boxed{15.0 \text{ Hz}}.$$

(b) $\Delta V_{L,\max} = 120$ V 이므로,

$$\Delta V_{L,\text{rms}} = \frac{\Delta V_{L,\max}}{\sqrt{2}} = \frac{120 \text{ V}}{\sqrt{2}} = \boxed{84.9 \text{ V}}.$$

(c) $X_L = 2\pi fL = \omega L = (30\pi \text{ rad/s})(0.500 \text{ H}) = \boxed{47.1\ \Omega}$

(d) $I_{\text{rms}} = \dfrac{\Delta V_{L,\text{rms}}}{X_L} = \dfrac{84.9 \text{ V}}{47.1\ \Omega} = \boxed{1.80 \text{ A}}$

(e) $I_{\max} = \sqrt{2}\, I_{\text{rms}} = \sqrt{2}(1.80 \text{ A}) = \boxed{2.55 \text{ A}}$

23.11 교류 회로에서의 축전기

39. $\Delta V_C = \Delta V_{\max}\sin\omega t$일 때, $q = C(\Delta V_{\max})\sin\omega t$이며

저장된 에너지는 $U_c = \dfrac{q^2}{2C}$, 전류는 $i_C = I_{\max}\sin(\omega t + 90°) = \dfrac{\Delta V_{\max}}{X_C}\sin(\omega t + 90°)$이다.

용량 리액턴스는

$$X_C = \frac{1}{\omega C} = \frac{1}{2\pi(60.0/\text{s})(1.00 \times 10^{-3} \text{ C/V})} = 2.65\ \Omega$$

이므로, $t = \dfrac{1}{180}$ s일 때,

$$i_C = \frac{\Delta V_{\max}}{X_C}\sin(\omega t + \phi)$$

$$= \frac{\sqrt{2}(120 \text{ V})}{2.65\ \Omega}\sin\left[2\pi(60.0 \text{ s}^{-1})\left(\frac{1}{180}\text{ s}\right) + \frac{\pi}{2}\right] = -32.0 \text{ A}$$

따라서 전류의 크기는 32.0 A.

40.

(a) $X_C = \dfrac{1}{2\pi fC} = \dfrac{1}{2\pi(60.0 \text{ Hz})(12.0\times10^{-6} \text{ F})} = \boxed{221\ \Omega}$

(b) $I_{\text{rms}} = \dfrac{\Delta V_{C,\text{rms}}}{X_C} = \dfrac{36.0 \text{ V}}{221\ \Omega} = \boxed{0.163 \text{ A}}$

(c) $I_{\max} = \sqrt{2}\, I_{\text{rms}} = \boxed{0.230 \text{ A}}$

(d) 아니요. 축전기에서 전류는 전하량보다 위상이 90° 앞선다. 전류는 전압이 최댓값에 도달하기 1/4 주기 전에 최댓값에 도달한다. 전기용량의 정의로부터, 축전기는 전압이 최댓값일 때 최대 전하량에 도달한다. 결과적으로 최대 전하량과 최대 전류는 동시에 발생하지 않는다.

41. $Q_{max} = C(\Delta V_{max}) = C[\sqrt{2}(\Delta V_{rms})] = \sqrt{2}C(\Delta V_{rms})$

42.

(a) $X_c = \frac{1}{2\pi f C} < 175\ \Omega : \frac{1}{2\pi f(22.0\times 10^{-6}\ \text{F})} < 175\ \Omega$

$$\frac{1}{2\pi(22.0\times 10^{-6}\ \text{F})(175\ \Omega)} < f \rightarrow \boxed{f > 41.3\ \text{Hz}}$$

(b) 전기용량 C의 함수로서, $X_C \propto \frac{1}{C}$ 이므로

$$X_c\,(\text{C} = 44.0\ \mu\text{F}) = \frac{1}{2} X_c\,(\text{C} = 22.0\ \mu\text{F})$$

따라서, $X_C < 87.5\ \Omega$

23.12 *RLC* 직렬 회로

43.

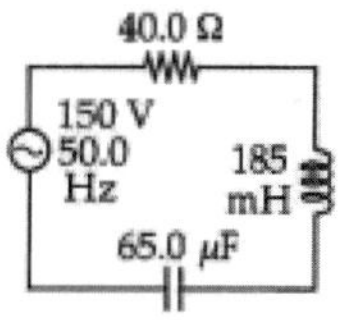

$$X_C = \frac{1}{\omega C} = \frac{1}{2\pi(50.0)(65.0\times 10^{-6})} = 49.0\ \Omega$$

$$X_L = \omega L = 2\pi(50.0)(185\times 10^{-3}) = 58.1\ \Omega$$

$$Z = \sqrt{R^2 + (X_L - X_C)^2} = \sqrt{(40.0)^2 + (58.1 - 49.0)^2} = 41.0\ \Omega$$

$$I_{max} = \frac{\Delta V_{max}}{Z} = \frac{150}{41.0} = 3.66\ \text{A}$$

(a) $\Delta V_R = I_{max} R = (3.66)(40) = \boxed{146\ \text{V}}$

(b) $\Delta V_L = I_{max} X_L = (3.66)(58.1) = 212.5 = \boxed{212\ \text{V}}$

(c) $\Delta V_C = I_{max} X_C = (3.66)(49.0) = 179.1\ \text{V} = \boxed{179\ \text{V}}$

(d) $\Delta V_L - \Delta V_C = 212.5 - 179.1 = \boxed{33.4\ \text{V}}$

44.

$$X_L = 2\pi f L = 2\pi(60.0)(0.460) = 173\ \Omega$$

$$X_C = \frac{1}{2\pi f C} = \frac{1}{2\pi(60.0)(21.0\times 10^{-6})} = 126\ \Omega$$

(a) $\tan\phi = \frac{X_L - X_C}{R} = \frac{173\ \Omega - 126\ \Omega}{150\ \Omega} = 0.314$

$$\phi = 0.304\ \text{rad} = \boxed{17.4°}$$

(b) $X_L > X_C$이므로, ϕ가 양수이다. 따라서 전압이 전류보다 앞선다.

45.

$$\omega L = \frac{1}{\omega C} \rightarrow \omega = \frac{1}{\sqrt{LC}} = \frac{1}{\sqrt{(57.0\times10^{-6})(57.0\times10^{-6})}} = 1.75\times10^{4}\ \text{rad/s}$$

$$f = \frac{\omega}{2\pi} = \boxed{2.79\ \text{kHz}}$$

46.

(a) $X_C = \frac{1}{2\pi f C} = \frac{1}{2\pi(60.0\ \text{Hz})(30.0\times10^{-6}\ \text{F})} = 88.4\ \Omega$

(b) $Z = \sqrt{R^2+(0-X_C)^2} = \sqrt{R^2+X_C^2} = \sqrt{(60.0\ \Omega)^2+(88.4\ \Omega)^2} = 107\ \Omega$

(c) $I_{\text{max}} = \frac{\Delta V_{\text{max}}}{Z} = \frac{1.20\times10^2\ \text{V}}{107\ \Omega} = 1.12\ \text{A}$

(d) $\phi = \tan^{-1}\left[\frac{X_L - X_C}{R}\right] = \tan^{-1}\left(\frac{0-88.4\ \Omega}{60.0\ \Omega}\right) = -55.8°$이므로 전압이 전류보다 55.8° 지연된다.

(e) 인덕터를 추가하면 임피던스가 바뀌게 되고, 전류가 바뀌게 된다. 전류가 커지는지 작아지는지는 추가되는 인덕턴스에 따라 달라지는데, 유도 리액턴스가 용량 리액턴스와 같을 때 임피던스가 최소가 되어 최대의 전류가 된다. 이때 임피던스는 60.0 Ω와 같은 수치를 가지므로

$$I_{\text{max}} = \frac{\Delta V_{\text{max}}}{Z} = \frac{\Delta V_{\text{max}}}{R} = \frac{1.20\times10^2\ \text{V}}{60.0\ \Omega} = 2.00\ \text{A}$$

47.

(a) $X_L = \omega L = 2\pi(50.0)(400\times10^{-3}) = 126\ \Omega$

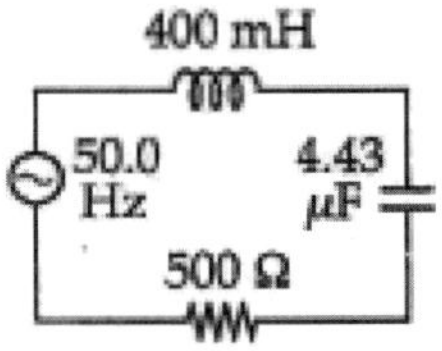

$$X_C = \frac{1}{\omega C} = \frac{1}{2\pi(50.0)(4.43\times10^{-6})} = 719\ \Omega$$

$$Z = \sqrt{R^2+(X_L-X_C)^2} = \sqrt{500^2+(126-719)^2} = 776\ \Omega$$

$$\Delta V_{\text{max}} = I_{\text{max}} Z = (250\times10^{-3})(776) = \boxed{194\ \text{V}}$$

(b) $\phi = \tan^{-1}\left(\frac{X_L - X_C}{R}\right) = \tan^{-1}\left(\frac{126-719}{500}\right) = \boxed{-49.9°}$

따라서, 전류는 전압보다 앞선다.

48.

(a) $X_L = \omega L = 2\pi(50.0\ \text{s}^{-1})(150\times10^{-3}\ \text{H}) = \boxed{47.1\ \Omega}$

(b) $X_C = \dfrac{1}{\omega C} = \left[2\pi(50.0\ \text{s}^{-1})(5.00\times10^{-6}\ \text{F})\right]^{-1} = \boxed{637\ \Omega}$

(c) $Z = \dfrac{\Delta V_{\max}}{I_{\max}} = \dfrac{240\ \text{V}}{0.100\ \text{A}} = 2.40\times10^3\ \Omega = \boxed{2.40\ \text{k}\Omega}$

(d) $Z = \sqrt{R^2 + (X_L - X_C)^2}$

$$R = \sqrt{Z^2 - (X_L - X_C)^2}$$
$$= \sqrt{(2.40\times10^3)^2 - (47.1 - 637)^2} = 2.33\times10^3 = \boxed{2.33\ \text{k}\Omega}$$

(e) $\phi = \tan^{-1}\left[\dfrac{X_L - X_C}{R}\right] = \boxed{-14.2°}$

추가문제

49. 첫 주기 동안 전압의 식은

$$\Delta V(t) = \frac{2(\Delta V_{\max})t}{T} - \Delta V_{\max} = \Delta V_{\max}\left[\frac{2t}{T} - 1\right]$$

$$[(\Delta V)^2]_{\text{avg}} = \frac{1}{T}\int_0^T [\Delta V(t)]^2 dt$$

$$= \frac{(\Delta V_{\max})^2}{T}\int_0^T \left[\frac{2}{T}t - 1\right]^2 dt = \frac{(\Delta V_{\max})^2}{6}\left[(+1)^3 - (-1)^3\right]$$

$$= \frac{(\Delta V_{\max})^2}{3}$$

$$\Delta V_{\text{rms}} = \sqrt{[(\Delta V)^2]_{\text{avg}}} = \sqrt{\frac{(\Delta V_{\max})^2}{3}} = \frac{\Delta V_{\max}}{\sqrt{3}}$$

50.

$$\varepsilon = -N\frac{d}{dt}(BA\cos\theta) = -N(\pi r^2)\cos 0°\left(\frac{dB}{dt}\right)$$

$$\varepsilon = -(30.0)\left[\pi(2.70\times10^{-3})^2\right](1)$$
$$\times\frac{d}{dt}\left[50.0\times10^{-3} + (3.20\times10^{-3})\sin(1\,046\pi t)\right]$$

$$\varepsilon = -(30.0)\left[\pi(2.70\times10^{-3})^2\right]\left[(3.20\times10^{-3})(1\,046\pi)\cos(1\,046\pi t)\right]$$
$$= -(7.22\times10^{-3})\cos(1\,046\pi t)$$

$\varepsilon = -7.22\cos(1\,046\pi t)$ 에서, ε과 t의 단위는 각각 밀리볼트와 초이다.

51. $\varepsilon = -\dfrac{d\Phi_B}{dt} = -A\dfrac{dB}{dt}$

$$= -0.160\frac{d}{dt}\left(0.350e^{-t/2.00}\right)$$

$$= \frac{(0.160)(0.350)}{2.00}e^{-t/2.00}$$

따라서 $t = 4.00\ \mathrm{s}$일 때,

$$\varepsilon = \frac{(0.160\ \mathrm{m}^2)(0.350\ \mathrm{T})}{2.00\ \mathrm{s}}e^{-4.00/2.00} = 3.79\ \mathrm{mV}$$

24장 전자기파

24.1 변위 전류와 앙페르 법칙의 일반형

1.

(a) 전도 전류와 변위 전류에 모두 오른손 법칙을 사용한다. 따라서 $\vec{B}$의 방향은 시계 반대 방향이고, P에서 $\vec{B}$의 방향은 위쪽이다.

(b) 암페어 법칙의 일반형을 사용한다. 움직이는 전하가 없으므로 $I = 0$이고

$$\oint \vec{\mathbf{B}} \cdot d\vec{\ell} = \mu_0 \epsilon_0 \frac{d\Phi_E}{dt}$$

이다. 적분을 하기 위해, 주어진 이 상황의 대칭성을 활용한다. 대칭성에 의해 중심으로부터의 특정 방향이 다른 방향과 다를 수 없음을 알 수 있다. 따라서 중심 축에 대해 원형 대칭이 있어야 한다. 우리는 자기력선이 축에 대한 원형임을 알고 있다. 따라서 그러한 자기장 원을 따라 여행할 때 자기장의 크기는 일정하게 유지된다. 나중에 $\vec{B}$의 방향을 결정하는 것은 잠시 미뤄두고, R = 0.150 m인 원을 따라 $\oint \vec{B} \cdot d\vec{\ell}$를 적분하여 $2\pi RB$를 얻는다.

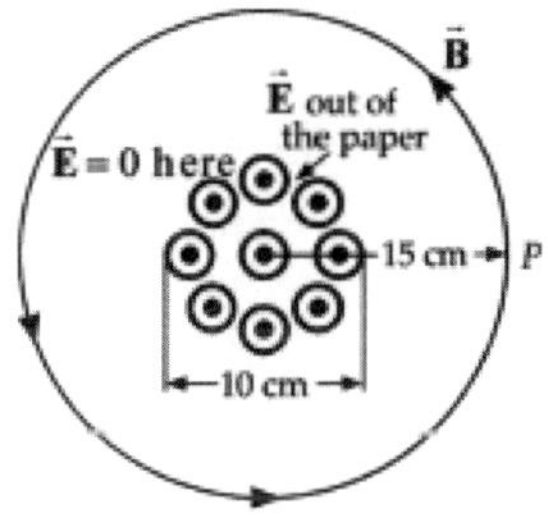

$\Phi_E = AE$를 미분하면,

$$\frac{d\Phi_E}{dt} = \left(\frac{\pi d^2}{4}\right)\frac{dE}{dt}$$

따라서,

$$\oint \vec{\mathbf{B}} \cdot d\vec{\ell} = 2\pi RB = \mu_0 \epsilon_0 \left(\frac{\pi d^2}{4}\right)\frac{dE}{dt} \quad \rightarrow \quad B = \frac{\mu_0 \epsilon_0 d^2}{8R}\frac{dE}{dt}$$

이다. 주어진 값들을 대입하면,

$$B = \frac{(4\pi \times 10^{-7}\ \mathrm{T \cdot m/A})(8.85 \times 10^{-12}\ \mathrm{C^2/N \cdot m^2})(0.100\ \mathrm{m})^2}{8(0.150\ \mathrm{m})} \times (20.0\ \mathrm{V/m \cdot s})$$

$$= \boxed{1.85 \times 10^{-18}\ \mathrm{T}}$$

2.

$$\frac{d\Phi_E}{dt} = \frac{d}{dt}(EA) = \frac{dQ/dt}{\epsilon_0} = \frac{I}{\epsilon_0}$$

(a) $\dfrac{dE}{dt} = \dfrac{I}{\epsilon_0 A} = \dfrac{0.200\text{ A}}{(8.85\times10^{-12}\text{ C}^2/\text{N}\cdot\text{m}^2)\left[\pi(10.0\times10^{-2}\text{ m})\right]}$

$$= \boxed{7.19\times10^{11}\text{ V/m}\cdot\text{s}}$$

(b) $\oint B\cdot ds = \epsilon_0\mu_0\dfrac{d\Phi_E}{dt}$: $2\pi rB = \cancel{\epsilon_0}\mu_0\dfrac{d}{dt}\left[\dfrac{Q}{\cancel{\epsilon_0}A}\cdot\pi r^2\right]$

$$B = \frac{\mu_0 Ir}{2A} = \frac{\mu_0(0.200\text{ A})(5.00\times10^{-2}\text{ m})}{2\left[\pi(10.0\times10^{-2}\text{ m})^2\right]} = \boxed{2.00\times10^{-7}\text{ T}}$$

3.

판 사이의 전기장은 $E = \dfrac{\sigma}{\epsilon_0} = \dfrac{Q}{\epsilon_0 A}$.

이 전기장의 전기선속은 $\Phi_E = \vec{\mathrm{E}}\cdot\vec{\mathrm{A}} = \left(\dfrac{Q}{\epsilon_0 A}\right)A\cos 0^\circ = \dfrac{Q}{\epsilon_0}$.

(a) 전기선속의 변화율은

$$\frac{d\Phi_E}{dt} = \frac{dQ/dt}{\epsilon_0} = \frac{I}{\epsilon_0} = \frac{0.100\text{ A}}{8.85\times10^{-12}\text{ C}^2/\text{N}\cdot\text{m}^2}$$

$$= \boxed{11.3\times10^{9}\text{ V}\cdot\text{m/s}}$$

(b) 변위 전류는

$$I_d = \epsilon_0\frac{d\Phi_E}{dt}$$

$$= (8.85\times10^{-12}\text{ C}^2/\text{N}\cdot\text{m}^2)(1.13\times10^{10}\text{ N}\cdot\text{m}^2/\text{C}\cdot\text{s})$$

$$= \boxed{0.100\text{ A}}$$

24.2 맥스웰 방정식과 헤르츠의 발견

4. $\vec{\mathrm{F}} = m\vec{a}$ 이므로 $\vec{\mathrm{a}} = \dfrac{e}{m}[\vec{\mathrm{E}} + \vec{\mathrm{v}}\times\vec{\mathrm{B}}]$ 이다. 여기서,

$$\vec{\mathbf{v}}\times\vec{\mathbf{B}} = \begin{vmatrix} \hat{\mathbf{i}} & \hat{\mathbf{j}} & \hat{\mathbf{k}} \\ 200 & 0 & 0 \\ 0.200 & 0.300 & 0.400 \end{vmatrix}$$

$$= -(200\text{ m/s})(0.400\text{ T})\hat{\mathbf{j}} + (200\text{ m/s})(0.300\text{ T})\hat{\mathbf{k}}$$

$$= -(80.0\text{ T}\cdot\text{m/s})\hat{\mathbf{j}} + (60.0\text{ T}\cdot\text{m/s})\hat{\mathbf{k}}$$

이다. 따라서,

$$\vec{\mathbf{a}} = \frac{1.60\times10^{-19}\ \text{C}}{1.67\times10^{-27}\ \text{kg}} \times\left[(50.0\ \text{V/m})\hat{\mathbf{j}}-(80.0\ \text{T}\cdot\text{m/s})\hat{\mathbf{j}}+(60.0\ \text{T}\cdot\text{m/s})\hat{\mathbf{k}}\right]$$

$$= 9.58\times10^{7}\left[-30.0\hat{\mathbf{j}}+60.0\hat{\mathbf{k}}\right]\ \text{m/s}^2$$

$$\vec{\mathbf{a}} = 2.87\times10^{9}\left[-\hat{\mathbf{j}}+2\hat{\mathbf{k}}\right]\ \text{m/s}^2 = \boxed{\left(-2.87\hat{\mathbf{j}}+5.75\hat{\mathbf{k}}\right)\times10^{9}\ \text{m/s}^2}$$

5. $\vec{F} = m\vec{a} = q[\vec{E} + \vec{v} \times \vec{B}]$ 이므로 $\vec{a} = \frac{-e}{m}[\vec{E} + \vec{v} \times \vec{B}]$ 이다. 여기서,

$$\vec{\mathbf{v}}\times\vec{\mathbf{B}} = \begin{vmatrix} \hat{\mathbf{i}} & \hat{\mathbf{j}} & \hat{\mathbf{k}} \\ 10.0 & 0 & 0 \\ 0 & 0 & 0.400 \end{vmatrix} = -(4.00\ \text{T}\cdot\text{m/s})\hat{\mathbf{j}}$$

이다. 따라서,

$$\vec{\mathbf{a}} = \frac{(-1.60\times10^{-19}\ \text{C})}{9.11\times10^{-31}\ \text{kg}}\left[(2.50\ \text{V/m})\hat{\mathbf{i}}+(5.00\ \text{V/m})\hat{\mathbf{j}}-(4.00\ \text{T}\cdot\text{m/s})\hat{\mathbf{j}}\right]$$

$$= (-1.76\times10^{11})\left[2.50\hat{\mathbf{i}}+1.00\hat{\mathbf{j}}\right]\ \text{m/s}^2$$

$$\vec{\mathbf{a}} = \boxed{\left(-4.39\hat{\mathbf{i}}-1.76\hat{\mathbf{j}}\right)\times10^{11}\ \text{m/s}^2}$$

6.

(a) 매우 긴 막대는 정지해 있을 때와 동일한 전기장을 만든다. 막대에 대해 동심원이며 반지름이 $r = 20.0$ cm 이고 길이가 ℓ 인 원통에 가우스의 법칙을 적용한다.

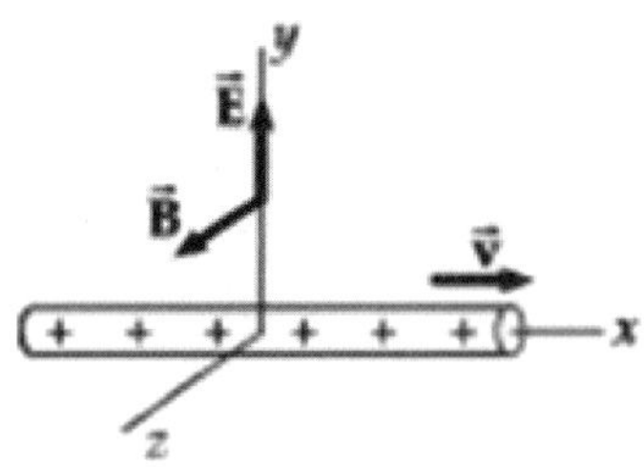

$$\oint \vec{\mathbf{E}}\cdot d\vec{\mathbf{A}} = \frac{q_{\text{inside}}}{\epsilon_0}$$

$$E(2\pi r\ell)\cos 0° = \frac{\lambda\ell}{\epsilon_0}$$

$$\vec{E} = \frac{\lambda}{2\pi\epsilon_0 r}\ \text{(지름 방향으로 나감)}$$

$$= \frac{35.0\times10^{-9}\ \text{C/m}}{2\pi(8.85\times10^{-12}\ \text{C}^2/\text{N}\cdot\text{m}^2)(0.200\ \text{m})}\hat{\mathbf{j}}$$

$$= \boxed{3.15\times10^{3}\hat{\mathbf{j}}\ \text{N/C}}$$

(b) 움직이는 전하에 의한 전류는 $(35.0 \times 10^{-9}\ \text{C/m}) \times (15.0\times10^{6}\ \text{m/s}) = 0.525\ \text{A}$ 이다. 이 전류가 만드는 자기장은

$$\vec{\mathbf{B}} = \frac{\mu_0 I}{2\pi r}$$

$$= \frac{(4\pi \times 10^{-7}\ \mathrm{T \cdot m/A})(0.525\ \mathrm{A})}{2\pi(0.200\ \mathrm{m})}\hat{\mathbf{k}} = \boxed{5.25\hat{\mathbf{k}} \times 10^{-7}\ \mathrm{T}}$$

(c) 전자에 작용하는 로렌츠 힘은 $\vec{\mathrm{F}} = q\vec{\mathrm{E}} + q\vec{\mathrm{v}} \times \vec{\mathrm{B}}$] 이므로,

$$\vec{\mathbf{F}} = (-1.60 \times 10^{-19}\ \mathrm{C})(3.15 \times 10^{3}\hat{\mathbf{j}}\ \mathrm{N/C}) + (-1.60 \times 10^{-19}\ \mathrm{C})(240 \times 10^{6}\hat{\mathbf{i}}\ \mathrm{m/s}) \times (5.25 \times 10^{-7}\hat{\mathbf{k}}\ \mathrm{T})$$

$$\vec{\mathbf{F}} = 5.04 \times 10^{-16}(-\hat{\mathbf{j}})\ \mathrm{N} + 2.02 \times 10^{-17}(+\hat{\mathbf{j}})\ \mathrm{N}$$

$$= \boxed{4.83(-\hat{\mathbf{j}}) \times 10^{-16}\ \mathrm{N}}$$

24.3 전자기파

7. $\lambda = \dfrac{c}{f} = \dfrac{3.00 \times 10^{8}\ \mathrm{m/s}}{27.33 \times 10^{6}\ \mathrm{Hz}} = 11.0\ \mathrm{m}$

8.

$$E = E_{\max}\cos(kx - \omega t)$$

$$\frac{\partial E}{\partial x} = -E_{\max}\sin(kx - \omega t)(k) \rightarrow \frac{\partial^2 E}{\partial x^2} = -E_{\max}\cos(kx - \omega t)(k^2)$$

$$\frac{\partial E}{\partial t} = -E_{\max}\sin(kx - \omega t)(-\omega) \rightarrow \frac{\partial^2 E}{\partial t^2} = -E_{\max}\cos(kx - \omega t)(-\omega)^2$$

$\dfrac{\partial^2 E}{\partial x^2} = \mu_0 \epsilon_0 \dfrac{\partial^2 E}{\partial t^2}$ 이 성립함을 보여야 한다. 즉,

$$-(k^2)E_{\max}\cos(kx - \omega t) = -\mu_0 \epsilon_0 (-\omega)^2 E_{\max}\cos(kx - \omega t).$$

이 식은 성립한다, 왜냐하면

$$\frac{k^2}{\omega^2} = \left(\frac{1}{f\lambda}\right)^2 = \frac{1}{c^2} = \mu_0 \epsilon_0$$

이기 때문이다.

자기장의 파동에 대한 증명은 앞의 유도 과정과 동일하다.

9.

$$v = \frac{1}{\sqrt{\kappa \mu_0 \epsilon_0}} = \frac{1}{\sqrt{1.78}}c = 0.750c = \boxed{2.25 \times 10^{8}\ \mathrm{m/s}}$$

10. 레이더로부터 나온 전파가 물체와 송수신기 사이를 이동하는 데 걸리는 시간은 전체 시간의 절반인 2.00×10^{-4} s이다. 따라서,

$$d = vt = (3.00\times10^{8}\ \text{m/s})(2.00\times10^{-4}\ \text{s})$$
$$= 6.00\times10^{4}\ \text{m} = 60.0\ \text{km}$$

11.

(a) 이 별에서 오는 빛은 3.00×10^{8} m/s로 이동하므로, 마지막 빛이 지구에 도달하는 데 다음의 시간이 걸린다.

$$\frac{6.44\times10^{18}\ \text{m}}{3.00\times10^{8}\ \text{m/s}} = 2.15\times10^{10}\ \text{s} = 680\text{년}$$

따라서 이 빛은

2 0122 012 + 680 = 2 692년

에 하늘에서 사라질 것이다. 이 별은 680광년 떨어져 있다.

(b) $$\Delta t = \frac{\Delta x}{v} = \frac{1.496\times10^{11}\ \text{m}}{3.00\times10^{8}\ \text{m/s}} = \boxed{499\ \text{s}} = 8.31\ \text{min}$$

(c) $$\Delta t = \frac{\Delta x}{v} = \frac{2(3.84\times10^{8}\ \text{m})}{3.00\times10^{8}\ \text{m/s}} = \boxed{2.56\ \text{s}}$$

(d) $$\Delta t = \frac{\Delta x}{v} = \frac{2\pi(6.37\times10^{6}\ \text{m})}{3.00\times10^{8}\ \text{m/s}} = \boxed{0.133\ \text{s}}$$

(e) $$\Delta t = \frac{\Delta x}{v} = \frac{10.0\times10^{3}\ \text{m}}{3.00\times10^{8}\ \text{m/s}} = \boxed{3.33\times10^{-5}\ \text{s}}$$

12. 측정하는 빛의 경우 $\lambda = 650$ nm와 $\lambda' = 520$ nm이다. 따라서,

$$f' = \frac{c}{\lambda'} = \sqrt{\frac{1+v/c}{1-v/c}}\,f = \sqrt{\frac{1+v/c}{1-v/c}}\,\frac{c}{\lambda}$$

$$\sqrt{\frac{1+v/c}{1-v/c}} = \frac{\lambda}{\lambda'} \quad\rightarrow\quad 1+\frac{v}{c} = \left(\frac{\lambda}{\lambda'}\right)^2\left(1-\frac{v}{c}\right)$$

이다. 그러므로,

$$\frac{v}{c}\left[1+\left(\frac{\lambda}{\lambda'}\right)^2\right] = \left(\frac{\lambda}{\lambda'}\right)^2 - 1$$

$$\frac{v}{c} = \frac{\left(\frac{\lambda}{\lambda'}\right)^2 - 1}{1+\left(\frac{\lambda}{\lambda'}\right)^2} = \frac{\left(\frac{650\ \text{nm}}{520\ \text{nm}}\right)^2 - 1}{1+\left(\frac{650\ \text{nm}}{520\ \text{nm}}\right)^2} = 0.220$$

$$v = \boxed{0.220c} = 6.59\times10^{7}\ \text{m/s}$$

13. $c = \dfrac{E_{\max}}{B_{\max}} = \dfrac{\omega}{k}$ 이다. 주어진 조건에 의하면

$$\frac{E_{\max}}{B_{\max}} = \frac{9.00 \times 10^3}{3.00 \times 10^{-5}} = 3.00 \times 10^8 \text{ m/s}$$

이고,

$$\frac{\omega}{k} = \frac{3.00 \times 10^{15} \text{ s}^{-1}}{9.00 \times 10^6 \text{ m}^{-1}} = 3.33 \times 10^8 \text{ m/s}$$

이다. ω/k의 값이 진공에서 빛의 속력보다 크므로, 이 전자기파는 자유공간에서 존재하지 않는다.

14. $c = \dfrac{E}{B} = \dfrac{220 \text{ V/m}}{B} = 3.00 \times 10^8 \text{ m/s}$ 이므로,

$$B = 7.33 \times 10^{-7} \text{ T} = \boxed{733 \text{ nT}}$$

24.4 전자기파가 운반하는 에너지

15. $\dfrac{I_1}{I_2} = \left(\dfrac{r_2}{r_1}\right)^2$ 로부터

$$r_2 = r_1 \sqrt{\frac{I_1}{I_2}} = (1.496 \times 10^{11} \text{ m}) \sqrt{\frac{1}{3}}$$
$$= 8.64 \times 10^{10} \text{ m}$$

16. 출력 $SA = \dfrac{E_{\max}^2}{2\mu_0 c}(4\pi r^2)$ 로부터

$$r = \sqrt{\frac{P\mu_0 c}{2\pi E_{\max}^2}} = \sqrt{\frac{(100 \text{ W})(4\pi \times 10^{-7} \text{ T}\cdot\text{m/A})(3.00 \times 10^8 \text{ m/s})}{2\pi (15.0 \text{ V/m})^2}}$$
$$= \boxed{5.16 \text{ m}}$$

17. Δt 시간 동안, 햇빛은 거리 $\Delta x = c\Delta t$를 이동한다. 시간 Δt 동안 부피 $\Delta V = A\Delta x$를 통과하는 햇빛의 세기는

$$S = I = \frac{U}{A\Delta t} = \frac{U}{A\Delta x/c} = \frac{Uc}{V} = uc$$

이다. 단위 부피당 에너지는

$$u = \frac{I}{c} = \frac{1\,000 \text{ W/m}^2}{3.00 \times 10^8 \text{ m/s}} = \boxed{3.33 \ \mu\text{J/m}^3}$$

18. (a) $B_{\max} = \dfrac{E_{\max}}{c} = \dfrac{7.00\times10^5\ \mathrm{N/C}}{3.00\times10^8\ \mathrm{m/s}} = 2.33\ \mathrm{mT}$

(b) $I = \dfrac{E_{\max}^2}{2\mu_0 c} = \dfrac{(7.00\times10^5\ \mathrm{V/m})^2}{2(4\pi\times10^{-7}\ \mathrm{T\cdot m/A})(3.00\times10^8\ \mathrm{m/s})}$

$$= 6.50\times10^8\ \mathrm{W/m^2} = 650\ \mathrm{MW/m^2}$$

© $P = IA = (6.50\times10^8\ \mathrm{W/m^2})\left[\dfrac{\pi}{4}(1.00\times10^{-3}\ \mathrm{m})^2\right] = 511\ \mathrm{W}$

19.

(a) 별빛이 우주를 통과할 때 아무것도 흡수되지 않는다고 가정한다. 지름 방향 거리는

$$20\ \mathrm{ly} = 20c(1\ \mathrm{yr}) = 20(3.00\times10^8\ \mathrm{m/s})(3.16\times10^7\ \mathrm{s})$$
$$= 1.89\times10^{17}\ \mathrm{m}$$

이다. 별빛의 세기는

$$I = \frac{P}{4\pi r^2} = \frac{4.00\times10^{28}\ \mathrm{W}}{4\pi(1.89\times10^{17}\ \mathrm{m})^2} = 8.88\times10^{-8}\ \mathrm{W/m^2}$$
$$= \boxed{88.8\ \mathrm{nW/m^2}}$$

(b) 지구는 평평한 원의 사영된 대상 영역을 나타낸다.

$$P = IA = (8.88\times10^{-8}\ \mathrm{W/m^2})\left[\pi(6.37\times10^6\ \mathrm{m})^2\right]$$
$$= 1.13\times10^7\ \mathrm{W} = \boxed{11.3\ \mathrm{MW}}$$

24.5 운동량과 복사압

20. 레이저 빔의 세기는 $I = \dfrac{P}{\pi r^2}$이므로, 거울에 가해지는 복사압은

$$P = \frac{2S}{c} = \frac{2I}{c} = \frac{2P}{\pi r^2 c}$$
$$= \frac{2(25.0\times10^{-3}\ \mathrm{W})}{\pi(1.00\times10^{-3}\ \mathrm{m})^2(3.00\times10^8\ \mathrm{m/s})} = 5.31\times10^{-5}\ \mathrm{N/m^2}$$

21.

(a) $I = \dfrac{P}{\pi r^2} = \dfrac{E_{\max}^2}{2\mu_0 c}$ 그리고 $r = 1.00\times10^{-3}$ m 이므로

$$E_{max} = \sqrt{\frac{2\mu_0 cP}{\pi r^2}}$$

$$= \sqrt{\frac{2[4\pi \times 10^{-7}\ \text{T}\cdot\text{m/A}](3.00\times 10^8\ \text{m/s})(15.0\times 10^{-3}\ \text{W})}{\pi(1.00\times 10^{-3}\ \text{m})^2}}$$

$$= 1.90\times 10^8\ \text{J} = \boxed{1.90\ \text{kN/C}}$$

(b) 빔은 일률 P를 운반한다. 빔 길이 ℓ 내의 에너지 ΔE는 한 지점을 $\Delta t = \ell/c$ 동안 통과하는 일률이다. 즉,

$$P = \frac{\Delta E}{\Delta t} = \frac{\Delta E}{\ell/c}$$

또는

$$\Delta E = \frac{P\ell}{c} = \frac{15.0\times 10^{-3}\ \text{W}}{3.00\times 10^8\ \text{m/s}}(1.00\ \text{m}) = \boxed{50.0\ \text{pJ}}.$$

(c) 빔이 운반하는 운동량과 에너지는 서로 연관되어 있으므로,

$$p = \frac{T_{ER}}{c} = \frac{\Delta E}{c} = \frac{50.0\times 10^{-12}\ \text{J}}{3.00\times 10^8\ \text{m/s}} = \boxed{1.67\times 10^{-19}\ \text{kg}\cdot\text{m/s}}$$

24.6 전자기파의 스펙트럼

22.

(a) $f = \dfrac{c}{\lambda} = \dfrac{3.00\times 10^8\ \text{m/s}}{1.7} \sim 10^8\ \text{Hz}$ (라디오파)

(b) 500장은 두께가 약 3 cm이므로, 한 장의 두께는 약 6×10^{-5} m 이므로,

$$f = \frac{c}{\lambda} = \frac{3.00\times 10^8\ \text{m/s}}{6\times 10^{-5}\ \text{m}} \sim 10^{13}\ \text{Hz} \quad \text{(적외선)}$$

23.

(a) $\lambda = \dfrac{c}{f} = \dfrac{3.00\times 10^8\ \text{m/s}}{5.00\times 10^{19}\ \text{Hz}} = 6.00\times 10^{-12}\ \text{m} = 6.00\ \text{pm}$

(b) $\lambda = \dfrac{c}{f} = \dfrac{3.00\times 10^8\ \text{m/s}}{4.00\times 10^9\ \text{Hz}} = 0.075\,0\ \text{m} = 7.50\ \text{cm}$

24.

라디오 신호가 100 km를 이동하는 데 걸리는 시간 간격은

$$\Delta t_r = \frac{100\times 10^3\ \text{m}}{3.00\times 10^8\ \text{m/s}} = 3.33\times 10^{-4}\ \text{s}$$

이다. 음파가 3.00 m의 방을 이동하는 데 걸리는 시간 간격은

$$\Delta t_s = \frac{3.00\ \text{m}}{343\ \text{m/s}} = 8.75\times 10^{-3}\ \text{s}$$

이다. 따라서 100 km 떨어져 있는 사람이 뉴스 진행실에 있는 사람보다 앞서 뉴스를 듣게 되며, 시간 차이는

$$\Delta t = 8.75\times10^{-3}\ \text{s} - 3.33\times10^{-4}\ \text{s} = 8.41\times10^{-3}\ \text{s}$$

24.7 빛의 편광

25.

$$I = I_{\text{max}}\cos^2\theta \quad\Rightarrow\quad \theta = \cos^{-1}\sqrt{\frac{I}{I_{\text{max}}}}$$

(a) $\dfrac{I}{I_{\text{max}}} = \dfrac{1}{3.00} \quad\Rightarrow\quad \theta = \cos^{-1}\sqrt{\dfrac{1}{3.00}} = \boxed{54.7^\circ}$

(b) $\dfrac{I}{I_{\text{max}}} = \dfrac{1}{5.00} \quad\Rightarrow\quad \theta = \cos^{-1}\sqrt{\dfrac{1}{5.00}} = \boxed{63.4^\circ}$

(c) $\dfrac{I}{I_{\text{max}}} = \dfrac{1}{10.0} \quad\Rightarrow\quad \theta = \cos^{-1}\sqrt{\dfrac{1}{10.0}} = \boxed{71.6^\circ}$

26. 세기가 I_{max} 인 편광되지 않은 빛이 입사하는 경우, 코사인 제곱 함수의 평균 값은 1/2이므로, 첫 번째 판을 투과한 후의 세기는 $I = \frac{1}{2}I_{\text{max}}$ 이다.

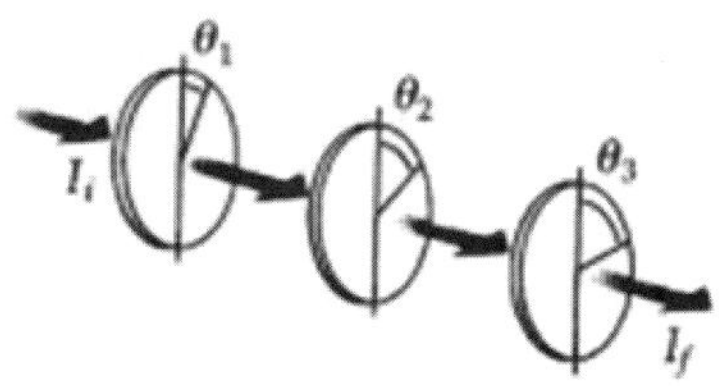

두 번째 판을 투과한 후: $I = \frac{1}{2}I_{\text{max}}\cos^2\theta$

세 번째 판을 투과한 후: $I = \frac{1}{2}I_{\text{max}}\cos^2\theta\cos^2(90^\circ - \theta)$

여기서 첫 번째와 두 번째 판 사이의 각도는 $\theta = \omega t$ 이다.

삼각함수의 항등식 $\cos^2\theta = \frac{1}{2}(1+\cos2\theta)$ 와 $\cos^2(90^\circ - \theta) = \sin^2\theta = \frac{1}{2}(1-\cos2\theta)$ 를 이용하면

$$I = \frac{1}{2}I_{\text{max}}\left[\frac{(1+\cos2\theta)}{2}\right]\left[\frac{(1-\cos2\theta)}{2}\right]$$

$$I = \frac{1}{8}I_{\text{max}}\left(1-\cos^2 2\theta\right) = \frac{1}{8}I_{\text{max}}\left(\frac{1}{2}\right)(1-\cos4\theta)$$

$\theta = \omega t$ 이므로, 나오는 빛의 세기는

$$\boxed{I = \frac{1}{16}I_{\text{max}}(1-\cos4\omega t)}$$

27. 첫 번째 필터의 축이 처음의 편광면에 대하여 θ 의 각도를 이루고 있다고 하고, 이어지는 필터도 연속적으로 같은 각도로 회전되어 있다고 하자.

첫 번째 필터를 통과한 빛의 세기는 $I_{max}\cos^2\theta$,

두 번째 필터를 통과한 빛의 세기는 $(I_{max}\cos^2\theta)\cos^2\theta = I_{max}\cos^4\theta$,

n번째 필터를 통과한 빛은 $I_{max}\cos^{2n}\theta \geqq 0.90\,I_{max}$, 이때 $\theta = \dfrac{45^\circ}{n}$.

n에 몇 개의 정수를 대입해 보면,

$$\cos^{2\times5}\left(\frac{45°}{5}\right) = 0.885,\quad \cos^{2\times6}\left(\frac{45°}{6}\right) = 0.902,\quad \cos^{2\times7}\left(\frac{45°}{7}\right) = 0.915$$

(a) 그러므로 $n = 6$.

(b) $\theta = \dfrac{45^\circ}{6} = 7.50^\circ$

추가문제

28.

(a) $P = SA$: $P = (1\,370\ \text{W/m}^2)\left[4\pi(1.496\times10^{11}\ \text{m})^2\right] = \boxed{3.85\times10^{26}\ \text{W}}$

(b) $S = \dfrac{E_{max}^2}{2\mu_0 c}$ 이므로,

$$E_{max} = \sqrt{2\mu_0 cS} = \sqrt{2(4\pi\times10^{-7}\ \text{T}\cdot\text{m/A})(3.00\times10^8\ \text{m/s})(1\,370)} = \boxed{1.02\ \text{kV/m}}$$

(c) $S = \dfrac{cB_{max}^2}{2\mu_0}$ 이므로,

$$B_{max} = \sqrt{\frac{2\mu_0 S}{c}} = \sqrt{\frac{2(4\pi\times10^{-7}\ \text{T}\cdot\text{m/A})(1\,370\ \text{W/m}^2)}{3.00\times10^8\ \text{m/s}}} = \boxed{3.39\ \mu\text{T}}$$

29.

(a) $B_{max} = \dfrac{E_{max}}{c} = \dfrac{0.200 \times 10^{-6}\ \mathrm{V/m}}{3.00 \times 10^{8}\ \mathrm{m/s}} = \boxed{6.67 \times 10^{-16}\ \mathrm{T}}$

(b) $S_{avg} = \dfrac{E_{max}^2}{2\mu_0 c} = \dfrac{(0.200 \times 10^{-6}\ \mathrm{V/m})^2}{2(4\pi \times 10^{-7}\ \mathrm{T \cdot m/A})(3.00 \times 10^{8}\ \mathrm{m/s})}$

$= \boxed{5.31 \times 10^{-17}\ \mathrm{W/m^2}}$

(c) $P = S_{avg}A = S_{avg}\pi\left(\dfrac{d}{2}\right)^2 = (5.31 \times 10^{-17}\ \mathrm{W/m^2})\pi\left(\dfrac{20.0\ \mathrm{m}}{2}\right)^2$

$= \boxed{1.67 \times 10^{-14}\ \mathrm{W}}$

(d) $F = PA = \left(\dfrac{S_{avg}}{c}\right)A = \left(\dfrac{5.31 \times 10^{-17}\ \mathrm{W/m^2}}{3.00 \times 10^{8}\ \mathrm{m/s}}\right)\pi\left(\dfrac{20.0\ \mathrm{m}}{2}\right)^2$

$= \boxed{5.56 \times 10^{-23}\ \mathrm{N}}$

(약 3 000개의 수소 원자 무게에 해당한다!!)

30. 정전기학에서 공부한 에너지 밀도와 전기장 크기와의 관계를 이용한다. 에너지 밀도는 다음과 같이 쓸 수 있다.

$u = \dfrac{1}{2}\epsilon_0 E_{max}^2$ 이므로

$$E_{max} = \sqrt{\frac{2u}{\epsilon_0}} = \sqrt{\frac{2(4.00 \times 10^{-14}\ \mathrm{N \cdot m^2})}{8.85 \times 10^{-12}\ \mathrm{C^2/N \cdot m^2}}} = \boxed{95.1\ \mathrm{mV/m}}.$$

25장 빛의 반사와 굴절

25.2 기하 광학에서의 광선 모형
25.3 분석 모형: 반사파
25.4 분석 모형: 굴절파

1.

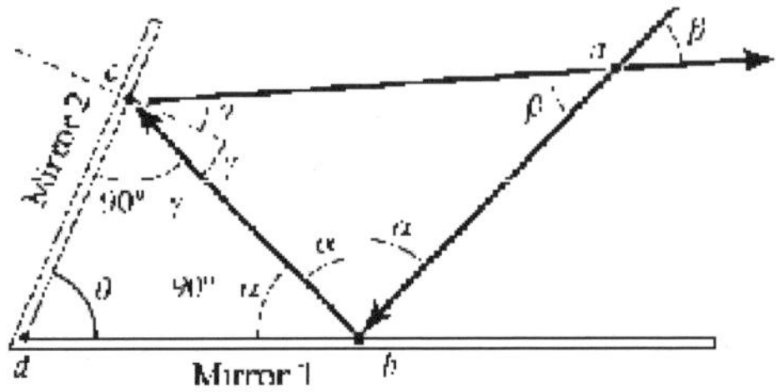

삼각형 $abca$에서

$$2\alpha + 2\gamma + \beta = 180° \quad \rightarrow \quad \beta = 180° - 2(\alpha + \gamma)$$

또한, 삼각형 $bcdb$에 대해

$$(90.0° - \alpha) + (90.0° - \gamma) + \theta = 180° \quad \rightarrow \quad \theta = \alpha + \gamma$$

이들 두 식으로부터

$$\beta = 180° - 2\theta$$

2. 입사광이 왼쪽 거울의 아래쪽 끝으로부터 위쪽으로의 거리

$$(1.00\ \text{m})\tan 5.00° = 0.087\ 5\ \text{m}$$

에 도달한다. 반사광은 오른쪽 거울의 높이

$$2(0.087\ 5\ \text{m}) = 0.175\ \text{m}$$

에 도달한다. 이 빛은 두 거울 사이에서 반사가 계속되며,

$$\frac{1.00\ \text{m}}{0.175\ \text{m}} = 5.72$$

이므로, 빛은 왼쪽 거울에서 6회, 오른쪽 거울에서 5회 반사된다.

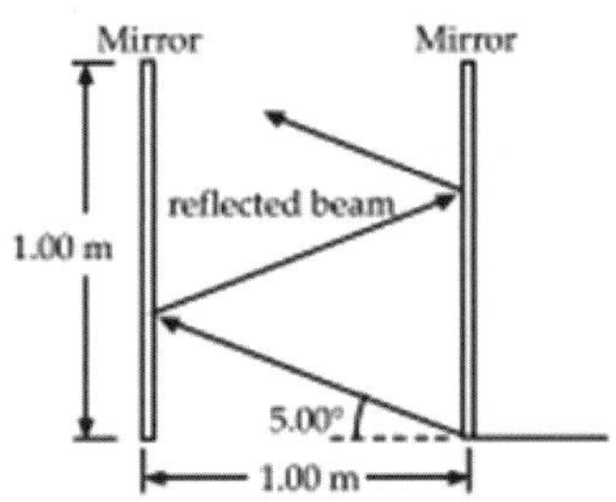

3. 입사각을 구하면,

$$n_1 \sin\theta_1 = n_2 \sin\theta_2$$
$$1.333 \sin\theta_1 = 1.52 \sin 19.6°$$
$$\theta_1 = 22.5°$$

이다. 그러면 물 속에서 광선의 반사각도 22.5°가 된다.

4. 굴절된 빛이 잠수부의 눈에 들어간다. 굴절각 θ_2는 45.0°이다. 그러므로

$$n_1 \sin\theta_1 = n_2 \sin\theta_2$$
$$\sin\theta_1 = 1.333 \sin 45.0°$$

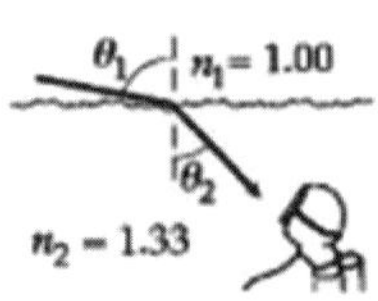

수직 방향으로부터 $\theta_1 = 70.5°$ 이고, 수평면으로부터는 위쪽으로 19.5°이다.

5.

(a) $\theta_2 = \sin^{-1}\left(\frac{n_1}{n_2}\sin\theta_1\right) = \sin^{-1}\left(\frac{1.00}{1.458}\sin 45.0°\right) = 29.0°$

(b) $\theta_2 = \sin^{-1}\left(\frac{n_1}{n_2}\sin\theta_1\right) = \sin^{-1}\left(\frac{1.00}{1.628}\sin 45.0°\right) = 25.8°$

(c) $\theta_2 = \sin^{-1}\left(\frac{n_1}{n_2}\sin\theta_1\right) = \sin^{-1}\left(\frac{1.00}{1.333}\sin 45.0°\right) = 32.0°$

6.

(a) $f = \frac{c}{\lambda} = \frac{3.00\times10^8\ \text{m/s}}{6.328\times10^{-7}\ \text{m}} = \boxed{4.74\times10^{14}\ \text{Hz}}$

(b) $\lambda_{\text{glass}} = \frac{\lambda_{\text{air}}}{n} = \frac{632.8\ \text{nm}}{1.50} = \boxed{422\ \text{nm}}$

(c) $v_{\text{glass}} = \frac{c_{\text{air}}}{n} = \frac{3.00\times10^8\ \text{m/s}}{1.50} = \boxed{2.00\times10^8\ \text{m/s}}$

7.

(a) 납유리;

$$v = \frac{c}{n} = \frac{3.00\times10^8\ \text{m/s}}{1.66} = \boxed{1.81\times10^8\ \text{m/s}}$$

(b) 물;

$$v = \frac{c}{n} = \frac{3.00\times10^8\ \text{m/s}}{1.333} = \boxed{2.25\times10^8\ \text{m/s}}$$

(c) 큐빅 지르코니아;

$$v = \frac{c}{n} = \frac{3.00\times10^8\ \text{m/s}}{2.20} = \boxed{1.36\times10^8\ \text{m/s}}$$

8.

(a) $n_1\sin\theta_1 = n_2\sin\theta_2$이므로

$$\frac{c}{v_1}\sin\theta_1 = \frac{c}{v_2}\sin\theta_2 \quad\rightarrow\quad \frac{\sin\theta_1}{v_1} = \frac{\sin\theta_2}{v_2}$$

따라서

$$\frac{\sin 13.0°}{343\ \text{m/s}} = \frac{\sin\theta_2}{1\,493\ \text{m/s}} \quad\rightarrow\quad \theta_2 = 78.3°$$

(b) $f = \frac{v_1}{\lambda_1} = \frac{v_2}{\lambda_2}$ 로부터

$$\lambda_2 = \frac{v_2\lambda_1}{v_1} = \frac{1\,493\ \text{m/s}(0.589\ \text{m})}{343\ \text{m/s}} = 2.56\ \text{m}$$

(c) 스넬의 법칙으로부터

$$n_1 \sin\theta_1 = n_2 \sin\theta_2$$

$$1.000\,293 \sin 13.0° = 1.333 \sin \theta_2$$

$$\theta_2 = 9.72°$$

(d) $\lambda_2 = \dfrac{v_2\lambda_1}{v_1} = \dfrac{n_1\lambda_1}{n_2} = \dfrac{1.000\,293(589\text{ nm})}{1.333} = 442\text{ nm}$

(e) 빛은 공기에서 물로 진행할 때 느려지지만, 음파는 속력이 빨라진다. 빛은 법선 쪽으로 휘어지고 파장은 짧아지지만, 음파는 법선에서 멀어지는 쪽으로 휘고 파장은 커진다.

9.

$$n_1 \sin\theta_1 = n_2 \sin\theta_2: \qquad \theta_2 = \sin^{-1}\left(\frac{n_1 \sin\theta_1}{n_2}\right)$$

$$\theta_2 = \sin^{-1}\left(\frac{1.00 \sin 30°}{1.50}\right) = \boxed{19.5°}$$

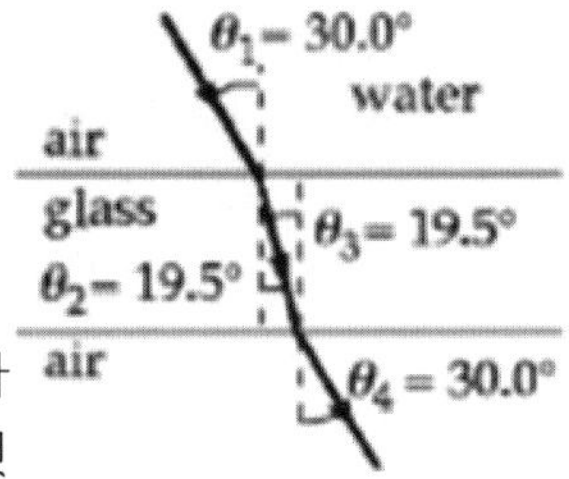

광선 광학을 하려면 몇 가지 기하학을 기억해야 한다. 들어갈 때와 나올 때의 면은 서로 평행해서 이들의 법선도 평행하다. 그러면 첫 번째 굴절각 θ_2와 두 번째 입사각 θ_3은 엇각으로 같다. 그러므로

$$\theta_3 = \theta_2 = 19.5°$$

이고

$$1.50 \sin\theta_3 = 1.00 \sin\theta_4$$

$$\theta_4 = \boxed{30.0°}$$

10.

$\alpha + \beta = 90°$ 의 경우, $\theta_1' + \alpha + \beta + \theta_2 = 180°$ 이므로

$$\theta_1' + \theta_2 = 90°$$

이다. 또한 반사의 법칙과 스넬의 법칙에 따라

$$\theta_1' = \theta_1$$

$$(1.00)\sin\theta_1 = n \sin\theta_2$$

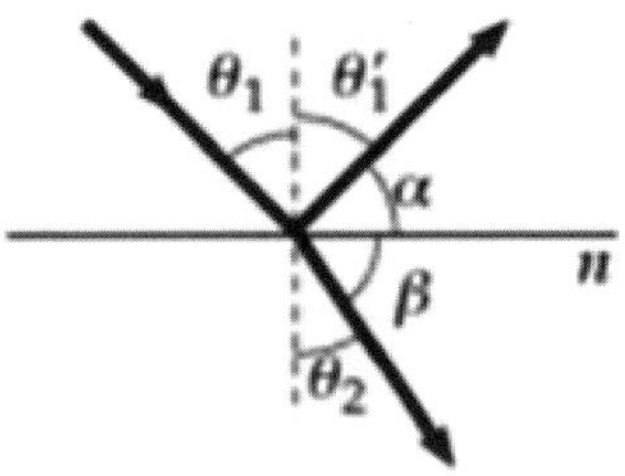

이므로

$$\sin\theta_1 = n \sin(90 - \theta_1) = n \cos\theta_1$$

$$\frac{\sin\theta_1}{\cos\theta_1} = n = \tan\theta_1$$

$$\boxed{\theta_1 = \tan^{-1} n}.$$

11. 굴절된 빛은 가장 안쪽 가장자리에 닿을 때 바닥의 어느 부분도 비추지 않는다. 따라서

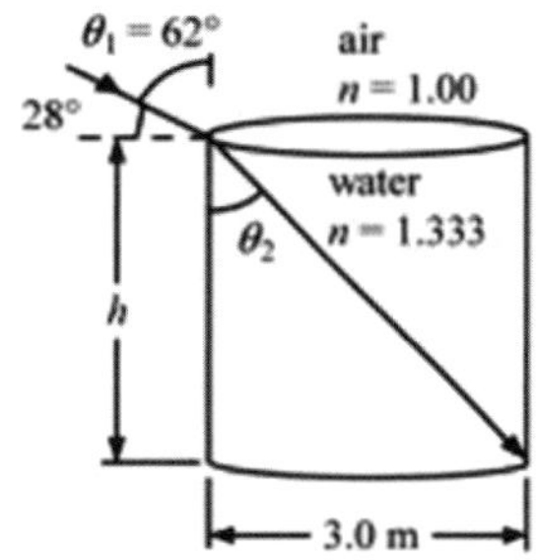

$$\sin\theta_1 = n_w \sin\theta_2$$

$$\sin\theta_2 = \frac{1}{1.333}\sin\theta_1$$

$$= \frac{1}{1.333}\sin(90.0° - 28.0°) = 0.662$$

$$\theta_2 = \sin^{-1}(0.662) = 41.5°$$

$$h = \frac{d}{\tan\theta_2} = \frac{3.00\text{ m}}{\tan 41.5°} = \boxed{3.39\text{ m}}$$

12. 굴절각을 θ_2라 할 때 $\theta_1 + 90.0° + \theta_2 = 180°$ $\rightarrow$ $\theta_2 = 90.0° - \theta_1$

스넬의 법칙에 따르면

$$\sin\theta_1 = \frac{n_g \sin\theta_2}{n_{\text{air}}} = \frac{n_g \sin(90° - \theta_1)}{1} = n_g \cos\theta_1$$

이다. 따라서

$$\theta_1 = \tan^{-1}(n_g)$$

13.

(a) 입사 시,

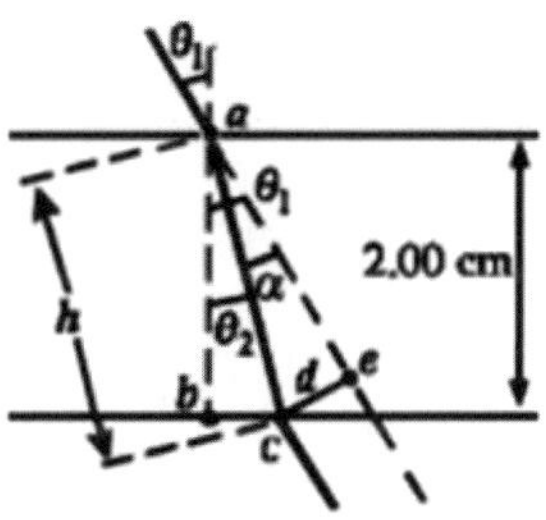

$$n_1 \sin\theta_1 = n_2 \sin\theta_2$$

$$1.00 \sin 30.0° = 1.50 \sin\theta_2$$

이로부터 $\theta_2 = 19.5°$.

매질 내에서 빛이 진행한 거리 h는

$$\cos\theta_2 = \frac{2.00\text{ cm}}{h}$$

$$h = \frac{2.00\text{ cm}}{\cos 19.5°} = 2.12\text{ cm}.$$

입사 시 편향각은

$$\alpha = \theta_1 - \theta_2 = 30.0° - 19.5° = 10.5°$$

이고, 수평 이동한 거리는 $\sin\alpha = \frac{d}{h}$ 로부터

$$d = (2.12\text{ cm})\sin 10.5° = \boxed{0.387\text{ cm}}$$

(b) 물질 내에서 빛의 속력은

$$v = \frac{c}{n} = \frac{3.00\times10^8\text{ m/s}}{1.50} = 2.00\times10^8\text{ m/s}$$

이고, 빛이 이동한 거리 h는 $h = 2.12$ cm 이다. 걸린 시간 간격은

$$\Delta t = \frac{h}{v} = \frac{2.12\times10^{-2}\text{ m}}{2.00\times10^8\text{ m/s}} = 1.06\times10^{-10}\text{ s} = \boxed{106\text{ ps}}$$

25.5 분산과 프리즘

14. $\theta_{\text{red}} = \sin^{-1}\left(\dfrac{n_{\text{air}}}{n_{\text{red}}}\sin\theta_i\right) = \sin^{-1}\left(\dfrac{1.000}{1.455}\sin 50.00°\right)$,

$\theta_{\text{violet}} = \sin^{-1}\left(\dfrac{n_{\text{air}}}{n_{\text{violet}}}\sin\theta_i\right) = \sin^{-1}\left(\dfrac{1.000}{1.468}\sin 50.00°\right)$이므로,

분산은 $\theta_{\text{red}} - \theta_{\text{violet}} = 0.314°$이다.

25.6 하위헌스의 원리

15. 파동이 한 매질에서 다른 매질로 진행할 때 속도가 느려지면, 수직 입사가 아닌 광선은 법선 쪽으로 굴절된다 (예: 빛이 공기에서 물로 진행하는 경우).

(a) 등고선과 파면 및 광선 추적도.

(b) 파동이 얕은 물로 이동함에 따라 파면이 느려지고 해안에 가까운 파면은 더 느려진다. 광선은 등고선의 법선 쪽으로 휘는 경향이 있다. 또는 마찬가지로 파면이 휘어져 등고선과 더 평행해진다.

(c) 등고선과 파면 및 광선 추적도.

(d) 곶(파면이 툭 튀어나온 부분)이 물 위에 있기 때문에, 물속에서 곶은 가파르다고 가정한다. 광선은 모든 곶에서 들어오는 굴절파의 파면에 수직이다. 그림에서와 같이 광선은 등고선의 법선 쪽으로 휘는 경향이 있기 때문에, 광선은 곶을 향해 휘어지고 곶에서 단위 길이당 더 많은 에너지를 전달한다.

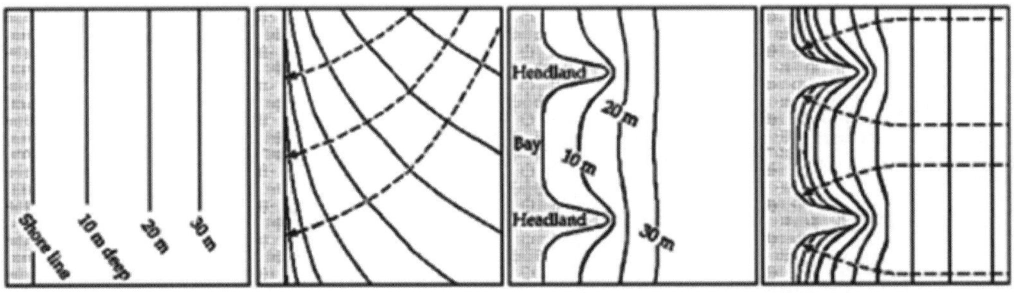

(a) Contour lines (b) Wave fronts and rays (c) Contour lines (d) Wave fronts and rays

25.7 내부 전반사

16. $\sin\theta_c = \dfrac{n_2}{n_1}$이고, $n_2 = 1.000\ 293$이며 n_1은 표 25.1을 참조한다.

(a) $\theta_c = \sin^{-1}\left(\dfrac{1.000\ 293}{2.20}\right) = \boxed{27.0°}$

(b) $\theta_c = \sin^{-1}\left(\dfrac{1.000\ 293}{1.66}\right) = \boxed{37.1°}$

(c) $\theta_c = \sin^{-1}\left(\dfrac{1.000\ 293}{1.309}\right) = \boxed{49.8°}$

17.

(a) $\dfrac{\sin\theta_2}{\sin\theta_1} = \dfrac{v_2}{v_1}$ 이고 임계각에서 $\theta_2 = 90.0°$ 이므로

$$\frac{\sin 90.0°}{\sin\theta_c} = \frac{1\ 850\ \text{m/s}}{343\ \text{m/s}}$$

$$\theta_c = \sin^{-1}(0.185) = \boxed{10.7°}.$$

(b) 소리는 더 느리게 이동하는 매질에서 진행하면 완전 반사될 수 있다: 공기.

(c) 대부분 방향에서 벽에 접근하는 공기 중 소리는 100% 반사되므로, 벽은 좋은 거울이다.

18. 시선은 수평선 아래로 1.20°이므로, 트럭 기사의 눈에 도달하는 빛의 반사 각도는 $90.0° - 1.20° = 88.8°$ 이다. 따라서

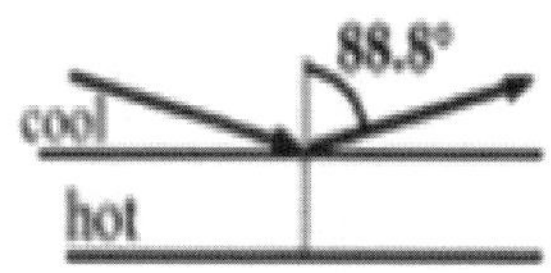

$$\sin\theta_c = \frac{n_2}{n_1}$$

$$n_2 = n_1 \sin 88.8° = (1.000\ 293)\sin 88.8° = \boxed{1.000\ 07}$$

참고: 신기루는 전반사보다는 공기의 굴절률의 지속적인 변화로 인해 발생한다. 이 문제에서 의도하는 것은 굴절률 변화의 결과가 도로 표면 바로 위의 뜨거운 공기 한 겹에서 발생하는 전반사 결과와 동일하다는 것을 인식하는 것이다. 이 문제는 현상을 전반사로 모형화한다.

추가문제

19. 임계각은 굴절된 광선이 표면을 스쳐 지나가는 것을 상상하여 구한다 (θ_2 = 90°). 물의 굴절률은 $n_1 = 1.333$ 이고 공기의 경우 $n_2 = 1.00$ 이므로, $n_1 \sin\theta_c = n_2 \sin 90.0°$ 로부터

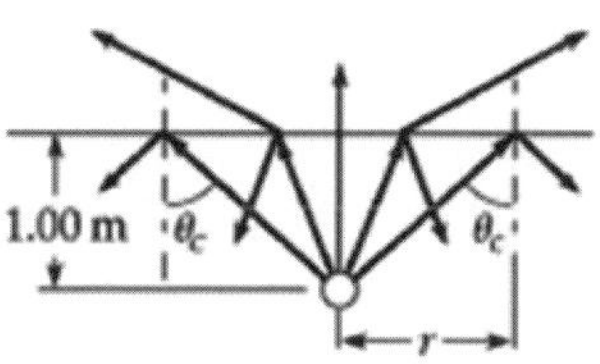

$$\theta_c = \sin^{-1}(1/1.333) = \sin^{-1}(0.750) = 48.6°$$

이다. 그러면 반지름은

$$\tan\theta_c = \frac{r}{1.00\ \text{m}}$$

이므로 지름은

$$d = 2[(1.00 \text{ m})\tan\theta_c]$$

$$d = (2.00 \text{ m})\tan 48.6° = \boxed{2.27 \text{ m}}$$

20. 다음의 그림에서, $\beta = 90° - \theta_1$이고 $\alpha = 90° - \theta_1$인 프리즘의 왼쪽을 보자. 따라서 $\beta = \alpha$이다. 마찬가지로 프리즘의 오른쪽에서는 $\delta = 90° - \theta_2$이고 $\varepsilon = 90° - \theta_2$이므로 $\delta = \varepsilon$이다. 입사 광선은 처음에는 평행하므로 반사 광선 사이의 각도는 $\gamma = (\alpha + \beta) + (\delta + \varepsilon)$이고, 따라서 $\gamma = 2(\alpha + \varepsilon)$이다. 마지막으로 프리즘의 왼쪽은 수직선에서 각도 α만큼 기울어져 있고, 오른쪽은 각도 ε만큼 기울어져 있다. 각도 ϕ는 다른 각도와 다음의 관계가 있다.

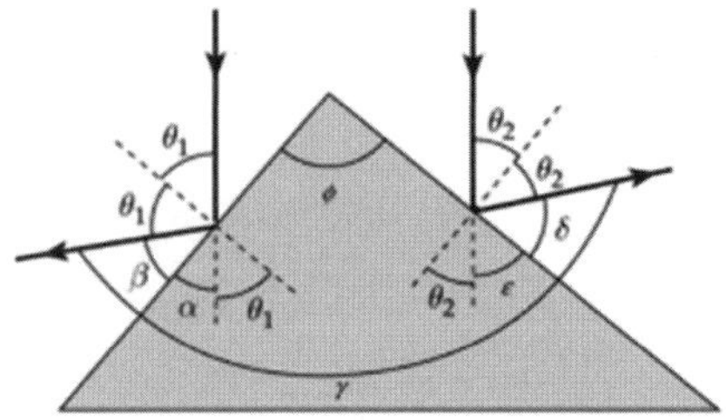

$$\phi + (90° - \alpha) + (90° - \varepsilon) = 180° \rightarrow \phi = \alpha + \varepsilon$$

따라서, 다음을 얻게 된다.

$$\gamma = 2(\alpha + \varepsilon) = 2\phi \rightarrow \phi = \frac{1}{2}\gamma$$

21. 기둥 꼭대기를 통과하는 빛은 수평과 40.0°의 각도 θ를 이루므로, 물에서의 입사각은 $\phi_1 = 90.0° - \theta$이다. 이 빛은 꼭대기로부터 다음의 거리에서 물 표면에 들어간다.

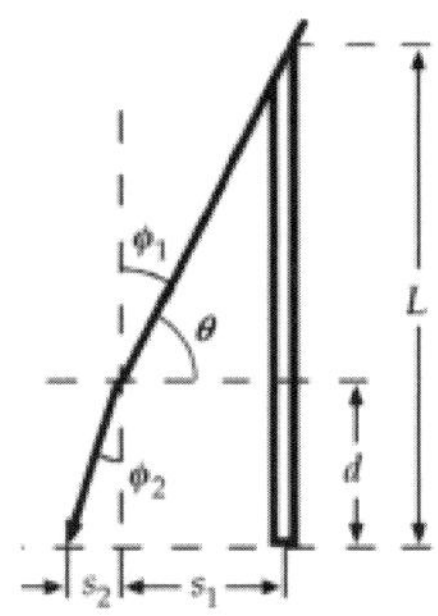

$$s_1 = \frac{L-d}{\tan\theta}$$

그리고 굴절각 ϕ_2는 $1.00\sin\phi_1 = n\sin\phi_2$로부터 구한다.
빛은 수평 거리 $s_2 = d\tan\phi_2$를 이동한 후 바닥에 도달한다.
그림자 전체 길이는

$$s_1 + s_2 = \frac{L-d}{\tan\theta} + d\tan\left[\sin^{-1}\left(\frac{\sin\phi_1}{n}\right)\right]$$

이다. $\sin\phi_1 = \sin(90.0° - \theta) = \cos\theta$이므로

$$s_1 + s_2 = \frac{L-d}{\tan\theta} + d\tan\left[\sin^{-1}\left(\frac{\cos\theta}{n}\right)\right]$$
$$= \frac{2.00 \text{ m}}{\tan 40.0°} + (2.00 \text{ m})\tan\left[\sin^{-1}\left(\frac{\cos 40.0°}{1.33}\right)\right] = \boxed{3.79 \text{ m}}$$

22. 대기의 꼭대기로부터 거리 x에서의 굴절률을 $n(x)$라고 하고 행성 표면에서의 값을 $n(x=h) = n$라고 하자. 그러면

$$n(x) = 1.00 + \left(\frac{n - 1.00}{h}\right)x$$

(a) 대기를 통과하는 데 걸리는 전체 시간 간격은

$$\Delta t = \int_0^h \frac{dx}{v} = \int_0^h \frac{n(x)}{c}dx : \Delta t = \frac{1}{c}\int_0^h \left[1.00 + \left(\frac{n-1.00}{h}\right)x\right]dx$$

$$\Delta t = \frac{h}{c} + \frac{(n-1.00)}{ch}\left(\frac{h^2}{2}\right) = \boxed{\frac{h}{c}\left(\frac{n+1.00}{2}\right)}$$

(b) 대기가 없는 경우 걸리는 시간은 $\frac{h}{c}$가 될 것이다. 따라서 대기가 있는 경우의 시간은 $\left(\frac{n+1.00}{2}\right)$배 더 걸린다.

23.

(a) $\theta_1 = 45.0°$이고 $\theta_2 = 76.0°$인 경우, 첫 번째 표면에서 스넬의 법칙은 다음과 같다.

$$n\sin\alpha = 1.00\sin 45.0° \qquad [1]$$

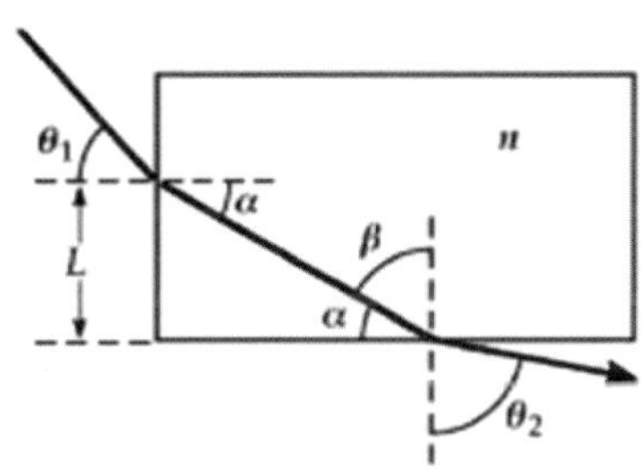

두 번째 표면의 입사각은

$$\beta = 90.0° - \alpha$$

이므로, 따라서 두 번째 표면에서 스넬의 법칙은

$$n\sin\beta = n\sin(90.0° - \alpha) = 1.00\sin 76.0°$$

$$n\cos\alpha = \sin 76.0° \qquad [2]$$

이다. 식 [1]을 식 [2]로 나누면,

$$\tan\alpha = \frac{\sin 45.0°}{\sin 76.0°} = 0.729$$

$$\alpha = 36.1°$$

그러면 식 [1]로부터

$$n = \frac{\sin 45.0°}{\sin\alpha} = \frac{\sin 45.0°}{\sin 36.1°} = \boxed{1.20}$$

(b) 그림으로부터 플라스틱에서 빛이 이동하는 거리는 $d = \frac{L}{\sin\alpha}$임을 알 수 있다. 또한 플라스틱에서 빛의 속력은 $v = \frac{c}{n}$이므로, 플라스틱을 통과하는 데 필요한 시간은

$$\Delta t = \frac{d}{v} = \frac{nL}{c\sin\alpha} = \frac{1.20(0.500\text{ m})}{(3.00\times 10^8\text{ m/s})\sin 36.1°}$$

$$= 3.40\times 10^{-9}\text{ s} = \boxed{3.40\text{ ns}}$$

24. 지는 태양에서 오는 수평 광선이 등산객 위를 지나간다. 광선은 그림 (b)와 같이 두 번 굴절되고 한 번 반사된다. 등산객에게 도달하는 가장 강렬한 빛, 즉 눈에 보이는 무지개를 나타내는 빛은 등산객의 그림자에서 40°와 42° 각도 사이에 위치한다.

등산객은 보라색 안쪽 가장자리를 더 많이 보므로 빨간색 바깥쪽 가장자리를 고려한다. 물방울 원의 반지름 R은

$$R = (8.00\text{ km})\sin 42.0° = 5.35\text{ km}$$

이다. 그러면 연직선과 무지개가 지표면에 닿는 반지름 사이의 각도 ϕ는

$$\cos\phi = \frac{2.00\text{ km}}{R} = \frac{2.00\text{ km}}{5.35\text{ km}} = 0.374$$

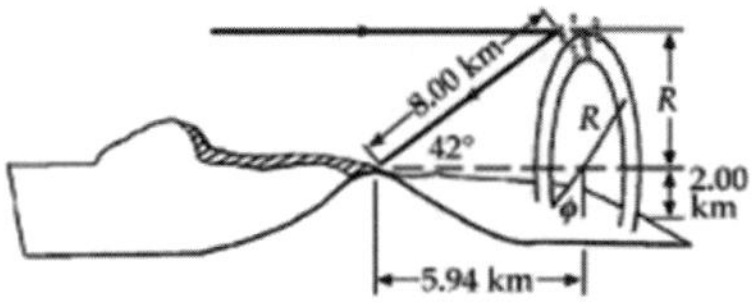

(a)

또는 $\phi = 68.1°$ 이다.

보이는 무지개가 보이는 각도는

$$360° - (2\times 68.1°) = 224°$$

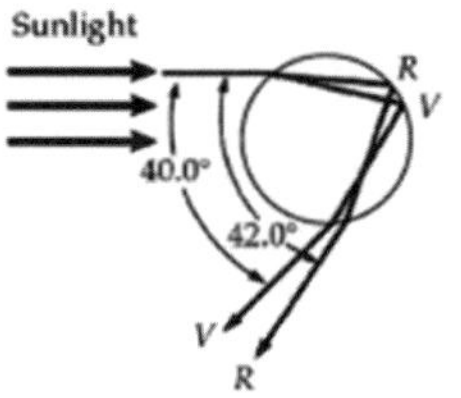

(b)

이므로 보이는 무지개는

$$\frac{224°}{360°} = \text{원의 } 62.2\%$$

25.

(a) 용기가 채워지기 전에 광선의 경로는 그림 (a)에 표시된 것과 같다. 이 그림에서

$$\sin\theta_1 = \frac{d}{s_1} = \frac{d}{\sqrt{h^2+d^2}}$$

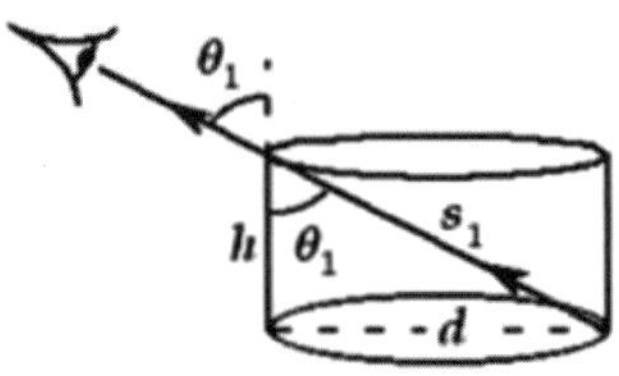

(a)

$$= \frac{1}{\sqrt{(h/d)^2+1}}$$

이다. 용기가 채워진 후 광선의 경로는 그림 (b)에 표시된 것과 같다. 이 그림에서

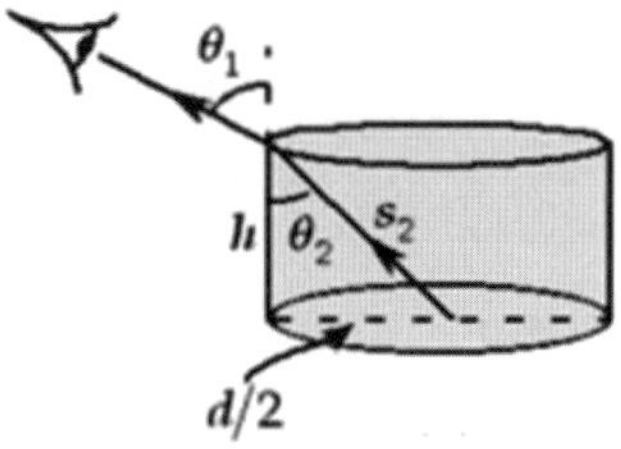

(b)

$$\sin\theta_2 = \frac{d/2}{s_2} = \frac{d/2}{\sqrt{h^2+(d/2)^2}}$$

$$= \frac{1}{\sqrt{4(h/d)^2+1}}$$

스넬의 법칙에 따르면

$$1.00\sin\theta_1 = n\sin\theta_2$$

$$\frac{1.00}{\sqrt{(h/d)^2+1}} = \frac{n}{\sqrt{4(h/d)^2+1}}$$

$$4(h/d)^2+1 = n^2(h/d)^2+n^2$$

$$(h/d)^2(4-n^2) = n^2-1 \rightarrow \boxed{\frac{h}{d} = \sqrt{\frac{n^2-1}{4-n^2}}}$$

(b) 물의 경우 $n = 1.333$ 이다.

$$\frac{h}{d} = \sqrt{\frac{n^2 - 1}{4 - n^2}}$$

$$\frac{h}{8.00\text{ cm}} = \sqrt{\frac{(1.333)^2 - 1}{4 - (1.333)^2}} = \boxed{4.73\text{ cm}}$$

(c) $n = 1$의 경우 $h = 0$이다. $n = 2$의 경우 $h = \infty$이다. $n > 2$의 경우 h의 실수해는 없다.

26장 거울과 렌즈에 의한 상의 형성

26.1 평면 거울에 의한 상

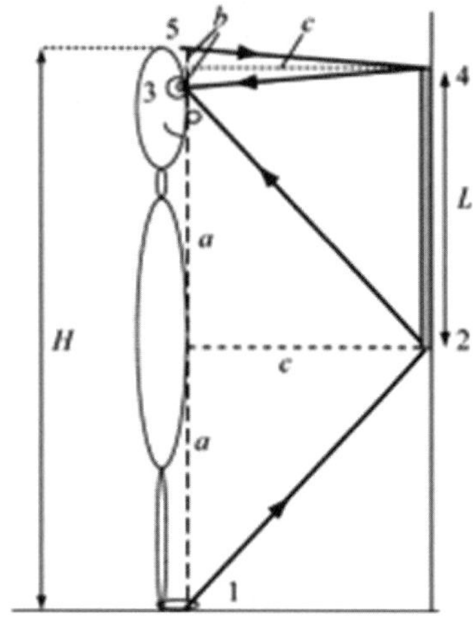

1. 옆의 그림은 최소 높이의 거울에서 반사된 광선의 경로를 보여준다. 사람의 발과 머리 꼭대기에서 나온 광선은 각각의 경로 123과 543을 따라 눈으로 진행한다. 광선은 거울의 아래와 위에서 반사된다. 반사의 법칙 때문에, 경로는 공통 밑변 c를 가진 두 쌍의 직각 삼각형의 빗변을 형성하는 것으로 간주할 수 있다; 높이가 a인 두 개의 크고 비슷한 직각 삼각형과 높이가 b인 두 개의 작고 비슷한 직각 삼각형이다.

   사람의 발에서 나온 광선은 땅에서 수직 거리 $2a$만큼 눈에 들어온다. 머리 꼭대기에서 나온 광선은 머리 꼭대기에서 거리 $2b$만큼 눈에 들어온다. 사람의 전체 키는 $H = 2a + 2b$이고, 거울의 높이는 $L = a + b$이다. 그러면

$$L = a + b = \frac{H}{2} = \frac{178\text{ cm}}{2} = \boxed{89\text{ cm}}$$

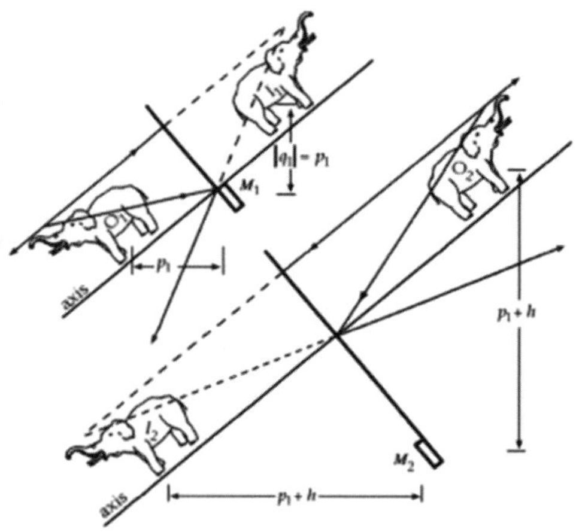

2. 평면 거울의 경우 $q = -p$이다. 일반적인 경험에서 알 수 있듯이, 관측자가 회전해도 상의 위치는 변하지 않는다. 따라서 45°로 돌린 거울을 바라보는 관측자에게, 상 거리는 여전히 이 규칙을 따른다.

(a) 위 거울 M_1은 다음에 따라 실제 크기의 허상 I_1을 만든다.

$$M_1 = -\frac{q_1}{p_1} = +1$$

그림에 나타낸 바와 같이, 이 상은 위 거울 위로 거리 p_1에 있다. 이는 거울 M_2의 물체 역할을 하며, 물체 거리는

$$p_2 = p_1 + h$$

이다. 아래 거울은 다음에 따라 실제 크기, 오른쪽이 위를 향하는 허상을 만든다.

$$q_2 = -p_2 = -(p_1 + h)$$

그리고

$$M_2 = -\frac{q_2}{p_2} = +1 \qquad \text{그리고} \qquad M_{\text{전체}} = M_1 M_2 = 1$$

이다. 따라서. 최종 상은 아래 거울 뒤의 거리 $p_1 + h$에 있다.

(b) 허상

(c) 정립

(d) 배율 +1.00

(e) 아니오. 좌우 반전되지 않는다. 잠망경의 상단에서 볼 때, 물체의 오른쪽과 왼쪽에서 나오는 평행 광선은 평행을 유지하고 오른쪽과 왼쪽에 있다. 첫 번째 거울은 좌우를 바꾸지만, 두 번째 거울은 이들을 다시 바꾼다. 따라서 전체적으로 좌우 반전되지 않는다.

3. $n=6$인 경우, 다음 그림과 같은 I_1, I_2와 정삼각형의 꼭짓점인 O, (O,I_3,I_4), (O,I_1,I_5)에 5개의 상이 나타난다.

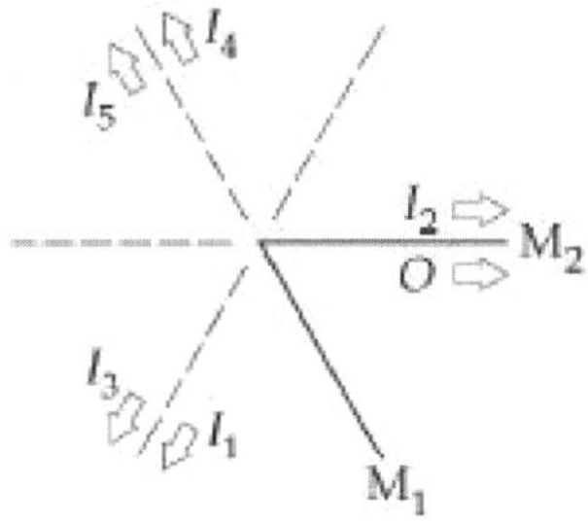

4.

(a) 젊어 보인다. 빛은 물체에서 거울로, 그리고 눈으로 이동하는 데 유한한 시간이 걸린다.

(b) 내가 욕실 거울에서 약 40 cm 떨어져 서 있다고 하자. 나는 빛을 산란시키고, 그 빛은 거울로 이동한 후 시간 간격

$$\Delta t = \frac{2d}{c} = \frac{0.8\ \text{m}}{3\times10^8\ \text{m/s}} \sim \boxed{10^{-9}\ \text{s}}$$

후에 나에게 돌아온다. 그러면 나는 잠시 전 그 때의 내 모습을 보게 된다.

26.2 구면 거울에 의한 상

5.

(a) $\frac{1}{p}+\frac{1}{q}=\frac{1}{f}=\frac{2}{R}$ 에서 $\frac{1}{53.0\ \text{cm}}+\frac{1}{q}=\frac{2}{(-40.0\ \text{cm})}$ 이므로

$q=-12.0\ \text{cm}$ 이고 $M=-\frac{q}{p}=\frac{(-12.0\ \text{cm})}{30.0\ \text{cm}}=0.400$

(b) $\frac{1}{p}+\frac{1}{q}=\frac{1}{f}=\frac{2}{R}$ 에서 $\frac{1}{60.0\ \text{cm}}+\frac{1}{q}=\frac{2}{(-40.0\ \text{cm})}$ 이므로

$q=-15.0\ \text{cm}$ 이고 $M=-\frac{q}{p}=\frac{(-15.0\ \text{cm})}{60.0\ \text{cm}}=0.250$

(c) $M>0$ 이므로, 상은 모두 정립이다.

6.

(a) $\frac{1}{p}+\frac{1}{q}=\frac{1}{f}$ 에서

$$\frac{1}{50.0\ \text{cm}}+\frac{1}{q}=\frac{1}{20.0\ \text{cm}} \quad \rightarrow \quad q=+33.3\ \text{cm}\ (\text{거울 앞})$$

(b) $M = -\frac{q}{p} = -\frac{33.3}{50.0} = -0.666$

(c) 상 거리는 양수이므로 상은 실상.

(d) 배율이 음수이므로 도립.

7. 배율에 관한 식

$$M = \frac{h'}{h} = \frac{+4.00\text{ cm}}{10.0\text{ cm}} = +0.400 = -\frac{q}{p}$$

로부터 $q = -0.400p$ 이므로 상은 허상이어야 한다.

(a) 축소되고 정립 허상을 만드는 (발산) 볼록 거울이다.

(b)

$$p + |q| = 42.0\text{ cm} = p - q$$

$$p = 42.0\text{ cm} + q$$

$$p = 42.0\text{ cm} - 0.400p$$

$$p = \frac{42.0\text{ cm}}{1.40} = 30.0\text{ cm}$$

거울은 30.0 cm 지점에 있다.

(c) $\frac{1}{p} + \frac{1}{q} = \frac{1}{f} = \frac{1}{30\text{ cm}} + \frac{1}{-0.400(30\text{ cm})} = \frac{1}{f} = -0.0500/\text{cm}$

$\boxed{f = -20.0\text{ cm}}$

8.

(a) 광선 추적도

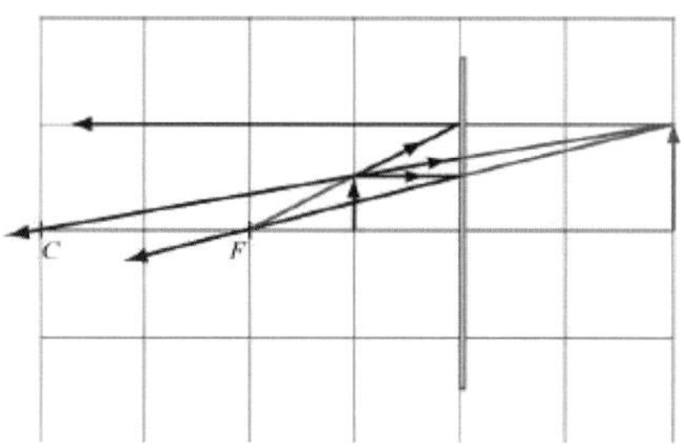

(b) $q = -40.0$ cm이므로 거울 뒤에 상이 생긴다.

(c) $M = +2.00$이므로 상은 확대된 정립이다.

(d) $\frac{1}{q} = \frac{1}{f} - \frac{1}{p} = \frac{1}{40.0\text{ cm}} - \frac{1}{20.0\text{ cm}} \quad \rightarrow \quad q = -40.0\text{ cm},$

$$M = \frac{q}{p} = -\frac{(-40.0\text{ cm})}{20.0\text{ cm}} = 2.00$$

9.

(a) 거울은 볼록(발산)이므로,

$$f = -\frac{R}{2} = -\frac{0.550\text{ m}}{2} = -0.275\text{ m}$$

$$\frac{1}{q} = \frac{1}{f} - \frac{1}{p} = \frac{1}{-0.275\text{ m}} - \frac{1}{10.0\text{ m}}$$

$$q = -0.267\text{ m} = \boxed{-26.7\text{ cm}}.$$

상 거리는 음수이므로 상은 허상이다. 상은 거울 뒤 26.7 cm에 있다.

(b) $M = \frac{-q}{p} = -\frac{-0.267}{10.0\text{ m}} = +0.026\,7$

배율은 양수이므로 상은 정립이다.

(c) 위에서 $M = 0.026\,7$.

10.

(a) $\frac{1}{q} = \frac{1}{f} - \frac{1}{p} = \frac{1}{-10.0\text{ cm}} - \frac{1}{30.0\text{ cm}} \quad \rightarrow \quad q = -7.50\text{ cm}$ (즉, 거울 뒤 7.50 cm)

(b) $M = \frac{-q}{p} = -\frac{(-7.50\text{ cm})}{30.0\text{ cm}} = 0.250$이므로 정립이다.

(c) $M = \frac{h'}{h} \quad \rightarrow \quad h' = Mh = 0.250(2.00\text{ cm}) = 0.500\text{ cm}$

11.

(a) $\frac{1}{p} + \frac{1}{q} = \frac{2}{R}$ 로부터

$$\frac{1}{q} = \frac{2}{60.0\text{ cm}} - \frac{1}{90.0\text{ cm}}$$

$$q = \boxed{45.0\text{ cm}}$$

$$M = \frac{-q}{p} = -\frac{45.0\text{ cm}}{90.0\text{ cm}} = \boxed{-0.500}.$$

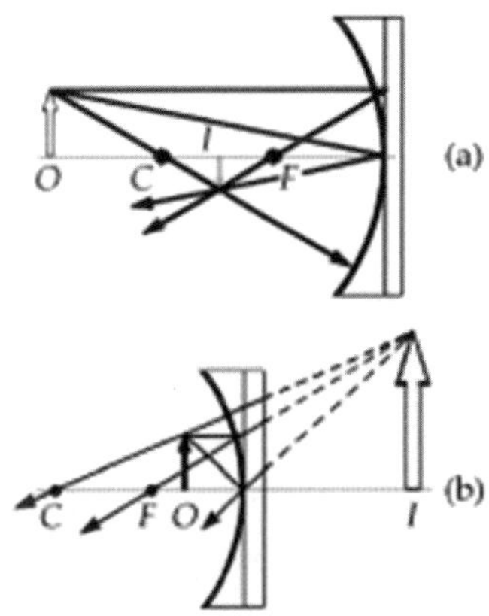

(b) $\frac{1}{p} + \frac{1}{q} = \frac{2}{R}$ 로부터

$$\frac{1}{q} = \frac{2}{60.0\text{ cm}} - \frac{1}{20.0\text{ cm}}$$

$$q = \boxed{-60.0\text{ cm}}$$

$$M = \frac{-q}{p} = -\frac{(-60.0\text{ cm})}{(20.0\text{ cm})} = \boxed{3.00}.$$

(c) 상 (a)는 축소된 도립 실상이고, 상 (b)는 확대된 정립 허상이다. 광선 추적도 참조.

12.

(a) 상이 반전되고 4.00배 더 크므로 배율은

$$M = -4.00 = -\frac{q}{p} \rightarrow q = 4.00p$$

이다. 따라서 상은 물체보다 거울에서 더 멀리 떨어져 있다. 물체 거리와 상 거리의 관계는

$$q - p = 0.600\ \text{m} = 4.00p - p = 3.00p$$

이며, 이로부터 $p = 0.200\ \text{m}$, $q = 0.800\ \text{m}$ 이다.

거울 방정식에 따르면

$$\frac{1}{f} = \frac{1}{p} + \frac{1}{q} = \frac{1}{0.200\ \text{m}} + \frac{1}{0.800\ \text{m}} \rightarrow f = \boxed{0.160\ \text{m}}$$

(b) 볼록(발산) 거울은 정립 허상을 형성하므로 배율은

$$M = +0.500 = -\frac{q}{p} \rightarrow q = -0.500p$$

이다. 상은 허상이므로 거울 뒤에 있고 상 거리는 음수이다. 물체 거리와 상 거리는 다음의 관계가 있다.

$$|q| + p = 0.600\ \text{m} = -q + p = -(-0.500p) + p = 1.50p$$

$$p = 0.400\ \text{m} \rightarrow q = -0.200\ \text{m}$$

$$\frac{1}{p} + \frac{1}{q} = \frac{1}{f} = \frac{1}{0.400\ \text{m}} + \frac{1}{-0.200\ \text{m}} \rightarrow f = \boxed{-0.400\ \text{m}}$$

13.

(a) $f = \dfrac{R}{2} = +12.0\ \text{cm}$

$$M = -\frac{q}{p} = +3 \rightarrow q = 3p$$

$$\frac{1}{p} - \frac{1}{3p} = \frac{2}{3p} = 12 \rightarrow p = 8.00\ \text{cm}$$

(b) 광선 추적도

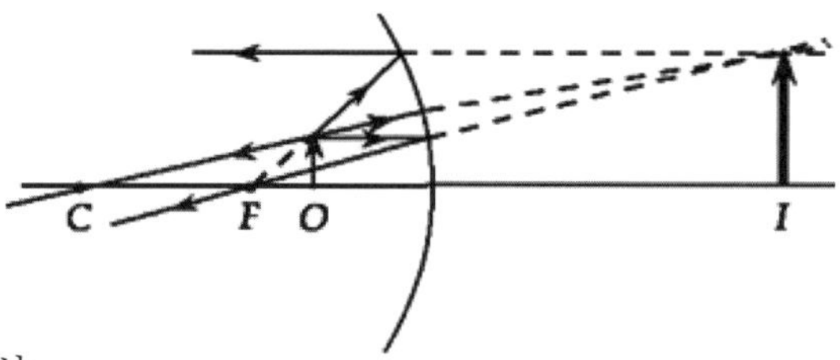

(c) 허상

26.3 굴절에 의한 상

14. 물 표면에는 곡률이 없다. $R \rightarrow \infty$일 때, 굴절 표면에서 상의 형성을 설명하는 식

$\frac{n_1}{p}+\frac{n_2}{q}=\frac{n_2-n_1}{R}$ 은 $q=-p\left(\frac{n_2}{n_1}\right)$ 가 된다. 이를 사용하여 유리판의 두 표면에 의한 최종 상을 찾는다. 먼저 바닥 유리판의 상을 찾는다. [표 25.1에서 플린트 유리의 경우 n_1 = 1.66.]

$$q_{B1}=-\left(\frac{1.33}{1.66}\right)(8.00\text{ cm})=-6.41\text{ cm}$$

이 허상은 윗면 유리 아래쪽 6.41 cm 또는 물 표면 아래 18.41 cm에 있다. 그런 다음, 이 상을 물체로 사용하여 판 바닥의 물이 형성하는 상을 찾는다.

$$q_{B2}=-\left(\frac{1.00}{1.33}\right)(18.41\text{ cm})=-13.84\text{ cm}$$

= 13.84 cm (물 표면 아래)

이번에는 유리 윗면의 물이 형성되는 상을 찾는다.

$$q_3=-\left(\frac{1}{1.33}\right)(12.0\text{ cm})=-9.02\text{ cm}$$

= 9.02 cm (물 표면 아래)

따라서 유리의 겉보기 두께는

$$\Delta t=13.84\text{ cm}-9.02\text{ cm}=\boxed{4.82\text{ cm}}$$

15.

$\frac{n_1}{p}+\frac{n_2}{q}=\frac{n_2-n_1}{R}=0$ 그리고 $R\to\infty$

$$q=-\frac{n_2}{n_1}p=-\frac{1}{1.309}(50.0\text{ cm})=-38.2\text{ cm}$$

따라서 먼지 얼룩의 허상은 얼음의 윗면 아래 38.2 cm에 있다.

16.

(a) 상은 막대 내부에 형성된다.

$$\frac{n_1}{p}+\frac{n_2}{q}=\frac{n_2-n_1}{R}\quad\rightarrow\quad\frac{1.00}{p}+\frac{1.50}{q}=\frac{1.50-1.00}{6.00\text{ cm}}=\frac{1}{12.0\text{ cm}}$$

(a) $\frac{1.00}{20.0\text{ cm}}+\frac{1.50}{q}=\frac{1}{12.0\text{ cm}}\quad\rightarrow\quad q=\boxed{45.0\text{ cm}}$

(b) $\frac{1.00}{10.0\text{ cm}}+\frac{1.50}{q}=\frac{1}{12.0\text{ cm}}\quad\rightarrow\quad q=\boxed{-90.0\text{ cm}}$

(c) $\frac{1.00}{3.0\text{ cm}}+\frac{1.50}{q}=\frac{1}{12.0\text{ cm}}\quad\rightarrow\quad q=\boxed{-6.00\text{ cm}}$

17. 평평한 면의 경우 ($R=\infty$), $\frac{n_1}{p}+\frac{n_2}{q}=\frac{n_2-n_1}{R}$ 은 $q=-\frac{n_2 p}{n_1}$ 가 된다.

따라서 상의 변화율 크기와 물체 위치와는 다음과 같은 관계가 있다.

$$\left|\frac{dq}{dt}\right| = \frac{n_2}{n_1}\left|\frac{dp}{dt}\right|$$

금붕어가 2.00 cm/s의 속력으로 벽을 향해 헤엄치는 경우, 상의 속력은 다음과 같다.

$$v_{\text{image}} = \left|\frac{dq}{dt}\right| = \frac{1.00}{1.33}(2.00\text{ cm/s}) = \boxed{1.50\text{ cm/s}}$$

18. 방정식 $\frac{n_1}{p}+\frac{n_2}{q} = \frac{n_2 - n_1}{R}$ 을 q에 대하여 풀면

$$q = \frac{n_2 R p}{p(n_2 - n_1) - n_1 R}$$

이다. 이 경우, $n_1 = 1.50$, $n_2 = 1.00$, $R = -15.0$ cm, $p = 10.0$ cm 이다. 그러므로

$$q = \frac{(1.00)(-15.0\text{ cm})(10.0\text{ cm})}{(10.0\text{ cm})(1.00-1.50)-(1.50)(-15.0\text{ cm})} = -8.57\text{ cm}$$

이다. 상은 허상이므로, 겉보기 깊이는 8.58 cm이다.

26.4 얇은 렌즈에 의한 상

19.

(a) $q = +20.0$ cm

$$\frac{1}{p}+\frac{1}{20.0}=\frac{1}{10.0} \quad \rightarrow \quad p = +20.0\text{ cm} \quad (\text{렌즈 앞 실상})$$

(b) $q = +50.0$ cm

$$\frac{1}{p}+\frac{1}{50.0}=\frac{1}{10.0} \quad \rightarrow \quad p = +12.5\text{ cm} \quad (\text{렌즈 앞 실상})$$

(c) $q = -20.0$ cm

$$\frac{1}{p}+\frac{1}{-20.0}=\frac{1}{10.0} \quad \rightarrow \quad p = +6.67\text{ cm} \quad (\text{렌즈 앞 실상})$$

(d) $q = -50.0$ cm

$$\frac{1}{p}+\frac{1}{-50.0}=\frac{1}{10.0} \quad \rightarrow \quad p = +8.33\text{ cm} \quad (\text{렌즈 앞 실상})$$

20.

(a) $\frac{1}{p}+\frac{1}{q}=\frac{1}{f}$

$$\frac{1}{20.0\text{ cm}}+\frac{1}{q}=\frac{1}{(-32.0\text{ cm})}$$

$$\rightarrow \quad q = -\left(\frac{1}{20.0}+\frac{1}{32.0}\right)^{-1} = -12.3\text{ cm}$$

상 거리는 음수이므로 상은 허상이다. 따라서 상은 렌즈 왼쪽으로 12.3 cm 떨어져 있다.

(b) $M = -\dfrac{q}{p} = -\dfrac{(-12.3\ \text{cm})}{20.0\ \text{cm}} = \boxed{0.615}$

(c)

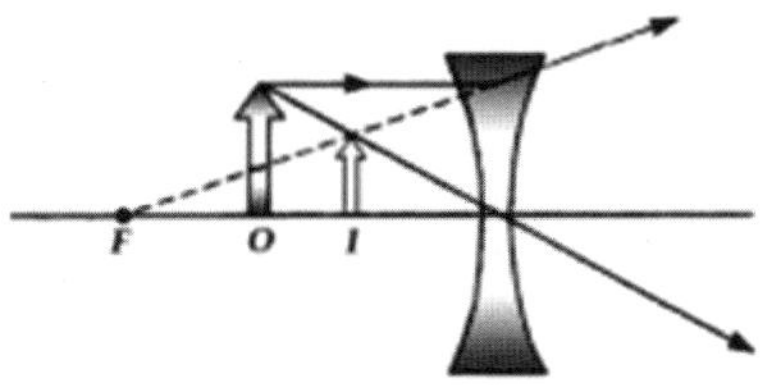

21. R_1은 바깥쪽 반지름 그리고 R_2는 안쪽 반지름이라 하자.

$$\frac{1}{f} = (n-1)\left[\frac{1}{R_1} - \frac{1}{R_2}\right] = (1.50-1)\left[\frac{1}{2.00\ \text{m}} - \frac{1}{2.50\ \text{cm}}\right] = 0.0500\ \text{cm}^{-1}$$

$$f = \boxed{20.0\ \text{cm}}.$$

22.

(i) 물체의 거리가 20 cm일 때,

(a) 광선 추적도 렌즈의 뒤 20 cm

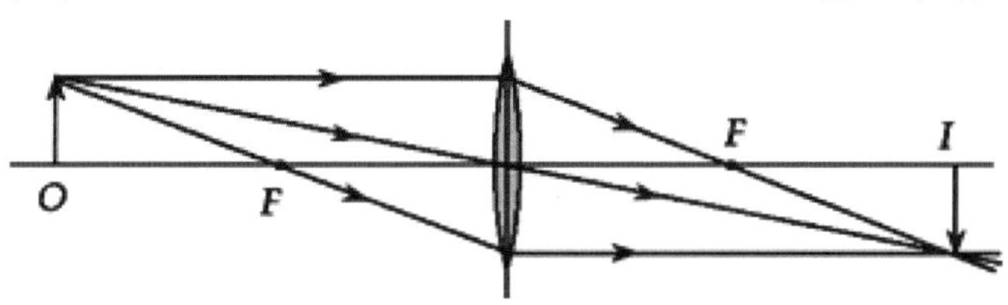

(b) 실상

(c) 도립

(d) $M = -1.00$

(e) $\dfrac{1}{20.0} + \dfrac{1}{q} = \dfrac{1}{10.0}$

$q = +20.0$ cm

(ii) 물체의 거리가 5 cm일 때,

(a) 광선 추적도

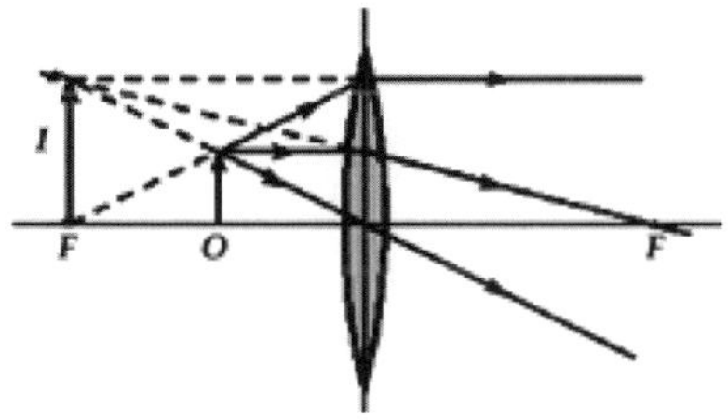

렌즈의 앞 10 cm

(b) 허상

(c) 정립

(d) $M = +2.00$

(e) $\frac{1}{5.00} + \frac{1}{q} = \frac{1}{10.0}$

$q = -10.0 \text{ cm}$

(f) 광선의 올바른 방향에서 약간만 벗어나도 광선의 교차점에 상당한 오류가 발생할 수 있다. 이러한 변화로 인해 세 개의 주 광선이 한 지점에서 교차하지 않을 수 있다.

23. 수렴 렌즈의 경우, f 는 양수이다. $\frac{1}{p} + \frac{1}{q} = \frac{1}{f}$ 를 이용한다.

(a) $\frac{1}{q} = \frac{1}{f} - \frac{1}{p} = \frac{1}{20.0 \text{ cm}} - \frac{1}{40.0\ cm} = \frac{1}{40.0\ cm}$ 로부터

$\boxed{q = 40.0 \text{ cm}}$.

$M = -\frac{q}{p} = -\frac{40.0}{40.0} = \boxed{-1.00}$

상은 도립 실상이고, 렌즈를 지나 40.0 cm 떨어진 곳에 있다.

(b) $\frac{1}{q} = \frac{1}{f} - \frac{1}{p} = \frac{1}{20.0 \text{ cm}} - \frac{1}{20.0\ cm} = 0$ 로부터

q는 무한대이다. 상은 형성되지 않고, 렌즈로부터 나온 광선은 서로 평행하다.

(c) $\frac{1}{q} = \frac{1}{f} - \frac{1}{p} = \frac{1}{20.0 \text{ cm}} - \frac{1}{10.0\ cm} = -\frac{1}{20.0\ cm}$ 로부터

$\boxed{q = -20.0 \text{ cm}}$.

$M = -\frac{q}{p} = -\frac{(-20.0)}{10.0} = \boxed{2.00}$

상은 정립 허상이고, 렌즈 앞 20.0 cm 떨어져 있다.

24. 확대된 정립 허상을 보고 있다. 따라서

$M = \frac{h'}{h} = 2 = -\frac{q}{p}$ 이므로

$p = -\frac{q}{2} = -\frac{(-2.84 \text{ cm})}{2} = +1.42 \text{ cm}.$

$\frac{1}{p} + \frac{1}{q} = \frac{1}{f}$ 로부터 $\frac{1}{1.42 \text{ cm}} + \frac{1}{-2.84\ cm} = \frac{1}{f}$

$f = 2.84 \text{ cm}$

25. $\frac{1}{p} + \frac{1}{q} = \frac{1}{f}$ 을 시간에 대해 미분하면,

$$-1(p^{-2})\frac{dp}{dt} - 1(q^{-2})\frac{dq}{dt} = 0$$

$$\frac{dq}{dt} = \frac{-q^2}{p^2}\frac{dp}{dt}$$

순간적인 상의 위치 q를 찾아야 하므로,

$$\frac{1}{20.0\ \text{m}}+\frac{1}{q}=\frac{1}{0.300\ \text{m}}$$

$$q=0.305\ \text{m}$$

이다. 따라서

$$\frac{dq}{dt}=-\frac{(0.305\ \text{m})^2}{(20.0\ \text{m})^2}(5.00\ \text{m/s})=-0.001\ 16\ \text{m/s}=1.16\ \text{mm/s}.$$

(a) 속력은 1.16 mm/s이다.

(b) 증가하는 q는 렌즈에서 멀어지고, 음수의 q는 렌즈 쪽으로 향한다. 상의 움직임은 dq/dt가 음수이기 때문에 렌즈를 향한다.

26.

(a) $p=5f$이므로

$$\frac{1}{5.00f}+\frac{1}{q}=\frac{1}{f} \rightarrow \frac{1}{q}=\frac{1}{f}-\frac{1}{5.00f}=\frac{4.00}{5.00f}$$

$$q=\frac{5.00}{4.00}f=+1.25f$$

상은 렌즈로부터 $1.25f$ 떨어진 렌즈 뒤쪽에 있다.

(b) $M=-\frac{q}{p}=-\frac{1.25f}{5.00f}=-0.250$.

(c) 도립.

(d) 실상.

추가문제

27. $q_1=\frac{f_1p_1}{p_1-f_1}=\frac{(-6.00)(12.0)}{12.0-(-6.00)}=-4.00\ \text{cm}$

$$p_2=d-(-4.00\ \text{cm})=d+4.00\ \text{cm} \qquad (q_2\rightarrow\infty)$$

$$p_2=f_2=12.0\ \text{cm}$$

따라서

$$d+4.00\ \text{cm}=f_2=12.0\ \text{cm} \rightarrow d=8.00\ \text{cm}$$

28. $q<0$이고 $d=p-|q|=p+q$, $M=-\frac{q}{p}$이므로

$$q=-Mp \rightarrow d=p-Mp$$

$$p=\frac{d}{1-M}$$

따라서

$$\frac{1}{p}+\frac{1}{q}=\frac{1}{p}-\frac{1}{Mp}=\frac{(1-M)^2}{-Md}=\frac{1}{f}$$

$$f = \frac{-Md}{(1-M)^2} = \frac{-(0.5)(20.0)}{(1-0.5)^2} = -40.0 \text{ cm}$$

29. 단일 렌즈의 경우, 상이 정립이면 물체와 상은 렌즈의 반대편에 있을 수 없다. 물체와 상은 렌즈의 같은 쪽에 있어야 하므로, 상은 허상이고 $q < 0$이다. 상이 정립이므로 $M > 0$이다.

상이 물체와 렌즈 사이에 있는 경우(상이 렌즈에 더 가까움),

$$d = p - |q| = p + q, \text{ so } q = d - p:$$

$$M = -\frac{q}{p} \text{ so } q = -Mp = d - p \rightarrow p = \frac{d}{1-M}$$

$$\frac{1}{p} + \frac{1}{q} = \frac{1}{f}$$

$$\frac{1}{p} + \frac{1}{(-Mp)} = \frac{1}{f}$$

$$\frac{M}{Mp} + \frac{1}{(-Mp)} = \frac{1}{f} = \frac{M-1}{Mp} = \frac{M-1}{M}\left(\frac{1-M}{d}\right) = -\frac{(1-M)^2}{Md}$$

$$\rightarrow \boxed{f = \frac{-Md}{(1-M)^2}}$$

M이 양수이므로 렌즈는 발산 렌즈이다.

물체가 상과 렌즈 사이에 있는 경우(물체가 렌즈에 더 가까움), 렌즈는 수렴 렌즈이고

$$d = |q| - p = -q - p \rightarrow q = -d - p$$

$$M = -\frac{q}{p} \rightarrow q = -Mp = -d - p \rightarrow p = \frac{d}{M-1}$$

$$\frac{1}{p} + \frac{1}{q} = \frac{1}{f}$$

$$\frac{1}{p} + \frac{1}{(-Mp)} = \frac{1}{f}$$

$$\frac{M}{Mp} + \frac{1}{(-Mp)} = \frac{1}{f} = \frac{M-1}{Mp} = \frac{M-1}{M}\left(\frac{M-1}{d}\right) = \frac{(M-1)^2}{Md}$$

$$\rightarrow \boxed{f = \frac{Md}{(M-1)^2}}$$

M이 양수이므로 렌즈는 수렴 렌즈이다.

27장 파동 광학

27.1 간섭의 조건
27.2 영의 이중 슬릿 실험
27.3 분석 모형: 파동의 간섭

1. $m=1$일 때

$$\lambda = d\sin\theta = (0.200\times10^{-3}\ \mathrm{m})\sin 0.181° = 6.32\times10^{-7}\ \mathrm{m} = 632\ \mathrm{nm}.$$

2. 이 문제에 주어진 조건에서는 작은 각도 근사가 잘 성립하지 않는다. 즉, $\sin\theta$, $\tan\theta$, θ가 많이 다르다. 이 간섭을 프라운호퍼 무늬로 다룬다.

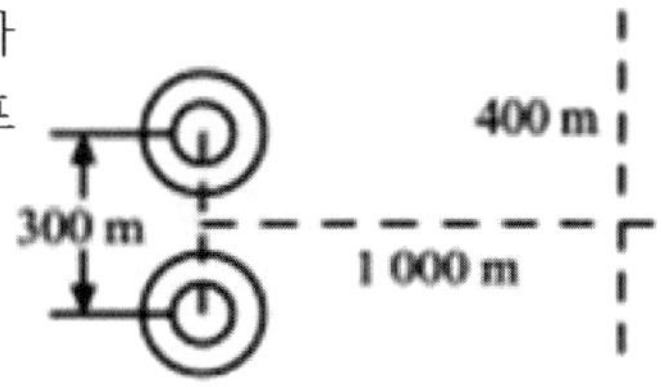

(a) $m = 2$ 극대에서,

$$\tan\theta = \frac{400\ \mathrm{m}}{1\ 000\ \mathrm{m}} = 0.400 \rightarrow \theta = 21.8°$$

이다. 따라서

$$\lambda = \frac{d\sin\theta}{m} = \frac{(300\ \mathrm{m})\sin 21.8°}{2} = \boxed{55.7\ \mathrm{m}}.$$

(b) 그 다음의 극소는 $m = 2$ 극소이다. 이 지점에서$d\sin\theta = \frac{5}{2}\lambda$이므로

$$\sin\theta = \frac{5}{2}\frac{\lambda}{d} = \frac{5}{2}\left(\frac{55.7\ \mathrm{m}}{300\ \mathrm{m}}\right) = 0.464 \rightarrow \theta = 27.7°$$

$$y = (1\ 000\ \mathrm{m})\tan 27.7° = 524\ \mathrm{m}.$$

이다. 따라서 자동차는 추가로

$$524\ \mathrm{m} - 400\ \mathrm{m} = \boxed{124\ \mathrm{m}}$$

를 더 이동해야 한다.

프레넬 간섭을 고려하면, 더 정확하게 다음과 같이 찾을 수 있을 것이다.

(a) $\lambda = \frac{1}{2}\left(\sqrt{550^2 + 1\ 000^2}\ \mathrm{m} - \sqrt{250^2 + 1\ 000^2}\ \mathrm{m}\right) = 55.2\ \mathrm{m}$

(b) 123 m

3.

(a) 밝은 무늬이므로 $\delta = m\lambda = 3(589\times10^{-9}\ \mathrm{m}) = 1.77\times10^{-6}\ \mathrm{m} = 1.77\ \mu\mathrm{m}$

(b) 어두운 무늬이므로 $\delta = \left(m+\frac{1}{2}\right)\lambda = \left(2+\frac{1}{2}\right)(589\ \mathrm{nm}) = 1.47\times10^{3}\ \mathrm{nm} = 1.47\ \mu\mathrm{m}$

4.

30.0°에서,

$$d\sin\theta = m\lambda$$

$$m = \frac{d\sin\theta}{\lambda} = \frac{(3.20\times10^{-4}\text{ m})\sin 30.0°}{500\times10^{-9}\text{ m}} = 320$$

극대는 오른쪽에 320개, 왼쪽에 320개, 그리고 바로 앞에 $m = 0$의 1개가 있다. 따라서 641개의 극대가 있다.

5. 이중 슬릿 계의 경우, 스크린에 도달하는 두 파면의 경로차는 $\delta = d\sin\theta$이고 위상차는 다음과 같다.

$$\phi = \frac{2\pi}{\lambda}\delta = \frac{2\pi}{\lambda}d\sin\theta \approx \frac{2\pi}{\lambda}d\left(\frac{y}{L}\right)$$

(a) For $\theta = 0.500°$,

$$\phi = \frac{2\pi}{\lambda}d\sin\theta$$

$$\phi = \frac{2\pi}{(500\times10^{-9}\text{ m})}(0.120\times10^{-3}\text{ m})\sin(0.500°) = \boxed{13.2\text{ rad}}$$

(b) $$\phi \approx \frac{2\pi}{\lambda}d\left(\frac{y}{L}\right) = \frac{2\pi}{(500\times10^{-9}\text{ m})}(0.120\times10^{-3}\text{ m})\left(\frac{5.00\times10^{-3}\text{ m}}{1.20\text{ m}}\right)$$
$$= \boxed{6.28\text{ rad}}$$

(c) $\phi = 0.333\text{ rad} = \dfrac{2\pi d\sin\theta}{\lambda}$ 이면

$$\theta = \sin^{-1}\left(\frac{\lambda\phi}{2\pi d}\right) = \sin^{-1}\left[\frac{(500\times10^{-9}\text{ m})(0.333\text{ rad})}{2\pi(0.120\times10^{-3}\text{ m})}\right]$$

$$\theta = \boxed{1.27\times10^{-2}{}°}$$

(d) $d\sin\theta = \dfrac{\lambda}{4}$ 이면,

$$\theta = \sin^{-1}\left(\frac{\lambda}{4d}\right) = \sin^{-1}\left[\frac{500\times10^{-9}\text{ m}}{4(0.120\times10^{-3}\text{ m})}\right]$$

$$\theta = \boxed{5.97\times10^{-2}{}°}$$

6. $d = \dfrac{m\lambda}{\sin\theta} = \dfrac{(1)(620\times10^{-9}\text{ m})}{\sin 15.0°} = 2.40\times10^{-6}\text{ m} = 240\ \mu\text{m}$

7.

(a) 경로차 $\delta = d\sin\theta$이고, $L \gg y$일 때,

$$\delta = \frac{yd}{L} = \frac{(1.80\times10^{-2}\text{ m})(1.50\times10^{-4}\text{ m})}{1.40\text{ m}}$$
$$= 1.93\times10^{-6}\text{ m} = \boxed{1.93\ \mu\text{m}}$$

(b) $\dfrac{\delta}{\lambda} = \dfrac{1.93\times10^{-6}\ \text{m}}{6.43\times10^{-7}\ \text{m}} = 3.00$ 또는 $\delta = 3.00\,\lambda$.

(c) 경로차가 파장의 정수배이기 때문에 점 P는 극대가 된다.

8. $m=0$, $y=0.200\ \text{mm}$일 때

$$L \approx \frac{2dy}{\lambda} = \frac{2(0.400\times10^{-3}\ \text{m})(0.200\times10^{-3}\ \text{m})}{442\times10^{-9}\ \text{m}} = 0.362\ \text{m} = 36.2\ \text{cm}$$

9.

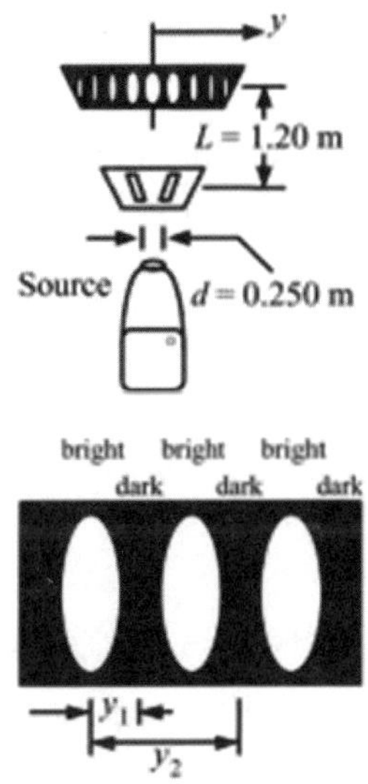

(a) 밝은 무늬의 경우,

$y_{bright} = \dfrac{m\lambda L}{d}$ 에서 $m = 1$이면

$$y = \frac{(546.1\times10^{-9}\ \text{m})(1.20\ \text{m})}{0.250\times10^{-3}\ \text{m}} = 2.62\times10^{-3}\ \text{m}$$

$$= \boxed{2.62\ \text{mm}}$$

(b) 어두운 띠의 경우,

$$y_{\text{dark}} = \frac{\lambda L}{d}\left(m+\frac{1}{2}\right);\ m = 0, 1, 2, 3, \ldots$$

이므로,

$$y_2 - y_1 = \frac{\lambda L}{d}\left[\left(1+\frac{1}{2}\right)-\left(0+\frac{1}{2}\right)\right] = \frac{\lambda L}{d}$$

$$= \frac{(546.1\times10^{-9}\ \text{m})(1.20\ \text{m})}{0.250\times10^{-3}\ \text{m}}$$

$$\Delta y = \boxed{2.62\ \text{mm}}$$

10. 광선 추적도에서, 광선 1과 2 사이의 경로차는

$$\delta = d_1 - d_2 = d\sin\theta_1 - d\sin\theta_2$$

이다. 보강 간섭의 경우, 이 경로차는 파장의 정수 배와 같아야 한다. 즉,

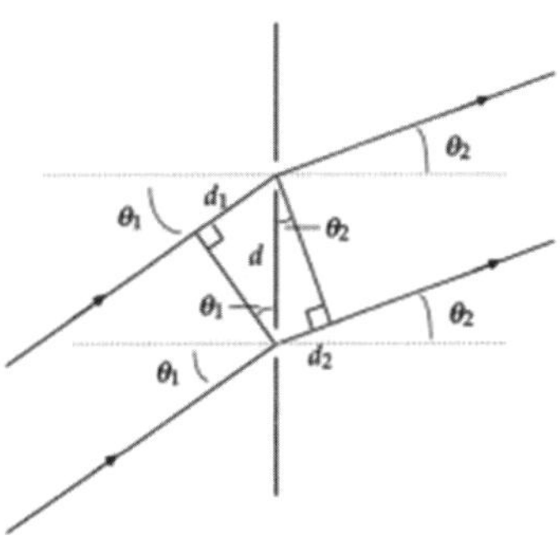

$$d\sin\theta_1 - d\sin\theta_2 = m\lambda$$

$$\sin\theta_1 - \sin\theta_2 = \frac{m\lambda}{d} \ \rightarrow\ \theta_2 = \sin^{-1}\left(\sin\theta_1 - \frac{m\lambda}{d}\right)$$

27.4 반사에 의한 위상 변화
27.5 박막에서의 간섭

11. 무반사 코팅을 사진기 렌즈 코팅처럼 취급하면 (반사로 인해 두 개의 위상 반전이 발생, 하나는 코팅의 윗면에서, 하나는 코팅의 아랫면에서 발생), 상쇄 간섭의 조건은

$$2t = \left(m + \frac{1}{2}\right)\frac{\lambda}{n} \rightarrow 2nt = \left(m + \frac{1}{2}\right)\lambda$$

이다. $m = 0$ 일 때,

$$t = \frac{\lambda}{4n} = \frac{3.00\text{ cm}}{4(1.50)} = \boxed{0.500\text{ cm}}$$

이다.

레이더의 파장을 1.50 cm로 변경하면 이 무반사 코팅은 역할이 달라져서, 코팅은 최대 반사를 보일 것이다!

12.

(a) $2t = \left(m + \frac{1}{2}\right)\lambda_n = \left(m + \frac{1}{2}\right)\frac{\lambda}{n} \quad \rightarrow \quad 2nt = \left(m + \frac{1}{2}\right)\lambda$

$$\rightarrow \lambda = \frac{2nt}{\left(m + \frac{1}{2}\right)} = \frac{2(1.33)(120\text{ nm})}{(0 + 1/2)} = 638\text{ nm}.$$

(b) 더 두꺼운 비눗방울은 더 높은 차수의 반사가 필요할 것이므로, 더 큰 m 값을 사용한다.

(c) $t = \left(m + \frac{1}{2}\right)\frac{\lambda}{2n} = \left(1 + \frac{1}{2}\right)\frac{638\text{ nm}}{2(1.33)} = 360\text{ nm},$

$t = \left(m + \frac{1}{2}\right)\frac{\lambda}{2n} = \left(2 + \frac{1}{2}\right)\frac{638\text{ nm}}{2(1.33)} = 600\text{ nm}.$

13. 경로차가 $\Delta = \lambda$ 이면, 투과된 빛은 밝아진다. $\Delta = 2d = \lambda$ 이므로,

$$d_{\min} = \frac{\lambda}{2} = \frac{580\text{ nm}}{2} = \boxed{290\text{ nm}}$$

14. 공기에서 상쇄 간섭의 경우,

$2t = m\lambda$

이다. 첫 번째 어두운 무늬는 두 판이 만나는 끝에서 발생하는데, 여기서 상쇄 간섭은 빛이 아래쪽 유리판 상단에서 반사될 때 위상이 반전되어 발생한다. 판이 만나는 곳을 포함하여 어두운 무늬가 30개일 경우, $m = 29$ 이고

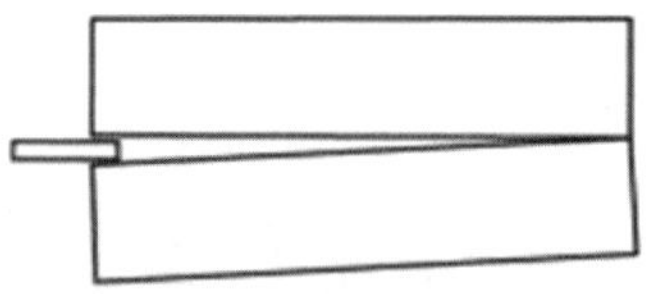

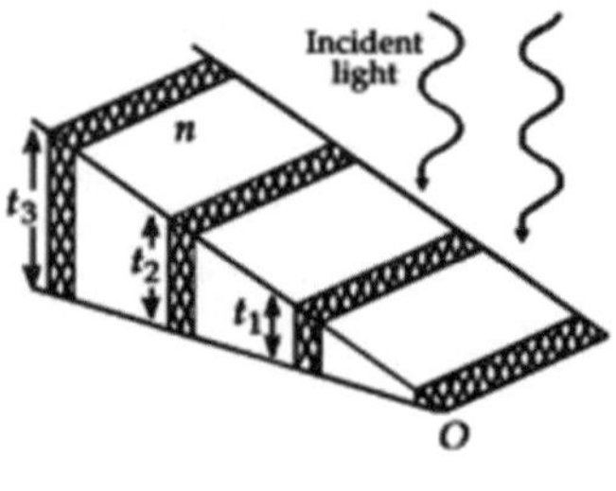

$$t = \frac{n\lambda}{2} = \frac{29(600\text{ nm})}{2} = 8.70 \times 10^{-6}\text{ m} = 8.70\ \mu\text{m}$$

이다. 전선의 지름은 이 두께와 같으므로,

$d = t = 8.70\ \mu\text{m}$

15. 반사로 인해 총 두 번의 위상 반전이 발생하는데, 하나는 코팅의 상단에서, 다른 하나는 하단 표면에서 발생한다. 따라서

$$2t = \left(m + \frac{1}{2}\right)\lambda_n = \left(m + \frac{1}{2}\right)\frac{\lambda}{n} \quad \rightarrow \quad 2nt = \left(m + \frac{1}{2}\right)\lambda$$

로부터, 최소 두께는

$$t = \left(\frac{1}{2}\right)\frac{(500 \text{ nm})}{2(1.30)} = \boxed{96.2 \text{ nm}}$$

27.6 회절 무늬

16. 음속이 343 m/s이면,

$$\lambda = \frac{v}{f} = \frac{343 \text{ m/s}}{650 \text{ s}^{-1}} = 0.528 \text{ m}$$

회절 극소는 $a\sin\theta = m\lambda$의 각도에서 생긴다.

$$(1.10 \text{ m})\sin\theta_1 = 1(0.528 \text{ m}) \quad \theta_1 = \pm 28.7°$$

$$(1.10 \text{ m})\sin\theta_2 = 2(0.528 \text{ m}) \quad \theta_2 = \pm 73.6°$$

$(1.10 \text{ m})\sin\theta_3 = 3(0.523 \text{ m}) \quad \rightarrow \quad \theta_3$는 존재하지 않는다.

(a) 4개의 극소가 있다.

(b) $\theta = \pm 28.7°, \pm 73.6°$.

17. $y_m = L\tan\theta_m \approx L\sin\theta_m = m\lambda\left(\frac{L}{a}\right)$

(a) 중앙 극대의 너비는

$$w = y_1 - y_{-1} = (1)\left(\frac{\lambda L}{a}\right) - (-1)\left(\frac{\lambda L}{a}\right) = \frac{2\lambda L}{a}$$ 이므로,

$$L = \frac{aw}{2\lambda} = \frac{(0.200 \times 10^{-3} \text{ m})(8.10 \times 10^{-3} \text{ m})}{2(5.40 \times 10^{-7} \text{ m})} = 1.50 \text{ m}$$

(b) 첫 번째 밝은 무늬의 너비는

$$w = y_2 - y_1 = (2)\left(\frac{\lambda L}{a}\right) - (1)\left(\frac{\lambda L}{a}\right) = \frac{\lambda L}{a}$$

$$= \frac{(5.40 \times 10^{-7} \text{ m})(1.50 \text{ m})}{0.200 \times 10^{-3} \text{ m}} = 4.05 \times 10^{-3} \text{ m} = 4.05 \text{ mm}$$

18.

$$\frac{y}{L} = \sin\theta = \frac{m\lambda}{a}, \quad \Delta y = 3.00 \times 10^{-3} \text{ nm}$$

$$\Delta m = 3 - 1 = 2 \quad \text{and} \quad a = \frac{\Delta m \lambda L}{\Delta y}$$

$$a = \frac{2(690 \times 10^{-9}\ \text{m})(0.500\ \text{m})}{(3.00 \times 10^{-3}\ \text{m})} = \boxed{2.30 \times 10^{-4}\ \text{m}}$$

27.7 단일 슬릿과 원형 구멍의 분해능

19. $\theta_{\min} = 1.22\frac{\lambda}{D} = \frac{y}{L}$ 로부터

$$y = \frac{1.22\lambda L}{D} = \frac{1.22(5.00 \times 10^{-7}\ \text{m})(250 \times 10^{3}\ \text{m})}{(5.00 \times 10^{-3}\ \text{m})} = 30.5\ \text{m}$$

20. 동공이 활짝 열려 있을 때, 인간 시력의 분해능은 망막의 광 센서의 거칠기에 의해 제한되는 것처럼 보인다. 하지만 우리는 레일리의 기준을 시력이 얼마나 좋은지에 대한 편리한 지표로 사용한다. 이 기준에 따르면, 중심에서 중심까지 2.00 mm 떨어진 두 점은

$$\theta_{\min} = 1.22\frac{\lambda}{D} = \frac{d}{L}$$

일 때 겹쳐진다. 따라서,

$$L = \frac{dD}{1.22\lambda} = \frac{(2.00 \times 10^{-3}\ \text{m})(5.00 \times 10^{-3}\ \text{m})}{1.22(500 \times 10^{-9}\ \text{m})} = \boxed{16.4\ \text{m}}.$$

21. 레일리의 기준은 동공이 좁아진 고양이 눈에 적용된다고 가정한다. 단일 슬릿(둥근 조리개가 아님) 그리고 작은 각도의 경우

$$\theta \approx \sin\theta = \frac{\lambda}{a} = \frac{500 \times 10^{-9}\ \text{m}}{0.500 \times 10^{-3}\ \text{m}} = \boxed{1.00 \times 10^{-3}\ \text{rad}}$$

22. $\theta_{\min}|_{\text{air}} = 1.22\frac{\lambda}{D} = 0.60\ \mu\text{rad}$

이때, $\theta_{\min}|_{\text{oil}} = 1.22\frac{\lambda_{\text{oil}}}{D} = 1.22\frac{(\lambda/n_{\text{oil}})}{D} = \frac{1}{n_{\text{oil}}}\left(1.22\frac{\lambda}{D}\right)$

$$= \frac{\theta_{\min}|_{\text{air}}}{n_{\text{oil}}} = \frac{0.60\ \mu\text{rad}}{1.5} = 0.40\ \mu\text{rad}$$

27.8 회절 격자

23. $\lambda = \dfrac{v}{f} = \dfrac{343\ \text{m/s}}{37.2 \times 10^3/\text{s}} = 9.22 \times 10^{-3}\ \text{m}$이며,

$\theta_m = \sin^{-1}\left(\dfrac{m\lambda}{d}\right)$로부터 θ를 구하면, $\theta_0 = 0$,

$\theta_1 = \sin^{-1}\left(\dfrac{1\lambda}{d}\right) = \sin^{-1}\left(\dfrac{9.22 \times 10^{-3}\ \text{m}}{1.30 \times 10^{-2}\ \text{m}}\right) = \sin^{-1}0.709 = 45.2°$,

$\theta_2 = \sin^{-1}\left(\dfrac{2\lambda}{d}\right) = \sin^{-1}[2(0.709)] = \sin^{-1}(1.42)$로 θ_2부터는 존재할 수 없다.

(a) 3개

(b) $0°$, $+45.2°$, $-45.2°$

24.

$$\sin\theta = 0.350:\ d = \frac{\lambda}{\sin\theta} = \frac{632.8\ \text{nm}}{0.350} = 1.81 \times 10^3\ \text{nm}$$

홈 사이의 간격 - $1.81\ \mu\text{m}$

25. $d = \dfrac{1.00 \times 10^{-3}\ \text{m}}{250} = 4.00 \times 10^{-6}\ \text{m} = 4000\ \text{nm}$

(a) $m = \dfrac{d\sin\theta}{\lambda} = \dfrac{(4000\ \text{nm})\sin 90.0°}{700\ \text{nm}} = 5.71$이므로 5개의 회절 차수가 나온다.

(b) $m = \dfrac{d\sin\theta}{\lambda} = \dfrac{(4000\ \text{nm})\sin 90.0°}{400\ \text{nm}} = 10.0$이므로 10개의 회절 차수가 나온다.

26. 주극대 위치는 다음과 같이 정의된다.

$$d\sin\theta = m\lambda$$

$m = 1$ 인 경우, $\lambda = d\sin\theta$.

여기서 θ는 중앙($m = 0$)과 1차($m = 1$) 극대 사이의 각도이다. θ의 값은 극대와 격자-스크린 거리 사이의 거리에 대한 정보로부터 결정할 수 있다.

$$\tan\theta = \frac{0.488\ \text{m}}{1.72\ \text{m}} = 0.284$$

그러므로 $\theta = 15.8°$ 그리고 $\sin\theta = 0.273$

격자 "슬릿" 사이의 거리는 센티미터당 격자 선 수의 역수와 같다.

$$d = \frac{1}{5\,310\ \text{cm}^{-1}} = 1.88 \times 10^{-4}\ \text{cm} = 1.88 \times 10^3\ \text{nm}$$

따라서, 파장은

$$\lambda = d\sin\theta = (1.88 \times 10^3\ \text{nm})(0.273) = \boxed{514\ \text{nm}}$$

추가문제

27. 이 문제는 평면 거울 아래 1.00 cm에 허광원이 있는 것을 두 번째 슬릿으로 가정한 이중 슬릿 실험과 유사하다. 그러나 빛이 거울에서 $\pi/2$ 위상 반전 되기 때문에, 간섭 무늬에서 밝고 어두운 무늬가 서로 바뀐다는 점을 기억해야 한다. 따라서 상쇄 간섭의 경우, 경로차는 $m\lambda$만큼 차이가 나야 한다. 첫 번째 어두운 무늬의 경우,

$$y_{\text{dark}} = \frac{m\lambda L}{d} = \frac{1(5.00\times10^{-7}\ \text{m})(100\ \text{m})}{(2.00\times10^{-2}\ \text{m})} = \boxed{2.50\ \text{mm}}$$

28.

(a) $a\sin\theta = 1.5\lambda$로부터

$$\frac{I}{I_{\max}} = \left[\frac{\sin(\pi a\sin\theta/\lambda)}{\pi a\sin\theta/\lambda}\right]^2$$
$$= \left[\frac{\sin(1.5\pi)}{1.5\pi}\right]^2 = \frac{1}{2.25\pi^2} = 0.045\,0 = 4.5\%$$

(b) $a\sin\theta = 2.5\lambda$

$$\frac{I}{I_{\max}} = \left[\frac{\sin(\pi a\sin\theta/\lambda)}{\pi a\sin\theta/\lambda}\right]^2$$
$$= \left[\frac{\sin(2.5\pi)}{2.5\pi}\right]^2 = \frac{1}{6.25\pi^2} = 0.016\,2 = 1.62\%$$

29.

(a) $d\sin\theta = m\lambda$로부터

$$d = \frac{m\lambda}{\sin\theta} = \frac{3(500\times10^{-9}\ \text{m})}{\sin 32.0°} = 2.83\ \mu\text{m}$$

따라서

단위 길이당 선의 수 $= \frac{1}{d} = \frac{1}{2.83\times10^{-6}\ \text{m}} = 3.53\times10^5\ \text{m}^{-1} = 3.53\times10^3$ 개/cm

(b) $\sin\theta = \frac{m\lambda}{d} = \frac{m(500\times10^{-9}\ \text{m})}{2.83\times10^{-6}\ \text{m}} = m(0.177)$

$\sin\theta \le 1.00$이면, $m(0.177) \le 1.00$ 또는 $m \le 5.66$

따라서, 가장 큰 관측된 차수는 $m = 5$.

관측된 주극대의 전체 개수는 $2m + 1 = 11$.

28장 양자 물리학

28.1 흑체 복사와 플랑크의 이론

1.

(a) $\lambda_{\max} = \dfrac{2.898 \times 10^{-3}\ \mathrm{m \cdot K}}{T} = \dfrac{2.898 \times 10^{-3}\ \mathrm{m \cdot K}}{2900\ \mathrm{K}} = 999\ \mathrm{nm}$

(b) 파장은 적외선 영역에서 가장 큰 세기로 방출한다. 그림 28.2에서 보면, $\lambda_{\max}$보다 더 긴 파장에서 짧은 파장보다 더 많은 에너지를 방출한다.

2.

(a) 봉우리 복사는 약 560 nm 파장에서 생긴다. 빈의 변위 법칙에 따르면,

$$T = \frac{0.289\ 8 \times 10^{-2}\ \mathrm{m \cdot K}}{\lambda_{\max}} = \frac{0.289\ 8 \times 10^{-2}\ \mathrm{m \cdot K}}{560 \times 10^{-9}\ \mathrm{m}} \approx \boxed{5\ 200\ \mathrm{K}}$$

(b) 분명히 개똥벌레는 이 온도에 있지 않으므로, 이것은 흑체 복사가 아니다.

3.

(i) 플랑크 식은 $E = hf$ 이다. 광자 에너지는 다음과 같다.

(a) $$E = hf = (6.626 \times 10^{-34}\ \mathrm{J \cdot s})(620 \times 10^{12}\ \mathrm{s^{-1}})\left(\frac{1.00\ \mathrm{eV}}{1.60 \times 10^{-19}\ \mathrm{J}}\right) = \boxed{2.57\ \mathrm{eV}}$$

(b) $$E = hf = (6.626 \times 10^{-34}\ \mathrm{J \cdot s})(3.10 \times 10^{9}\ \mathrm{s^{-1}})\left(\frac{1.00\ \mathrm{eV}}{1.60 \times 10^{-19}\ \mathrm{J}}\right) = \boxed{1.28 \times 10^{-5}\ \mathrm{eV}}$$

(c) $$E = hf = (6.626 \times 10^{-34}\ \mathrm{J \cdot s})(46.0 \times 10^{6}\ \mathrm{s^{-1}})\left(\frac{1.00\ \mathrm{eV}}{1.60 \times 10^{-19}\ \mathrm{J}}\right) = \boxed{1.91 \times 10^{-7}\ \mathrm{eV}}$$

(ii) 파장은 다음과 같다.

(a) $$\lambda = \frac{c}{f} = \frac{3.00 \times 10^{8}\ \mathrm{m/s}}{620 \times 10^{12}\ \mathrm{Hz}} = 4.84 \times 10^{-7}\ \mathrm{m} = \boxed{484\ \mathrm{nm}}$$

(b) $$\lambda = \frac{c}{f} = \frac{3.00 \times 10^{8}\ \mathrm{m/s}}{3.10 \times 10^{9}\ \mathrm{Hz}} = 9.68 \times 10^{-2}\ \mathrm{m} = \boxed{9.68\ \mathrm{cm}}$$

(c) $$\lambda = \frac{c}{f} = \frac{3.00 \times 10^{8}\ \mathrm{m/s}}{46.0 \times 10^{6}\ \mathrm{Hz}} = \boxed{6.52\ \mathrm{m}}$$

(iii) 스펙트럼의 일부:

(a) 가시광선(파란색)
(b) 라디오파
(c) 라디오파

4.

(a) 슈테판 법칙에 의하면

$$T=\left(\frac{P}{eA\sigma}\right)^{1/4}=\left[\frac{3.85\times10^{26}\text{ W}}{1[4\pi(6.96\times10^{8}\text{ m})^2](5.67\times10^{-8}\text{ W/m}^2\cdot\text{K}^4)}\right]^{1/4}=5.78\times10^{3}\text{ K}$$

(b) $\lambda_{\max}=\dfrac{2.898\times10^{-3}\text{ m}\cdot\text{K}}{T}=\dfrac{2.898\times10^{-3}\text{ m}\cdot\text{K}}{5.78\times10^{3}\text{ K}}=5.01\times10^{-7}\text{ m}=501\text{ nm}$

28.2 광전 효과

5.

(a) $\lambda_c=\dfrac{hc}{\phi}=\dfrac{(6.626\times10^{-34}\text{ J}\cdot\text{s})(2.998\times10^{8}\text{ m/s})}{(4.20\text{ eV})(1.602\times10^{-19}\text{ J/eV})}=295\text{ nm}$ 이므로,

$$f_c=\frac{c}{\lambda_c}=\frac{2.998\times10^{8}\text{ m/s}}{295\times10^{-9}\text{ m}}=1.02\times10^{15}\text{ Hz}=1.02\text{ PHz}$$

(b) $\dfrac{hc}{\lambda}=\phi+e\Delta V_S$ 로부터

$$\frac{(6.626\times10^{-34}\text{ J}\cdot\text{s})(2.998\times10^{8}\text{ m/s})}{180\times10^{-9}\text{ m}}=(4.20\text{ eV})(1.602\times10^{-19}\text{ J/eV})+(1.602\times10^{-19})\Delta V_S$$

$$\Delta V_S=2.69\text{ V}$$

6.

$$K_{\max}=\frac{1}{2}mu_{\max}^2=\frac{1}{2}(9.11\times10^{-31}\text{ kg})(4.60\times10^{5}\text{ m/s})^2$$
$$=9.64\times10^{-20}\text{ J}=0.602\text{ eV}$$

(a) $\phi=E-K_{\max}=\dfrac{1\,240\text{ eV}\cdot\text{nm}}{625\text{ nm}}-0.602\text{ eV}=\boxed{1.38\text{ eV}}$

(b) 차단 진동수에서, 광자의 에너지는 일함수와 같다. 따라서,

$$E=hf=\phi\quad\rightarrow\quad f=\frac{\phi}{h}=\frac{1.38\text{ eV}}{6.626\times10^{-34}\text{ J}\cdot\text{s}}\left(\frac{1.60\times10^{-19}\text{ J}}{1\text{ eV}}\right)$$
$$=\boxed{3.34\times10^{14}\text{ Hz}}$$

28.3 콤프턴 효과

7. 광자의 운동량은 산란 전에는 $p_0=E_0/c=h/\lambda_0$ 이고, 산란 후에는 $p'=h/\lambda'$ 이다. 산란 후 전자의 운동량은 p_e 이다.

(a) x 방향의 운동량 보존은 다음과 같다.

$$p_0 = p'\cos\theta + p_e\cos\theta$$

$$\frac{h}{\lambda_0} = \left(\frac{h}{\lambda'} + p_e\right)\cos\theta. \qquad [1]$$

y 방향의 운동량 보존은

$$0 = p'\sin\theta - p_e\sin\theta$$

$$p_e = p' = \frac{h}{\lambda'} \qquad [2]$$

식 [2]를 [1]에 대입하면

$$\frac{h}{\lambda_0} = \frac{2h}{\lambda'}\cos\theta$$

$$\lambda' = 2\lambda_0\cos\theta. \qquad [3]$$

이다. 식 [3]을 컴프턴 식에 대입하면 다음과 같다.

$$\lambda' - \lambda_0 = \frac{h}{m_e c}(1-\cos\theta)$$

$$(2\lambda_0\cos\theta) - \lambda_0 = \frac{h}{m_e c}(1-\cos\theta)$$

$$\left(2\lambda_0 + \frac{h}{m_e c}\right)\cos\theta = \lambda_0 + \frac{h}{m_e c}$$

$$\left(2\frac{hc}{E_0} + \frac{h}{m_e c}\right)\cos\theta = \frac{hc}{E_0} + \frac{h}{m_e c}$$

$$\frac{1}{m_e c^2 E_0}\left(2m_e c^2 + E_0\right)\cos\theta = \frac{1}{m_e c^2 E_0}\left(m_e c^2 + E_0\right)$$

$$\cos\theta = \frac{m_e c^2 + E_0}{2m_e c^2 + E_0} \quad \rightarrow \quad \boxed{\theta = \cos^{-1}\left(\frac{m_e c^2 + E_0}{2m_e c^2 + E_0}\right)}$$

(b) 식 [3]을 이용하면

$$E' = \frac{hc}{\lambda'} = \frac{hc}{\lambda_0(2\cos\theta)} = \frac{E_0}{2\cos\theta} = \boxed{\frac{E_0\left(2m_e c^2 + E_0\right)}{2\left(m_e c^2 + E_0\right)}}$$

$$p' = \frac{E'}{c} = \boxed{\frac{E_0\left(2m_e c^2 + E_0\right)}{2c\left(m_e c^2 + E_0\right)}}.$$

(c) 에너지 보존으로부터

$$K_e = E_0 - E' = E_0 - \frac{E_0(2m_ec^2 + E_0)}{2(m_ec^2 + E_0)}$$

$$= \frac{2E_0(m_ec^2 + E_0) - E_0(2m_ec^2 + E_0)}{2(m_ec^2 + E_0)}$$

$$= \frac{(2E_0m_ec^2 + 2E_0^2) - (2E_0m_ec^2 + E_0^2)}{2(m_ec^2 + E_0)}$$

$$= \frac{2E_0m_ec^2 + 2E_0^2 - 2E_0m_ec^2 - E_0^2}{2(m_ec^2 + E_0)} = \boxed{\frac{E_0^2}{2(m_ec^2 + E_0)}}$$

식 [2]로부터

$$p_e = p' = \boxed{\frac{E_0(2m_ec^2 + E_0)}{2c(m_ec^2 + E_0)}}$$

8. $\dfrac{u}{c} = \dfrac{2.18 \times 10^6 \text{ m/s}}{3.00 \times 10^8 \text{ m/s}} = 0.00727 < 0.01$이므로 전자를 비상대적으로 다루고자 한다.

$$K_f = \frac{1}{2}m_e u^2,\ \Delta E = hf_0 - hf' = \frac{hc}{\lambda_0} - \frac{hc}{\lambda'} = K_f$$

여기서

$$\Delta\lambda = \lambda' - \lambda_0 = \frac{h}{m_ec}(1-\cos\theta),\quad \lambda' = \lambda_0 + \frac{h}{m_ec}(1-\cos\theta)$$

$$K_f = \frac{hc}{\lambda_0} - \frac{hc}{\lambda'} = \frac{(\lambda_0 - \lambda')}{\lambda_0\lambda'} = \frac{h}{m_ec}(1-\cos\theta)\frac{hc}{\lambda_0\lambda'}$$

$$m_ec\lambda_0\left[\lambda_0 + \frac{h}{m_ec}(1-\cos\theta)\right] = \frac{h^2c}{K_f}(1-\cos\theta)$$

$$m_ec\lambda_0^2 + h(1-\cos\theta)\lambda_0 - \frac{h^2c}{K_f}(1-\cos\theta) = 0$$

(a) $$\lambda_0 = \frac{h(1-\cos\theta) \pm \sqrt{[h(1-\cos\theta)]^2 - 4(m_ec)\left[-\frac{h^2c}{K_f}(1-\cos\theta)\right]}}{2m_ec}$$

$$= \frac{h(1-\cos\theta) \pm \sqrt{[h(1-\cos\theta)]^2 + \left[\frac{4h^2m_ec^2}{\frac{1}{2}m_eu^2}(1-\cos\theta)\right]}}{2m_ec}$$

$$= \frac{h(1-\cos\theta) \pm \sqrt{[h(1-\cos\theta)]^2 + \left[\frac{8h^2c^2}{u^2}(1-\cos\theta)\right]}}{2m_ec}$$

$$= \frac{h(1-\cos\theta)}{2m_ec}\left\{1 \pm \sqrt{1 + \left[\frac{8c^2}{u^2(1-\cos\theta)}\right]}\right\}$$

따라서 양수의 값을 선택하면

$$\lambda_0 = \frac{h(1-\cos\theta)}{2m_e c}\left\{1+\sqrt{1+\left[\frac{8c^2}{u^2(1-\cos\theta)}\right]}\right\}$$

$$= \frac{(6.63\times10^{-34}\ \mathrm{J\cdot s})(1-\cos17.4°)}{2(9.11\times10^{-31}\ \mathrm{kg})(3.00\times10^{8}\ \mathrm{m/s})}\left\{1+\sqrt{1+\left[\frac{8(3.00\times10^{8}\ \mathrm{m/s})^2}{(2.18\times10^{6}\ \mathrm{m/s})^2(1-\cos17.4°)}\right]}\right\}$$

$$= 1.01\times10^{-10}\ \mathrm{m} = 0.101\ \mathrm{nm}$$

(b) $\lambda' = \lambda_0 + \frac{h}{m_e c}(1-\cos\theta)$

$$= \frac{h(1-\cos\theta)}{2m_e c}\left\{1+\sqrt{1+\left[\frac{8c^2}{u^2(1-\cos\theta)}\right]}\right\}+\frac{h}{m_e c}(1-\cos\theta)$$

$$= \frac{h}{2m_e c}(1-\cos\theta)\left\{3+\sqrt{1+\left[\frac{8c^2}{u^2(1-\cos\theta)}\right]}\right\}$$

$$= 1.0116\times10^{-10}\ \mathrm{m}$$

산란각 ϕ,

$$0 = \frac{h}{\lambda'}\sin\theta - m_e u\sin\phi \quad\rightarrow\quad \sin\phi = \frac{h}{\lambda' m_e u}\sin\theta$$

$$\phi = \sin^{-1}\left(\frac{h}{\lambda' m_e u}\sin\theta\right)$$

$$= \sin^{-1}\left(\frac{6.63\times10^{-34}\ \mathrm{J\cdot s}}{\lambda'(9.11\times10^{-31}\ \mathrm{kg})(2.18\times10^{6}\ \mathrm{m/s})}\sin17.4°\right) = 80.8°$$

9. $K_e = E'$ 과 $K_e = E_0 - E'$ 으로부터 $E' = E_0 - E' \quad\rightarrow\quad E' = \frac{E_0}{2}$

$$\lambda' = \frac{hc}{E'} = \frac{hc}{E_0/2} = 2\frac{hc}{E_0} = 2\lambda_0$$

컴프턴 식에서

$$\lambda' = \lambda_0 + \lambda_C(1-\cos\theta) \quad\rightarrow\quad 2\lambda_0 = \lambda_0 + \lambda_C(1-\cos\theta)$$

이므로, 따라서

$$1-\cos\theta = \frac{\lambda_0}{\lambda_C} = \frac{0.001\,60}{0.002\,43} \quad\rightarrow\quad \theta = \boxed{70.0°}$$

28.4 광자와 전자기파

10.

광자의 에너지는

$$E = \frac{hc}{\lambda} = \frac{(6.626\times10^{-34}\ \mathrm{J\cdot s})(3.00\times10^{8}\ \mathrm{m/s})}{633\times10^{-9}\ \mathrm{m}} = 3.14\times10^{-19}\ \mathrm{J}$$

이고, 빔이 운반하는 일률은

$$(2.00\times10^{18}\ \mathrm{photons/s})(3.14\times10^{-19}\ \mathrm{J/photon}) = 0.628\ \mathrm{W}$$

이다. 이 세기가 평균 포인팅 벡터이다. 즉,

$$I = S_{avg} = \frac{P}{\pi r^2} = \frac{0.628 \text{ W}}{\pi\left(\frac{1.75\times 10^{-3} \text{ m}}{2}\right)^2} = 2.61\times 10^5 \text{ W/m}^2$$

(a) $$S_{avg} = \frac{1}{\mu_0}E_{rms}B_{rms} = \frac{E_{max}^2}{2\mu_0 c}$$

$$\begin{aligned} E_{max} &= \left(2\mu_0 c S_{avg}\right)^{1/2} \\ &= \left[2\left(4\pi\times 10^{-7} \text{ Tm/A}\right)\left(3.00\times 10^8 \text{ m/s}\right)\left(2.61\times 10^5 \text{ W/m}^2\right)\right]^{1/2} \\ &= 1.40\times 10^4 \text{ N/C} = \boxed{14.0 \text{ kV/m}} \end{aligned}$$

(b) $$B_{max} = \frac{E_{max}}{c} = \frac{1.40\times 10^4 \text{ N/C}}{3.00\times 10^8 \text{ m/s}} = 4.68\times 10^{-5} \text{ T} = \boxed{46.8 \ \mu\text{T}}$$

(c) 광자 하나가 운반하는 운동량은 E/c이고, 빔이 전달하는 단위 시간당 운동량은 P/c이다. 빔이 완전 반사면에서 단위 시간당 전달하는 운동량은

$$\frac{2P}{c} = \text{힘} = \frac{2(0.628 \text{ W})}{3.00\times 10^8 \text{ m/s}} = 4.19\times 10^{-9} \text{ N} = 4.19 \text{ nN}.$$

(d) 얼음 덩어리는 $mL = P\Delta t$의 에너지를 흡수하며, 녹는 질량은

$$m = \frac{P\Delta t}{L} = \frac{(0.628 \text{ W})\left[1.50(3\,600 \text{ s})\right]}{3.33\times 10^5 \text{ J/kg}} = 1.02\times 10^{-2} \text{ kg} = \boxed{10.2 \text{ g}}$$

11. 광자의 진동수와 파장은 다음과 같다.

$$f = \frac{E}{h} = \frac{10.0\left(1.602\times 10^{-19} \text{ J}\right)}{6.626\times 10^{-34} \text{ J}\cdot\text{s}} = 2.42\times 10^{15} \text{ Hz}$$

$$\lambda = c/f = (3.00\times 10^8 \text{ m/s})/(2.41\times 10^{15}/\text{s}) = 124 \text{ nm}$$

이 정의에 따르면 광자 에너지가 10 eV 이상이려면, 전리 방사선은 파장이 124 nm보다 짧은 자외선, x선, γ선이다. 즉, 진동수가 2.42×10^{15} Hz보다 높다.

28.5 입자의 파동적 성질

12.

(a) $$p = \frac{h}{\lambda} = \frac{6.63\times 10^{-34} \text{ J}\cdot\text{s}}{4.00\times 10^{-7} \text{ m}} = 1.66\times 10^{-27} \text{ kg}\cdot\text{m/s}$$

(b) $$u = \frac{p}{m_e} = \frac{1.66\times 10^{-27} \text{ kg}\cdot\text{m/s}}{9.11\times 10^{-31} \text{ kg}} = 1.82\times 10^3 \text{ m/s} = 1.82 \text{ km/s}$$

13.

(a) 전자: $\lambda = \dfrac{h}{p}$이고 $K = \dfrac{1}{2}m_e u^2 = \dfrac{m_e^2 u^2}{2m_e} = \dfrac{p^2}{2m_e}$이므로

$$p = \sqrt{2m_e K}$$

$$\lambda = \frac{h}{\sqrt{2m_e K}} = \frac{6.626\times10^{-34}\ \mathrm{J\cdot s}}{\sqrt{2(9.11\times10^{-31}\ \mathrm{kg})(3.00)(1.60\times10^{-19}\ \mathrm{J})}}$$

$$\lambda = 7.09\times10^{-10}\ \mathrm{m} = \boxed{0.709\ \mathrm{nm}}$$

(b) 광자: $\lambda = \frac{c}{f}$ 이고 $E = hf$ 이므로

$$\lambda = \frac{hc}{E} = \frac{1240\ \mathrm{eV\cdot nm}}{3.00\ \mathrm{eV}} = \boxed{413\ \mathrm{nm}}.$$

14.

(a) $\lambda \sim 10^{-14}\ \mathrm{m}$ 이하, $p = \frac{h}{\lambda} \sim \frac{6.626\times10^{-34}\ \mathrm{J\cdot s}}{10^{-14}\ \mathrm{m}} \approx 10^{-19}\ \mathrm{kg\cdot m/s}$ 이상

따라서 전자의 에너지는

$$E = \sqrt{p^2c^2 + m_e^2c^4} \sim \sqrt{(10^{-19})^2(3\times10^8)^2 + (9.1\times10^{-31})^2(3\times10^8)^4}$$

$$E \sim 10^{-11}\ \mathrm{J} \sim 10^8\ \mathrm{eV}\ \text{이상}$$

따라서 $K = E - m_ec^2 \sim 10^8\ \mathrm{eV} - (0.5\times10^6\ \mathrm{eV}) \sim 10^8\ \mathrm{eV}$ 이상

(b) $U_e = \frac{k_e q_1 q_2}{r} \sim \frac{(9\times10^9\ \mathrm{N\cdot m^2/C^2})[10(1.60\times10^{-19}\ \mathrm{C})](-e)}{0.5\times10^{-14}\ \mathrm{m}} \sim -10^6\ \mathrm{eV}$

(c) $K + U_e \sim 10^8\ \mathrm{eV} \gg 0$,

즉, 전자는 핵에 국한될 수 없다.

28.6 새 모형: 양자 입자

15.

(a) 입자는 자유롭게 움직이므로 퍼텐셜 에너지가 없다. 이 입자의 에너지와 운동량은

$E = K = ½mu^2 = hf = (h/2\pi)(2\pi f) = \hbar\omega.$

$$p = mu = h/\lambda = (h/2\pi)(2\pi/\lambda) = \hbar k.$$

이다. 따라서

$$\omega = K/\hbar \text{ 이고 } k = p/\hbar$$

이다. 그러면 위상 속력은

$$v_{\mathrm{phase}} = f\lambda = \frac{mu^2}{2h}\frac{h}{mu} = \boxed{\frac{u}{2}}$$

(b) 위상 속력은 양자 입자가 질량, 에너지, 운동량을 전달하는 실험적으로 측정 가능한 속력 u의 절반에 불과하다는 것을 알 수 있다. 그림 28.17에서 개별 파동 봉우리는 포락선이 앞으로 이동하는 것보다 더 느리게 앞으로 이동하므로, 개별 봉우리는 그것을 포함하는 파동 묶음에 비해 뒤로 이동하는 것처럼 보인다.

16. 위상 속력 $v_p = \frac{\omega}{k}$ 가 입자의 속력이 아님을 증명하는 것으로 시작한다.

$$v_p = \frac{\omega}{k} = \frac{\sqrt{p^2c^2 + m^2c^4}\hbar}{\hbar\gamma mu} = \frac{\sqrt{\gamma^2 m^2 u^2 c^2 + m^2c^4}}{\sqrt{\gamma^2 m^2 u^2}}$$

$$= c\sqrt{1 + \frac{c^2}{\gamma^2 u^2}} = c\sqrt{1 + \frac{c^2}{u^2}\left(1 - \frac{u^2}{c^2}\right)} = c\sqrt{1 + \frac{c^2}{u^2} - 1} = \frac{c^2}{u}$$

사실, 위상 속력은 빛의 속력보다 크다! 파동 함수에서 일정한 위상의 한 점은 질량, 에너지 정보를 가지고 있지 않다.

이제 군 속력에 대해 알아보면,

$$v_g = \frac{d\omega}{dk} = \frac{d(\hbar\omega)}{d(\hbar k)} = \frac{dE}{dp} = \frac{d}{dp}\sqrt{m^2c^4 + p^2c^2}$$

$$= \frac{1}{2}\left(m^2c^4 + p^2c^2\right)^{-1/2}\left(0 + 2pc^2\right) = \sqrt{\frac{p^2c^4}{p^2c^2 + m^2c^4}}$$

$$= c\sqrt{\frac{\gamma^2 m^2 u^2}{\gamma^2 m^2 u^2 + m^2c^2}}$$

$$= c\sqrt{\frac{u^2/\left(1 - u^2/c^2\right)}{u^2/\left(1 - u^2/c^2\right) + c^2}} = c\sqrt{\frac{u^2/\left(1 - u^2/c^2\right)}{\left(u^2 + c^2 - u^2\right)/\left(1 - u^2/c^2\right)}} = u$$

이다. 이 속력이 질량, 에너지, 운동량을 전달하는 속력이다.

28.7 양자적 관점에서 이중 슬릿 실험

17.

(a) $$\lambda = \frac{h}{mu} = \frac{6.626 \times 10^{-34}\ \mathrm{J \cdot s}}{\left(1.67 \times 10^{-27}\ \mathrm{kg}\right)(0.400\ \mathrm{m/s})} = 9.92 \times 10^{-7}\ \mathrm{m} = \boxed{992\ \mathrm{nm}}$$

(b) 다중 슬릿 실험에서 샹쇄 간섭의 경우, $d\sin\theta = \left(m + \frac{1}{2}\right)\lambda$ 이고 첫 번째 극소는 $m = 0$ 이다. 또한 $\frac{y}{L} = \tan\theta \approx \sin\theta = \left(\frac{1}{2}\right)\frac{\lambda}{d}$ 이므로

$$y = L\tan\theta = \frac{\lambda L}{2d} = \frac{\left(9.92 \times 10^{-7}\ \mathrm{m}\right)(10.0\ \mathrm{m})}{2\left(1.00 \times 10^{-3}\ \mathrm{m}\right)} = 4.96 \times 10^{-3}\ \mathrm{m}$$

$$= \boxed{4.96\ \mathrm{mm}}$$

(c) 아니오. 중성자가 통과한 슬릿을 식별할 방법은 없다. 한 번에 한 개씩 중성자가 슬릿 쌍에 입사하더라도 간섭 무늬는 여전히 생긴다. 따라서 실제로 각 중성자는 두 슬릿을 모두 통과한다.

18. $d\sin\theta = m\lambda$ 로부터

$$(0.0600\times10^{-6}\ \mathrm{m})\sin\left[\tan^{-1}\left(\frac{0.400\times10^{-3}\ \mathrm{m}}{20.0\times10^{-2}\ \mathrm{m}}\right)\right]=(1)\lambda=1.20\times10^{-10}\ \mathrm{m}.$$

$\lambda=\dfrac{h}{m_e u} \quad \rightarrow \quad m_e u=\dfrac{h}{\lambda}$ 이므로

$$K=\frac{1}{2}m_e u^2=\frac{m_e^2u^2}{2m_e}=\frac{h^2}{2m_e\lambda^2}=e\triangle V \text{ 이며}$$

$$\triangle V=\frac{h^2}{2em_e\lambda^2}=\frac{(6.626\times10^{-34}\ \mathrm{J\cdot s})^2}{2(1.60\times10^{-19}\ \mathrm{C})(9.11\times10^{-31}\ \mathrm{kg})(1.20\times10^{-10}\ \mathrm{m})^2}=105\ \mathrm{V}$$

28.8 불확정성 원리

19. 입자 하나의 경우, $\Delta p=m\Delta u$ 이고 $\Delta x=\dfrac{h}{4\pi\Delta p}=\dfrac{h}{4\pi m\Delta u}$

전자의 경우,

$$\Delta x=\frac{h}{4\pi m_e\Delta u}$$

$$=\frac{6.626\times10^{-34}\ \mathrm{J\cdot s}}{4\pi(9.11\times10^{-31}\ \mathrm{kg})[(500\ \mathrm{m/s})(1.00\times10^{-4})]}=1.16\ \mathrm{mm}$$

총알의 경우

$$\Delta x=\frac{h}{4\pi m_b\Delta u}$$

$$=\frac{6.626\times10^{-34}\ \mathrm{J\cdot s}}{4\pi(0.020\,0\ \mathrm{kg})[(500\ \mathrm{m/s})(1.00\times10^{-4})]}=5.28\times10^{-32}\ \mathrm{m}$$

전자의 경우 1.16 mm 이내, 총알의 경우 5.28×10^{-32} m 이내에서 위치를 결정할 수 있다.

20. $\Delta E\geqq\dfrac{h}{4\pi\Delta t}=\dfrac{6.626\times10^{-34}\ \mathrm{J\cdot s}}{4\pi(2\times10^{-6}\ \mathrm{s})}=3\times10^{-29}\ \mathrm{J}\approx2\times10^{-10}\ \mathrm{eV}$

28.9 양자 역학의 해석

21.

(a) x가 λ만큼 변하고 kx가 2π만큼 변할 때, 파동 함수

$$\psi(x)=Ae^{i(5.00\times10^{10}x)}=A\cos(5\times10^{10}x)+Ai\sin(5\times10^{10}x)=A\cos(kx)+Ai\sin(kx)$$

는 완전히 한 번 반복된다.

$$k = \frac{2\pi}{\lambda} = 5.00 \times 10^{10}\ \text{m}^{-1}$$

$$\lambda = \frac{2\pi}{k} = \frac{2\pi}{5.00 \times 10^{10}\ \text{m}^{-1}} = 1.26 \times 10^{-10}\ \text{m} = 126 \times 10^{-12}\ \text{m}$$
$$= \boxed{126\ \text{pm}}$$

(b) $p = \frac{h}{\lambda} = \frac{h}{2\pi}\frac{2\pi}{\lambda} = \frac{h}{2\pi}k = \left(\frac{6.626 \times 10^{-34}\ \text{J}\cdot\text{s}}{2\pi}\right)(5.00 \times 10^{10}\ \text{m}^{-1})$

$$= \boxed{5.27 \times 10^{-24}\ \text{kg}\cdot\text{m/s}}$$

(c) $m_e = 9.11 \times 10^{-31}\ \text{kg}$

$$K = \frac{m_e^2 u^2}{2m_e} = \frac{p^2}{2m}$$

$$= \frac{(5.27 \times 10^{-24}\ \text{kg}\cdot\text{m/s})^2}{2(9.11 \times 10^{-31}\ \text{kg})} = 1.52 \times 10^{-17}\ \text{J} = \frac{1.52 \times 10^{-17}\ \text{J}}{1.60 \times 10^{-19}\ \text{J/eV}}$$

$$= \boxed{95.3\ \text{eV}}$$

22.

(a) $\frac{f(x)}{A} = e^{-|x|/a}$의 그래프는 오른쪽 그림과 같다. 범위는 $-3 < \frac{x}{a} < 3$이다.

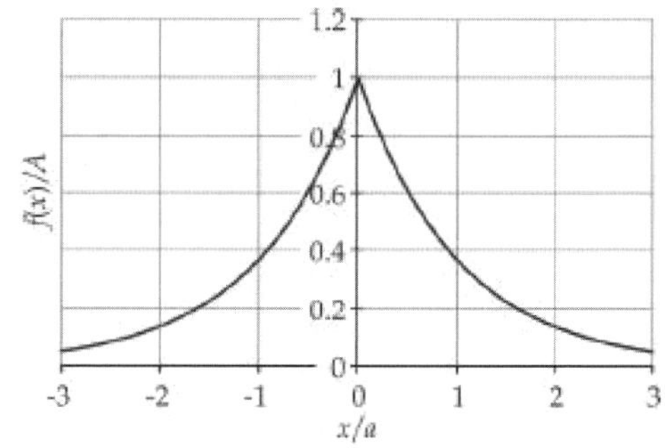

(b) $\int |\psi|^2 dx = 1$

$$\int_{-\infty}^{\infty} A^2 e^{-2|x|/a} dx = 2\int_0^{\infty} A^2 e^{-2|x|/a} dx = 1$$

$$-aA^2 e^{-2|x|/a}\Big|_0^{\infty} = aA^2 = 1 \rightarrow A = \frac{1}{\sqrt{a}}$$

(c) $P = \int_{-a}^{a} \frac{e^{-2|x|/a}}{a} dx = 2\int_0^{a} \frac{e^{-2|x|/a}}{a} dx$
$= -e^{-2} + 1 = 0.865$

28.10 상자 내 입자

23.

(a) 식 28.35에서, 상자 속 전자의 허용 에너지 준위는 다음과 같다.

$$E_n = \left(\frac{h^2}{8m_e L^2}\right)n^2 \qquad n = 1, 2, 3, \ldots$$

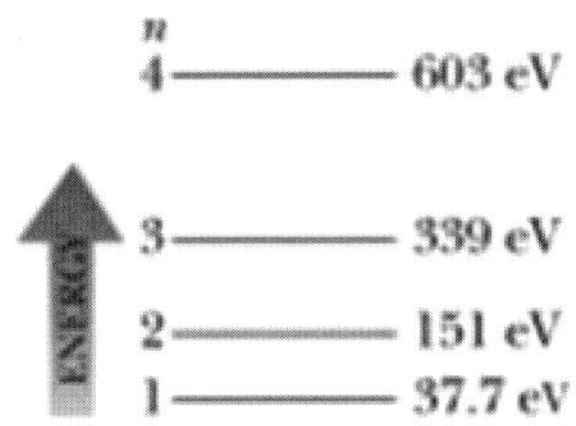

$$E_n = \left[\frac{(6.626\times10^{-34}\ \mathrm{J\cdot s})^2}{8(9.11\times10^{-31}\ \mathrm{kg})(0.100\times10^{-9}\ \mathrm{m})^2}\right]n^2$$

$$= (6.02\times10^{-18}\ \mathrm{J})n^2 = (37.7\ \mathrm{eV})n^2$$

(b) 전자가 높은 준위 n에서 낮은 레벨 n으로 떨어지면, 에너지를 방출한다.

$$\Delta E_n = \left(\frac{h^2}{8m_e L^2}\right)\left(n_i^2 - n_f^2\right) = (37.7\ \mathrm{eV})\left(n_i^2 - n_f^2\right)$$

이때 방출되는 광자의 파장은

$$\lambda = \frac{hc}{\Delta E_n} = \frac{8m_e cL^2}{h\left(n_i^2 - n_f^2\right)}$$

$$= \frac{8(9.109\times10^{-31}\ \mathrm{kg})(2.998\times10^{8}\ \mathrm{m/s})(0.100\times10^{-9}\ \mathrm{m})^2}{(6.626\times10^{-34}\ \mathrm{J\cdot s})\left(n_i^2 - n_f^2\right)} \times\left(\frac{1\ \mathrm{nm}}{10^{-9}\ \mathrm{m}}\right)$$

$$= \frac{33.0\ \mathrm{nm}}{\left(n_i^2 - n_f^2\right)}$$

이다. 예를 들어, 4 $\rightarrow$3으로의 전이의 경우, 광자의 파장은

$$\lambda = \frac{33.0\ \mathrm{nm}}{(4)^2 - (3)^2} = 4.71\ \mathrm{nm}$$

이다. 모든 가능한 전이에 의해 생긴 파장은 다음과 같다.

Transition	$4\rightarrow3$	$4\rightarrow2$	$4\rightarrow1$	$3\rightarrow2$	$3\rightarrow1$	$2\rightarrow1$
λ (nm)	4.71	2.75	2.20	6.59	4.12	11.0

24. $\int |\psi|^2 dx = 1$ 로부터

$$\int_0^L A^2 \sin^2\left(\frac{n\pi x}{L}\right)dx = \int_0^L A^2 \frac{1-\cos[2(\pi x/L)]}{2}dx = 1$$

$$\frac{A^2 L}{2} = 1$$

$$A = \sqrt{\frac{2}{L}}$$

28.11 분석 모형: 경계 조건하의 양자 입자
28.12 슈뢰딩거 방정식

25.

(a) $n=1$일 때 파동 함수는 $\psi_1(x)=\sqrt{\dfrac{2}{L}}\cos\left(\dfrac{\pi x}{L}\right)$이며, 확률 밀도는

$$P_1(x)=|\psi_1(x)|^2=\frac{2}{L}\cos^2\left(\frac{\pi x}{L}\right)$$

$n=2$일 때 파동 함수는 $\psi_2(x)=\sqrt{\dfrac{2}{L}}\sin\left(\dfrac{2\pi x}{L}\right)$이며, 확률 밀도는

$$P_2(x)=|\psi_2(x)|^2=\frac{2}{L}\sin^2\left(\frac{2\pi x}{L}\right)$$

$n=3$일 때 파동 함수는 $\psi_3(x)=\sqrt{\dfrac{2}{L}}\cos\left(\dfrac{3\pi x}{L}\right)$이며, 확률 밀도는

$$P_3(x)=|\psi_3(x)|^2=\frac{2}{L}\cos^2\left(\frac{3\pi x}{L}\right)$$

(b) 파동 함수와 확률 밀도 함수는 다음과 같다.

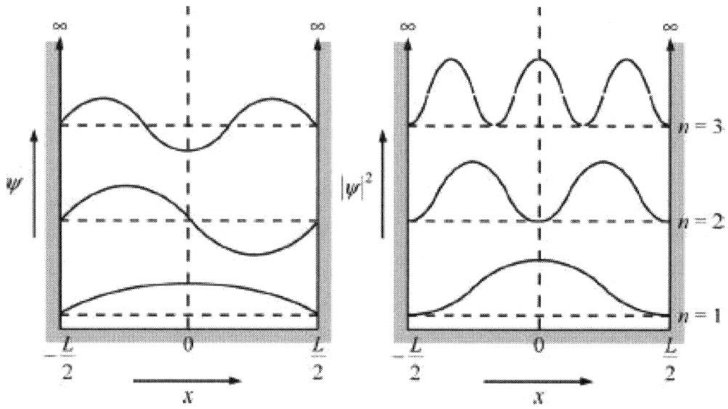

26. 파동 함수 ψ로부터

$$\psi=Ae^{i(kx-\omega t)}\ \rightarrow\ \frac{\partial\psi}{\partial x}=ik\psi\ \rightarrow\ \frac{\partial^2\psi}{\partial x^2}=-k^2\psi.$$

슈뢰딩거 방정식

$$-\frac{\hbar^2}{2m}\frac{d^2\psi}{dx^2}+U\psi=E\psi$$

은 $U=0$일 때,

$$-\frac{\hbar^2}{2m}\left(-k^2\psi\right)=E\psi$$

$$\frac{\hbar^2k^2}{2m}\psi=E\psi$$

이다. 이는 $E=\dfrac{\hbar^2k^2}{2m}$이면 모든 x에 대하여 항등성(함수적 동등성)으로 참이다. 그리고

$$\frac{\hbar^2 k^2}{2m} = \frac{1}{2m}\left(\frac{h}{2\pi}\right)^2\left(\frac{2\pi}{\lambda}\right)^2 = \frac{1}{2m}\left(\frac{h}{\lambda}\right)^2 = \frac{p^2}{2m} = K$$

추가문제

27. $\lambda' - \lambda = \frac{h}{m_e c}(1-\cos\theta)$

처음 양성자 에너지 $E_0 = \frac{hc}{\lambda_0}$

산란 후 에너지는

$$E' = \frac{hc}{\lambda'} = \frac{hc}{\lambda_0 + \Delta\lambda} = hc\left[\lambda_0 + \frac{h}{m_e c}(1-\cos\theta)\right]^{-1}$$

$$= \frac{hc}{\lambda_0}\left[1 + \frac{hc}{m_e c^2 \lambda_0}(1-\cos\theta)\right]^{-1} = E_0\left[1 + \frac{E_0}{m_e c^2}(1-\cos\theta)\right]^{-1}$$

따라서 $E' = \dfrac{E_0}{1+\left(\dfrac{E_0}{m_e c^2}\right)(1-\cos\theta)}$

28.

(a) 확률 밀도는

$|\Psi(x)|^2 = 0, \quad x < 0$

$|\Psi(x)|^2 = \frac{2}{a}e^{-2x/a}, \quad x > 0$

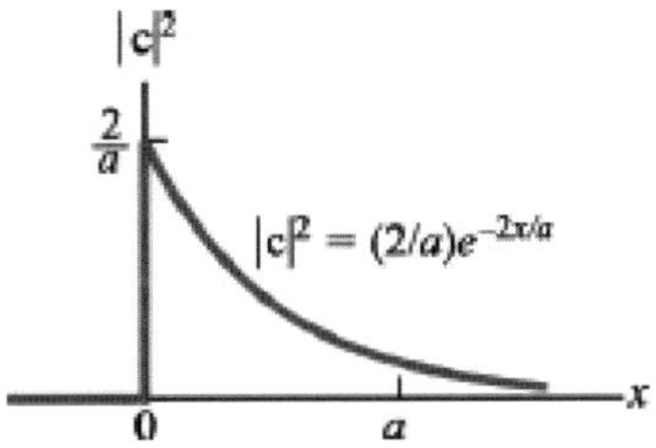

(b) $P(x<0) = \int_{-\infty}^{0} |\Psi(x)|^2 dx = \int_{-\infty}^{0} (0) dx = 0$

(c) $\int_{-\infty}^{0} 0\,dx + \int_{0}^{\infty}\left(\frac{2}{a}\right)e^{-2x/a}dx = 0 - e^{-2x/a}|_0^\infty = -(e^{-\infty}-1) = 1$

(d) $P(0<x<a) = \int_0^a |\Psi|^2 dx = \int_0^a \left(\frac{2}{a}\right)e^{-2x/a}dx = -e^{-2x/a}|_0^a$

$= 1 - e^{-2} = 0.865$

29.

$$\langle x^2\rangle = \int_{-\infty}^{\infty} x^2|\psi|^2\,dx$$

너비가 L인 일차원 상자의 경우,

$$\psi_n = \sqrt{\frac{2}{L}}\sin\left(\frac{n\pi x}{L}\right)$$

$$\langle x^2\rangle = \frac{2}{L}\int_0^L x^2\sin^2\left(\frac{n\pi x}{L}\right)dx$$

이고, 다음과 같이 치환하면,

$$y = \frac{n\pi x}{L} \rightarrow dy = \frac{n\pi}{L}dx$$

$$x = \frac{L}{n\pi}y \rightarrow dx = \frac{L}{n\pi}dy$$

그러면 적분은 다음과 같이 된다.

$$\langle x^2\rangle = \frac{2}{L}\left(\frac{L}{n\pi}\right)^3\int_0^{n\pi} x^2\sin^2 y\,dy$$

$$= \frac{2L^2}{(n\pi)^3}\left[\frac{y^3}{6}-\left(\frac{y^2}{4}-\frac{1}{8}\right)\sin 2y-\frac{y}{4}\cos 2y\right]\Bigg|_0^{n\pi}$$

$$= \frac{2L^2}{(n\pi)^3}\left[\frac{(n\pi)^3}{6}-\frac{n\pi}{4}\cos 2(n\pi)\right]$$

$$= \frac{2L^2}{(n\pi)^3}\left[\frac{(n\pi)^3}{6}-\frac{n\pi}{4}\right] = \frac{L^2}{3}-\frac{L^2}{2n^2\pi^2}$$

29장 원자 물리학

29.1 초창기 원자 구조 모형

1.

(a) 궤도에서 달의 속력은

$$v = \frac{2\pi r}{T} = \frac{2\pi(3.84\times10^8\text{ m})}{2.36\times10^6\text{ s}} = 1.02\times10^3\text{ m/s}$$

이므로

$$L = mvr = (7.36\times10^{22}\text{ kg})(1.02\times10^3\text{ m/s})(3.84\times10^8\text{ m})$$
$$= \boxed{2.89\times10^{34}\text{ kg}\cdot\text{m}^2/\text{s}}$$

(b)

$$n = \frac{L}{\hbar} = \frac{2.89\times10^{34}\text{ kg}\cdot\text{m}^2/\text{s}}{1.055\times10^{-34}\text{ J}\cdot\text{s}} = \boxed{2.74\times10^{68}}.$$

(c)

$$n\hbar = L = mvr = m\left(\frac{GM_e}{r}\right)^{1/2} r$$

이므로

$$r = \frac{\hbar^2}{m^2GM_e}n^2 = Rn^2$$

이고

$$\frac{\Delta r}{r} = \frac{(n+1)^2R - n^2R}{n^2R} = \frac{2n+1}{n^2}$$

이다. 이는 대략 다음과 같다.

$$\frac{2}{n} = 7.30\times10^{-69}$$

2. 고전적 모형에 따르면, 수소 원자의 양성자를 중심으로 등속 원운동을 하는 입자로 움직이는 전자는 $k_e e^2/r^2$의 힘을 받는다. 그리고 뉴턴의 제2법칙 $F = ma$로부터, 가속도는 $k_e e^2/m_e r^2$이다.

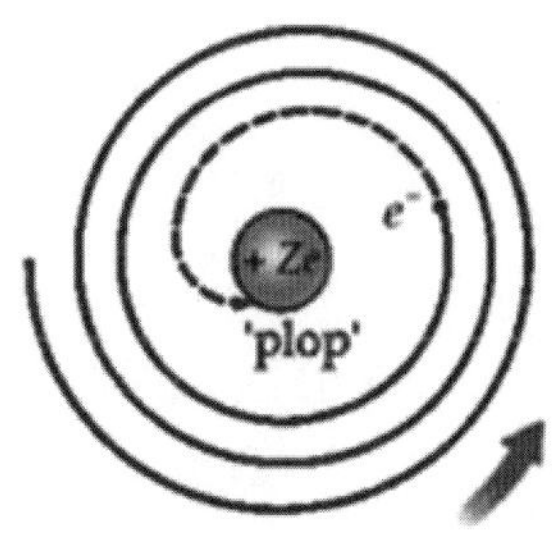

(a) 쿨롱 상수는 $k_e = \dfrac{1}{4\pi\epsilon_o}$ 이므로, 구심 가속도는

$$a = \frac{v^2}{r} = \frac{F}{m_e} = \frac{e^2}{4\pi\epsilon_0 r^2 m_e} \quad \rightarrow \quad m_e v^2 = \frac{e^2}{4\pi\epsilon_0 r}$$

이고, 전체 에너지는

$$E = K + U = \frac{m_e v^2}{2} - \frac{e^2}{4\pi\epsilon_0 r} = -\frac{e^2}{8\pi\epsilon_0 r}$$

이다. E와 a에 관한 식을 $\frac{dE}{dt}$에 대입하면,

$$\frac{dE}{dt}=\frac{-1}{6\pi\epsilon_0}\frac{e^2a^2}{c^3}$$

$$\frac{e^2}{8\pi\epsilon_0 r^2}\frac{dr}{dt}=\frac{-e^2}{6\pi\epsilon_0 c^3}\left(\frac{e^2}{4\pi\epsilon_0 r^2 m_e}\right)^2$$

이다. 따라서

$$\frac{dr}{dt}=-\frac{e^4}{12\pi^2\epsilon_0^2 m_e^2c^3}\left(\frac{1}{r^2}\right).$$

(b) 앞의 (a)에서의 결과로부터

$$\begin{aligned}T&=\int_0^T dt=-\int_{2.00\times10^{-10}\text{ m}}^{0}\frac{12\pi^2\epsilon_0^2 r^2m_e^2c^3}{e^4}dr\\&=\int_0^{2.00\times10^{-10}\text{ m}}\frac{12\pi^2\epsilon_0^2 r^2m_e^2c^3}{e^4}dr\\&=\frac{12\pi^2\epsilon_0^2 m_e^2c^3}{e^4}\frac{r^3}{3}\bigg|_0^{2.00\times10^{-10}}\\&=\frac{12\pi^2(8.85\times10^{-12}\text{ C})^2(9.11\times10^{-31}\text{ kg})^2(3.00\times10^8\text{ m/s})^3}{(1.60\times10^{-19}\text{ C})^4}\\&\qquad\times\frac{(2.00\times10^{-10}\text{ m})^3}{3}\\&=8.46\times10^{-10}\text{ s}=\boxed{0.846\text{ ns}}\end{aligned}$$

원자들은 0.8 ns보다 훨씬 오래 지속되므로, 고전적인 법칙은(다행히도!) 원자 크기의 계에는 적용되지 않는다.

3.

(a) 다섯 번째 들뜬 상태는 두 번째 들뜬 상태 위에 있어야 하며, 그 에너지 차이에 의한 광자 에너지는 다음과 같다.

$$\begin{aligned}E_{52}&=hf=\frac{hc}{\lambda}=\frac{(6.626\times10^{-34}\text{ J}\cdot\text{s})(3.00\times10^8\text{ m/s})}{520\times10^{-9}\text{ m}}\\&=3.82\times10^{-19}\text{ J}\end{aligned}$$

여섯 번째 들뜬 상태는 두 번째 들뜬 상태보다 에너지 차이가 다음과 같다.

$$E_{62}=\frac{(6.626\times10^{-34}\text{ J}\cdot\text{s})(3.00\times10^8\text{ m/s})}{410\times10^{-9}\text{ m}}=4.85\times10^{-19}\text{ J}$$

그러면 여섯 번째 들뜬 상태는 다섯 번째 들뜬 상태보다 다음의 에너지만큼 위에 있다.

$$(4.85-3.82)\times10^{-19}\text{ J}=1.03\times10^{-19}\text{ J}$$

6에서 5로 전이될 때, 원자는 다음과 같은 적외선 파장의 광자를 방출한다.

$$\lambda = \frac{hc}{E_{65}} = \frac{(6.626\times10^{-34}\ \text{J}\cdot\text{s})(3.00\times10^{8}\ \text{m/s})}{1.03\times10^{-19}\ \text{J}}$$
$$= 1.94\times10^{-6}\ \text{m} = \boxed{1.94\ \mu\text{m}}$$

29.2 다시 보는 수소 원자

4.

(a) 가장 긴 파장은 가장 낮은 진동수와 가장 작은 에너지를 의미한다. 전자는 $n = 3$에서 $n = 2$로 전이한다.

$$\Delta E = -\frac{13.6\ \text{eV}}{3^2} + \frac{13.6\ \text{eV}}{2^2} = \boxed{1.89\ \text{eV}}$$

(b) 광자 파장은

$$\lambda = \frac{c}{f} = \frac{hc}{\Delta E} = \frac{1\,240\ \text{eV}\cdot\text{nm}}{(1.89\ \text{eV})} = \boxed{656\ \text{nm}}$$

이것은 빨간 발머-알파 선으로, 태양의 채층과 오리온 성운 사진에 특징적인 색상이다.

(c) 가장 짧은 파장은 가장 높은 진동수와 가장 큰 에너지를 의미한다. 전자는 $n = \infty$에서 $n = 2$로 전이한다.

$$\Delta E = -\frac{13.6\ \text{eV}}{\infty} + \frac{13.6\ \text{eV}}{2^2} = \boxed{3.40\ \text{eV}}$$

(d) 광자 파장은

$$\lambda = \frac{c}{f} = \frac{hc}{\Delta E} = \frac{1\,240\ \text{eV}\cdot\text{nm}}{3.40\ \text{eV}} = \boxed{365\ \text{nm}}$$

(e) 이것은 근자외선에서 발머 계열 한계인 365 nm이다.

5.

(a) $E_n = (-13.6\ \text{eV})\dfrac{Z^2}{n^2}$

$Z = 2$인 He^{+} 이온에 대한 에너지 도표

$$E_n = -\frac{54.4\ \text{eV}}{n^2},\ n = 1,\ 2,\ 3,\ \ldots$$

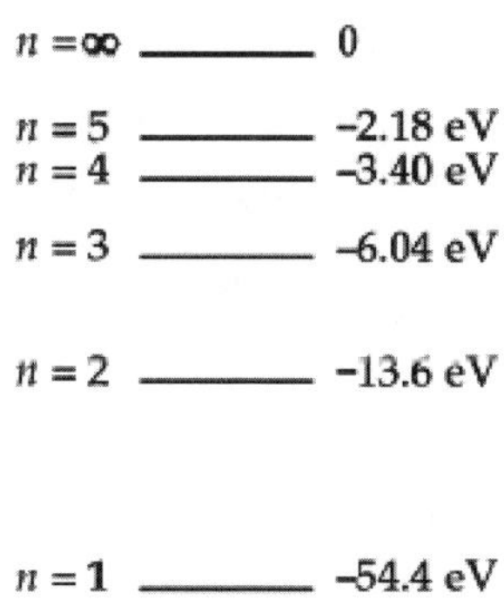

(b) $E = E_\infty - E_1 = 0 - \dfrac{(-13.6\ \text{eV})(2)^2}{(1)^2} = 54.4\ \text{eV}$

6.

(a) $r_n = n^2 a_0 = n^2(0.0529\ \text{nm})$

$\therefore\ r_3 = (3)^2(0.0529\ \text{nm}) = 0.476\ \text{nm}$

(b) $m_e v_2 = m_e\sqrt{\dfrac{k_e e^2}{m_e r_2}} = \sqrt{\dfrac{m_e k_e e^2}{r_2}}$

$= \sqrt{\dfrac{(9.11\times10^{-31}\,\mathrm{kg})(8.99\times10^{9}\,\mathrm{N\cdot m^2/C^2})(1.602\times10^{-19}\,\mathrm{C})^2}{0.476\times10^{-9}\,\mathrm{m}}}$

$= 6.64\times10^{-25}\,\mathrm{kg\cdot m/s}$

따라서 전자의 드브로이 파장은

$$\lambda = \frac{h}{mv} = \frac{6.626\times10^{-34}\,\mathrm{J\cdot s}}{6.64\times10^{-25}\,\mathrm{kg\cdot m/s}}$$
$$= 9.97\times10^{-10}\,\mathrm{m} = 0.997\,\mathrm{nm}$$

7.

(a) 광자의 에너지는 2.28 eV이다. 그리고 수소 원자를 $n=2$인 상태에서 이온화하려면 13.6 eV/2^2 = 3.40 eV가 필요하다. 따라서 광자는 $n=2$로 미리 들뜬 수소 원자를 이온화할 수 없지만, $n=3$인 상태의 수소 원자를 에너지 -13.6 eV/3^2 = -1.51 eV로 이온화할 수 있다.

(b) 이렇게 자유로워진 전자는 다음의 운동 에너지를 가질 수 있다.

$$K_e = 2.28\,\mathrm{eV} - 1.51\,\mathrm{eV} = 0.769\,\mathrm{eV} = \frac{1}{2}m_e v^2$$

따라서,

$$v = \sqrt{\frac{2(0.769\,\mathrm{eV})(1.60\times10^{-19}\,\mathrm{J/eV})}{9.11\times10^{-31}\,\mathrm{kg}}} = 5.20\times10^{5}$$
$$= \boxed{520\,\mathrm{km/s}}$$

29.3 수소에 대한 파동 함수

8.

바닥 상태 수소의 파동 함수와 지름 방향 확률 분포 함수는 다음과 같다.

$$\psi_{1s}(r) = \frac{1}{\sqrt{\pi a_0^3}}e^{-r/a_0}$$

$$P_{1s}(r) = \frac{4r^2}{a_0^3}e^{-2r/a_0}$$

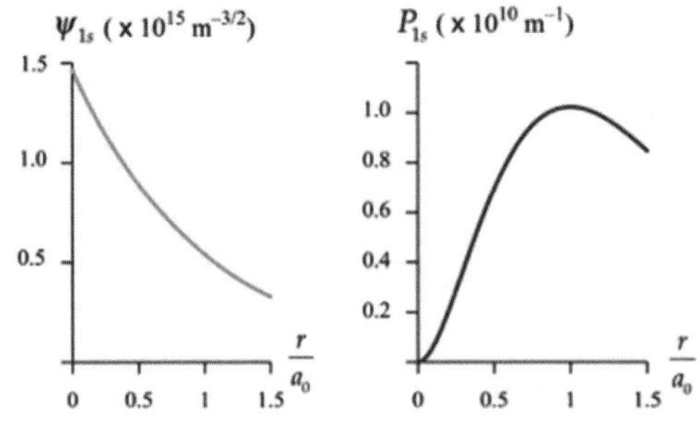

9.

(a) $\int|\psi|^2 dV = 4\pi\int_0^\infty|\psi|^2 r^2 dr = 4\pi\left(\frac{1}{\pi a_0^3}\right)\int_0^\infty r^2 e^{-2r/a_0}dr$

적분표를 사용하면,

$$\int|\psi|^2 dV = -\frac{2}{a_0^2}\left[e^{-2r/a_0}\left(r^2 + a_0 r + \frac{a_0^2}{2}\right)\right]_0^\infty = \left(-\frac{2}{a_0^2}\right)\left(-\frac{a_0^2}{2}\right) = \boxed{1}$$

따라서 주어진 파동 함수는 규격화되어 있다.

(b) $P_{a_0/2\to 3a_0/2} = 4\pi\int_{a_0/2}^{3a_0/2}|\psi|^2 r^2 dr = 4\pi\left(\frac{1}{\pi a_0^3}\right)\int_{a_0/2}^{3a_0/2} r^2 e^{-2r/a_0}dr$

또 적분표를 사용하면,

$$P_{a_0/2\to 3a_0/2} = -\frac{2}{a_0^2}\left[e^{-2r/a_0}\left(r^2 + a_0 r + \frac{a_0^2}{2}\right)\right]_{a_0/2}^{3a_0/2}$$

$$= -\frac{2}{a_0^2}\left[e^{-3}\left(\frac{17a_0^2}{4}\right) - e^{-1}\left(\frac{5a_0^2}{4}\right)\right] = \boxed{0.497}$$

10.

(a) $\psi = \frac{1}{\sqrt{\pi a_0^3}}e^{-r/a_0} \quad\rightarrow\quad \frac{2}{r}\frac{d\psi}{dr} = \frac{2}{r}\left(\frac{-1}{\sqrt{\pi a_0^5}}e^{-r/a_0}\right) = -\frac{2}{ra_0}\psi$

$$\frac{d^2\psi}{dr^2} = \frac{1}{\sqrt{\pi a_0^7}}e^{-r/a_0} = \frac{1}{a_0^2}\psi$$

이 해가 맞는지 확인하기 위해 슈뢰딩거 방정식에 대입하면

$$-\frac{\hbar^2}{2m_e}\left(\frac{1}{a_0^2} - \frac{2}{ra_0}\right)\psi - \frac{e^2}{4\pi\epsilon_0 r}\psi = E\psi$$

그러나 식 11.23에서 $a_o = \frac{\hbar^2}{m_e k_e e^2} = \frac{\hbar^2(4\pi\varepsilon_0)}{m_e e^2}$ 이므로

$$-\frac{\hbar^2}{2m_e}\left(\frac{1}{a_0^2} - \frac{2}{ra_0}\right)\psi - \frac{e^2}{4\pi\epsilon_0 r}\psi = E\psi$$

$$-\frac{\hbar^2}{2m_e}\frac{1}{a_0^2}\psi + \left[\frac{\hbar^2}{m_e r}\frac{1}{a_0}\psi - \frac{e^2}{4\pi\epsilon_0 r}\psi\right] = E\psi$$

$$-\frac{\hbar^2}{2m_e}\frac{1}{a_0^2}\psi + \left[\frac{\cancel{\hbar^2}}{\cancel{m_e} r}\frac{\cancel{m_e}e^2}{4\pi\epsilon_0\cancel{\hbar^2}} - \frac{e^2}{4\pi\epsilon_0 r}\right]\psi = E\psi$$

$$-\frac{\hbar^2}{2m_e}\frac{1}{a_0^2}\psi = E\psi$$

이다. $E = -\frac{\hbar^2}{2m_e}\frac{1}{a_0^2}$ 이면, 슈뢰딩거 방정식을 만족한다.

(b) $a_o = \frac{\hbar^2}{m_e k_e e^2}$ 를 대입하면

$$E=-\frac{\hbar^2}{2m_e}\frac{1}{a_0^2}=-\frac{\hbar^2}{2m_e}\frac{1}{a_0}\frac{m_e k_e e^2}{\hbar^2}=\boxed{E=-\frac{k_e e^2}{2a_0}}$$

29.4 양자수의 물리적 해석

11. 5번째 들뜬 상태는 n = 6이고, 에너지는

$$E_6=\frac{-13.6\text{ eV}}{(6)^2}=-0.378\text{ eV}$$

이다. 원자는

$$E=\frac{hc}{\lambda}=\frac{(6.626\times10^{-34}\text{ J}\cdot\text{s})(3.00\times10^8\text{ m/s})}{(1\,090\times10^{-9}\text{ m})(1.60\times10^{-19}\text{ J/eV})}=1.14\text{ eV}$$

의 에너지를 잃게 되어, 에너지는

$$-0.378\text{ eV}-1.14\text{ eV}=-1.52\text{ eV}$$

이 된다. 이는 상태 3의 에너지

$$-\frac{13.6\text{ eV}}{3^2}=-1.51\text{ eV}$$

이다.

n = 3인 반면에, ℓ는 2만큼 커질 수 있어 각운동량은

$$L=\sqrt{\ell(\ell+1)}\hbar=\boxed{\sqrt{6}\hbar=2.58\times10^{-34}\text{ J}\cdot\text{s}}$$

이다.

12. 광자의 에너지는 다음과 같다.

$$E_{ph}=\frac{1\,240\text{ eV}\cdot\text{nm}}{88.0\text{ eV}}=14.1\text{ eV}$$

알루미늄 표면에서 방출된 광전자의 최대 에너지는

$$K_{\max}=E_{ph}-\phi=14.1\text{ eV}-4.08\text{ eV}=10.0\text{ eV}$$

이다. 여기서 알루미늄의 일함수 ϕ는 표 28.1에서 찾을 수 있다.

이 전자 에너지는 수소 원자를 바닥 상태에서 첫 번째 들뜬 상태로 여기시키기에도 충분하지 않다.

13. 단위를 생략하고, 계산하자.

$$L=\sqrt{\ell(\ell+1)}\hbar$$

$$4.714\times10^{-34}=\sqrt{\ell(\ell+1)}\left(\frac{6.626\times10^{-34}}{2\pi}\right)$$

$$\ell(\ell+1)=\frac{(4.714\times10^{-34})^2(2\pi)^2}{(6.626\times10^{-34})^2}=1.998\times10^1=20=4(4+1)$$

$\boxed{\ell=4}$.

14.

(a) 양성자 밀도:

$$\rho = \frac{m}{V} = \frac{1.67\times10^{-27}\ \text{kg}}{(4/3)\pi\left(1.00\times10^{-15}\ \text{m}\right)^3} = \boxed{3.99\times10^{17}\ \text{kg/m}^3}$$

(b) 모형 전자의 크기:

$$r = \left(\frac{3m}{4\pi\rho}\right)^{1/3} = \left[\frac{3\left(9.11\times10^{-31}\ \text{kg}\right)}{4\pi\left(3.99\times10^{17}\ \text{kg/m}^3\right)}\right]^{1/3}$$

$$= 8.17\times10^{-17}\ \text{m} = 81.7\times10^{-18}\ \text{m} = \boxed{8.17\ \text{am}}$$

(c) 관성 모멘트:

$$I = \frac{2}{5}mr^2 = \frac{2}{5}\left(9.11\times10^{-31}\ \text{kg}\right)\left(8.17\times10^{-17}\ \text{m}\right)^2$$

$$= 2.43\times10^{-63}\ \text{kg}\cdot\text{m}^2$$

$$L_z = I\omega = \frac{\hbar}{2} = \frac{Iv}{r}$$

따라서,

$$v = \frac{\hbar r}{2I} = \frac{\left(6.626\times10^{-34}\ \text{J}\cdot\text{s}\right)\left(8.17\times10^{-17}\ \text{m}\right)}{2\pi\left(2\times2.43\times10^{-63}\ \text{kg}\cdot\text{m}^2\right)}$$

$$= 1.77\times10^{12}\ \text{m/s} = \boxed{1.77\ \text{Tm/s}}$$

(d) $5.91\times10^3 c$ 이다. 이는 빛의 속력보다 훨씬 크므로 불가능하다.

15.

(a) $3d$ 상태의 경우, $n = 3$이고 $\ell = 2$이므로

$$L = \sqrt{\ell(\ell+1)}\hbar = \boxed{\sqrt{6}\hbar} = 2.58\times10^{-34}\ \text{J}\cdot\text{s}.$$

(b) m_ℓ은 -2, -1, 0, 1, 2의 값을 가질 수 있으므로,

L_z는 $-2\hbar$, $-\hbar$, 0, $\hbar$, $2\hbar$의 값을 가질 수 있다.

(c) $\cos\theta = \dfrac{L_z}{L}$의 관계를 이용하면, 가능한 θ의 값은

145°, 114°, 90.0°, 65.9°, 35.3° 이다.

16.

(a) $3d$ 부껍질에서, $n = 3$이고 $\ell = 2$인 경우 다음과 같이 모두 10개의 상태가 있다.

n	3	3	3	3	3	3	3	3	3	3
ℓ	2	2	2	2	2	2	2	2	2	2
m_ℓ	+2	+2	+1	+1	0	0	−1	−1	−2	−2
m_s	+1/2	−1/2	+1/2	−1/2	+1/2	−1/2	+1/2	−1/2	+1/2	−1/2

(b) $3p$ 부껍질에서, $n=3$이고 $\ell=1$인 경우 다음과 같이 모두 6개의 상태가 있다.

n	3	3	3	3	3	3
ℓ	1	1	1	1	1	1
m_ℓ	+1	+1	0	0	−1	−1
m_s	+1/2	−1/2	+1/2	−1/2	+1/2	−1/2

17.
(a) $n=1$: $n=1$, $\ell=0$, $m_s=\pm 1/2$인 경우,

n	ℓ	m_ℓ	m_s
1	0	0	−1/2
1	0	0	+1/2

2개의 조합 가능: $2n^2=2(1)^2=2$.
(b) $n=2$: $n=2$인 경우,

n	ℓ	m_ℓ	m_s
2	0	0	±1/2
2	1	−1	±1/2
2	1	0	±1/2
2	1	1	±1/2

8개의 조합 가능: $2n^2=2(2)^2=8$.

이 숫자는 m_ℓ 개수의 두 배임에 주목하자. 또한, 각각의 ℓ에 대해 $(2\ell+1)$개의 서로 다른 m_ℓ 값이 있다. 마지막으로, ℓ은 0에서 $n-1$까지의 값을 취할 수 있다.

그러므로 일반적인 수식은 다음과 같다: 개수 $=\sum_0^{n-1} 2(2\ell+1)=\dfrac{n}{2}[2a+(n-1)d]$.

$a=2$, $d=4$일 때, 개수 $=\dfrac{n}{2}[4+(n-1)4]=2n^2$.

(c) $n=3$: $2(1)+2(3)+2(5)=2+6+10=18$ or $2n^2=2(3)^2=\boxed{18}$

(d) $n=4$: $2(1)+2(3)+2(5)+2(7)=32$ or $2n^2=2(4)^2=\boxed{32}$

(e) $n=5$: $32+2(9)=32+18=50$ or $2n^2=2(5)^2=\boxed{50}$

18. $3d$ 부껍질에는 $n=3$과 $\ell=2$가 있고, 또한 $s=1$이 있다.

따라서 $n=3$, $\ell=2; m_\ell=-2$, -1, 0, 1, 2; $s=1$; $m_s=-1$, 0, 1을 가질 수 있다.

m_ℓ은 5개의 가능한 값이 있고, m_s는 3개가 있어, 총 5 x 3 = 15개의 상태가 있으며, 다음의 표와 같다.

n	3	3	3	3	3	3	3	3	3	3	3	3	3	3	3
ℓ	2	2	2	2	2	2	2	2	2	2	2	2	2	2	2
m_ℓ	–2	–2	–2	–1	–1	–1	0	0	0	1	1	1	2	2	2
s	1	1	1	1	1	1	1	1	1	1	1	1	1	1	1
m_s	–1	0	1	–1	0	1	–1	0	1	–1	0	1	–1	0	1

29.5 배타 원리와 주기율표

19. 채워진 순서대로 부껍질을 나열하면, 원소 110의 경우 다음과 같다.

$$1s^2 2s^2 2p^6 3s^2 3p^6 4s^2 3d^{10} 4p^6 5s^2 4d^{10} 5p^6 6s^2 4f^{14} 5d^{10} 6p^6 7s^2 5f^{14} 6d^8$$

주양자수가 증가하는 순서대로 하면, 다음과 같다.

$$\boxed{1s^2 2s^2 2p^6 3s^2 3p^6 3d^{10} 4s^2 4p^6 4d^{10} 4f^{14} 5s^2 5p^6 5d^{10} 5f^{14} 6s^2 6p^6 6d^8 7s^2}$$

20.

(a) $1s^2 2s^2 2p^4$

(b) $1s$ 전자에 대해

$$n=1,\ l=0,\ m_l=0,\ m_s=+\frac{1}{2} \text{ 와 } -\frac{1}{2}$$

$2s$ 전자에 대해

$$n=2,\ l=0,\ m_l=0,\ m_s=+\frac{1}{2} \text{ 와 } -\frac{1}{2}$$

$2p$ 전자에 대해

$$n=2,\ l=1,\ m_l=-1,0,1 \text{ and } m_s=+\frac{1}{2} \text{ 와 } -\frac{1}{2}$$

21.

(a) $1s^2 2s^2 2p^3$

(b)

n	ℓ	m_ℓ	m_s
1	0	0	$\frac{1}{2}$
1	0	0	$-\frac{1}{2}$
2	1	1	$\frac{1}{2}$
2	1	1	$-\frac{1}{2}$
2	1	0	$\frac{1}{2}$
2	1	0	$-\frac{1}{2}$
2	1	−1	$\frac{1}{2}$
2	1	−1	$-\frac{1}{2}$
2	0	0	$\frac{1}{2}$
2	0	0	$-\frac{1}{2}$

22. 본문의 전자 배치표나 주기율표에서 마지막 전자가 $3p$ 상태이고 닫힌 껍질 밖에 전자가 3개 있는 원소를 알아본다. 그러면 전자 배치는 $3s^2 3p^1$로 끝난다. 이 원소는 알루미늄이다.

23.

$n+\ell$	1	2	3	4	5	6	7
subshell	1s	2s	2p, 3s	3p, 4s	3d, 4p, 5s	4d, 5p, 6s	4f, 5d, 6p, 7s

순서는 다음과 같다.

1s, 2s, 2p, 3s, 3p, 4s, 3d, 4p, 5s, 4d, 5p, 6s, 4f, 5d, 6p, 7s.

24.

(a) 스칸듐부터 아연까지 $3d$ 부껍질이 채워지기 시작하기 전에, 칼륨과 칼슘의 $4s$ 부껍질.

(b) $[Ar]3d^4s^2$가 더 낮은 에너지를 가질 것으로 예상하지만, $[Ar]3d^5s^1$는 훈트의 규칙에 따라 쌍을 갖지 않은 더 많은 스핀과 더 낮은 에너지를 가지고 있다.

(c) 크롬의 바닥 상태 배열이다.

29.6 원자 스펙트럼의 내막: 가시광선과 X선

25. 전자가 K 껍질(n = 1)에 있을 때, 에너지는

$$E_K = -Z^2(13.6\ \text{eV})$$

이다. 전자가 L 껍질(n = 2)에 있을 때, 핵 전하는 K 껍질에 있는 전자 한 개에 의해 가려지므로,

$$E_L = -(Z-1)^2 \frac{13.6\text{ eV}}{2^2}$$

이다. 전자가 원자의 L 껍질에서 K 껍질로 떨어지면, 다음의 에너지를 가진 광자(Z = 42)를 방출한다.

$$E_{\text{photon}} = E_L - E_K \approx (13.6\text{ eV})\left[-\frac{(41)^2}{4} + (42)^2\right] = 1.83\times10^4\text{ eV}$$

이의 파장은

$$\lambda = \frac{hc}{E_{\text{photon}}} = \frac{1\,240\text{ eV}\cdot\text{nm}}{1.83\times10^4\text{ eV}} = 6.79\times10^{-2}\text{ nm} = \boxed{0.068\text{ nm}}$$

26. $K_e = e\Delta V$

$$hf = \frac{hc}{\lambda} = e\Delta V$$

$$\lambda = \frac{hc}{e\Delta V} = \frac{(6.6261\times10^{-34}\text{ J}\cdot\text{s})(2.9979\times10^8\text{ m/s})}{(1.6022\times10^{-19}\text{ C})\Delta V}$$

$$= \frac{1\,240\text{ nm}\cdot\text{V}}{\Delta V}$$

27.

(a) $\ell \leqq n-1$ 임을 기억하자.

$n=3$ 이면, $\ell = 0,\ 1,\ 2$ 이다.

$\ell = 2$ 이면, $m_\ell = 2,\ 1,\ 0,\ -1,\ -2$ 이다.

$\ell = 1$ 이면, $m_\ell = 1,\ 0,\ -1$ 이다.

$\ell = 0$ 이면, $m_\ell = 0$ 이다.

(b) He^+ 이온은 전자 하나를 가진 원자이므로, 모든 상태는 주양자수 n 으로 결정되는 같은 에너지를 갖는다.

$$E_3 = -\frac{Z^2E_0}{n^2} = -\frac{2^2(13.6\text{ eV})}{3^2} = \boxed{-6.0\text{ eV}}$$

28.

(a) $E_M \approx -(Z-9)^2\dfrac{13.6\text{ eV}}{3^2} = -13.6\text{eV}\dfrac{74^2}{3^2}$

$$E_L = -(Z-1)^2\frac{13.6\text{ eV}}{2^2} = -13.6\text{eV}\frac{82^2}{2^2}$$

따라서

$$E_{\text{양성자}} = E_M - E_L = 13.6\text{eV}\left[-\frac{74^2}{3^2} - \frac{82^2}{2^2}\right]$$
$$= 1.46\times10^4\text{ eV} = 15\text{ keV}$$

(b) $\lambda = \dfrac{1.240\text{ keV}\cdot\text{nm}}{E} = \dfrac{1.240\text{ keV}\cdot\text{nm}}{15\text{ keV}}$

$= 0.083\text{ nm} = 8.3\times10^{-11}\text{ m}$

29.

$$E = \frac{hc}{\lambda} = e\Delta V: \qquad \frac{(6.626\times10^{-34}\ \mathrm{J\cdot s})(3.00\times10^{8}\ \mathrm{m/s})}{(10.0\times10^{-9}\ \mathrm{m})} = (1.60\times10^{-19})\Delta V$$

$$\Delta V = \boxed{124\ \mathrm{V}}$$

추가문제

30. $2s$ 상태의 파동함수는

$$\psi_{2s}(r) = \frac{1}{4\sqrt{2\pi}}\left(\frac{1}{a_0}\right)^{3/2}\left[2-\frac{r}{a_0}\right]e^{-r/2a_0}$$

(a) $r = a_0 = 0.529\times10^{-10}$ m로 하면,

$$\psi_{2s}(a_0) = \frac{1}{4\sqrt{2\pi}}\left(\frac{1}{0.529\times10^{-10}\ \mathrm{m}}\right)^{3/2}[2-1]e^{-1/2}$$
$$= \boxed{1.57\times10^{14}\ \mathrm{m}^{-3/2}}$$

(b) $|\psi_{2s}(a_0)|^2 = (1.57\times10^{14}\ \mathrm{m}^{-3/2})^2 = \boxed{2.47\times10^{28}\ \mathrm{m}^{-3}}$

(c) $P_{2s}(a_0) = 4\pi a_0^2|\psi_{2s}(a_0)|^2 = \boxed{8.69\times10^{8}\ \mathrm{m}^{-1}}$

31.

$$P = \int_{2.50a_0}^{\infty} P_{1s}(r)dr = \int_{2.50a_0}^{\infty}\frac{4r^2}{a_0^3}e^{-2r/a_0}dr = \frac{1}{2}\int_{5.00}^{\infty} z^2e^{-z}dz$$

여기서 $z = \dfrac{2r}{a_0}$,

$$P = -\frac{1}{2}(z^2+2z+2)e^{-z}\Big|_{5.00}^{\infty} = -\frac{1}{2}[0]+\frac{1}{2}(25.0+10.0+2.00)e^{-5}$$
$$= \left(\frac{37}{2}\right)(0.006\ 74) = \boxed{0.125}$$

32.

(a) $G\dfrac{M_sM_E}{r^2} = M_E\dfrac{v^2}{r}$

그러므로 $M_Evr = n\hbar$ $(n = 1,\ 2,\ 3,\ \ldots)$ $\rightarrow$ $v = \dfrac{n\hbar}{M_Er}$

힘의 식에 대입하면, $r = \dfrac{n^2\hbar^2}{GM_sM_E^2}$

(b) $n = \sqrt{GM_s r}\,\dfrac{M_E}{\hbar}$

$$= \sqrt{(6.67\times10^{-11}\,\mathrm{N\cdot m^2/kg^2})(1.99\times10^{30}\,\mathrm{kg})(1.496\times10^{11}\,\mathrm{m})}\,\frac{5.98\times10^{24}\,\mathrm{kg}}{1.055\times10^{-34}\,\mathrm{J\cdot s}}$$

$$= 2.53\times10^{74}$$

(c) $r_n = \dfrac{n^2\hbar^2}{GM_s M_E^2}$, $\quad r_{n+1} = \dfrac{(n+1)^2\hbar^2}{GM_s M_E^2}$

그러므로 $\Delta r = r_{n+1} - r_n = \dfrac{\hbar^2}{GM_s M_E^2}(2n+1)$

n이 매우 크기 때문에 1은 무시하면,

$$\Delta r \approx \frac{\hbar^2}{GM_s M_E^2}(2n)$$

$$= \frac{(1.0546\times10^{-34}\,\mathrm{J\cdot s})^2}{(6.67\times10^{-11}\,\mathrm{N\cdot m^2/kg^2})(1.99\times10^{30}\,\mathrm{kg})(5.98\times10^{24}\,\mathrm{kg})^2}\times\left[2(2.53\times10^{74})\right]$$

$$= 1.18\times10^{-68}\,\mathrm{m}$$

(d) 이 숫자는 원자핵의 반지름보다도 너무 작으므로, 지구의 양자 궤도 사이의 거리는 관찰하기에 너무 작다.

30장 핵물리학

30.1 핵의 성질

1. (a) $r = r_0 A^{1/3} = \frac{2}{3} r_0 (230)^{1/3}$

$$\rightarrow A = \frac{2^3}{3^3}(230) = \frac{8}{27}(230) \approx 68$$

(b) ${}^{68}_{30}\mathrm{Zn}$

(c) 주기율표에서 아연의 오른쪽, 왼쪽에 있는 다른 원소의 동위 원소가 같은 질량수를 가질 수 있다.

2. 철 핵(헤모글로빈에서)은 양성자보다 중성자가 몇 개 더 많지만, 일반적인 물 분자에는 중성자가 8개, 양성자가 10개 있다. 따라서 양성자와 중성자는 사람의 신체에서 거의 비슷한 수로 존재하며, 각각의 질량은 약 35 kg을 차지하고 있다.

(a) $35\ \mathrm{kg}\left(\frac{1\ \text{핵자}}{1.67\times10^{-27}\ \mathrm{kg}}\right) \sim 10^{28}$ 개의 양성자

(b) $\sim 10^{28}$ 개의 중성자

(c) 전자 수는 양성자 수와 정확히 같으므로, $\sim 10^{28}$ 개의 전자

3.

$$E_\alpha = 7.70\ \mathrm{MeV} = \frac{1}{2}mv^2 = \frac{1}{2}\frac{(mv)^2}{m} \qquad \rightarrow \qquad mv = \sqrt{2mE_\alpha}$$

(a) 알파 입자의 드브로이 파장은(표 30.1의 질량 참조) 다음과 같다.

$$\lambda = \frac{h}{m_\alpha v_\alpha} = \frac{h}{\sqrt{2m_\alpha E_\alpha}}$$

$$= \frac{6.626\times10^{-34}\ \mathrm{J\cdot s}}{\sqrt{2(6.64\times10^{-27}\ \mathrm{kg})(7.70\times10^{6}\ \mathrm{eV})(1.60\times10^{-19}\ \mathrm{J/eV})}}$$

$$= 5.18\times10^{-15}\ \mathrm{m} = \boxed{5.18\ \mathrm{fm}}$$

(b) 파장 λ는 가장 가까운 접근 거리보다 훨씬 작으므로, 알파 입자는 입자로 간주할 수 있다.

4. 태양 질량의 두 배인 별의 중성자 수는

$$A = \frac{2(1.99\times10^{30}\ \mathrm{kg})}{1.67\times10^{-27}\ \mathrm{kg/중성자}} = 2.38\times10^{57}\ \text{중성자}$$

이다. 따라서

$$r = r_0 A^{1/3} = (1.20\times10^{-15}\ \mathrm{m})(2.38\times10^{57})^{1/3} = 1.6\times10^{4}\ \mathrm{m} = \boxed{16\ \mathrm{km}}$$

5.

$$V=\frac{4}{3}\pi r^4=\frac{4}{3}\pi(0.021\,5\text{ m})^3=4.16\times10^{-5}\text{ m}^3$$

예제 30.1에서의 핵 밀도를 참조하면,

$$m=\rho V=(2.3\times10^{17}\text{ kg/m}^3)(4.16\times10^{-5}\text{ m}^3)=9.6\times10^{12}\text{ kg}$$

$$F=G\frac{m_1m_2}{r^2}=(6.67\times10^{-11}\text{ N}\cdot\text{m}^2/\text{kg}^2)\frac{(9.6\times10^{12}\text{ kg})^2}{(1.00\text{ m})^2}$$

$$F=6.1\times10^{15}\text{ N (인력)}$$

6. 중성자와 양성자의 자기 모멘트는 각각 $-1.913\,5\mu_n$과 $2.792\,8\mu_n$이다. 여기서 $\mu_n=5.05\times10^{-27}$ J/T 은 핵의 마그네톤이다.

(a) $$f_n=\frac{|2\mu B|}{h}=\frac{2[(1.913\,5)(5.05\times10^{-27}\text{ J/T})](1.00\text{ T})}{6.626\times10^{-34}\text{ J}\cdot\text{s}}=\boxed{29.2\text{ MHz}}$$

(b) $$f_p=\frac{2[(2.792\,8)(5.05\times10^{-27}\text{ J/T})](1.00\text{ T})}{6.626\times10^{-34}\text{ J}\cdot\text{s}}=\boxed{42.6\text{ MHz}}$$

(c) 지구 자기장에서,

$$f_p=\frac{2[(2.792\,8)(5.05\times10^{-27}\text{ J/T})](50.0\times10^{-6}\text{ T})}{6.626\times10^{-34}\text{ J}\cdot\text{s}}=\boxed{2.13\text{ kHz}}$$

30.2 핵의 결합 에너지

7.

(a) $\frac{E_b}{A}=\frac{[ZM(\text{H})+Nm_n-M(^A_Z\text{X})]}{A}\left(\frac{931.5\text{ MeV}}{\text{u}}\right)$이므로 $^{23}_{11}\text{Na}$에서

$$\frac{E_b}{A}=\frac{[11(1.007\,825\text{ u})+12(1.008\,665\text{ u})-22.989\,769\text{ u}]}{23}\left(\frac{931.5\text{ MeV}}{\text{u}}\right)=\frac{186.565\text{ MeV}}{23}=8.11\text{ MeV}$$

이다. $^{23}_{12}\text{Mg}$에서는

$$\frac{E_b}{A}=\frac{[12(1.007\,825\text{ u})+11(1.008\,665\text{ u})-22.994\,124\text{ u}]}{23}\left(\frac{931.5\text{ MeV}}{\text{u}}\right)=\frac{181.726\text{ MeV}}{23}=7.90\text{ MeV}$$

이므로 $\frac{\Delta E_b}{A}=8.11\text{ MeV}-7.90\text{ MeV}=0.210\text{ MeV}$

(b) 핵자당 결합 에너지가 나트륨이 0.210 MeV 더 작다는 것은 나트륨의 양성자들 간에 척력이 더 적으며 더 안정적인 핵이라는 의미이다.

8. 핵자당 결합 에너지는

$$\frac{E_b}{A}=\frac{[ZM(\text{H})+Nm_n-M(^A_Z\text{X})]}{A}\left(\frac{931.5\text{ MeV}}{\text{u}}\right)$$

이다. 원자 질량을 이용하면,

(a) ${}^{2}_{1}H$ 의 경우,

$$\frac{1(1.007\ 825)+1(1.008\ 665)-2.014\ 102}{2}=\frac{0.002\ 388\ \text{u}}{2}$$

$$\frac{E_b}{A}=\frac{0.002\ 388\ \text{u}}{2}\left(\frac{931.5\ \text{MeV}}{\text{u}}\right)=\boxed{1.11\ \text{MeV}}$$

(b) ${}^{4}_{2}He$ 의 경우,

$$\frac{2(1.007\ 825)+2(1.008\ 665)-4.002\ 603}{4}=\frac{0.030\ 377\ \text{u}}{4}$$

$$\frac{E_b}{A}=\frac{0.030\ 377\ \text{u}}{4}\left(\frac{931.5\ \text{MeV}}{\text{u}}\right)=\boxed{7.07\ \text{MeV}}$$

(c) ${}^{56}_{26}Fe$ 의 경우,

$$\frac{26(1.007\ 825)+30(1.008\ 665)-55.934\ 942}{56}=\frac{0.528\ 458\ \text{u}}{56}$$

$$\frac{E_b}{A}=\frac{0.528\ 458\ \text{u}}{56}\left(\frac{931.5\ \text{MeV}}{\text{u}}\right)=\boxed{8.79\ \text{MeV}}$$

(d) ${}^{238}_{92}U$ 의 경우,

$$\frac{92(1.007\ 825)+146(1.008\ 665)-238.050\ 783}{238}=\frac{1.934\ 207\ \text{u}}{238}$$

$$\frac{E_b}{A}=\frac{1.934\ 207\ \text{u}}{238}\left(\frac{931.5\ \text{MeV}}{\text{u}}\right)=\boxed{7.57\ \text{MeV}}$$

9.

$\Delta E_b = E_{bf} - E_{bi}$

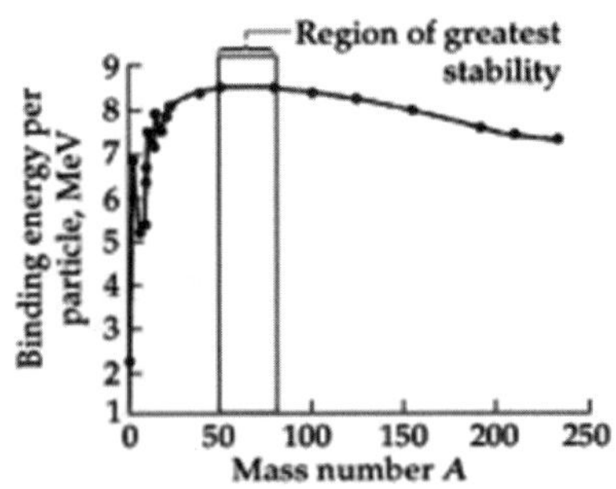

$A = 200$ 의 경우, $\frac{E_b}{A} \sim 7.8$ MeV 이므로

$$E_{bi} \sim 200(7.8\ \text{MeV}) = 1\ 560\ \text{MeV}.$$

$A = 100$ 의 경우, $\frac{E_b}{A} \sim 8.7$ MeV 이므로

두 핵자의 경우,

$$E_{bf} \sim 2(100)(8.7\ \text{MeV}) = 1\ 740\ \text{MeV}$$

$$\Delta E_b = E_{bf} - E_{bi}: \Delta E_b = 1\ 740\ \text{MeV} - 1\ 560\ \text{MeV}\ \boxed{\sim 200\ \text{MeV}}$$

30.3 방사능

10. $e^{-\lambda\Delta t} = \dfrac{R}{R_0} \quad \rightarrow \quad \ln\left(e^{-\lambda\Delta t}\right) = \ln\left(\dfrac{R}{R_0}\right)$

$$-\lambda\Delta t = \ln\left(\frac{R}{R_0}\right) = -\ln\left(\frac{R_0}{R}\right)$$

$$\lambda = \frac{1}{\Delta t}\ln\left(\frac{R_0}{R}\right)$$

$$\frac{\ln 2}{T_{1/2}} = \frac{1}{\Delta t}\ln\left(\frac{R_0}{R}\right) \quad \rightarrow \quad \frac{1}{T_{1/2}} = \frac{1}{(\ln 2)\Delta t}\ln\left(\frac{R_0}{R}\right)$$

$$\rightarrow \quad T_{1/2} = \frac{(\ln 2)\Delta t}{\ln(R_0/R)}$$

11.

$$R = R_0 e^{-\lambda t}, \quad \text{where} \qquad \lambda = \frac{\ln 2}{26.0\ \text{h}} = 0.026\ 6\ \text{h}^{-1}$$

$$\frac{R}{R_0} = 0.100 = e^{-\lambda t} \quad \rightarrow \quad \ln(0.100) = -\lambda t$$

$$2.30 = \left(\frac{0.026\ 6}{\text{h}}\right)t \quad \rightarrow \quad t = \boxed{86.4\ \text{h}}$$

12. $N_1 - N_2 = N_0\left(e^{-\lambda t_1} - e^{-\lambda t_2}\right)$

$$\lambda = \frac{\ln 2}{T_{1/2}} \qquad \rightarrow \qquad e^{-\lambda t} = e^{\ln 2(-t/T_{1/2})} = 2^{-t/T_{1/2}}$$

$$N_0 = \frac{R_0}{\lambda} = \frac{R_0\,T_{1/2}}{\ln 2}$$

$$\therefore\ N_1 - N_2 = \frac{R_0\,T_{1/2}}{\ln 2}\left(e^{-\lambda t_1} - e^{-\lambda t_2}\right)$$

$$= \frac{R_0\,T_{1/2}}{\ln 2}\left(2^{-t_1/T_{1/2}} - 2^{-t_2/T_{1/2}}\right)$$

13.

$$\frac{dN}{dt} = -\lambda N$$

$$\rightarrow \quad \lambda = \frac{1}{N}\left(-\frac{dN}{dt}\right) = \frac{6.00\times10^{11}\ \text{s}^{-1}}{1.00\times10^{15}} = 6.00\times10^{-4}\ \text{s}^{-1}$$

$$T_{1/2} = \frac{\ln 2}{\lambda} = \boxed{1.16\times10^{3}\ \text{s}}$$

14.

$$R = R_0 e^{-\lambda t} = (6.40\text{ mCi})e^{-(\ln 2/8.04\text{ d})(40.2\text{ d})} = (6.40\text{ mCi})\left(e^{-\ln 2}\right)^5$$
$$= (6.40\text{ mCi})\left(\frac{1}{2^5}\right) = \boxed{0.200\text{ mCi}}$$

15. 주어진 정보는 다음과 같다.

$$N_X(0) = 2.50\,N_\gamma(0), \qquad N_X = 4.20\,N_\gamma(3\text{ d});\; T_{1/2\gamma} = 1.60\text{ d}$$

핵은 지수함수적으로 감소하므로

$$N_X(3\text{ d}) = 4.20 N_Y(3\text{ d})$$
$$N_X(0)e^{-\lambda_X(3\text{ d})} = 4.20 N_Y(0)e^{-\lambda_Y(3\text{ d})} = 4.20\frac{N_X(0)}{2.50}e^{-\lambda_Y(3\text{ d})}$$
$$e^{(3\text{ d})\lambda_X} = \frac{2.5}{4.2}e^{(3\text{ d})\lambda_Y}$$
$$(3\text{ d})\lambda_X = \ln\left(\frac{2.5}{4.2}\right) + (3\text{ d})\lambda_Y$$
$$(3\text{ d})\frac{0.693}{T_{1/2\text{ X}}} = \ln\left(\frac{2.5}{4.2}\right) + (3\text{ d})\frac{0.693}{1.60\text{ d}} = 0.781$$
$$T_{1/2\text{ X}} = \boxed{2.66\text{ d}}$$

30.4 방사능 붕괴 과정

16.

(a) $Q = (M_X - M_Y - 2m_e)c^2$

$= [39.962\,591\text{ u} - 39.963\,999\text{ u} - 2(0.000\,549\text{ u})](931.5\text{ MeV/u})$

$= -2.33\text{ MeV}$으로 $Q < 0$이므로 자발적으로 일어나지 않는다.

(b) $Q = (M_X - M_Y - 2m_e)c^2$

$= [97.905\,287\text{ u} - 4.002\,603\text{ u} - 93.905\,088\text{ u}](931.5\text{ MeV/u})$

$= -2.24\text{ MeV}$으로 $Q < 0$이므로 자발적으로 일어나지 않는다.

(c) $Q = (M_X - M_Y - 2m_e)c^2$

$= [143.910\,083\text{ u} - 4.002\,603\text{ u} - 139.905\,434\text{ u}](931.5\text{ MeV/u})$

$= 1.91\text{ MeV}$으로 $Q > 0$이므로 자발적으로 일어날 수 있다.

17. 전체 Z와 A는 보존된다.

(a) 감마선은 전하가 없으며 양성자나 중성자를 포함하고 있지 않다. 따라서 감마선의 경우 Z = 0이고 A = 0이다. 계의 전체 Z와 A의 값이 보존되려면, X의 경우 Z = 28이고 A = 65가 필요하다. 이 원자 번호의 원자는 니켈이어야 하며, 핵은 들뜬 상태이어야 하므로, X는 $^{65}_{28}\text{Ni}$이다.

(b) 알파 입자 $\alpha = {}^4_2\text{He}$는 Z = 2이고 A = 4이다. 전체 처음 Z는 84이고, 전체 처음 A는

215이므로, X의 경우,

$$Z = 84 = Z_X + 2 \quad \rightarrow \quad Z_X = 82 \quad \rightarrow \quad \text{Pb},$$

$$A = 215 = A_X + 4 \quad \rightarrow \quad A_X = 211, \quad \rightarrow \quad X \rightarrow \boxed{{}^{211}_{82}\text{Pb}}.$$

(c) 양전자 $e^+ = {}^0_1e$ 는 Z = 1인 핵과 같은 전하를 갖는다. 중성미자 ${}^0_0\nu$는 전하가 없다. 둘 다 양성자나 중성자를 포함하고 있지 않다. 따라서 X는 보존에 의해 Z = 26 + 1 + 0 = 27을 가져야 한다. 따라서 X는 Co이다. 그리고 A = 55 + 0 + 0 = 55: X는 ${}^{55}_{27}$Co 이다.

18.

(a) $e^- + p \rightarrow n + \nu$

(b) 핵의 경우, ${}^{15}_{8}O + e^- \rightarrow {}^{15}_{7}N + \nu$.

양변에 전자 7개를 더하면

${}^{15}_{8}$O 원자 $\rightarrow$ ${}^{15}_{7}$N 원자 $+ \nu$

원자 질량으로부터

$$Q = (15.003\,065\text{ u} - 15.000\,109\text{ u})(931.5\text{ MeV/u})$$
$$= \boxed{2.75\text{ MeV}}$$

19.

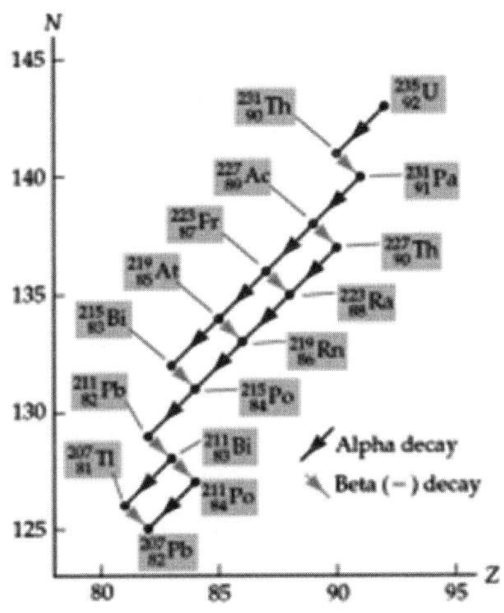

20.

(a) 반응은 ${}^3_1H \rightarrow {}^3_2He + e^- + \bar{\nu}$.

전자 하나를 더하면, 반응은 다음과 같다.

${}^3_1$H 핵 $+ e^- \rightarrow$ ${}^3_2$He 핵 $+ 2e^- + \bar{\nu}$

이온화 에너지에서 약간의 차이를 무시하면, 다음과 같이 된다.

${}^3_1$H 원자 $\rightarrow$ ${}^3_2$He 원자 $+ \bar{\nu}$

(b) 방출된 전체 에너지는 Q 값이다:

$$Q = (M_{H\text{-}3} - M_{He\text{-}3})c^2$$

$$Q = (3.016\ 049\ \text{u} - 3.016\ 029\ \text{u})(931.5\ \text{MeV/u})$$

$$= 0.018\ 6\ \text{MeV} = \boxed{18.6\ \text{keV}}$$

21. 원자 질량은 부록 A의 표 A.3에 나와 있다.

$$Q = (M_{U\text{-}238} - M_{Th\text{-}234} - M_{He\text{-}4})c^2$$

$$Q = (238.050\ 783 - 234.043\ 596 - 4.002\ 603)\ \text{u}(931.5\ \text{MeV/u})$$

$$= \boxed{4.27\ \text{MeV}}$$

30.5 핵반응

22. 전체 A와 전체 Z는 보존된다.

(a) X의 경우, A = 24 + 1 − 4 = 21이고 Z = 12 + 0 − 2 = 10이므로, X는 ${}^{21}_{10}\text{Ne}$ 이다.

(b) A = 235 + 1 − 90 − 2 = 144이고 Z = 92 + 0 − 38 − 0 = 54이므로, X는 ${}^{144}_{54}\text{Xe}$.

(c) A = 2 − 2 = 0이고 Z = 2 − 1 = +1이므로, X는 양전자이어야 한다. 방출되면서 중성미자가 동반된다. 즉,

$$X + X' = \boxed{{}^{0}_{1}\text{e}^{+} + \nu}$$

23.

(a) $\boxed{{}^{197}_{79}\text{Au} + {}^{1}_{0}\text{n} \rightarrow {}^{198}_{79}\text{Au}^{*} \rightarrow {}^{198}_{80}\text{Hg} + {}^{0}_{-1}\text{e} + \bar{\nu}}$

(b) 전자 79개를 더하는 것을 고려하면,

$${}^{197}_{79}\text{Au} + {}^{1}_{0}\text{n} \rightarrow {}^{198}_{80}\text{Hg 원자} + \bar{\nu} + Q$$

$$Q = \left[M_{{}^{197}\text{Au}} + m_n - M_{{}^{198}\text{Hg}}\right]c^2$$

$$Q = [196.966\ 552 + 1.008\ 665 - 197.966\ 752]\text{u} \times (931.5\ \text{MeV/u})$$

$$= \boxed{7.89\ \text{MeV}}$$

24. 생성물 핵의 되튐을 무시하자 (즉, 충돌 입자계의 운동량 보존을 필요로 하지 않는다). 에너지 균형으로부터 $K_{emerging} = K_{incident} + Q$이다. Q를 구하면,

$$Q = \left[(M_H + M_{Al}) - (M_{Si} + m_n)\right]c^2$$

$$Q = [(1.007\ 825 + 26.981\ 539) - (26.986\ 705 + 1.008\ 665)]\ \text{u} \times (931.5\ \text{MeV/u})$$

$$= -5.59\ \text{MeV}$$

이다. 따라서

$$K_{emerging} = 6.61 \text{ MeV} - 5.59 \text{ MeV} = \boxed{1.02 \text{ MeV}}.$$

25. 일을 하는 데 필요한 에너지는 연료의 에너지 함량의 0.200배이다. 연료의 에너지는

$$(1.00 \text{ kg fuel})\left(\frac{0.034\,0\ {}^{235}\text{U}}{\text{fuel}}\right)\left(\frac{10^3 \text{ g}}{1 \text{ kg}}\right)$$
$$\times\left(\frac{1 \text{ mol}}{235 \text{ g}}\right)\left(\frac{6.022\times10^{23}}{\text{mol}}\right)\left(\frac{200 \text{ MeV}}{\text{fission}}\right)\left(\frac{1.602\times10^{-13} \text{ J}}{\text{MeV}}\right)$$
$$= 2.79\times10^{12} \text{ J}$$

이다.

"필요한 에너지 = 일"을 식으로 나타내면

$$(2.79\times10^{12} \text{ J})(0.200) = 5.58\times10^{11} \text{ J} = (1.00\times10^5 \text{ N})\Delta r$$
$$\Delta r = \boxed{5.58\times10^6 \text{ m}}$$

추가문제

26.

(a) 에너지 입력이 필요하기 때문에 반응이 일어나지 않는다. 양성자의 질량은 중성자와 양전자(전자)의 질량의 합보다 작다. 즉,

$$m_n + m_{e^+} > m_p$$
$$1.008\,665 \text{ u} + 0.000\,549 \text{ u}$$
$$1.009\,214 \text{ u} > 1.007\,276 \text{ u}$$

따라서, 반응 $p \rightarrow n + e^+ + \nu$는 에너지 보존 법칙을 위반한다.

(b) 필요한 에너지는 모핵에서 양성자의 정전기적 척력에서 나올 수 있다.

(c) 핵 ${}^{13}_{7}\text{N} \rightarrow {}^{13}_{6}\text{C} + e^+ + \nu$ 반응의 양변에 7개의 전자를 추가하여, 중성 원자 ${}^{13}_{7}\text{N}$ 원자 $\rightarrow$ ${}^{13}_{6}\text{C}$ 원자 $+ e^+ + e^- + \nu$의 반응을 얻는다.

$$Q = c^2\left[m({}^{13}\text{N}) - m({}^{13}\text{C}) - m_{e^+} - m_{e^-} - m_\nu\right]$$
$$Q = (931.5 \text{ MeV/u})$$
$$\times\left[13.005\,739 - 13.003\,355 - 2(5.49\times10^{-4}) - 0\right]\text{u}$$
$$Q = (931.5 \text{ MeV/u})(1.286\times10^{-3} \text{ u}) = \boxed{1.20 \text{ MeV}}$$

27.

(a) $Q = \left[M_{^9\text{Be}} + M_{^4\text{He}} - M_{^{12}\text{C}} - m_n\right]c^2$

$$Q = [9.012\ 182\ \text{u} + 4.002\ 603\ \text{u} - 12.000\ 000\ \text{u} - 1.008\ 665\ \text{u}] \times (931.5\ \text{MeV/u})$$

$$= \boxed{5.70\ \text{MeV}}$$

(b) $Q = \left[2M_{^2\text{H}} - M_{^3\text{He}} - m_n\right]$

$$Q = [2(2.014\ 102) - 3.016\ 029 - 1.008\ 665]\ \text{u}(931.5\ \text{MeV/u})$$

$$= \boxed{3.27\ \text{MeV}}$$

(c) (b)에서의 반응은 Q 값이 양수이기 때문에 발열 반응이다.

28.

(a) $I(x) = \frac{1}{2}I_0$ 이면, $I(x) = I_0 e^{-\mu x}$ 는

$$\frac{1}{2}I_0 = I_0 e^{-0.72\,x/\text{mm}}$$

$$2 = e^{+0.72\,x/\text{mm}} \rightarrow \ln 2 = 0.72\,x/\text{mm} \rightarrow x = \frac{(\ln 2)\ \text{mm}}{0.72}$$

$$= \boxed{0.963\ \text{mm}}$$

(b) $I(0.8\ \text{mm}) = I_0 e^{-0.72(0.8)} = 0.562 I_0$

$$I(0.7\ \text{mm}) = I_0 e^{-0.72(0.7)} = 0.604 I_0$$

백분율 변화는

$$\frac{0.604 I_0 - 0.562 I_0}{0.562 I_0} = 0.074\ 7 = 7.47\%$$

이다. 7.47% 증가한다.

대학물리학 에센스 해설집

초판 인쇄 | 2025년 3월 20일
초판 발행 | 2025년 3월 25일

편역 | 대학물리학 교재편찬위원회
펴낸이 | 조 승 식
펴낸곳 | (주)도서출판 북스힐

등 록 | 1998년 7월 28일 제22-457호
주 소 | 서울시 강북구 한천로 153길 17
전 화 | (02) 994-0071
팩 스 | (02) 994-0073

홈페이지 | www.bookshill.com
이메일 | bookshill@bookshill.com

정가 18,000원

ISBN 979-11-5971-674-4

Published by bookshill, Inc. Printed in Korea.